[加] 丹尼尔·J. 列维廷 著 邝慧玲 译

后浪

Daniel J. Levitin

最好的晚年
Successful Aging

从现在开始，为精彩活过100岁做准备
A Neuroscientist Explores the Power and Potential of Our Lives

北京联合出版公司
Beijing United Publishing Co.,Ltd.

前　言

诗人狄兰·托马斯（Dylan Thomas）写道，不要温和地走入那个良夜，人在晚年也应燃烧生命，怒斥光阴的消逝。读这首诗时我还未到老年，认为这些诗句毫无意义。当时，衰老于我而言只意味着身心的退化，甚至精神的缺憾。我目睹祖父饱受疼痛的折磨。他曾十分敏捷，尤为自立，可年至六旬后，连锤子也挥不利索了，不戴眼镜根本看不清 Triscuit 牌薄脆饼干盒上的标签。而祖母时不时忘记要说的话，在她最终想不起今夕是何年时，我落泪了。

再看看职场中那些几近退休年龄的人。他们眼中的光已然熄灭，笑容中已感受不到希望，他们掐指算着何时才能完全脱离职场的苦海，但对今后该如何度过大段空闲时光（整日清闲，日日如此）却无明确规划。

但随着年龄的增长，并与行至生命最后 1/4 的时光的人相处更长的时间后，我已经感受到衰老不同的另一面。我的父母已接近 85 岁高龄，但仍然同年轻时一样积极地投入生活。他们乐于人际交往，富有精神追求；他们去远足，亲近大自然，甚至开拓了全新的专业领域。他们的容颜已然衰老，但精神面貌与 50 年前并无差别，这令他们十分振奋。纵然有些能力确实衰退了，但他们却发现了绝妙的补偿机制——情绪和心态的积极转变，丰富的阅历带来的独有优势不时延缓着机体退化的过程。诚然，比起年轻人，老年人处理信息的速度也许更慢，但是，老年人能靠直觉整合岁月积累而来的信息，并基于数十年从错误中习得的教训做出更明智的决定。人老去的好处有许多，其中之一便是不再那么惧怕灾祸，因为老年人在过去早已经历不少挫折，且成功挺了过来。这个群体深知，他们本人及同辈的韧性是其可以仰仗的品质。同时，对可能即将面临死亡的事实，他们也能泰然处之。并非他们希望死去，只是他们不再害怕死亡。他们积极生活，将每一天都当作获得新体验的机会。

　　脑科学研究者猜测，老年人的大脑发生的化学变化使其更能接受死亡——从容面对死亡而非惧怕死亡。身为神经科学家，我在思考为何有些人似乎衰老得更体面。这是基因、人格、社会经济地位所致，抑或只是运气使然？老年人的大脑里在发生什么，才促成了这些变化？我们该如何遏制衰老引发的认知水平和体能的衰退？许多人年至耄耋仍意气风发，而有些人则似乎逃避生活、身体虚弱、心力交瘁、与世隔绝、郁郁寡欢。我们在多大程度上能控制衰老的结果，而衰老又在多大程度上是早已注定的呢？

　　结合发展（认知）神经科学与个体差异心理学的最新研究成果，本书以全新的视角解读该如何看待人生最后的几十年。借鉴多学科理论，本书认为衰老不仅仅是一个衰退阶段，还是一个如婴儿期或青春期一般的独特发展阶段，也有其独有的需求和优势。

　　本书将阐明能否康乐晚年取决于两大平行因素：

1. 童年时代的多种因素的共同影响；

2. 我们对环境刺激因素的反应以及个体习惯的转变。

在工业化社会，人们的平均预期寿命不断延长，本书提出的争议性观点将极大地变革个体、家庭成员以及公民对晚年生活的规划。本书为人们提供切实可行的建议，让您在耄耋之年（甚至更年长时）依然能保持思维的活跃。我们无须佝偻着、蹒跚着、顺从地走入那个良夜，我们可以将晚年生活过得有滋有味。

❖

我大学时期的两位老师，一个八旬老人和一个九旬老人，现在依旧思维活跃、聪明利落。其中一位是现已 87 岁的刘易斯·R. 戈德堡（Lewis R. Goldberg），被誉为现代人格科学概念之父。人格是将人与人区分开来的独一无二的特质和特征，且对人生有深刻的影响。他认为人格可以改变：人们能在人生的任何一个阶段提升自我，如变得更有责任心、更讨人欢心、更谦逊等。他提出的观点出人意料，颠覆了人们数十年想当然的推测。传统观点认为人格特质永远保持不变。[想想电视剧《消消气》（*Curb Your Enthusiasm*）中脾气暴躁的老顽固拉里·戴维（Larry David）。]但另外，人格特质也易受影响，可被塑造。而人们所处的环境及为提升自我付出的努力会影响固有人格特质对行为的塑造。

只可惜，人格可塑性的负面影响在于，某些遭遇和环境会让人格变得恶劣。要康乐晚年，很重要的一点是学会避免对人格有消极影响的特定环境、习惯以及刺激因素。了解到晚年时人格也具有可塑性是十分重要的。无可奈何的是，人格消极化在现实世界太过常见。我们总能看到越老越苦大仇深、与人疏远、抑郁低落的人。

文化因素在此也产生着巨大影响。在我成长的 20 世纪 60 年代，许多年轻人都迫不及待地将老一辈挤出历史舞台。我们伍德斯托克一代（1946 年至 1964 年出生的人）虽然推崇包容、和平与爱，但也很轻易地就边缘化父母一辈。我们高喊着，"不要相信任何超过 30 岁的人"，我们可能也高呼过，"千万不要在意任何年过七旬的人"。何许人合唱团（the Who）的罗杰·达特里（Roger Daltrey）在歌词中尽显对老人的讥讽——"我宁死勿老。"我那些在二十世纪三四十年代出生的朋友曾向我提起我这一代人对他们抱有的种种轻蔑、偏见、不尊重。

正如数百年来媒体与大众对衰老的认知，老去意味着身心的痛楚，在多数情况下，老年人还会被社会排斥。随着身体逐渐虚弱，老年人的智力随之衰退，恶化的视力及听力让他们无法像以往一般与人交际，投入生活。令人叹息的是，退休意味着人生目标的终结，似乎也加速了人生的终结。

我的祖父是家族的第一代大学生，他通过自己的努力从医学院毕业，最后成为加利福尼亚州第一批放射科医生。然而，正是在自己成立的医院部门里，我的祖父遭到了排斥——仅仅因为他当时已经 65 岁了。以现在我们对放射诊疗学的认知来看，65 岁时的祖父在完成工作方面可能比年轻时更出色，因为这项工作很大程度上需要大脑对规律模式的匹配，而经验越丰富，这一能力越强。与祖父在职场中感受到的边缘化和无用感截然不同，家人们都十分爱他、敬他，在他 67 岁去世时，我们悲痛欲绝。一场手术带走了祖父，在术前他给家人写了一封信，信中提到医院的不尊重让他十分难过。我总是怀疑，这种尊重的缺失影响了祖父的耐力、韧性和心情，以至于一个小小的手术并发症也能夺去他的生命。

接下来我将明确指出人们感到被拒绝或未被赏识时大脑做出的反应。人体在应对身心侮辱时会分泌压力激素皮质醇。如果人体需要做出战斗或逃跑反应（如有老虎要攻击你），皮质醇的用处极大。但是如果面对的是长期的心理困扰，如不被人尊重，那么皮质醇的作用便很有限。皮质醇引发的应激反应会降低免疫力和性欲，影响消化系统。因此，压力大可能诱发肠胃不适。皮质醇引发的压力有利于做出战斗或逃跑反应，因为此时人体需要暂时调动所有资源以应对眼下的威胁。但是如果人际关系冲突导致的心理压力未能解决，那么人体会处于数月甚至数年的压力之下。而与此相反的是，当我们积极投入生活，对人生充满激情时，人体会分泌更多改善情绪的激素，如5-羟色胺和多巴胺，且NK细胞（自然杀伤细胞）和T细胞（T淋巴细胞）的数量也会增加，由此增强人体免疫力和细胞修复机制。如果祖父未曾承受社交压力，那么也许他便能陪伴我的祖母、其他亲人和我更长时间。25年前身为商人的我父亲在62岁时被强烈建议退休养老，让位给更年轻的人。和他的父亲一样，他感受到被排斥，开始质疑自己的价值。父亲的社交圈缩小了，身体也开始恶化，人也变得抑郁。但那时是1995年，形势已然改变。社会和雇主们开始意识到东方人对老人态度的重要性：老者不仅有其价值，且有十分优越的价值。父亲尝试教学，并受聘在南加利福尼亚大学马歇尔商学院（USC Marshall School of Business）教授一门课程。紧接着他便每学期教满四门课程。那是25年前的事情了，最近父亲续签了一份为期4年的教学合同，将任教至 89 岁。学生们爱戴他，因为他能将年轻教授缺乏的实战经验传授给他们。并且，他的抑郁和身体疾病在找到这份有意义的工作后立即得到了显著改善。

❖

诚然，在晚年时期寻找保持活跃、投入状态的方法并非易事，而且这无法完全弥补生理衰老。但是，医疗水平的新进展和积极的生活方式转变能帮助提升我们对生活的成就感，而这也许是前几代人无法达成的愿望。

我大学时期最爱戴的教授之一是约翰·R. 皮尔斯（John R. Pierce），他是喷气推进实验室的前任负责人、卫星通信的发明者、作品丰富的科幻小说家；在他的带领下，团队成功发明了晶体管，他也是晶体管的命名者。教授 80 岁时我曾拜访他，他那时正处于第二轮退休期，在学校教授与声音和振动有关的课程。他邀请我到他家吃过一次晚饭，我们从此成为朋友，会时不时一起出去吃饭。大约在教授 87 岁时，他开始抑郁起来。读书是他最爱的消遣活动之一，但他彼时的视力逐渐下降。我给他买了一些大字号的书，这令他振奋了好几周，但大多数他想读的书，如技术书籍、科幻小说，都没有大字号的版本。我去拜访他的时候尽可能念书给他听，也安排斯坦福大学（Stanford University）的一些学生给他念。但他的身体还是在持续恶化，随后被诊断为患有帕金森病。身体的颤抖困扰着他，他的记忆力也逐渐衰退。他曾经喜爱的事物也无法让他提起兴趣，而且他的大脑越发混乱，逐渐令他迷失方向。

我建议教授询问医生能否服用百优解（Prozac），这种药在当时比较新，仅针对和教授一样有衰老问题的人（百优解有助于提高大脑中5-羟色胺的水平，后者即前文提到的一种改善情绪的激素）。百优解给教授的生活带来了极大的转变。尽管这种药并未显著改善他的帕金森病，但他的心态变了。他感觉自己更年轻了。他重新开始举行晚宴，重操一年前已经放弃的事业，再次给学生授课，大脑中简单的化学变化令他重获新生。教授享年92岁，他人生中最后5年的大部分时光都充满了欢乐和满足感。那段时间我也一样——仿佛重新得到了一次与早逝的祖父相处的机会。

教授92岁去世前两周我与他见面，他那时正兴奋地计划着想做的新实验。可谓老当益壮。

我刚认识教授时还很年轻，完全未曾思考过总有一天自己也将老去。但是在那之后的几十年间，我渐渐感受到自身情绪的转变，与许多科研同事和医生交流后，我看清了前路：在未来，我们可以提前规划，避免衰老带来的不利影响；在未来，我们可以利用神经可塑性的知识编写我们生活的理想新篇章；在未来，健康的生活方式以及抗抑郁药等药物的推广使用能缓解甚至逆转抑郁症等情绪变化带来的影响，而这类情绪波动一直被认为是衰老过程中不可逆转的一部分。此外，医疗科学和治疗方案的创新成果必将面世。

例如，与影响睡眠的化学物质和神经元波形变化有关的最新发现为睡眠这一最基本的人类活动带来了新的启示。在任何年龄阶段，睡眠不足都不利于身体健康。睡眠不足可能诱发孕期糖尿病[1]、新手父亲的产后抑郁症[2]以及任何年龄段的躁郁症。相信大家应该读到过这样的观点："老年人"不需要像年轻人那么多的睡眠，每晚睡四五个小时便足够。加利福尼亚大学伯克利分校的马修·沃克（Matthew Walker）最近反驳了这一观点：并非随着年龄的增长，我们所需的睡眠就会减少，而是衰老的大脑使得老年人难以获得自身需要的睡眠时长。这导致了严重的后果。老年人睡眠不足直接导致其认知水平下降，而且他们患癌症和心脏病的风险随之增加。我的祖母忘记自己把眼镜放在哪里，并非因为年迈，而是因为睡眠不足。沃克的研究表明，睡眠不足会增加患阿尔茨海默病的风险。

阿尔茨海默病现在是美国的"第三大杀手"[3]。这是否已然成为一种流行病，或其是否由有害的环境因素导致？我们尚无法得出结论。答案也许是肯定的，但阿尔茨海默病常见于老年人；医疗水平的进步延长了人类寿命，长到有可能得阿尔茨海默病。出于我们尚不了解的原因，这种疾病呈现出了性别差异。65%的患者为女性，女性患阿尔茨海默病的概率大于其患乳腺癌的概率。

患阿尔茨海默病的风险，约2/3[4]由基因决定，1/3与环境因素（如是否患有抑郁症或头部是否受伤）有关。在环境因素方面，童年经历可能在数十年后产生影响。最新的科学研究表明，环境刺激因素、行为和运气都与该疾病有关，这将贯穿本书的全部内容。从生物学的角度来看，在阿尔茨海默病患者的大脑中很容易识别出萎缩的海马（储存记忆）和大脑皮层（负责复杂的思维和动作）外层。也许有读者听说过淀粉样蛋白，在阿尔茨海默病患者的大脑中便发现了淀粉样蛋白沉积。特殊蛋白质β-淀粉样蛋白（beta-amyloid）会先破坏突触（大脑神经元连接之间的空隙），然后聚结成斑块导致神经元死亡。

我在加利福尼亚大学旧金山分校的同事斯坦·普鲁西纳（Stan Prusiner）指导过神经科学家戴尔·布雷德森（Dale Bredesen），后者针对上述因素开展了 30 年的研究。他以"布雷德森治疗方案"为主题撰写了一本《纽约时报》畅销书。布雷德森认为，要预防阿尔茨海默病，有五大关键手段：饮食应富含蔬菜和优质脂肪；适度运动，增加血液的氧气含量；进行脑部训练；养成良好的睡眠习惯；以及基于血液和基因检测，开展针对个人的补充剂疗法。"布雷德森治疗方案"仍处于验证的初期阶段——该概念的初步验证仅基于对 10 位病人的研究。适合研究的患者必须处于阿尔茨海默病的早期阶段。而且由于这一治疗方案才刚面世，没有一位患者使用过上述任何手段超过 5 年。该方案是否奏效尚且无法定论，但至少前四大手段不会造成任何伤害——我们对补充剂实在所知甚少。鉴于这些手段的有效性最终可能得到验证，对于多数人而言，现在开始遵循这些健康的生活方式未尝不可。

前段提及的我的同事普鲁西纳因发现朊病毒蛋白而获得诺贝尔奖。朊病毒蛋白可沉积并引发神经退行性疾病（如克雅氏病），神经退行性疾病的典型特征是记忆衰退和行为变化。这些症状是否似曾相识？没错，这些是阿尔茨海默病的标志症状，普鲁西纳的研究认为，朊病毒蛋白可以积聚成淀粉样原纤维，因此其导致了阿尔茨海默病和帕金森病。这项研究的前沿性在于提出了神经炎症是阿尔茨海默病的前兆，且神经炎症的出现远远早于临床体征和症状。这是因为只有在大脑区域真正受损时才会出现肉眼可见的症状——而我们能注意到的认知水平的变化（例如记忆衰退和情绪变化）实则反映了内在疾病已相对处于晚期。与抑郁情绪类似的症状，如对人或物失去兴趣、无精打采，常常出现得远远早于其他更严重的症状。

多个科学家团队发现，慢性炎症早于阿尔茨海默病的发作[5]，这有力地揭示了将抗炎药作为治疗手段的潜力,在未来几年可能将广泛推广此类药物。当前的研究聚焦于:应该在出现症状后使用抗炎药(如布洛芬),还是必须将其作为预防手段,在症状出现前用药(答案似乎接近后者这种情况)?另外,还有一项在进行中的研究,它针对的是一种前沿的治疗方法[6],力求利用可从源头抑制淀粉样原纤维生成的抗体进行免疫。

寿命的定义是人存活的时间。除去意外死亡,大多数人都会死于某种疾病或器官的衰竭。人的寿命大致可分为两个阶段:一是健康期,此时身体总体而言较健康;二是疾病期,此时患病。显然,我们很有必要缩短疾病期。

例如,有一对好友(格蕾丝和埃洛伊丝),都在100岁时去世,但她们的疾病期却大不相同。格蕾丝自50岁起身体开始逐渐衰退,80岁时需要24小时看护。埃洛伊丝70岁时身体机能衰退,但是直到95岁才真正出现健康问题。想必大家都更希望拥有埃洛伊丝额外的20年健康生活,在疾病缠身前再多享受15年的幸福生活。支撑我写这本书的前提是,要达成这种愿望,改变对衰老的看法和应对措施以延长健康期,永远为时不晚。

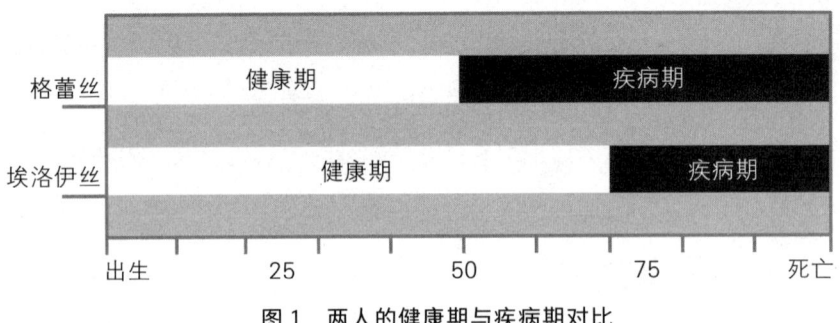

图 1 两人的健康期与疾病期对比

此处提及的环境因素——我们同周遭世界的联系、个人生活习惯、心态和医疗情况——会对老年生活方式产生正面或负面的影响。本书聚焦的第二个方面是发展变化,而讽刺的是,发展问题要追溯到童年时期。

前文提到社会压力会降低免疫力。任何年龄段的人都无法幸免。麦吉尔大学（McGill University）的迈克尔·梅尼（Michael Meaney）的研究表明,母亲对子女的照顾方式会改变子女的与生理应激反应有关的基因的DNA化学组成。如果母鼠更频繁地舔舐刚出生6天的大鼠幼崽,那么后者成年后会更有安全感,且被压力影响的可能性较小。值得注意的是,若母鼠频繁舔舐或梳理幼鼠毛发[7],那么幼鼠在面临挑战或压力时所产生的应激激素要少于较少受照顾的幼鼠。而意料之外的是：这一现象将延续至大鼠成年。

梅尼的研究进一步验证了人类身上的类似效应,以及婴儿期被忽视或虐待的经历产生的反作用。在压力方面,人们早期的经历会影响基因和大脑结构。梅尼表示:"女性的健康至关重要[8],对母婴互动效果来说最重要的一个因素是母亲的身心健康。对于大鼠、猴类以及人类来说均是如此。"若生活贫困、患精神疾病或承受巨大压力,则父母更易疲劳、发怒和焦虑。梅尼还指出:"上述情况显然不利于亲子互动。"这将导致孩子在面对当下的挫折（甚至是未来的挫折）时,大脑化学机制受损,韧性不足。

梅尼强调称:"人脑在社会经济环境中发育,且儿童社会经济地位（childhood socioeconomic status,SES）会影响其神经系统发育——特别是影响促进语言和执行功能的系统（决定下一步的措施并付诸行动）。"研究表明,家庭环境中的孕期因素、亲子互动和认知刺激因素对促进个体神经系统的毕生健康发展至关重要。基于上述研究结果，我们应优化相关项目和政策，以减少与 SES 相关的心理健康和学术成就方面的差异。

童年时期父母对孩子的养育程度对其许多大脑系统的发育有不同程度的影响，例如海马中的糖皮质激素（GLUE-co CORT-ick-oid）受体，这是构成应激反应的主要成分，也是免疫系统中缓解炎症的反馈机制的一部分。梅尼还表示，父母对孩子的养育会影响其垂体和肾上腺功能，两者调节身体发育、性功能以及皮质醇和肾上腺素的分泌。童年时期的创伤可能影响人的一生。诚然，可通过正确的行为和药理干预手段摆脱创伤，但仍需要下一定功夫。拥抱孩子大有益处，特别是孩子正值一岁的脆弱期。父母（以及祖父母/外祖父母和老师）在孩子婴儿期的育儿方式对其晚年时期的影响要比我们预期的大许多。

除了环境影响和神经系统发育，本书的第三大要点是：我逐渐开始将老年时期视为一个独特的成长期，一个有其独有特征的生命阶段，而非一个衰退期，也不意味着将一步一步走向人生的终结。

一提起衰老，大部分人脑海中首先浮现的是我们都再熟悉不过的老年问题：视力下降、听力退化、疼痛缠身。大脑和身体老化时究竟发生了什么——哪些生理变化会影响我们自身和他人的经验？我将在本书中深入探讨上述问题，内容涉及脑细胞萎缩、DNA 序列损伤、细胞修复功能受损以及神经化学和激素变化。

我还将探讨一些常见但鲜被提及的衰老现象。例如，大多数人会经历新陈代谢的变化，这意味着需要改变以往的饮食方式，让体重或体形也发生变化。此外，也可能出现乳糖不耐受的情况。（进化因素能影响婴儿对母乳的消化，而与人们 50 岁时是否吃冰激凌无关。）除了乳糖不耐受，衰老过程中消化系统的变化可能会让我们更容易胀气。我们的皮肤和眼睛会越发干燥。此时，咖啡因带来的影响因人而异，有人甚至完全无法从中获益。胰腺的老化使得身体越来越难以处理精制糖。本书将向读者阐明衰老时可能出现的症状，还将解释某些读者正在经历的变化。但本书绝非"问题之书"。我希望从最前沿的医学视角为读者带来解决方案、指南和有用的技巧，帮助读者快乐、积极地生活，在人生即将谢幕时，将伴随衰老的虚弱和屈辱留在后台，从而充分体验"人生第三幕"中有意义的事物。

❖

伍德斯托克一代即将步入人生六七十岁的阶段，我们有机会改变老年人在日常生活中所扮演的角色。当然，这样做符合我们的自身利益，但更重要的是，如此一来，我们这代人便能重燃实现社会进步的理想之火：比如敬畏地球及地球家园上的所有生物；帮助不幸的人；让世界变得更宽容及更具包容性，且各不相同的人能拥抱彼此的差异，而非为差异所扰。

排斥老者，损失巨大：经济发展和艺术创作受损、家庭关系不和睦、机会减少。首先，我们可以向上一辈——父母一辈看齐，以他们的良好作风为榜样。其次，作为老者，我们可以与他人积极交往和联系，将这一状态持续至耄耋之年，甚至更久。我对晚年的看法截然不同，我们应将人生的最后几十载视为繁盛期，视为生命的复苏阶段，此时，我们不是固守于年轻时代，而是坦然接受时间馈赠的礼物。

将老者视为资源而非负担，将衰老看作人生的高潮而非结局，这对我们所有人而言意义何在？这意味着重新利用被浪费或美其名曰未被充分利用的人力资源，这意味着巩固并增进所有人的家庭关系及友情，这意味着基于经验、理性和老者的睿智对个人事务乃至国际协议做出重要决策；这甚至可能意味着我们将拥有一个更富有同理心的世界。从衰老大脑的化学变化中可以观察到一种倾向：老者更能理解、宽恕、包容和接纳他人。诚然，有些老年人可能会更加固执己见，越发保守，但与此同时，他们也更能接受个体差异且更能理解他人不得不面临的难题。当今世界缺乏耐心、包容和同理心，而老年人则恰好能填补同理心的缺失。

❖

在我研究的认知神经科学领域，出现了"单打独斗"的现象。研究人员倾向于与相同领域的人交谈，而非进行跨领域交流。在过去的30年中，学界在理解有关人格、情感和大脑发育的许多核心概念上取得了具有划时代意义的重大进展。但是，跨领域交流少之又少，于是我们陷入这样一个窘境：无论在专业医疗界还是普通公众间，都没有人能够利用已取得的进展为实现个人和集体目标服务。

我十分幸运，各个研究领域的导师带领我探讨相关问题，且所有导师都仍然活跃在学界——他们有的是人格心理学家［如87岁的刘易斯·戈德堡和68岁的莎拉·汉普森（Sarah Hampson）］，有的是认知心理学家［83岁的迈克尔·波斯纳（Michael Posner）和90岁的罗杰·谢泼德（Roger Shepard）］，还有的是神经系统发育科学家［88岁的厄休拉·贝卢吉（Ursula Bellugi）和77岁的苏珊·凯里（Susan

Carey）]。导师的帮助使我得以架起桥梁，沟通两个独立已久的学科领域：神经系统发育科学和个体差异（人格）心理学。随着越发深入研究两个领域的交叉部分，我也越有兴趣探讨两门学科能如何帮助我们更好地了解大脑的衰老，以及我们该如何尽可能活得更久、更幸福和更富有成效。本书的核心主题在于这两门学科的交叉点及其在衰老问题上的应用，而此前未曾有相关大众科普书籍面世。

从神经系统发育科学的角度而言，我认为基因、文化和机会之间的动态作用最大限度地影响了：

1. 我们生活的轨迹；
2. 大脑将出现的变化；
3. 是否一生健康、快乐，且能积极投入生活。

不论处于何种年龄段，面对基因、文化和机会带来的压力，大脑总是在不断变化。我们的选择在很大程度上主宰了我们的生活。但与此同时，随机事件及他人做出的选择也会影响我们。而是否有机遇通常是运气问题，这受许多既定因素（如财富水平、疫病情况、是否能获取干净水源、受教育程度以及法律完善度）的影响。人们的生活经历——无论是失意、恋爱、与重要人物的交往、成功、疾病、意外伤害、痛苦，还是环境毒物，都对大脑有不同程度的影响。简而言之，你的大脑会不断受到生活本身的影响。

此处还需提及关于个体差异的大量研究。人类特质的相关研究（我们了解个体差异的方式）是现代科学最引人入胜的部分。这可以追溯到亚里士多德（Aristotle），其将人与人之间的人格差异诠释为"物质"上的差异。18世纪的科学家弗朗兹·约瑟夫·加尔（Franz Joseph Gall）和19世纪的科学家弗朗西斯·高尔顿爵士（Sir Francis Galton）展开了与个体差异有关的现代研究，而加尔甚至预见了现代神经科学的思想，即大脑功能定位学说：特定的心理功能与大脑的不同部位有关。（加尔提出了颅相学，研究头盖骨隆起的程度；现代科学证明，这一学说十分荒谬，但加尔的大脑功能定位学说的主要假说如今仍然成立。）众多杰出的科研人员，如戈登·奥尔波特（Gordon Allport）、汉斯·艾森克（Hans Eysenck）、阿莫斯·特沃斯基（Amos Tversky）和刘易斯·戈德堡将个体差异构建成严谨的科学领域。

个体差异心理学旨在表征和量化人与人之间成千上万的差异所在。它应用包括主成分分析在内的精密数学统计工具，不仅尝试了解人与人之间的差异，而且探寻了差异的根源。个体差异心理学的目标始终是预测他人将做出的行为——例如，若我知道你很有责任心，获悉这一点是否比完全不了解你更能预测你将如何应对某一特定情况？

❖

既然如此，该如何保持身体、思维和精神的活跃，同时接受衰老可能导致的限制呢？从那些快乐地老去，年至耄耋甚至更年长却仍然充满活力、积极投入生活的老者身上，我们能学到什么？我们的文化氛围该做出何种改变，才能满足衰老一代的需求，同时又能充分利用他们的智慧、经验和能动性为社会做贡献？

本书将强调一种生活理念：我们可以改变自身人格及对环境做出的反应，同时不断适应生活中的随机和不可预测事件。我称该理念为

COACH 原则，涵盖五大部分：好奇心（Curiosity）、开放性（Openness）、关联度（Associations）、责任心（Conscientiousness）和健康习惯（Healthy practices）。本书并非一本告诉读者如何做数独的书。基于对神经科学证据的严谨分析，本书将阐明衰老过程中大脑发生的变化以及我们该如何应对这些变化。

本书有三大目标。

首先，运用知识预测积极和消极的变化，设立相应措施和体系以帮助读者顺利过渡至老年期，并将不良后果出现的可能性降至最低。相关做法可以十分简单，比如和医生建立良好的关系、服用补充剂以促进神经系统的髓鞘形成，以及将钥匙藏在密码箱以防在家找不到钥匙（我曾在零下几度的情况下忘记钥匙所在，彼时我还没有密码箱，后果可想而知）。要减轻记忆力衰退、知觉丧失及社交圈缩小等衰老引发的不良影响，我们有切实可行的应对措施。随着衰老，我们可能逐渐兴致缺缺，囚困在自己的世界里，甚至完全不敢承担风险。但我们可以扭转这样的衰老倾向：借助已积累的智慧和技能，我们能成为备受欢迎的朋友，而非无人问津的老人。

其次，本书旨在激发读者从晚年的角度回首一生，思考哪些瞬间让我们感到生活美满。以前及当下做的哪些决定能最大化我们对生活的满意度且赋予生活意义？在我以前的作品中，我常常抨击对社交媒体（如 Facebook）的过度使用。但请别误会，我自己也使用社交媒体，而且我认为它们能很好地帮助我们与四散各地的亲朋好友保持联系。但是，相关文献预测，人之将死，躺在床上时，一般不会这样叹息："我多希望能在 Facebook 上花更多时间啊。"相反，多数人会如此感叹——"我应该花更多时间陪我爱的人""我应该为改变世界做出更多行动"。

最后,本书旨在帮助读者从个人、社区成员和社会的角度彻底改变对衰老的认知;希望促进一种肯定老年人才能的文化氛围,将代际互动融入日常生活中。通过研究脑科学——尤其是神经系统发育科学和个体差异心理学——本书试图引导读者转变对衰老的理解,重新书写人生故事的最后一章。

当老年人回首往事,被问及人生中哪一个年龄段最幸福时,你猜他们如何作答?也许是8岁,彼时烦恼很少?也许是青春期,毕竟那时有各种各样的活动,以及一定的性启蒙?也许是大学时期,抑或成家的最初几年?以上全错。关于一生中最快乐的时光,最常出现的答案是82岁!本书的目标是将这一数字再延长10年至20年。科学研究表明这不是空想,而我研究并相信科学。

目　录

前　言

第一部分　不断发育、发展的大脑

第1章　个体差异和人格：寻找魔力数字 **005**
　　这个世界如何对待我们　　012
　　寻找魔力数字　　014
　　意义何在　　023
　　气质和人格　　024
　　与衰老有关的人格变化　　025
　　榜样的力量　　028
　　责任心　　033
　　开放性　　034
　　同情心　　035
　　拥有好的人格便足够了吗　　036

第2章　记忆力及自我意识：记忆力衰退的原因 **038**
　　记忆机制　　041
　　记忆系统　　047
　　启示何在　　067

记忆力真的会随着年龄的增长而衰退吗	070
做你自己是什么感受	073

第 2.5 章　中插章：初探大脑　　074

探索和输入的作用	079
关键期，婴儿与成人的神经可塑性	085
神经可塑性和再连接	088
衰老对大脑产生的特定影响	090
轻度认知障碍、阿尔茨海默病和痴呆症	094
中　风	097
整个人生阶段的神经可塑性	099

第 3 章　感知：身体对世界的感知　　104

感知的逻辑	106
在柏林和因斯布鲁克进行的实验	111
衰老引发的功能失常	119

第 4 章　智力：解决问题的大脑　　136

什么是智力	140
智力的不同类型	142
多元智力	146
标准化智力测试存在的问题	151
处理速度	158
随着年龄的增长，抽象思维越发活跃	161
流体智力训练	166
智　慧	169

第 5 章　从情绪到动机：蛇、摇摆桥、《广告狂人》和压力　　173

情绪有科学依据吗	180

令人惊奇的压力	182
抑　郁	187
应　对	193
动机和激素	196
动机和终身学习	199
做出改变的动机	201
幸　福	208

第6章　社会因素：与他人相处的生活　　210

社会发展	215
如何应对社交孤立	220
老年人社交能力的变化	227
自我效能	229
工　作	232
主动与他人相处	236

第7章　疼痛：这样很疼　　239

为什么会感到疼痛	252
疼痛的文化、基因及认知因素	256
如何应对疼痛	260
应对策略	264
老年人疼痛治疗的特殊问题	266

第二部分　我们的选择

第8章　生物钟：现在是凌晨两点，为什么我饿了　　275

主生物钟	277

时间也许和内容同样重要	279
老化的生物钟	284
旅　行	287
睡眠习惯	288
咖啡因	290
最佳表现	291

第 9 章　饮食：健脑食品、益生菌和自由基　293

抗氧化剂	301
胆固醇、脂肪和脑部健康	304
热量限制	307
蛋白质	312
补　水	314
便　秘	315
肠道细菌和益生菌	317
现　状	323

第 10 章　运动：运动很重要　328

| 少量运动：高强度间歇训练 | 337 |
| 小小改变即可，无须成为健身房会员 | 340 |

第 11 章　睡眠：记忆巩固、DNA 修复、睡眠激素　346

重置睡眠周期	351
睡眠与衰老的大脑	354
女性特有的问题	357
男性特有的问题	359
睡前摄入的物质	359
睡眠卫生	362

第三部分 新时代的长寿

第 12 章 活得更久：端粒、缓步动物、胰岛素和僵尸细胞　　369

　　不死动物　　370

　　人的寿命　　374

　　蓝色宝地　　377

　　基因与环境　　379

　　线虫、FOXO 和胰岛素　　380

　　海弗里克极限和端粒　　382

　　端粒酶　　387

　　细胞垃圾问题　　390

　　永生（再探衰老）　　396

　　前　景　　400

　　现状如何　　405

第 13 章 活得更聪明：认知提升　　407

　　道德问题　　410

　　兴奋剂——阿德拉、莫达非尼、皮托利桑、哌甲酯、

　　　尼古丁　　413

　　记忆力与注意力提升　　417

　　再探激素　　419

　　认知刺激疗法　　420

　　其他疗法　　420

　　重返 20 世纪 70 年代　　424

　　设　备　　425

　　仿生学　　426

冥　想	428
第 14 章　活得更精彩：人生中最美妙的日子	**431**
幸福感	435
与他人比较会影响满足感	438
衡量生活质量和幸福感	439
工作与退休	445
持续护理及生活质量	450
艰难的对话	454
建立体系：为应对阿尔茨海默病和轻度认知障碍做准备	457
在需要住院前选择恰当的医院	458
预先医疗指示	459
生命的尽头	463
关键因素汇总	466
继续挤奶	469
附录　让大脑重焕新生	**472**
致　谢	**473**
图表版权	**475**
注　释	**477**

第一部分

不断发育、发展的大脑

衰老的决定因素有哪些？大脑中不同系统的衰老速度各不相同。一些系统衰退了，但与此同时另一些系统却变得更高效。传统观点认为衰老是彻底退化的过程，这并不准确。诚然，某些功能确实会被拖慢，但这并不意味着我们的健康、幸福和精神也要随之折损。最新的神经科学研究从记忆力、感知系统、智力，甚至动机、痛苦和社交生活等角度，提出对衰老问题全新的思考。有些读者的观点可能和我以往的一致，认为成功老去的秘诀与认知和情感因素有关。实际上，在决定人们能否充实而幸福地生活的最关键因素中，有一部分由基因决定，还有一部分能后天改变，它就是人格。

第 1 章

个体差异和人格：寻找魔力数字

最近，我参观了一个面向学龄前儿童的日托中心，令我感到惊讶的是，儿童的性情和人格的差异竟如此早地就显现出来了。一些孩子比较外向，而另一些则容易害羞；一些孩子热衷探索环境，冒些风险，而另一些孩子比较胆怯；一些孩子与他人相处融洽，而另一些孩子才 4 岁就会霸凌别人。有多个孩子的年轻父母会发现子女间明显的个性差异，以及自己与子女间的差异。

而在人生的最末阶段，人与人的衰老方式之间也有明显差异——有些人的晚年似乎比其他人过得好。即便抛开个人身体健康的差异以及晚年时期可能缠身的各种疾病不谈，有些老年人也活得比其他人更有活力、更活跃、更充实。面对一个 5 岁的孩子，能否预测其 85 岁是否硬朗快乐？答案是肯定的。

研究人员经过大量科研工作后才发现衰老和健康与人格有关。首先，科学家们必须明确如何衡量及定义人格。人格是什么？如何准确、定量地观察人格？此时，科学家们可能从伽利略（Galileo）那里获得了启发，伽利略曾说："科学家的工作是测量可测量之物，并赋予不可测量之物以可测性。"于是，科学家们完成了使命。

关于人格最可靠的一项发现是：人们在童年时期的个性会影响其成年时期的健康状况。例如，一个小孩在小学时总是闯祸，十一二岁时还是"混世魔王"。到了青春期，他便可能抽烟、喝酒、吸食大麻。从人格心理学的角度来看，这位少年追求感官刺激、富有冒险精神；较为外向；责任心不足；情绪不够稳定。他更有可能因吸食硬性毒品①，或因酒驾遭遇交通事故而丧生。即便这个人足够幸运，在年轻时避开了吸毒或出车祸身亡的风险[1]，但如果不改变自己的生活习惯，那么他在中年时期极有可能因吸烟罹患肺癌或因饮酒面临肝损伤。甚至，某些更易被忽略的行为（被迫或在极为年幼时于阳光下暴晒及晒黑；不注意口腔卫生；运动习惯欠佳；过度肥胖）也可能影响我们的晚年境况。

在人格与衰老关系的研究领域中有众多先驱，其中之一便是俄勒冈州研究所（Oregon Research Institute）的科学家莎拉·汉普森。汉普森指出："自控力不足可能会导致人们采取不利行为[2]，增加陷入险境或心灵受创的可能性，且这些行为导致人们长期处于压力之下，并带来不利的生物学影响，从而危害身体健康。"汉普森发现，童年时期是培养固定行为模式的关键时期，此时，该行为模式带来的生物学效应可持续至成年时期。想拥有健康、长寿的人生，要从娃娃抓起。在小学时期评估的人格特质[3]能预测人们40年后的血脂水平、血糖和腰围，而这三个指标预示着心血管疾病和糖尿病的风险，甚至可以预

---

① 据美国国家药物滥用研究所（NIDA）定义，硬性毒品为会导致身体和心理成瘾，并可能导致死亡的毒品。——译者注

测寿命[4]。

虽然童年早期和成年晚期的人格之间有很强的相关性,但这并不能完全决定人们的衰老方式。人与人之间的衰老情况各不相同,并与遗传、环境和机会(或运气)等因素的相互作用有关。科学家开发了一种追踪人格的数学方法,可比较不同个体间的人格差异或某个个体人格随时间变化的特征。借助该方法,可讨论改变人格的年龄、文化及医学因素(例如阿尔茨海默病的发病)。通常,脑部问题出现的最早迹象便包括人格的变化。

近几年的发展科学研究表明,人们在年纪较大的时期也能做出有意义的转变[5]——我们不必坐等遗传、环境和机会因素左右我们的人生。伟大的心理学家威廉·詹姆斯(William James)曾写道:"人的个性在成年早期是'板上钉钉'的事情,无法改变。"但好在他所言并不属实。

直到20世纪70年代中期,认为人在各个年龄段都有可能做出改变[6]的观点才得以确立。彼时,首次由心理学家南希·贝利(Nancy Bayley)提出的观点被德国发展心理学家保罗·巴尔特斯(Paul Baltes)推广:

> 大多数发展心理学研究人员[7]确实认可这样的观念,即基于功能需求和所处环境的不同,任何年龄段都有可能出现发展和变化,且所有年龄段的行为变化都有可能普遍而迅速地出现。实际上,婴儿时期和晚年时期出现的变化速度最快。

这种改变的能力确实存在,就好比人们能调整饮食方式、整理衣橱，不过并非所有人都会切实利用它。这得益于成年后的经历，人们能克服并转变童年遭遇所带来的影响。科学家贝利和巴尔特斯最核心的思想是：在做出改变方面，没有哪个生命阶段优于其他阶段。

当然，认为人们可以改变的观点是现代心理疗法的核心基础[8]。因为有改变的需求，人们才寻求精神科和心理医生的帮助，而现代精神病学和心理学的研究在治疗或治愈许多精神障碍和压力问题（尤其是恐惧症、焦虑症、应激障碍、人际关系问题以及轻度至中度抑郁症）方面基本有效。在上述自愿做出的改变中，有一部分围绕着生活方式的改善，而另一部分旨在改变人格。有时只是细微的人格变化，便足以为我们提供成功老去的最佳机会。为了做出最有效益的变化，每个人都可以思考一下哪些关键因素构成了现在和过去的自己，以及自己未来希望成为的样子。

所有特定时期内的人格特质都会组合成人们的人格。在所有文化中，人们都倾向于使用基于人格特质的标签，例如慷慨、有趣和可靠（积极方面）或吝啬、无聊和不稳定（消极方面）来描述他人，以及做出态度中立的评价，或根据实际情况判断，例如男孩子气和愉快自信。然而，这种基于"人格特质"的评价方法可能模糊两个重要事实：①在不同情况下，人们通常表现出不同的特质；②人们可以改变特质。

很少有人能一直保持慷慨、有趣和可靠——人们面临的机会和不断变化的境况能深刻地影响其展现给世人的、由遗传预先决定的行为和习惯。特质是对行为概率的描述。具有某种明显特质的人[9]会比特质不明显的人更频繁、更强烈地显示出该特质。和宜人性特质不明显的人相比，该特质明显的人表现出宜人性的概率更大；但是，宜人性特质不明显的人也会在某些时候体现出宜人性，就好比内向的人有时也会变得外向。

宏观文化和微观文化对此也有影响。美国的宏观文化认为的害羞和保守的行为在日本可能是完全正常的举动。而在美国的微观文化中，曲棍球比赛中可以接受的行为可能并不适合出现在董事会会议室。

布克·T. 华盛顿（Booker T. Washington）曾写道，"性格而非处境"造就了一个人。拉尔夫·沃尔多·爱默生（Ralph Waldo Emerson）写道："任何境况变化都无法弥补性格缺陷。"尽管许多优秀的故事和诗歌离不开成功的人物性格塑造，但在现实生活中，性格对我们的影响比想象中的要少，而境况及我们对此做出的反应的影响却比我们意识到的要大。若是能划分人生境况的好坏，那便再好不过。但这并不现实，因为人们在特定处境下做出的反应存在个体差异。一些被父母抛弃（或感到被抛弃）的孩子长大后仍能完成良好的自我调整，成为适应社会的好公民；而另一些则沦为巨斧杀人犯。同样，并非所有人都能对生活点滴表现出韧性、毅力，并抱有感激之情（"至少我还有饭可以果腹"）。

传统观点认为基因影响生理性状，例如发色、肤色和身高。但其实基因也会影响心理和人格特质，涉及自信、同情心及情绪稳定性等方面。在一个满是一岁儿童的房间内，可以明显观察到有些孩子更冷静，有些更独立，有些声音更响亮，有些较安静。有多个孩子的父母从一开始就对孩子间的个性差异感到惊讶。此处特别提到基因对性状的影响，意在强调基因的影响并非坚不可摧。基因无法主宰你的未来，但确实会限制日后人格的塑造方式。遗传并非法令，基因影响的人格特质也会被变化莫测的文化和机会因素左右。对复杂性状的最佳诠释是：这是在任何基因，即便是大段基因中都无法观察到的、刚出现的特质，因为基因随时间推移呈现出的表达方式对特定性状在社会现实意义上的变化发展而言至关重要。

　　基因在人体内处于休眠状态，由特定环境触发因子来激活，即所谓的基因表达。创伤经历、饮食习惯、睡眠方式和睡眠时间以及与好榜样的接触等，都可能会改变基因的化学组成，进而"唤醒"并激活基因，或使其继续休眠，而后自我封闭。从在子宫中发育到整个生命周期，大脑神经元发育的方式就好比遗传可能性和环境因素之间的复杂的探戈交锋。每当人们学习到新事物，神经元便会相互连接，但基因会约束这一过程。例如，若你遗传了只能长到 5 英尺（152.4 厘米）高的基因，那么任何知识的习得都无法让你进入 NBA［虽然球员斯伯特·韦伯（Spud Webb）的身高是 5 英尺 7 英寸（约 170.2 厘米），而马格西·博格斯（Muggsy Bogues）的身高是 5 英尺 3 英寸（约 160 厘米）］。更微妙的是，如果基因约束了你大脑中听觉记忆力的神经回路——也许是因为基因偏爱视觉空间认知的表达——那么无论你参加多少课程，都不太可能成为一名音乐巨星，因为音乐家需要有较强的听觉记忆力。

　　思考基因表达时[10]，可将自己的生活比作一部电影或连载多年的电视连续剧。此时，DNA 是剧本，针对影片中所有参与者的指令、对话和舞台指导；而细胞是演员；基因表达则是演员呈现剧本的方式。演员可能会根据自身经验来诠释台词，其表达方式甚至可能令编剧感到惊讶。

　　当然，演员之间会互动，或多或少会产生矛盾。在《宋飞正传》（*Seinfeld*）①中扮演乔治·科斯坦扎（George Costanza）的演员杰森·亚

---

① 美国全国广播公司播出的广受欢迎的情景喜剧。

历山大（Jason Alexander）[11] 曾抱怨，与饰演乔治未婚妻苏珊的海蒂·斯威德伯格（Heidi Swedberg）合作非常困难——"我完全不知道如何与她对戏。我和她演绎喜剧场景时的节奏总是无法契合。"朱莉娅·路易斯-德瑞弗斯（Julia Louis-Dreyfus）和杰里·宋飞（Jerry Seinfeld）也曾有类似抱怨，称"无法"与海蒂合作演戏。但是，亚历山大、路易斯-德瑞弗斯、宋飞和迈克尔·理查兹［饰演科斯莫·克莱默（Cosmo Kramer）］之间的化学反应是显而易见的，这使得《宋飞正传》成为史上最成功的喜剧。

此后，基因为我们提供了一种只勾勒出大致框架的生活剧本。随后，我们便可以即兴创作。文化、机会因素和境况都会影响剧本的诠释方式。其后，我们每个人对剧本的诠释方式会影响他人对自己的回应。每个人社交世界中出现的不同回应会改变大脑神经元的连接方式和化学组成，进而影响对未来事件的反应方式以及对特定基因的开启和关闭（过程循环往复，错综复杂）。

三大因素中的文化因素对我们理解特质起着重要作用。与美国人相比，墨西哥人更看重谦卑的品质；威斯康星州的村民也比华尔街人士更重视谦卑的可贵。特拉维夫人认为的礼貌行为可能是渥太华人眼中的粗鲁行为。我们描述他人时使用的措辞并不绝对；这些描述都和文化有关——我们必然在各人的社会背景和规范下比较人与人之间的特质差异。

家庭包含了一种微观文化，而且传统、世界观、政治和社会观念差异巨大，在工业化大国中尤为如此。在所有城镇或城市中的每家每户对事物都有各种各样的态度，对再琐碎的事情也有不同的观点，例如顺路拜访朋友合适，还是需要提前告知；使用牙线清洁牙齿的频率如何（如果用）；以及是否该限制电视和电子设备的使用时间等。独特的家庭文化价值观会影响特定的人格特质：自发性、责任心和遵守规则的意愿（或至少服从规则的能力）。文化是影响个人本质的重要因素。

第三大因素是机会因素。机会和境况对行为的影响比我们大多数人意识到的要大，且其影响体现在两个方面：这个世界如何对待我们，以及我们主动或被动陷入的处境。

相比皮肤黝黑的孩子，皮肤白皙的孩子对阳光更为敏感，因此可能会减少户外时间。比起体重较重的孩子，消瘦的孩子能更容易地探索排水管道内部和大树树顶。你可能天生富有冒险精神，但如果身体条件不允许，你便可能会转而寻求其他体验，或继续不太需要体能的冒险方式（如电子游戏或数学）。

除上述身体特征外，我们在家庭和社会中都扮演着各自的角色。在子女较多的家庭中，长子往往会承担部分养育和教育年幼弟妹的责任；根据各自父母的情况，最小的孩子可能会得到宠爱或被忽视；在家中排行中间的孩子可能被迫扮演"和事佬"的角色。上述因素影响各人的发展，但是与基因一样，它们无法起决定性作用——我们可以摆脱它们的束缚，即兴发挥，创造自己的未来，但这并非一蹴而就（而且在某些情况下，这预示着许多错误的开端、失败和治疗）。

这个世界如何对待我们

可能有人认为，同卵双胞胎的个性相似，只是因为他们的基因相同（或几乎相同）。但这也可能是因为，这个世界在某种程度上会以相似的方式对待拥有类似相貌特征的人。人们通常会对彼此的外表产生一定的偏见，而到 12 岁左右，你可能已经认识到他人对自己的反应所体现的规律。你的肤色、体重和个人魅力[12]是决定教师、陌生人以及警察（多么令人悲哀！）如何对待你的关键因素。美国佛罗里达州圣彼得斯堡警察局的一项研究指出，男性、非白人、贫穷的年轻人[13]均受到更为暴力的执法，无论嫌疑人的行为如何。

假设你脸部和体质的某些特征让你看起来很刻薄——比如你的眉毛朝着眼睛向下卷曲生长，眼睑看起来像"眯眯眼"，嘴巴周围有很深的皱纹——俗称天生臭脸（resting bitch face）。据《华盛顿邮报》（The Washington Post）报道，女演员克里斯汀·斯图尔特（Kristen Stewart）[14]就是天生臭脸的典型代表，而安娜·肯德里克（Anna Kendrick）则自称是天生臭脸的受害者。[有些男性也如此，包括坎耶·维斯特（Kanye West）。]如果天生带有一张臭脸，你可能会发现身边的人都警惕甚至害怕你。或许你的内心本来温柔善良，但由于一辈子都被他人误会，受到他人无端的怀疑，你可能会逐渐在人际交往中变得漠然，成为现实版的怪物史莱克——长相凶残但是拥有一颗赤诚之心。

探究上述方面的实验方法之一是观察人们对他人判断的一致性。实验要求参与者和陌生人见面，或浏览陌生人的照片和视频，随后必须对陌生人的个性展开各种描述。实验的假设是，人们会基于陌生人的外表（其面部、体形、着装和肢体语言等细节）判断其个性。类似实验可以追溯到 20 世纪 60 年代刘易斯·戈德堡在俄勒冈大学和俄勒冈州研究所开展的早期研究工作。上述研究发现，针对一些人格特质（善于社交、外向、性格开朗、善良、有责任心、冷静、认真和聪明等），参与者对陌生人的判断呈现出高度一致性。而在另一些方面（宜人性、神经质和情绪稳定性）一致性则较低。

当然，即便一群陌生人一致认为某人有责任心，也并不代表事实如此。上述实验只是表明，我们与陌生人互动时抱有社会心理方面先入为主的预设。有共同的预设表明，在相同文化中，人们对身体特征如何反映人格特质拥有相同的看法。将参与者的自评与来自陌生人的评估进行比较时，某些术语（尤其是善于社交和有责任心）呈现出了很高的一致性。而且，尽管自我认知常常大错特错，或自我认知因自尊心作祟而被扭曲，我们有时还是能准确地认识自我——但问题是，我们不知道"有时"是何时。

文化能极大地影响我们对人格特质的分类和评估方式。某一种文化眼中的威胁性体形在另一种文化看来是亲切的化身；某一种文化认为的诚实面孔可能会被另一种文化解读为嘲笑他人的面部表情。

寻找魔力数字

科学家如何研究涉及个人且似乎较主观的人格问题？多年来我一直在思考这个问题，直到命运让我们相遇——算得上一种缘分吧——我遇到了一个潜心研究这一问题的人。

1980年，我想在俄勒冈州海岸短期租一间小屋。我在当地报纸上找到一则广告，然后用公用电话打电话给房东。当天晚些时候我们见面了。不承想房东原来是心理学教授刘易斯·戈德堡，他在人格衡量方面做了许多开创性工作。彼时他正准备休假，希望把周末小住的房子租出去。尽管他最终没有租给我——他敲定了一个更年长的、财务状况更稳定的租户——但我们成了朋友。他向我介绍了他在俄勒冈州研究所的同事莎拉·汉普森。我能结识莎拉和刘易斯，说明他们乐于与他人交往，极具开放性，愿意结交新朋友，即便是像我这样彼时还年轻、无知的学生。

刘易斯通常不喜欢谈论自己。他性格外向、热情洋溢，但为人谦虚。我们认识一段时间之后，我问起他在人格衡量方面的工作。刘易斯首先问我："你会如何研究人格？"（在继续阅读前，你也可以停下来思考这个问题。）

我的思路如下：也许可以扫描某人的脑部，并向他展示无家可归之人索要钱财的照片。如果负责"为人慷慨"的大脑区域被激活，则可以推断出这个人是慷慨的；而如果该区域对此排斥，则可以推断出这个人为人吝啬。但我们如何得知哪一部分是大脑负责"为人慷慨"的区域？事实是我们并不清楚，而如果要追根溯源，就必须从慷慨的人着手，找到"慷慨"的大脑区域。于是，我们又回到了最初的起点：如何判断某人是否慷慨？

也许可以观察人们在特定场景下能否做出善良慷慨的举动。例如，在去办公室的路上，你发现有个人经过一个无家可归的人身边，此时你暗中观察两人的情况。

但是，此处存在三个问题。第一个问题：这个人可能在很多情况下都为人慷慨，但恰好在你观察的时候没有体现出来。例如，一个热心慈善的人更愿意向具有一定规模的慈善机构捐款。这个人可能在昨天才向流浪者收容所捐赠了1000美元，给救济贫民的施食处1000美元，还将更多的钱捐给了红十字会、乐施会、仁人家园和联合之路等慈善机构。但是这个人可能无法通过你的考验——也许今天他只是被偷了钱包，没钱可给，虽然在其他任何一天他都会伸出援手。

第二个问题：如何区分由同一场景触发的不同人格特质？某人可能并不慷慨，但特定场景却触发了与之相似的感受：同情心——也许无家可归者令这个人想到了自己过世的亲爱的姐姐，于是他愿意伸出援手，投入几枚硬币；又或者，这个人的脑部可能受过伤，于是他无法控制冲动，完全无法拒绝任何形式的要求。我要再次强调，这个人并非传统意义上的慷慨之人，只是在你观察的特定情况下，他看起来慷慨。

第三个问题：一个人可能拥有数不清的人格特质，这意味着必须对成千上万的行为表现进行实验，如此一来研究将变得繁杂且不切实际。而世上必然存在一种更为简单的方法。

我本人无法解决这个问题，但是刘易斯交上了令人满意的答卷。他先从一个假设开始，该假设最初在19世纪初由弗朗西斯·高尔顿爵士推广。以下为刘易斯的思路：

> 假设日常来往中最重要的个体差异[15]最终会体现在不同的语言中，此为人格词汇学假说。某个体差异越重要，人们注意并谈论该差异的可能性便越大，最终人们会造词来形容他人个性，如名词（偏执狂、恶霸、蠢蛋、牢骚鬼、乡巴佬、懒汉、小气鬼、傻瓜）和形容词（坚定、勇敢、活力四射、诚实、聪明、有责任心、善于社交、老练）。

刘易斯的假设正确吗？也许不，但这是一个很好的开端。也许某些人格特质还未用语言表达出来，要么因为它们相对罕见（此时不必担心），要么因为它们代表着人们不愿意谈论的事物（此时需要开发不同的评估工具)。人格词汇学假说的意义不在于识别出所有人格特质,而在于了解真正重要的大多数特质。

如果你认为对人格的描述可能受文化因素影响(与发展心理学的三大因素之一相吻合),那么你可以获得一朵小红花(至少从此可看出,你很聪明且见多识广)。某些词汇的文化倾向可能很明显,例如"乡巴佬"。在一个鲜与外界接触的、偏僻封闭的社区中,很难想象有人会被称为"乡巴佬"或"偏执狂"。而在生活环境看似更为城市化的文化中,人们有机会将"城里人"与"乡巴佬"做对比,以及区分胸怀宽广的人和顽固不化的人。同样地,严格实行一夫一妻制的社会可能并不需要"重婚"这个词,而一个强调人人共有财产的社会可能不需要"小偷"这个词。

人格特质可能受文化影响并不意味着衡量人格特质的不可操作性,这完全取决于使用信息的目的。若目的在于了解某个文化中人们的个性特质,或者个人整个人生阶段中人格特质可能会发生的变化,那么并无问题。而如果目的如同某些跨文化心理学家的一样,希望了解各文化间人格特质的差异,或文化间的人格特质是否存在共通性,则可以发挥才智,尽可能对各色人物进行各种各样的测试。正如刘易斯所说:

> 某项个体差异在人际交往中越重要[16],描述它的词汇便越多。

于是,那些大无畏的研究人员、人格领域的探索者,开始研究全球不同文化的语言。此处我想举一种体现个体差异的例子——精神疾病。在与人交往时,了解对方是否理智、理性且情绪稳定,或对方是否能听见"脑子里有人在说话",这一点十分重要。以下三个差异巨大的民族[生活在阿拉斯加西北部的因纽特人、尼日利亚乡村的约鲁巴部落,以及澳大利亚中部的品突皮(Pintupi)原住民]在二三十年前的生活方式还像旧石器时代的狩猎者和采集者,而研究发现,他们的语言中早已包含对精神状态(人格特质)的描述。此外,上述三个民族对精神疾病的态度和行为几乎不存在文化上特别的差异[17]。而且世界各地的人们都用相关词汇描述更常见、更具体的精神疾病(例如焦虑和抑郁)。

在明白如何衡量并形容人格之后,另一个问题又浮出水面。描述人格特质的词汇成千上万——在英语中,《韦氏词典(未删节版)》(*Webster's Unabridged Dictionary*)中有4500个描述人格的词语[18],而目前常用的则超过450个。庞大的数字使得描述人格特质的科学变得繁杂——难以对其概括、讨论和预测。这是最早的"大数据"难题之一,而此后几十年才出现需要分析的海量Facebook数据和气候变化数据。

处理海量数据的常用科学手段是使用数学技术简化数据,将相似的条目合并到相同的类别或维度中。如此一来,我们得以便捷地讨论数据。由于保存了原始数据,我们可以随时返阅。

让我们从类比的角度出发,思考空间位置(人和物在地球上的方位)研究的便捷手段,三维坐标系(囊括纬度、经度和海拔高度等需求指标)便是个不错的选择。但这个体系较为繁杂,提供的信息通常远超过需求。实际上,将世界按大洲、国家、城市、社区等指标划分通常便足以满足研究需求。

假设你要在总部位于休斯敦的组织中安排人员开会,而你还未联系到特里。此时布里安娜说:"哦,特里接下来几周会待在欧洲。"实际上只需要获悉这一信息便足矣——你不需要了解他是在葡萄牙还是在马其顿,抑或在里昂的嘉布遣大道上逗留。但是如果你想用联邦快递给他寄送会议记录,想必你也可以精准定位他的具体所在——也许只需要他的电子邮箱即可。而且,虽然特里的地理位置被简单地描述为"欧洲",但这并不意味着我们会将特里的方位与其他在欧洲的人或事物混淆。例如,道格说:"哦,我堂兄的行李箱被误寄到欧洲了,也许特里能碰上呢。"这句话的逻辑谬误显而易见:毕竟欧洲很大。对人格的描述也是如此。

即便能找到概括人格特质的方法,即便这能将对人格的探讨便捷化,也不代表属于同一人格特质类别的所有人都相似。但是仍有可能存在具有研究意义且普遍适用的大趋势,它能帮助我们在不忽略个人差异和多变性的前提下,区分北美人与亚洲人或非洲人的气质和人生观。人格特质是连续体,人们使用修饰语来描述他人:这个人还算有魅力;他脾气有点大;他算个典型的欧洲人。

多个国家的数十名研究人员曾着手寻找组织人格特质词汇的最佳方法,以创建有效的分类法。在理想情况下,构想的体系应适用于各种语言和文化,这将极大促进跨文化、跨语言对比。科学家用了50多年的时间才对此达成共识。

在上述研究中,一位杰出的科学家认为人格特质有20个[19]至30个维度;而有些认为有2个[20];还有些科学家则主张有5个或13个。我的朋友刘易斯则更看好心理学家迪恩·皮博迪(Dean Peabody)提出的三因素(三维)模型,否定五因素模型(现在称为"大五人格模型")。刘易斯表示:"以我的科学审美看来,皮博迪的三因素模型优雅且精致，而五因素模型则是一场噩梦：除了第一个因素外倾性，其他四大因素都与评价（好坏的评价）紧密相关，这意味着这四大因素并非真正独立的人格维度。"大约在1975年至1985年，为验证三因素模型，刘易斯致力于收集并分析各数据源，但是无论他如何分析，最终结果都指向五因素模型。于是刘易斯恳请与皮博迪一同设计并开展实验，在三因素和五因素模型中进行定夺。得出数据分析结果后，两人共同发表了一篇论文，表示五因素模型更为有效（而且该模型纳入了皮博迪三因素模型的所有因素）。自此，刘易斯和皮博迪都不得不成为五因素模型的信徒。

如果刘易斯和皮博迪二人缺乏合作意识，抗拒新体验，意见无法达成一致，抑或毫不外向，那么两人便永远无法得出上述结论。

与观点不一的人合作呈现了一种理想的科学状态。持不同理论且彼此观点冲突的学者决定共同研究某一问题时，得出的结果也许能变革一个研究领域。如今，刘易斯被许多人视为"大五人格模型"之父。数十种语言（如中文、德文、希伯来文、日文、韩文、葡萄牙文和土耳其文）和文化都借鉴了大五人格模型。可想而知，不同的文化对大五人格模型的描述会呈现出细微的差别，但是这个模型依旧是最佳的人格描述模型。

大五人格模型的五大特质类别包括：

特质一：外倾性（Extraversion）

特质二：宜人性（Agreeableness）

特质三：责任心（Conscientiousness）

特质四：情绪稳定性（Emotional Stability）和情绪不稳定性

（Neuroticism）

特质五：经验开放性（Openness to Experience）与智力[21]或想象力（Intellect or Imagination）

上述每一类别下都包含许多特质。很明显，最后一类人格特质的命名仍存在争议，但无伤大雅——这一类别有明确的定义，凝聚了许多在现实生活中找得到的特质。

外倾性包括[22]健谈、大胆、精力充沛等特质，以及相反的特质，如安静、怯懦、无精打采等。在此项得分高的人[23]能与他人相处融洽，常常是对话的开启者，并且不介意成为人群的焦点。

宜人性包括热情、合作意识强、慷慨大方等特质，以及相反的特质，如冷漠、习惯对抗和吝啬等。在此项得分高的人乐于关注他人，与他人共情，并且能让周遭的人感到轻松自在。

责任心包括井井有条、负责、谨慎和务实等特质，以及相反的特质，如杂乱无章、不负责任、草率和不切实际等。在此项得分高的人是有备而来的人，他们勤奋，注重细节，并且言出必行。

情绪稳定性包括性格稳定、知足常乐和自在放松等特质，以及相反的特质，如情绪波动大、常常感到不满和易紧张等。情绪稳定的人不易被外界打扰，常常轻松自在，情绪没有大幅度波动。

经验开放性（智力或想象力）包括好奇、聪明和具有创造力等特质，以及相反的特质，如缺乏好奇心、愚蠢和缺乏创造力等。经验开放性囊括了认知和行为的灵活性。对各类体验持开放态度的人能迅速理解事物[24]，具有生动的想象力，并且乐于尝试新鲜事物,如去新的餐厅,去新的地方。经验开放性与智力是相互独立的概念,但其代表人们拥有智力、文化、审美和艺术体验的倾向。

如果想以人格研究员的口吻描述人格[25],那么你可以直接使用各人格特质的因素序号,例如:"哦,南希这人的第二因素很不明显"或"我觉得你应该给会计部的斯坦升职——他的第二和第三因素很明显"。

从古至今,人们都在尝试对人格特质进行归类。占星术便是其中之一,它根据出生时间,系统地对人格分类。虽然与占星术相关的星座之说在世界范围内仍然风靡,但它并没有科学依据。你认识的摩羯座可能性格顽固,但站在统计学的角度,你也很可能会发现性格同样倔强的狮子座、天秤座和射手座。

经常令人感到困惑的一点是,大五人格模型通常被视为类型学(外倾性类、情绪不稳定性类等)。但事实并非如此——人格由五大特质类别组合而成。正如从物理学角度,我们可以描述物体的长度、宽度和高度,大五人格模型帮助我们通过五类特质描述人格。大五人格模型的拥护者们的本意从来不是将丰富的人格特质缩减为仅仅五类,而是尝试提供一个框架,将众多表示人类特质的个体差异组织起来。大五人格模型的组织框架对人们增进彼此的了解而言至关重要。

因素一:杰森是积极主动且支配欲强的人,还是被动顺从的人?(潜台词:杰森好欺负吗,还是他会试图欺负我?)

因素二:马里好相处吗?(我和他相处时氛围是温暖而愉快

的，还是冷漠而疏远的？）

因素三：莱蒂蒂亚是个尽心尽责的人，还是疏忽大意，偶尔掉链子的人？（她靠谱吗？）

因素四：汉娜是个理智的人吗？（我能预测汉娜的行为吗？我能理解她的行为吗？）

因素五：费利克斯是个聪明人吗？（教会他东西容易吗？我能从他身上学到什么吗？）

意义何在

大五人格模型对希望了解衰老这门科学的人来说意义何在？大五人格模型构建的公认框架有效地组织了海量的人格特质，避免了研究的繁杂化。

每当人格因基因、境况或治疗改变时，大脑必然发生变化。从这一角度而言，所有人格差异都是生物学层面的差异[26]，无论是否受遗传因素的影响，因为人格差异必然伴随着大脑的变化。上述神经生物学层面的变化伴随着大脑的化学变化。例如，不论性别如何，自信、竞争意识、支配欲和好斗等特质都受睾酮①的影响。睾酮水平越高，行为越激进[27]；睾酮水平越低，为人处世越有礼貌。睾酮水平受基因、文化和机会三大要素的影响。成功捕获猎物[28]、飙车[29]、受公众关注或领导众人[30]等经历能提升睾酮水平。在正常的衰老过程中，睾酮水平往往会下降。从人们典型的职业生涯轨迹可发现，随着年龄的增长，人们会获得更大的权力，这对某些人而言能够弥补睾酮水平在生

---

① 一种类固醇激素，由男性的睾丸或女性的卵巢分泌。

物学层面的下降。

学界认为，责任心、宜人性和情绪稳定性反映了希望减少生活中不必要的"插曲"的倾向，并且有越来越多的证据表明上述特质受 5-羟色胺的影响。开放性和外倾性反映了一种探索并实践更多可能性的普遍倾向，而这两种特质似乎受多巴胺的影响。增加多巴胺水平的药物能激发人们的探索欲，使之承担更多风险。较低水平的 5-羟色胺[31]与攻击性、弱冲动控制能力和抑郁有关，因此改善 5-羟色胺功能的药物通常用于治疗上述症状。

研究表明，基因的结构也会影响人格。名为 *SLC6A4* 的基因[32]的变化与情绪不稳定性有关，后者包括焦虑、抑郁、绝望、内疚，产生敌意和攻击性。某些名称发音过于复杂的基因与自我毅力、自我超越以及寻求新事物的意愿有关。与寻求新事物的意愿有关的基因会参与多巴胺的调节。有研究员积极投身于绘制基因、大脑、神经化学物质和人格之间相互作用的动态图。

气质和人格

婴儿一出生便具有一定的脾性[33]，即婴儿应对不同情况时体现的个体差异规律以及如何调节这些规律。在婴儿和儿童中，这些规律通常称为气质，而在成年人中，它们叫作人格。幼儿的气质和早期生活经历[34]使他们逐渐养成自身人格。随着生活经历对孩子的塑造，孩子对自我和他人的观点不断变化，这进而构成人格的基础。从小生活在水深火热之中的孩子所拥有的世界观必定不同于被呵护长大的孩子。有趣的是，人格并不总会按照人们预想的轨迹发展。

你可能认为一个在恶劣环境中成长的孩子会养成易恐惧、焦虑甚至情绪不稳定的人格。当然不排除这种可能性,但是,另一个在同样的环境中长大的孩子,可能因其不同的遗传特征、子宫环境和接受的教育方式而变得无所畏惧、勇敢并敢于迎接挑战。随着孩子形成自己的价值观、态度和应对策略,他们的气质会逐渐转变成人格。人格以生物学因素为基础[35],且与遗传组成有关系,但并不完全由其决定。

通常按照动物的气质衡量指标来衡量[36]儿童的气质。包括突发性(活动水平,或因素一)、社交能力(因素二)、自我调节(因素三)和好奇心(因素四)。研究发现上述指标与五大人格特质息息相关。而对于因素五,判断动物和婴儿是否神志清醒更为困难。(虽然我认为,有婴儿的所有父母都会时不时认为自己的小孩一定是疯了。当然,他们确实是小疯子!婴儿完全以自我为中心,他们是十足的精神病患者,除了自己谁也不关心。)

与衰老有关的人格变化

自然的衰老过程会从多个方面导致人格的转变。一项针对92篇相关文献(涵盖从10岁到101岁的人生历程)的元分析[37]发现,所研究的人格特质有75%在40岁以后发生了显著变化,这一趋势延续到了60岁。(但不是所有人都符合这一趋势。有些人的人格根本毫无变化,有些人的人格变化与统计趋势相悖。)有些人格变化由疾病和伤痛引起,其代表为阿尔茨海默病、匹克氏病①、中风或摔跤引发的脑震荡。

---

① 又称脑叶硬化症、脑叶萎缩症、早老性痴呆,为一种罕见病。

那么上述人格变化的趋势是什么？老年人往往更擅长抑制冲动[38]。换言之，与年轻人相比，老年人的自我控制力和自律性更胜一筹，并且往往比年轻人更能遵守规则——与因素三（责任心）有关。20岁以后，人的自控能力呈以每10年为单位稳定增长的态势。人的前额叶皮层在20岁出头时持续发育变化，这是自控能力得以提升的原因之一。研究还发现了人的自控能力随年龄增长出现的其他变化，但尚未找到原因。

灵活性（对计划变更或环境变化的适应能力）在20岁后以每10年为单位逐渐下降。随着年龄的增长，男性的情绪通常会越发敏感[39]，而女性则表现得更为坚强。青春期时人的开放性逐渐增加[40]，而之后随着年龄的增长逐渐下降——也许你已经猜到，或是正在经历这一过程。

此外，老年人通常更在意能否给人留下好印象，能否与他人顺利合作、友好相处——宜人性随着年龄的增长显著提高[41]。老年人的情绪更为稳定[42]，也更为镇静。当然，总有例外情况。请记住，上述只是普遍现象。在与社会神经科学有关的图表中，我最喜欢的一张来自对62个国家近100万人的研究[43]，该研究表明，情绪稳定性、宜人性和责任心随年龄的增长持续增长。其中，加拿大的相关图表如图2所示。

老年时，责任心、开放性和外倾性等特质逐渐淡化，而宜人性和情绪稳定性则显著提高。结果表明，随着年龄的增长，早期不断增加的责任心在50岁以后可能开始下降。人在老年时更能做到知足常乐[44]，这被称为"甜蜜生活"效应，是情绪稳定性的一个体现。老年人更能对已拥有的感到满足，情感上更为克制，更自在，不那么执着于提高生产力。60岁以后，情绪障碍、焦虑和行为问题逐渐减少，并且出现这些问题的情况非常少见。

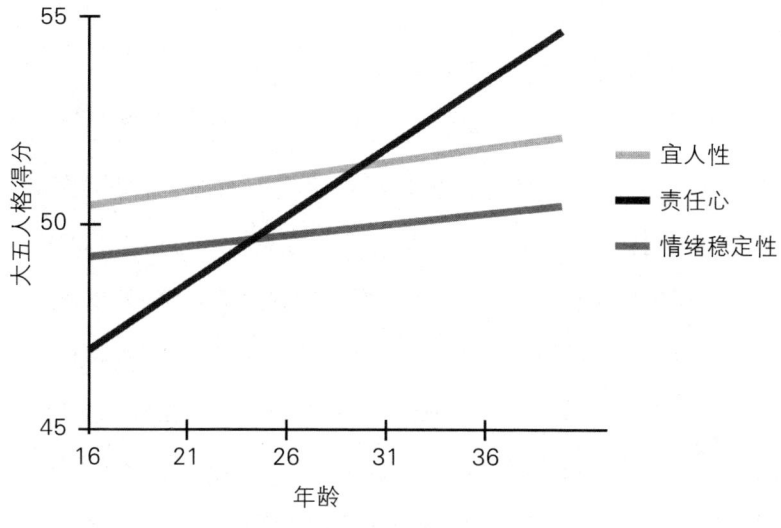

图 2　加拿大人的人格与年龄变化图

老年人不太会冒风险或寻求刺激[45]，并且从道德层面而言更为负责，对新体验的开放性较低。从大五人格模型来看，老年人的外倾性和开放性下降，而责任心、情绪稳定性和宜人性则有所提高。

某些与衰老有关的人格变化基于微文化和机会——我们及我们的朋友在早期生活阶段努力经营的社会角色——而产生。在青春期后段和成年早期，人会变得更加独立，并开始专注自己的教育和事业。学习和事业的成功很大程度上取决于人的可靠性和能力。在青春期以前，父母和社会各界的帮助能引导我们，因此我们可能不太需要高度的责任心。对某些人而言，退休之后责任心减少并非由大脑的变化导致，而是因为此时不太需要更加刻苦、自我驱动的人格——似乎可以稍稍放松，享受幸福的晚年生活。社会角色的转变大多发生在晚年时期，那时我们可能已经是祖父母，已然退休或找到了新的爱好。此时面临的健康挑战为我们提供了一个显而易见的选择以及一个塑造人格的机会：我是谁？我是会被现实打倒并且屈服，还是会迎难而上，锤炼意志，学会乐观豁达，并充分利用仅剩的时间？

乐观的人通常长寿。但是，过于乐观也有害健康。若你盲目乐观，那么即便额头长出了黑点你也不会去医院检查是否患癌；即便你 40 岁以后每 10 年就增重 10 磅（约 4.5 千克），你也无法意识到其严重性，却认为"船到桥头自然直"。虽然保持乐观对疾病痊愈、组织修复等方面至关重要，但仍需结合现实，以认真负责的态度做到适度乐观。

生病往往也能改变人格。在莎拉·汉普森针对 2 型糖尿病患者的研究中，许多患者提到患病促使他们更好地照顾自己。追求更健康的生活方式可能会改变人格——令自我控制力和责任心提升，做事更有条理。

榜样的力量

榜样的存在告诉我们，我们可以超越自我。从榜样身上，我们看到自己希望做出的改变以及想要的生活——榜样让我们知道，原本只能尘封的缥缈愿望也有可能实现。榜样让我们认识到，自己便可以成为自己的自传作家[46]——可以改变自己的生活轨迹，无论走向是好是坏。但是，此之蜜糖，彼之砒霜，对某人而言鼓舞人心的榜样可能只会让另一个人徒增烦恼。这便是为什么本书因各种不同的声音而增光添彩。你可能并不同意本书列出的每个人的政治观或生活观，但是本书收录他们的观点，是为了展现在晚年保持健康、活跃，积极投入生活的诸多可能性，正如简·方达（Jane Fonda）向我描述的那样——要优雅地老去。

无论年纪多大，都可以创造属于自己的未来。朱莉娅·"飓风"·霍金斯（Julia "Hurricane" Hawkins）[47]是路易斯安那州巴吞鲁日（Baton Rouge）人，也是一名退休教师。身为虔诚的园丁，她对盆景树情有独钟。霍金斯在75岁时首次尝试竞技体育比赛。她曾参加全美老年人运动会自行车赛，获得铜牌和金牌。25年后，她转战新领域，在100岁时开始跑步。霍金斯在101岁时再次参加全美老年人运动会，在女子100码（约91米）赛跑中用时39.62秒，创下了百岁老人的新纪录。她还在50码短跑比赛中与更"年轻"（90岁）的选手竞技，以18.31秒的成绩完成比赛。她的秘诀是什么？"保持好体形[48]，控制体重，保持良好的睡眠，并坚持身体锻炼和体育训练。"但是，她补充道，"在锤炼自我和累垮身体间容易掌握不好分寸。不能太勉强自己，只能尽力而为。"2017年，她在全美老年人运动会上摘得百码冲刺桂冠后表示："我不觉得自己已经101岁了，倒觉得现在的状态像六七十岁。101岁的人生并不完美，但是没有什么能阻挡我前进的步伐。"一年后，霍金斯102岁，创下了24.79秒跑完60米的世界新纪录。"我喜欢独立的感觉，喜欢尝试不同的事物，乐于挑战自我，我享受通过这种努力变得更好的感觉。"2019年6月，她103岁，在50米和100米赛跑中拿下金牌。

挑战并提升自我是贯穿许多人精彩一生必不可少的主题。吉他手安德烈斯·塞戈维亚（Andrés Segovia）在93岁时进行了一次新的巡回演出，享年94岁。他在生前最后一次采访中表示，他每天仍坚持练习5个小时。塞戈维亚成就非凡，曾被认为是在世的最伟大的吉他手，是什么让他坚持练习？他说："有一段乐曲弹起来总是不太顺手。"

在美国奈飞公司（Netflix）喜剧《同妻俱乐部》（*Grace and*

Frankie）于 2019 年播出的第五季中，81 岁的简·方达和 80 岁的莉莉·汤姆林（Lily Tomlin）担任主角。汤姆林的角色弗兰基·伯格斯坦（Frankie Bergstein）是开放性高的典型例子——她经常抽大麻，是个画家，并且曾经雇用住在邻居后院树林里的人作为自己的建筑承包商。而方达的角色格蕾丝·汉森（Grace Hanson）为人固执，性格较为冷淡且保守。在电视剧的第二季中，两人开启了自己的事业，这对嬉皮-社会主义人士弗兰基而言是全新的挑战。在第四季，格蕾丝开始与彼得·加拉格尔（Peter Gallagher）扮演的年轻男子约会。这部电视剧之所以拥有如此多拥趸，是因为它让人们感受到，人在晚年也可以改变生活，可以尝试新事物，并从中得到乐趣。方达说："我和莉莉经常听到的反馈是[49]，'这部电视剧让我们不那么惧怕衰老，让我们充满希望'。我 50 岁就离开了娱乐圈，65 岁重整旗鼓。在那个年龄重新开始不太常见。令我和莉莉感到骄傲的一点，也是我希望继续保持的一件事是——向观众展示，虽然你年纪可能变大了，虽然你可能正处于人生的第三幕，但这并不是世界末日，你仍然可以活得有滋有味，拥有性生活，保持风趣幽默。"

安娜·玛丽·罗伯逊（Anna Mary Robertson），以摩西奶奶（Grandma Moses）这一称呼而闻名，直到 75 岁才开始真正投身绘画事业，坚持作画到 101 岁。如今，她的作品在史密森尼美国艺术博物馆和纽约大都会艺术博物馆等展馆展出，出售价超过 100 万美元。她在 91 岁时作的一幅画挂在白宫，被印成纪念邮票。阿尔玛·托马斯（Alma Thomas）75 岁时才开始人生第一次艺术展。她是第一位在惠特尼美术馆举行个展的非洲裔美国女艺术家，如今她的作品在史密森尼美国艺术博物馆和白宫展示。

图 3　安娜·玛丽·罗伯逊画作所印邮票

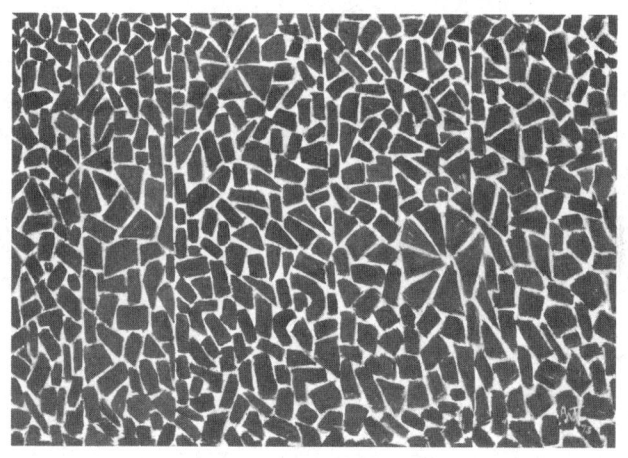

图 4　阿尔玛·托马斯画作

我想起了另一则故事：一个 1890 年在印第安纳州出生的穷小子[50]，父亲在他 5 岁时去世。这个生活毫无动力的孩子，在七年级中途辍学，再也没有接受过教育。才 17 岁，他便被解雇了 4 次（每次都是不同的工作）。而后居无定所，从一份不熟练的工作换到另一份，生活十分拮据。若一个人的童年和青年时代几乎决定一生，那么想必他日后的人生中，失望将接踵而至。确实，他漫无目的，生活没有重心。他做过许多职业，蒸汽机司炉工、农场工人、铁匠、士兵、铁路消防员、马车油漆工、有轨电车售票员、门卫、保险推销员和加油站操作员等，但都做不长久，也无法存钱。50岁那年，他又开启了一项注定失败的工作，在肯塔基州科宾市开了一家路边餐馆。这家餐馆经营困难，最后也奄奄一息，在他62岁时，生意失败。于是，接近退休年龄的他，再次破产，住在自己的车里。如果换作我们，此时有多少人会选择放弃？这个男人一生中处处不得志，而在1952年，62岁的人只有最多3.2年的预期寿命。

有一天，他拿出家传的老食谱，思考特许经营餐厅有何潜力，然后借钱在犹他州开了一家特许经营餐厅。也许你认为故事的结局便是这样了，但是，这个男人的名字是哈兰·山德士（Harland Sanders），而他的餐厅是肯塔基炸鸡，如今被称为肯德基，是世界上最大的食品供应商之一。山德士在74岁时以200万美元的价格出售该餐厅，这一价格相当于今天的3200万美元。他在62岁时构思的餐厅模式如今带来的年收入达230亿美元，并且享誉全球。此后，他继续为肯德基提供咨询服务，并担任其品牌形象大使直至90多岁。

在山德士89岁时，有人问他[51]："你不打算退休吗？"他坚定地答道："完全不。当主创造亚当时，他从未让亚当65岁时辞职，不是吗？亚当在生命的最后几年仍然坚持工作。我相信，只要你身体健康，有能力，那就应该发光发热至生命的尽头。"

在晚年尝试新事物，如竞技体育、艺术创作或经商创业，可极大地提升生活质量，延长寿命。开放性和好奇心与健康和长寿息息相关。好奇心强的人更善于在智力和社交方面挑战自我，并更能获得健脑操①（mental calisthenics）带来的益处。他们更能保持对事物的兴趣度，参与性更强，与他们相处的人常常能获得乐趣，更别说社交是保持头脑灵活的好方法了。

责任心

在整个人生阶段，最重要的人格特质可能是因素三，责任心。对自己负责的人在生病后更有可能寻求医生的帮助，更有可能接受定期体检，并履行事业、家庭和财务方面的承诺。上述方面似乎都是比较"接地气"的益处，其实责任心也能促成许多积极的人生结局，比如使人长寿、成功和幸福。责任心与全因死亡率②的下降有关[52]。而相对地，童年时期责任心较低意味着成年时期更容易肥胖、生理失调，其血脂水平更加异常。要提高责任心，就必须改变潜在的认知过程，例如自我调节（抑制冲动行为）和自我监控（观察在哪些情况下能自我调节，哪些情况下不能）。在提高责任心方面，研究证明，有许多方法对任何年龄段的成年人都奏效，其代表有认知行为疗法，以及戴维·艾伦（David Allen）的书《搞定》（Getting Things Done）提供的建议。

最近一项发表在心理科学协会（Association for Psychological Science）旗舰期刊上的心理学研究证实了查尔斯·科赫（Charles Koch，世界上最大的公司之一的首席执行官）的话："我宁愿雇用有责任心、好

---

① 指通过锻炼来提升脑力。
② 全因死亡率指一定时期内各种原因导致的总死亡人数与该人群同期平均人口数之比。

奇心、诚实的人，也不要绝顶聪明，却缺乏这些品质的人。缺乏责任心、好奇心，不够诚实的高智商人士一般容易导致不堪设想的后果。"

智商是我们熟悉的指标，情商也越来越为人熟知，这在一定程度上要归功于丹尼尔·戈尔曼（Daniel Goleman）所写的备受追捧的书。认知科学家现在关注第三种"商"——好奇商，认为好奇商也能预测人生是否成功，且通常比智商、情商更能体现人们成功与否。

想必你已经意识到，责任心和好奇心应该有限度，过度可能引发问题。过于尽责的人可能会有强迫症，所以有必要区分有益的责任心与极端的死板或强迫。如果尽责体现在盲目遵守错误的规则，则会适得其反。以医学界推出的可能造成伤害的措施为例，使用前列腺特异性抗原（PSA）生物标志物筛查前列腺癌可能是医学界对患者造成重大伤害的最臭名昭著的案例。大多数PSA水平升高的男性不会出现前列腺癌的症状，但有许多男性在接受不必要的治疗后死亡或健康严重受损。PSA筛查帮助的人数与其伤害的人数之比约为1∶100。过度诊断在其他"尽责"癌症筛查中也很常见。

开放性

过于开放会导致人们做出危险行为吗？答案是肯定的。约翰·列侬（John Lennon）出了名地敢于尝试新体验，接受了一种在当时未得到验证的疗法，在他的头骨上钻了一个洞。艾米·怀恩豪斯（Amy Winehouse）自控力极弱，年仅27岁便因酒精中毒去世。史蒂夫·乔布斯（Steve Jobs）也以高度开放著称，他患胰腺癌时接受了未经科学证明有效的治疗，而这种高度的开放性夺走了他的生命。

所幸我们可以塑造人格特质，正如我们可以改变大脑。我们能做出改变，能做到吃一堑长一智。我们每个人脑海中都有内心独白，这个声音作为讲述者，跟踪我们的日常，会发布"我饿了"或"我很冷"之类的动态。这个讲述者还会告诉我们："这便是我想要的，我想做的事情，这是我在某些情况下的应对方式。"了解这一点是我们走向变化的第一步，能帮助我们认清事实：过去并不一定能决定我们的未来。甚至，通过媒体学习到的榜样也能促使我们做出有益的转变。自我肯定（"我很慷慨，我很仁慈"）有助于超越自我，让我们成为更好的人。一项历史悠久的著名心理学实验表明，表现得幸福的人最终真的会变得幸福。人们感到发自内心地高兴时会动用面部颧大肌来微笑。在一项实验中，强迫自己微笑的人实际上比强迫皱眉的人感到更幸福，这只是因为拉动了颧大肌。研究证明，神经系统是双向的。不必在意究竟是大脑让嘴部绽放微笑还是嘴部使得大脑感受到微笑带来的快乐。因此，请多多微笑吧，抱着乐观的态度，并尝试新事物。如果你心情不好，可以假装自己心情尚可。拥有积极的人生观——即便一开始你只是假装乐观，最后也有可能美梦成真。

同情心

我们掌握的关于自我与他人的信息在数量和种类上存在固有的不对称性。我们特别清楚自身过去的行为以及当前的心理状态和动机，但是对他人的记忆和状态却无法如此了解（除非你在欣赏一部好电影或小说）。同理，他人在评判你时，也缺乏相关的了解。想象一下，你正开着一辆豪华轿车，随后停在红灯前，一个流浪汉走过来，向你讨要 1 美元，而你没有给他钱。此时流浪汉可能会得出你是个守财奴的结论。但其实你本想要提供帮助，但却没带现金。一种行为，两种解释。

为了避免误判他人，我们可以尝试对他人抱有同情心，要考虑到你把某个特质归因于某人的行为可能是错误的。你可能认为自己的人格固定不变，并且它在童年时期便早已定形，但科学却证明了相反的观点。尤其是，自贝利和巴尔特斯开始的相关研究发现，人们能自愿转变（非疾病引起）人格，这至少能持续到 80 多岁，而相关实验横跨北美洲、欧洲和亚洲三大洲。

为人处世富有同情心也能减轻压力。你可以选择或学习承受较少的压力，这可是救命的做法。HPA（下丘脑-垂体-肾上腺）轴是控制包括皮质醇在内的应激激素（糖皮质激素）分泌的内分泌系统。糖皮质激素对不断衰老的海马尤其有害，并且与学习和记忆能力下降有关。心理疗法最擅长的治疗之一便是帮助人们减压，这对保证整体健康而言至关重要。但是，过犹不及。压力不足（如过分乐观）可能会导致人们忽略重要的健康问题，或失去工作、社交的动力。适度的压力能促使我们采取行动，包括加强锻炼，适当饮食，以及通过结交朋友、与朋友相处来改善心理健康。

拥有好的人格便足够了吗

好奇心、开放性、关联度、责任心和健康习惯是对我们余生影响最大的五大生活方式。前四大因素是人格的构成因素。它们的首字母缩写是 COACH，我在本书中多次提到这个词，这是我阅读数千篇有关衰老的文献总结而来的精华。在后面的章节中，我将再次回归它的丰富内涵。但是，衰老还有另一个与人格关联较少的著名因素：记忆力。记忆力是构成人们本质以及生活体验方式的核心所在。许多人也许不介意拥有他人的头发、智力或镇定的心态，但拥有别人的记忆呢？那将意味着我们失去了自我。那么，我们对记忆的脑科学基础了解多少？为什么记忆力下降似乎是衰老的第一个迹象？

第 2 章
记忆力及自我意识：记忆力衰退的原因

　　我此时站在大厅壁橱前。我之前在卧室收拾行李，之后来这里找东西，但我不记得自己要找什么。我回到卧室，看看是否有什么东西能让我想起来。我的脑子一片空白。我走进厨房，在想也许我途中只是偶然停在了大厅壁橱旁，并在找有什么物体能清楚地提醒自己站在这儿的目的是什么。我再次回到卧室，盯着行李箱和成堆的衣服，但我还是什么也没想起来。

　　以上现象不是第一次出现——我 30 多岁时也有这种情况，但彼时我只认为自己是暂时分心了。如果我不是神经科学家，那么如今年过六旬的我会担心，这肯定代表着我的大脑正在衰退，而且我很快就会老到要借助辅助设施生活，坐等着有人喂我吃捣碎的豌豆和胡萝卜粉作为晚餐。但是相关文献抚慰了我——随着年龄的增长，这类暂时性失忆的出现再正常不过，并不一定预示任何严重疾病。造成这种现象的原因之一在于，此时我们的神经系统总体在转向自我——在 40 岁以后以每 10 年为单位，大脑都会用更多时间思考我们内心所想，而非从外部获取信息。这便是为何我们完全记不起自己站在一扇敞开的壁橱门前的目的。这是大脑衰老的正常现象,并不总预示着恶劣情况即将发生。

当我们忘记某件事时(尤其在年纪大了以后),我们感到的恐慌是发自内心的、令人不安的。这体现了记忆的重要性——其意义不仅在于帮助我们办成事情,还在于赋予我们深刻的自我意识。在记忆中,我们得以在发生冲突或遭到怀疑时铭记自己是谁。美好的回忆沁人心脾。不好的记忆阴魂不散。记忆带给我们的是极度个人化和私密的感受。

正如哲学家和作家早已描述的那样,没有记忆,我们就缺乏身份认同。克里斯托弗·诺兰(Christopher Nolan)的电影《记忆碎片》(*Memento*)便是一个生动的例子,而克里斯托弗的弟弟乔纳森(Jonathan)则在本书撰稿时大热的美国奈飞公司电视剧《西部世界》(*Westworld*)中阐明了这个道理。(关于这点,有人认为这得益于才华的遗传基础,也有人认为这是因为二人共同的家庭背景。当然,事实应是两个因素的相互作用。)我们对自身以及其本质的看法依靠一条连续的主线,是对所经历之事和所遇之人的一种心理叙事。如果没有记忆,你就不知道自己是否喜欢巧克力,是否害怕小丑;你就不知道自己的朋友是谁,也不清楚自己是否有能力为 1 小时内要抵达你公寓的 10 个人准备奶油巧克力杯(法国甜品)。

但是,既然记忆如此重要,为什么我们的记忆力无法变得更可靠呢?你可能认为漫长的进化会帮助人类改善记忆力,但是记忆力的变化插曲不断,也呈现出一反常理的特征。首先,记忆不是记录体验的录像带,而更像是拼图游戏。这一简单事实引发了许多与衰老有关的记忆力下降的笑话，例如：

> 宴会上两位老人坐在一起。
>
> 其中一位老人说："我和妻子上周在一家新的餐厅共进晚餐。"
>
> "哦，叫什么？"另一位问道。
>
> "嗯……我不记得了。（思考状，摸下巴。）嗯……有一种花，你会买来用在某些浪漫的场合中，这种花叫什么来着？就是一打一打买回来，颜色各不相同，茎上还有刺的……？"
>
> "你是说玫瑰（Rose，用作人名时译为罗丝）吗？"
>
> "对，对！（靠向妻子坐的桌子。）罗丝，我们上周去的那家餐厅叫什么名字？"

记忆有时确实像缺少了许多部分的拼图。我们很少能在脑海中检索到所有内容并根据经验和规律匹配信息，此时，大脑会用创造性的猜测来填补缺失的信息。可惜，这会导致许多错误的回忆，而我们却常常自以为自己的回忆是准确的。我们一味铭记这些错误的记忆，将其错误地存储在大脑中，再以错误的方式检索，并更加坚信自己没记错（实则错了）。甲壳虫乐队的制作人乔治·马丁（George Martin）[1]曾如此描述自己的经历：

> 马克·刘易森（Mark Lewisohn）是个不错的人。我拍纪录片《〈佩珀军士〉的制作》(The Making of Sergeant Pepper)时，让他来当顾问。我邀请了乔治、保罗和林戈，就专辑的制作采访了他们。有趣的是，我们所有人对专辑制作的部分记忆都有所不

同。我采访保罗时，他回想起的一些东西是不对的。而且我不得不一直提醒刘易森不要纠正保罗。如果保罗说错了，刘易森会说："不对吧，据文件和日志记载，应该是这样。"……这会拂了保罗的面子。保罗只是按照他的记忆讲述罢了。而刘易森的日志让我意识到，我的记忆也出错了——保罗和我对一件事有两种不同的记忆，而文件证实我们俩的版本都不是完全正确的，存在一个第三种版本的事实。

为什么会这样？

记忆机制

不能简单把记忆描述为一个单一的过程。记忆是一组不同的过程，只不过我们通常使用一个术语来描述。此处我们谈论的是记住电话号码，记住特定的气味，记住上学或上班的最佳路径，记住美国加利福尼亚州的首府和抽血者这个词的含义。我们记得自己对豚草过敏，或者三周前刚理过发。智能手机会"记住"我们的电话号码，而智能恒温器则会"学习"我们在家的时间，并将温度设置为21℃。与许多概念一样，我们对记忆有着想当然的理解，但是这些直觉通常是完全错误的。

与其他脑部系统一样，记忆并非设计而来。记忆是一个演变过程，用来解决环境中的适应性问题。我们所认为的记忆实际上存在于生物学和认知层面上的多个不同的系统。只有某些经历会被存储在记忆中。这是因为记忆进化的功能之一是从世界中找到并概括规律。如此一来，我们学会了使用马桶和钢笔等物件——你了解如何使用新的马桶、新的钢笔，而无须特殊培训，因为在功能上，新的马桶和钢笔与之前使用过的马桶和钢笔相同。这一概括性学习的原因和方式是实验心理学历史上最悠久的话题之一，并且是我的博士后导师罗杰·谢泼德 50 多年来的研究专长。（罗杰今年 90 岁，仍活跃在学界，正在写两本书，并与我共同撰写一篇论文——实在惭愧，写这篇论文遇到瓶颈的是我，而非他。）

最基础的概括性学习的例子是食物。从小我们就知道，今天吃的鸡柳的大小和外观与昨天吃的并不相同，但是我们清楚，今天的鸡柳仍然可以食用并且味道几乎没有差别。这种概括性原则也体现在工具的使用中。如果需要一把刀来切食物，你可以去厨房找到放餐刀的抽屉，任意拿走一把即可——从功能上讲，所有刀子都一样。每天我们都会不自觉地进行成千上万次概括。概括性学习与记忆有关，因为我们记忆中的鸡柳或餐刀通常是某种普遍的印象，而非特定鸡柳或餐刀的照片。

在这方面，我的另外两位教授迈克尔·波斯纳和史蒂夫·基尔（Steve Keele）在 20 世纪 60 年代率先提供了有趣的论证。他们希望确定存储在记忆中的各种相似元素到底是什么——是特定元素的独有特点还是普遍元素的普遍特点？你可以从自身家族的相似之处思考这个问题——家族中有一部分人拥有类似的发色，有些人的鼻子和下巴很像。并非每个家族成员都有这样的规律，而且拥有类似发色、鼻子和下巴的人也各有不同，但你总能从他们身上找到联系。这便是波斯纳和基尔希望探讨的抽象性概括。

波斯纳和基尔立足认知心理学家的角度，从十分简单的元素（它

图 5 家族相似性包括围绕原型产生的可变性，此处原型（大家长）位于中心

们远没有人脸复杂）入手。他们提供计算机生成的点阵图案，图案围绕父母或原型脸开始制作，然后将某些点沿随机方向移动大约 1 毫米。此番操作使所有图案模式都与原始模式相似，与父母和其子女的面部差异有异曲同工之妙。图 6 展示了两人使用的点阵图案（原型为左上角图案），以及从原型变化而来的图案（箭头指向的图案）。右上角展示的是不相关的图案，在实验中用作对照。

　　仔细观察，我们会发现在四个相关的正方形框之间存在家族相似性——在其左下角都有一个由三点组成的三角形图案，虽然点与点之间的疏密程度有所不同。方框内的一条斜线上都有三个点，大致从左上方到右下方沿中心向下延伸，且延伸程度以及第一个点开始的位

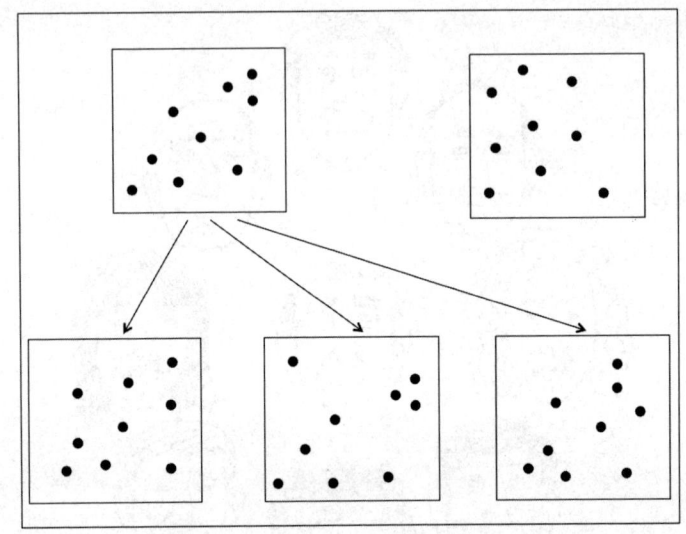

图 6　波斯纳和基尔制作的点阵图案

置各不相同。

在两人的实验中，参与者需要观察各不相同的点阵图案。研究人员事先并未告知他们这些图案如何构成。实验的巧妙之处在于：波斯纳和基尔向参与者展示了后代（图 6 第二排）的点阵图案，而没有展示父母（左上角的原型图）的图案。一周后，参与者再次回归实验，需要观察的点阵图案有新有旧，他们只需指出之前见过哪些图案。但参与者不知道的是，二次观察的某些"新"图案实际上是原型图，而原型图用于生成后代的点阵图案。如果参与者记住的是图案的具体细节（他们的回忆像录像带），那么回忆图案这项任务对他们而言不在话下。不过，如果参与者记住的是经概括的抽象图案，那么参与者应该能回想起原型图，即便他们此前根本没有看过它——因为参与者通过原型图构建的后代图形成了抽象的概括记忆，而这正是两人的实验的发现。

随着年龄的增长，大脑越发擅长上述涉及模式匹配和抽象化的记忆了。虽然点阵图案似乎与现实世界中的重要事物相去甚远，但是上述实验表明，我们会不自觉地将记忆抽象化，这也促成了老年人普遍共有的特征之一：智慧。从神经认知的角度来看，拥有智慧是指，能够观察到别人看不到的规律模式，从经验中总结共同点，并利用共同点预测接下来可能发生的事情。老年人在计算和回忆姓名方面可能稍显迟钝，但他们更能总揽全局，这得益于他们数十载不断概括化、抽象化记忆的经历。

可能你会反驳，认为自己对特定物件有非常精确的记忆。如果有人调换了你的婚戒，你必定能立刻意识到。你知道穿上自己最爱的那双鞋是什么感觉。如果有人给你送了一支精美的笔，而你弄丢了它，你会感到很难过。但是，如果你丢了一支 10 美分的 Bic 一次性笔，你可能只会伸手进抽屉取出另一支，因为后者可以取代前者，这从另一个角度说明你在概括信息。而如果从婴儿身上拿走他们最喜欢的毛毯，用一条崭新的毛毯代替原来那条磨损的旧毛毯，那么他们绝对会崩溃——对他们而言，毛毯不仅仅是毛毯而已，而且他们不会概括信息：之前那条毛毯是他们的特殊小毯子。

在多数情况下，概括信息并不意味着我们无法区分两支笔的差异，也不代表我们无法记住两者的差异——只是我们没有必要区分。我们的记忆系统专注于提高效率，避免把大脑淹没在不必要的细节里。

同样地，在概括信息方面也能观察到个体差异。对刘易斯而言，汽车就只是汽车而已，唯一的价值便是将人们从一个地方带到另一个地方。他无法理解汽车收集爱好者以及拥有多辆汽车的人。他会疑惑地问："要两辆车有什么用？这就像有两台洗碗机一样多余。"他从实用主义的角度看待物件的世界，对物件之间的差异几乎不抱任何感性心理和兴趣。他似乎并没有意识到一个讽刺的事实——自己将一生都投入研究人类个体差异中，却对人类制造的物件的差异没有任何兴趣。诚然，他对自然界中的树木、山脉、湖泊、岩石和日落的差异感兴趣。他只是不那么钟情于制造业产物。

有些人确实对生活中的某些物件有特殊情结——比如某双你最喜欢的靴子，早已到了该换新鞋子的时候，你却还坚持穿了许久；再比如你最喜欢的那套早该修补的沙发。此时，并非我们无法概括信息；只是因为除实用性之外，这些物件还具有特殊的个人意义，是一种感性的体现。而且，这些物件激活了记忆中特殊的神经回路。

概括信息促进了认知经济，因此我们不会将重点放在无关紧要的细节上。伟大的俄罗斯神经心理学家亚历山大·鲁利亚（Alexander Luria）研究了一位名叫所罗门·舍列谢夫斯基（Solomon Shereshevsky）的患者，所罗门的记忆障碍与我们熟知的相反——他没有失忆症（记忆力减退）。他的症状被鲁利亚称为"超强自我记忆症"（可以认为所罗门的超能力是超强的记忆力）。他拥有超乎常人的记忆力，例如一字不差地复述只听过一次的演讲、复杂的数学公式、长数字序列以及外文（他本人根本不会说的语言）诗。你可能认为拥有如此高超的记忆力简直是一大幸事，但所罗门为此付出了代价：他无法形成抽象化记忆，因为他记住的每个细节都截然不同。他还有"脸盲症"。从神经认知的角度而言，人们在不同时间点看到的脸各不相同——每一次都会从不同的角度和距离观察对方的脸部，并且可能会看到不同的表情。当人们彼此互动时，各自脸上也会浮现各种表情。因为一般人的大脑能够概括信息，所以会将观察到的所有不同的面部表情都概括为属于同一个人。但是所罗门无法做到这一点。他向鲁利亚表示,他几乎无法认清他的朋友和同事,因为"每个人都有很多面孔"。

记忆系统

认识到记忆系统并非一个单一的系统[2],而由许多不同的系统组成,是神经科学领域最重要的发现之一。每个系统受不同的变量影响,遵循不同的原理,存储不同种类的信息,并由不同的神经回路支持运作。有些系统更为高效,能帮助我们储存准确的终身记忆;而有些系统则更易变,更易受情绪影响,且不稳定。

请记住,脑部进化的发生断断续续,并非经过计划或带有目的。经过数十万年的进化,如果大脑从一开始就被精心"设计"好,我们便不会拥有现在这种整洁有序的记忆系统。在解决不同的适应性问题时,也许每个人不同的记忆系统都遵循着各自的进化轨迹。于是,我们拥有一个追踪自身定位的记忆系统(空间记忆),一个记录你如何开关水龙头的记忆系统(程序性记忆),一个储存你30秒前在思考什么的记忆系统(短时记忆)。由此,我们得以更深入了解与衰老相关的记忆力下降,因为衰老倾向于只影响某个特定的记忆系统。

记忆由一个层次构成。最高层是外显记忆和内隐记忆。顾名思义,外显记忆指人们对体验和事实有意识的回忆,而内隐记忆指不自觉记住的内容。

内隐记忆的一个典型例子便是清楚如何执行一系列复杂的动作,例如敲击键盘,在钢琴上弹奏记住的曲子。通常来说,我们无法将上述动作拆分开来,细分手指有意识的动作——所有动作是作为一个整体储存在记忆中的。更内隐的记忆体现在条件反射，例如泡菜罐头一打开你便垂涎三尺，闻到以往让你恶心的食物你便产生厌恶感——你本人可能无法意识到这一点，但身体却记忆犹新。

外显记忆分为两大类，分别代表两种不同的神经系统。第一类是常识记忆，即对事实和单词定义的记忆。第二类是情节知识记忆，即对生活中特定情节的记忆，通常类似自传体记忆。科学家将第一类记忆称为语义记忆（semantic memory），并将第二类称为情景记忆（episodic memory）。（我认为情景记忆名副其实，但是语义记忆一词无法完全概括第一类记忆，因此这常常困扰着我。我更倾向于将第一类称为通用记忆，但此处还是使用常用术语。）

语义记忆储存常识，但你却不清楚自己何时记住了这些知识。比如你知道加利福尼亚州的首府在哪里，记得住自己的生日，以及对九九乘法表倒背如流（3×1 = 3；3×2 = 6；3×3 = 9；等等）。

相反，情景记忆指你能记住与特定事件或情景有关的所有记忆。比如你还记得初吻在何时，21岁生日聚会的场景，今天早上几点醒来，等等。你亲身经历了这些事件，你还记得当时的场景以及自己在场景中的状态。这便是情景记忆与语义记忆的区别，情景记忆带有自传体的色彩。你还记得自己什么时候学会4 + 3 = 7，什么时候知道自己的生日吗？答案可能是否定的。语义记忆指的便是这些你自然而然就知道的信息。

当然，关于两类记忆，人与人之间既有差异，也有例外情况。去年，我和我9岁的朋友费利克斯讨论过这个问题。我问他是否知道加利福尼亚州的首府。他答道："知道，是萨克拉门托。"随后我问他是否记得何时记住的这个信息。他回答："是的。"我将信将疑地问他是否记得确切的日期,我本以为他指的是去年在学校学到的知识,或其他时段。他又给予我肯定回答。我问他哪一天,他回答说:"今天。"因此,对于费利克斯而言,有关加利福尼亚州首府的记忆不是一种语义记忆,这段记忆可能一直会是他的情景记忆,因为我们所有人(包括我和妻子、费利克斯以及他的父母)都因我这个大学教授突然被费利克斯"打败"而大笑起来。这段原本会在费利克斯大脑中变模糊的细节也许会因为某种情感记忆而变得地位特殊。这是早已确立的记忆规则之一:不论某段记忆本应成为语义记忆还是情景记忆,一旦它能引起情感共鸣(或好或坏),我们都能对此铭记于心。

但对于大多数人来说,涉及知识素养和常识的情景记忆会随着时间的推移演变成语义记忆,而特定的学习过程则会被遗忘。

设想一下,不仅每个单词的含义,而且关于世界的基本知识储备[葡萄牙在哪个大陆?贝多芬和莫扎特谁先出生?《战争与和平》(*War and Peace*)的作者是谁?]以及记住这些知识的时间和方式你都记得一清二楚,这该是件多么令人窒息的事情。

我们的大脑不断进化,提高效率,舍弃(通常来说)不必要的上下文信息,选择性地保留了最便捷有效的那部分知识——事实。但是,有些人(包括自闭症谱系障碍①患者)不做这种信息取舍,而保留所有细节。这也许能让他们感到舒适,帮助他们成功,但也有可能起反作用。

也存在不易区分的情况。关于豚草过敏或最喜欢的牛排部位等的记忆可能是语义记忆(此时,你仅仅是知道这些事实而已),也可能

---

① 一种广泛性发展障碍,现多用于儿童患者。其病征包括语言能力、交往能力异常,兴趣范围狭窄,行为模式固化。

是情景记忆（你记起来的是特定的情节、时间和地点）。比如，你的豚草过敏反应是脸肿得像河豚，在那一刻你清楚地意识到，以后踏青时千万不要让裸露的皮肤接触到豚草。从生物学角度而言，语义记忆和情景记忆分别储存在大脑的不同部分[3]，了解这一点是认识记忆力的关键一步，即为何记忆力下降一般体现在某一记忆系统而非所有记忆系统——因为有多个记忆系统。

有两大脑部区域对记忆的形成至关重要，会因衰老和阿尔茨海默病而逐渐萎缩。它们便是海马[hippocampus，此为"seahorse"（海马）的希腊语，因其弯曲的形状像海马而得名]和颞中叶（medial temporal lobe，从神经学角度解释，指一个位于耳朵后上方的结构的中间部分）。海马和颞中叶对于形成某类外显记忆而言十分重要，而它们不参与形成内隐记忆。这便是为何你88岁的玛格姨妈因记忆力衰退而迷路，记不清你是谁、自己身在何方、今夕是何年，但仍然知道如何使用叉子、调电视台、阅读，看到开胃食品也会高兴，所有这些都是内隐记忆。上述脑部结构受损会影响她的外显记忆，但不会影响内隐记忆。

海马也是存储空间导航和位置记忆所必需的脑部结构。在衰老的过程中，海马和与之相关的颞叶区域受损可能会使老年人迷路。海马一般不会突然萎缩，因此患者会留有零散的空间记忆，在目的地周围徘徊，记住某些地标和熟悉的景象，但无法将零散的信息拼成一张有意义的思维地图。

至此，我谈论的所有内容都是长时记忆，即或多或少可以记住一辈子的信息。短时记忆则截然不同，包含你当下或之后几秒钟内的想法。你做的心算、在对话时记住的接下来要说的内容，以及记住走到大厅壁橱前是为了拿手套等，这些都是短时记忆。

所有记忆系统，包括健康的记忆系统，都很容易受到干扰或破坏。从头来看，短时记忆的好坏取决于你是否积极地聚焦于"要做的下一件事"。要保持短时记忆，你可以不断思考，也许是一遍又一遍地重复，或建立一种心理印象（"我要去壁橱里拿手套……"或"该吃心脏药了——药放在电话旁的厨房柜台上"）。但是，如果你开始思考其他事情，即便只是短暂的分心，你对正事的记忆也会开始模糊。（"不知道小孙子在新学校里的表现如何？咦，我进厨房要做什么？"）任何注意力的分散（新的想法冒出、有人问你问题、电话响等）都会中断短时记忆。30岁后，我们自动修复短时记忆的能力以每10年为单位略有下降。

但七旬老人的短时记忆缺失和20岁年轻人的短时记忆缺失之间的差异并不如你所想那般。我的整个职业生涯都在教20来岁的本科生，我保证他们会出现各种各样短时记忆的偏差：走错教室；不带铅笔参加考试；忘记我两分钟前刚刚教过的知识。甚至，我叫学生起来回答问题，有的学生举起手却睡眼惺忪地站起来承认，就在我点他们名字的短短几秒内，他们便忘记了自己的答案。七旬老人也会出现上述现象。区别在于两者如何自我暗示。20岁的年轻人不会这么想："老天呀，这肯定是阿尔茨海默病早发的迹象。"他们只会认为，"我最近已经忙得不可开交了"或"我真的需要4个小时以上的睡眠了"。而面对相同的事情，七旬老人只会担忧脑部健康。并不是说与阿尔茨海默病和痴呆症相关的记忆障碍都是子虚乌有的，这类记忆障碍真实存在且令人悲哀，但是，某一次短时记忆的缺失并不一定表明出现了健康问题。

分心也会破坏程序性记忆。在程序性记忆（内隐记忆的一种）形成的过程中，人们通常会慢慢地练习一组动作，逐渐形成一种习惯性表现。如果你在某个时刻学会驾驶手动挡（变速杆）汽车，你可能会记得自己首次驾车时车辆如何蹒跚前行，刺耳的摩擦声不断，并且还可能伴随发动机失速。（我的体验确实如此。我在旧金山陡峭的山坡上学车，因此在等离合器接合时，我的车总是往后退，还撞到我身后的汽车上。）开车时要注意离合器、制动器和加速器的配合，在考虑坡度和惯性的前提下，开车是需要同步进行的复杂动作，更不用说需要确保处于正确的挡位了（我曾经不止一次试图在变速箱处于三挡或倒挡时驶离红绿灯）。但是，只要勤加练习，以上所有动作都会以某种方式无缝地结合在一起，而你不再需要特意记起便能操作。

打字、弹奏乐曲、运球和灌篮、跳出排好的舞步、编织、洗牌，这些都是开头难的事情。但是在某个时间点，如果你掌握并擅长做这些事，你便不再需要特意思考如何做。此时，这些动作已经自动形成，不再需要我们有意识地付出努力，积极地自我监督，也不再需要短时记忆。这些动作作为一个完整的单元（一系列知识）存储在大脑中。而在执行上述动作时，如果你尝试回溯每个步骤，并再次回想如何操作，那么这些动作的流畅性便很容易被破坏。破坏自动肌肉记忆最简单的方法（让车熄火、从自行车上跌落、忘记如何弹奏肖邦的乐曲）便是尝试重构早期那些未融入记忆的部分动作。当你尝试教别人一步一步完成这些动作时，却意识到自己无法逐个记起，你只拥有整体的自我记忆。

长时记忆也很容易遭到破坏，并且一旦被破坏，你的长时记忆可能会被清除或重塑（后者更常见），导致你拥有与事实有偏差的记忆——前文介绍的甲壳虫乐队的制作人乔治·马丁正是如此。例如，假设你的电脑里有一个微软 Word 或苹果 Pages 之类的文档，是你 10 年前从一个特别有趣的聚会回家后写的文档。文档记录了同步发生的一系列事件。这个文档并不完美。首先，没有记录所有可能发生的事情，因为有些事情你没有意识到——你无法听到所有对话，或者没有注意到卡洛斯的穿着，也不清楚聚会最后一分钟在厨房发生的小插曲，当时整盘奶酪泡芙掉在地板上；其次，没有记录你知道的所有事件，因为你只选择性地记录了对你而言重要或有趣的事件，这些都是你愿意记住的事情；再次，因为主观感受，你的记录可能与事实有所偏差；最后，因为误记或误解，你的部分回忆可能完全错误——你以为约翰说的是"右边有洗手间"（There's a bathroom on the right），而实际上他说的是"大难要临头了"（There's a bad moon on the rise）。（在英语中，这两句话的发音很相似。）

10 年后你打开文档，而文档可编辑。你可以改写，甚至可能在没有意识到的情况下改写内容。你可能没有关闭文档，起身去喝了杯咖啡，而此时猫咪爬上来到处乱踩键盘，而后一堆乱码代替了原先的一些文字。其他人可能会发现并编辑这个文档。电脑的问题可能会损坏文档，从而导致部分文字被破坏或更改。接着你（或你的猫）点击了"保存"，或者电脑自动保存文档，于是最终文档是一个经过修改的文档，它成了你以为的新的聚会实录。

如果文档的改动很细微，或者自文档改动以来已经过了足够长的时间，你甚至可能不会注意到这些变动。如果你忘记文档被改动，并且这个文档是你对聚会的唯一记录，即便文档在你不知情的情况下被修改，它也会成为"事实"。

这便是大脑的记忆机制——一旦记忆被检索，你便可以编辑记忆，就像编辑文本文档一样；此时记忆易受影响，并且可能会在不是你本意、未经你同意或你不知情的情况下被改写。通常，记忆被改写的过程如下：在回忆事件时大脑出现新信息，随后新信息被无缝地移植入旧信息中并与之一同存储在记忆中，而你却无法意识到这一点。这个过程可能会循环往复，直到原始记忆被新的解读、印象和回忆所取代。

人类记忆机制形成的原理在于，纵观整个人类发展史，记忆机制解决了许多适应性问题，相较于适应能力更弱的物种，人的记忆机制赋予人类祖先更大的生存优势。设想一下两万年前的前工业化时代，记忆的改写对生存多么有利可想而知。假设你所在部落的淡水泉干涸了，你需要向外探索，找到一个新的淡水泉。但是，在探索的途中，你迷了路，绕了许多弯路才到达目的地，此时你发现一些方便记忆的地标，用来引导自己到达目的地。哪种思维地图最适合储存在记忆中？是回溯所有错误步骤的记忆，还是仅保留更简单有用的地标的一种经改进的新地图？

或者想象一下，你在篝火旁发现了一头胡狼，随后吸引它靠近你。它看起来攻击性不强，还愿意让你抚摸并依偎在你的脚边。但是，第二天它便开始攻击你，咬你和你的妹妹，叼走了篝火上的肉并溜之大吉。如果你保留的是更早的愉快记忆，你下次可能会重蹈覆辙。于你而言更有利的情况是将胡狼理解成行为多变的掠食动物，不能掉以轻心。（狗狗赢得了人类的信任，但这是一个缓慢的过程。）

自传体记忆可能是与自我意识、塑造自我的经历最息息相关的记忆系统。自传体记忆系统给予你的人生选择以重要的提示。没有自传体记忆，你便不清楚自己是否可以远足2个小时，是否可以吃花生，是否已婚。

但是，自传体记忆极容易出现偏差，这是一个以目的为导向的系统。在自传体记忆中，人们回忆的是与自身目的或观点一致的信息。我们都倾向于根据自我意识或别人的描述，将自己的生活点滴以及形成这些点滴的记忆重构。实际上，当我们试图遵从更具说服力的叙述方式时，我们的原始记忆便已经被破坏。

我们也会根据逻辑推论进行许多记忆填充。例如，我对上次去伦敦的旅程没有太多具体记忆，但是借助语义记忆、我对出游伦敦的常识，我假设自己乘坐了地铁，天空灰蒙蒙的，我还在倒时差，我还品了好茶。因为我能很容易地想象到自己过去40年来一直坐地铁的经历，所以这一画面可以被移植到我最近去伦敦的自传体记忆中。在意识到这一点以前，我有一段关于去年坐地铁的"记忆"，但那实际上并不是我真正的记忆，而是我杜撰的，只不过我们通常无法意识到这一点。

记忆也可能受当下的心情所影响，从而被改写。假设你现在烦躁不安，气不打一处来——你刚从伦敦返回洛杉矶，而后者不如前者拥有便捷的公共交通，洛杉矶的公交体系令你不胜其扰。为了让自己高兴起来，你回想起和朋友在格里菲斯公园（Griffith Park）散步的时光。这本来是一段美好的回忆，但是糟糕的情绪状态可能会让你重新评估这段回忆，将其认为是不那么愉快的时光——此时，你没有把注意力放在那段愉快的散步上，你脑海里浮现的都是一路上有多堵，停车有多困难。于是，在你将这段记忆重新储存进大脑以前，这段记忆便被改写了，而当你下次再回想起来时，它便显得不如以往快乐了。

接下来阐述一个记忆被大规模改写的著名案例：与 2001 年 9 月 11 日纽约世界贸易中心双子塔的恐怖袭击有关。你会发现这个案例从概念上而言与前文提及的找新淡水泉的案例有异曲同工之妙。

80% 的美国人回忆，他们还记得在电视上看到一架飞机首先撞向第一座塔（北塔）的恐怖画面[4]，大约 20 分钟后，看到第二架飞机冲向第二座塔（南塔）。但事实证明，他们的记忆完全错误！各大电视台在 9 月 11 日实时播报了飞机撞向南塔的画面，但直到 9 月 12 日才发现并播放了飞机撞击北塔的视频。数百万美国人未按事件实际发生的顺序看视频，他们先看到南塔的视频，24 小时后才看到北塔的视频；而事实证明，北塔被撞击的时间比南塔早约 20 分钟，这导致人们将事件实际发生的顺序与看到的视频顺序相混淆，许多人都受此影响，就连总统乔治·W. 布什（George W. Bush）也错误地回忆起在 9 月 11 日看到了北塔倒塌的电视画面，但是电视台的档案记录证明事实并非如此。

因此，大多数人对自身记忆的一个巨大误解便是：我的记忆是准确的。之所以这样认为，是因为有些记忆感觉很准确；是因为我们的记忆就像是对已发生事件的录像，并且未经篡改。这一切均因为大脑正是以这种方式向我们呈现记忆的。

记忆被扭曲的另一种情况在于，我们通常只能记住事件或事实的零星片段，随后大脑根据逻辑来猜测并填补缺失的信息。同样地，这是大脑一贯的运作方式，但我们甚至无法意识到这一点。许多脑力认知都与事实有所偏差。比如，噪声可能使声音失真，视野可能会被物体遮挡，更不必说我们的眼睛平均每分钟眨 15 次，这会影响我们每时每刻对世界的观察。大脑将真正了解的信息和推断的信息相混淆，并且通常难以在两者间做出有意义的区分。

在衰老的过程中，这种混淆记忆的倾向愈演愈烈，因为此时大脑开始衰退，脑海里数百万条记忆开始你追我赶，争相成为首要记忆。此时的大脑将从未发生过的事件视为真相或将彼此独立发生的事件结合为真实事件。

曾中风或受过其他脑部损伤的人，以及难以拼凑零散记忆的人的记忆特别容易出错。就这一方面，神经科学家迈克尔·加扎尼加（Michael Gazzaniga）撰写了有关脑功能单侧化的课程内容，即左右脑负责执行不同的功能（如果你是右撇子，则记忆偏差出现在你的左脑。如果是左撇子，则左右脑都有可能出现记忆偏差——左撇子的脑功能单侧化比右撇子的更难预测）。

加扎尼加在课程内容中讲述了一位病人的故事[5]，这位病人因右脑中风住院，但不记得自己为何住院——她坚信医院就是她的家。当加扎尼加问及为何她房间外面有电梯时，她答道："医生，你知道安这些电梯花了我多少钱吗？"此时她的左脑在编造事实，以此与仅剩的思想和记忆保持连贯性，这位病人没有被送往医院的记忆，也没有处理这些新信息的能力，因此她的左脑认为，她仍然在家里。

回忆一下上一次参加儿童生日聚会的场景，尝试尽可能回想更多细节——回顾一遍事件发生的顺序。如果你是证人，律师可能会要求你在庭审时这样回顾。你或许还记得，到场的人是否玩过给驴钉上尾巴的游戏①（pin the tail on the donkey）；当时是否有蛋糕；孩子们是当众打开了所有礼物，还是打算稍后再开。但是你可能忘记了某些细

---

① 孩子蒙着眼睛，手里拿着带图钉的尾巴道具，往前走，把尾巴钉在墙上画的驴的正确位置上。

节——后院是否有蹦床，到场的孩子作为客人是否也领到了小礼物。某些人、某些照片可能会让你回想起一些细节，这有助于触发部分回忆。

但是你的记忆仍有空缺。例如，当日提供了几种饮料？你如果是调酒师或经营着餐饮公司，便可能注意到了这一点；否则不会。浴室的灯泡是什么色温的？也许只有从事过照明行业，你才能注意到灯光是冷白色、暖白色、暖黄色还是微黄色。大脑会根据自身的兴趣和专长过滤记忆。其他记忆空缺还包括：客厅灯泡的灯光是否闪烁？保险调查员需要了解这一点，因为第二天客厅发生了电气火灾。你现在回想起来：灯泡可能真的闪了一会儿。是的，我想了想，确实闪了闪。我记得特别清楚。我都能想象到那幅画面。但是实际上客厅没有灯，保险丝此前便已经烧断。你的记忆不如想象中可靠，对吗？一旦积累了一定的生活经历，我们很可能按照他人描述的方式想象事件发生的过程，而这些想象被移植到了记忆中。律师深谙此道，会利用这一点让陪审团怀疑证人的证言。人类的记忆会根据已获信息进行逻辑推断，于是你的记忆里混杂着事实和虚构内容，且你对其真实性深信不疑。

几年前，我做了手术，在床上躺了数日，服用阿片类镇痛药物。这些药多少让我有些犯迷糊。我记不起当时是周几、什么月份。我记得我望向窗外，看到垃圾车。我想，啊！一定是周一，收垃圾的日子。即便对当时是周几的意识受损，但是我对垃圾日的语义记忆仍然完好无损。我还看到窗外的菜园里生菜和洋葱刚开始生长——在洛杉矶，这幅景象意味着当时一定是 2 月份。我能够回答医生为了解我的认知状态而提出的各种问题，但实际上我并不知道答案，我只是从周遭环境中推断答案罢了。

我有一个朋友不幸中风，现在一直在进行这种记忆推断来掩盖自身缺陷，这让医生困惑不已。中风前，她是一位十分有尊严且独立的女性，现在各种问题让她十分受挫。我们两人独处时，我问她今年的年份，看到她偷偷瞥了一眼桌上的一本杂志，随后借用了上面的日期。我问她几点，她瞧见旁边的盘子上有三明治的面包皮，她猜测说"下午早些时候"。我问总统是谁，她说不知道，但也许会弄清楚。但我认为她不会，而且我不希望令她难堪，于是便停止发问。

那么你的自传体记忆准确吗？存在记忆准确的系统吗？答案是肯定的，也是否定的。我们对感知类细节的记忆也许惊人地准确，尤其在我们关注的领域中。我认识一个在俄勒冈州、名为马修·帕罗特（Matthew Parrott）的室内油漆工，他走进一间房屋，只需观察墙壁便能确定其表面处理效果（平面、蛋壳纹、缎面，半光泽和高光泽）和涂料品牌（本杰明摩尔、宣伟、美国普龙、格利登），并精确地指出白墙的色度。通过研究石膏板墙的质地，他能推断出有多少石膏板承包商曾在这间房屋工作过。"瞧瞧这里，"他说，"这些旋涡是左撇子承包商刷的。"这是他尤其擅长的领域。（他告诉我这是子承父业。）照明设计师也许能记住灯泡的各种颜色和光强度。音乐家可能仅通过声音便能辨别乐器的品牌和型号。

我在1991年进行了一项实验[6]，随机选择大学生，让他们唱记忆中最喜爱的歌曲，随后我将他们所唱的内容与歌曲的CD录音相比较，以了解他们音乐记忆的准确性。结果十分惊人，大多数学生都能准确回忆歌词，至少与之接近，而且这些学生未经过专业的音乐训练。当然，如果是他们最喜欢的歌曲，这种熟悉程度也不足为奇。但数十年关于记忆的研究均表明我们的记忆存在巨大的误差，可这一实验结果却与之矛盾。于是，问题变得复杂起来——除去记忆出错的情况，我们记忆的准确性能达到惊人的程度。关于甲壳虫乐队专辑中谁演奏了什么乐器这样重要的问题，保罗·麦卡特尼（Paul McCartney）和乔治·马丁拥有完全不同的记忆，但粉丝却可以唱出与原曲几近一致的版本。

大脑通过记忆标签来组织记忆。迄今为止，还未有人在大脑中观察到记忆标签，因此，记忆标签只是一种帮助解释记忆工作原理的理论。随着脑成像技术的发展，预计在不久的将来人们会观察到记忆标签。

回想一下前文假设的生日聚会，有许多问题能够触发关于聚会的记忆标签：

1. 你最近一次参加聚会是什么时候？
2. 你最近一次吃开胃小菜是在哪里？
3. 你最近一次见到鲍勃和凯特是什么时候？
4. 你哪位朋友家的后院有蹦床？
5. 你上周六做了什么？

以上每一个问题都能指引你回忆聚会当时的场景，而且类似的问题可能还有数百种。如果当时你闻到了此前从未闻到过的气味，而你在其他情况下再次闻到，这也可能会让你回想起蛛丝马迹。因此，我们的记忆通过联想形成。构成记忆的事件在关联网络中彼此联系。你的脑海里存在一个庞大的索引系统，你能检索并到达指定地点，进而找到所拥有的任何想法或体验。有些记忆很容易便能检索到，因为使用的提示（索引条目）非常独特，只有特定的记忆能够与之关联；例如，你的初吻。有些记忆则难以检索，因为此时使用的提示会催生成百上千个类似的索引条目。这便是为什么你很难回想起两周前的周一自己何时醒来——起床是每天必做的事情，除非两周前的周一发生了特别的事情，否则你难以区分众多相似的周一早晨。在某些情况下，由于你之前已经检索了某些回忆许多次，所以你很容易便能回想起来——常回顾能巩固记忆（虽然有些时候，如我们所见，常回顾反而会扭曲记忆，降低其准确性）。

过去100年来关于记忆的研究大多集中在寻找大脑中记忆储存的位置。这个思路似乎合乎逻辑，但是，与许多其他科学命题一样，答案却一反常理：记忆并非存储在某一特定的位置。记忆是一个过程，不是一件事物；记忆分布于神经回路中，而非特定位置，并且语义记忆、情景记忆、程序性记忆和自传体记忆储存在不同的神经回路中。

若记忆并非储存在某一特定位置的类似思路让你一时难以接受，请思考一下政府、大学和企业——它们是真实的实体，但是如同记忆，它们实际上并不存在于定义明确的特定场所。你可以指向一栋政府办事处大楼（例如，州议会大厦），认为这是政府所在地。但是如果这栋建筑变成危房，办公人员便会搬到另一栋楼，我们便可以认为现在新的地点是政府大楼。又或者，随着远程办公的兴起，州政府的办公人员可能会分散在全州各地，居家办公。那此时政府在哪里呢？政府的主要职能之一是制定交通规则和法规。交通法规"储存"在哪里？实际上，它存在于每个拥有驾照的人的大脑中。（希望如此。）

记忆过程的某些环节发生在特定的脑部区域。颞叶和海马负责巩固记忆——挑选、更改、组织和准备储存人生经历的神经化学过程。记忆的巩固由睡眠和梦境中独特的神经化学物质来催化，包括大脑中乙酰胆碱（请记住这种化学物质，因为它在衰老和记忆方面起着重要作用）的调节。但是记忆巩固只是准备过程。如果记忆并非存储在一个特定的位置，那么记忆机制如何运作？我得以了解这一点很大程度上是靠运气——或者从发展科学的角度而言——靠机会。

如同多数科学家一样，我用了大量时间研究其他科学家的期刊文章，了解他们的最新发现。我的父母都是历史爱好者，从很久以前我们便开始在餐桌上讨论美国西部、古典希腊和圣经时代。我8岁时，父母共同创立了莫拉加（Moraga）历史学会，专门研究我生长的小城市莫拉加的历史。

我10岁时祖父便离世，他把1910年的《不列颠百科全书》（*Encyclopedia Britannica*）留给了我。我在卧室的地板上花了数个小时学习1910年的人们眼中的世界。那时还不存在飞机、汽车、收音机或青霉素的索引条目。食品保存（着重盐渍和干燥）、航空（布满飞船和齐柏林飞艇的图片）和阿拉斯加（以前称为"俄属北美"）等条目与我们现在所熟知的概念形成有趣的对立。因此自然而然地，身为神经科学专业学生的我便迷上了这一领域的历史；我开始回顾科学家在19世纪后期发表的文章。许多被认为是首次发现的成果其实早已被发现，或通常是100多年前的科学家已发现或感知的事物，我为此深深着迷。

记忆问题很好地佐证了现代科学家如何忘记之前发生过的事情。（讽刺吗？）在1992年我读研时，记忆领域的专家专注于两个问题：什么事情可能会被记住或遗忘？以及颞叶和海马的作用是什么？当时，关于存储、检索记忆这一基本问题的讨论充斥着困惑、分歧和全盘忽视。而事实证明，一群研究人员早在20世纪初便已涉及该问题，但是直到多年后大量未被深入解释的证据出现时，这些研究才得以被世人熟知。

后来，我在俄勒冈大学读博，研究人类记忆的专家道格·辛茨曼（Doug Hintzman）是我的导师。在读博第一年的春季，加利福尼亚大学伯克利分校的两位教授埃尔夫·哈夫特（Erv Hafter）和史蒂夫·帕尔默（Steve Palmer）邀请我前往旧金山湾区加利福尼亚大学伯克利分校心理学系，我就自己的研究内容做了演讲。（获得博士学位以后，我跟着史蒂夫做博士后研究，几年后，埃尔夫主持了我的婚礼。）

在加利福尼亚大学伯克利分校的访学中，史蒂夫向我介绍了一位启发他多年的教授埃尔法·罗克（Irv Rock）。（在这个故事中，有两个人的英文名字发音几乎完全相同，分别是Erv和Irv。）埃尔法在65岁时从罗格斯大学退休，搬到伯克利与史蒂夫共事。埃尔法曾在最后一批格式塔心理学家的指导下参与研究，后者是19世纪90年代德国一支颇具影响力的科学家队伍。"整体大于部分之和"便是由格式塔心理学家提出［德语单词"gestalt"（格式塔）已纳入英语词典，意为"统一的整体"］。可以从悬索桥理解格式塔学派——只观察缆索、大梁、螺栓和钢梁难以了解悬索桥的功能和用途。只有将所有元素合并为桥梁时，才能区分桥梁与其他物体（如可能由相同零件制成的建筑起重机）。

我第一次见埃尔法时，他70岁，而我35岁。我们因共同热爱着腌咸菜和科学史而成为好友。100多年前，格式塔心理学家认为，人们的每一次经历——在小区周围踱步、担心着自己的未来、尝腌咸菜——都会在大脑留下痕迹和化学残留物。一个世纪以来，这一理论一直被学界忽略，但埃尔法是个例外。他带我见识了格式塔心理学研究的丰富性。于我而言，这仿佛昨日重现，我又回到了在卧室地板上阅读 1910 年的《不列颠百科全书》的时光。格式塔心理学家的论文仍然具有现代意义且有其道理——只是缺少当今时代严谨的实验验证过程。

与此同时，我在俄勒冈大学求学时的导师道格·辛茨曼正在探索残留效应的当代解读——多痕迹理论（multiple-trace theory）[7]。在格式塔学派的基础上，道格进一步构想称，所有经历都会在记忆中留下痕迹。道格是一位信奉真理的科学家。他并未妄下定论，他的研究方式慎重而严谨，而且他没有特别支持或钟爱的理论，他只是设计精巧的实验，随后从数据中寻找答案。正是这些事物告诉他痕迹理论是对数千次记忆观察最有力的解释。

在我和道格的第一次会面时，他向我这样解释他的发现（记录在我写于 1992 年的实验笔记本中）：

> 事件重复的次数会影响记忆效果的多个方面。所谓记忆效果，指能够在以后某个时间点提取记忆的能力。事件呈现的次数越多，再认和回忆事件的准确性便越高，并且从记忆中提取事件所需的时间便越短。这些效果可能并非全部由相同过程导致，但在缺乏明显与之矛盾的证据的情况下，这是最审慎的假定。

上述过程便是多痕迹理论探讨的内容。每一次经历都会留下独特的痕迹，重复的经历不会覆盖以前的痕迹，只是留下了更多几乎相同但又各自独特的痕迹。

某一事件留下的痕迹越多，人们回忆起该事件的可能性便越大，并且更能准确迅速地回忆起来。这便是人们学习事物的方式——通过重复某事，把玩某物，不断探索来留下与某一概念、经验或技能相关的多个痕迹。有趣的是，多痕迹理论还解释了波斯纳和基尔在20世纪60年代关于抽象化随机点阵图案的惊人发现。多条相关痕迹的积累[8]有助于提取点阵图案之间的共同点，并且这一抽象化过程并非海马必须参与的[9]。

多痕迹理论的优点在于将外显记忆、内隐记忆、语义记忆和情景记忆统一起来。记忆系统可能有多个，但都遵循一个过程。在这一过程中，一旦存储了情景记忆和语义记忆，便不必非要将知识抽象化，而是可以从经历留下的痕迹中总结抽象知识。以练习钢琴为例，之所以你熟能生巧，是因为你拥有大量可以借鉴的痕迹。并且你能够在不同的钢琴上弹奏，因为你的大脑自动化身为记忆生物学机制的一部分，将钢琴琴键抽象化，使其有别于任何一个特定的琴键。

现在我相信，多痕迹理论是理解记忆的正确方法。我们拥有的每一次经历，甚至是纯粹脑力层面上的经历——每一个想法、欲望、问题和答案，都保留为记忆中的痕迹。但是这些痕迹并非如同电脑信息一样被存储在特定的位置。当某一经历（例如，看见本书的某个字或者想象下一次的海滩度假）开始时，特定的脑细胞网络便会被激活。再比如，你在看悲情电影时哭泣，在摇晃的桥上行走时如履薄冰，或注视着自己孩子的眼睛时，情况也是如此。脑细胞以独特的方式将这些经历体现了出来。储存记忆需要追踪最原始的记忆激活模式，随后动用尽可能多的原始脑细胞，遵循与原始经历相同的方式触发原始记忆。在初期，追踪原始激活模式的脑部结构是海马和颞叶，它们充当索引或目录。一定时间过后，储存记忆时不再需要索引，并且记忆能完全保留在原始经历涉及的相同脑细胞中。

如果你和大多数人一样，那么你可能会定期回顾核心记忆（如重大事件或你父母告诉你的以及你告诉孩子们的奇闻逸事），并在一生中不断回想。

许多记忆理论家仍然不相信多痕迹理论，有些学者甚至对此所知甚少。但多痕迹理论是与实验数据最一致的解释性理论。在衰老方面，多痕迹理论做出了有力的解释，说明人在衰老过程中为何会忘记最近发生的事，但仍然记得陈年旧事：通过重复回忆或多次回忆，旧事在脑海里留下了更多的记忆痕迹。再加上某些记忆具有独特性或者至少出现与之关联的独特的记忆标签，多痕迹理论解释了为何有些记忆更容易检索，不易与其他记忆混淆，历历在目。

存储和检索记忆是一个不断活跃的过程。弗雷德里克·巴特莱特（Frederic Bartlett）是记忆研究领域的一大先驱，他认为"记忆"一词有"静态"的意味，于是将其1932年的里程碑式著作命名为《回忆》（*Remembering*），以期将记忆体现为一个不断适应和变化的积极过程。我们可以这样理解回忆过程：你用来品尝巧克力的神经元"成员"组成特定的神经元回路，回路将这种品尝体验传达给你。若之后你希望重温巧克力的美味记忆，则必须将该回路的神经元"成员"聚集起来，形成与之前相同的回路。如此一来，你便"再次（re）"将该神经元回路的神经元"成员（member）"组织起来，即你"回忆"了这段体验（remember，即"re + member"）。

巩固记忆的关键在于积极地增强记忆。消极学习（例如只是听讲座）肯定不利于记忆。而除了听讲，积极地使用、生成和再生成信息都能刺激更多脑部区域，这肯定有助于记忆。许多老年人抱怨无法记住在聚会上所认识的人的名字。而要做到通过积极生成信息来巩固记忆，只需要有意识地多使用刚听到的人名。"很高兴见到你，汤姆。""汤姆，你最近读到了什么好书吗？""哦，汤姆，你是大福克斯人啊。我从来没去过那里。"这样可以不费吹灰之力地将记忆力提升50%。加利福尼亚大学伯克利分校的阿特·岛村（Art Shimamura）的实验室研究表明，积极地生成和再生成信息会提升大脑的活跃度和记忆力，这对老年人尤为适用。

启示何在

我们需要与自满和被动接受新信息做斗争。并且在60岁以后以每10年为单位提高警惕，持续与之做斗争。所幸，我们还可以采取行动和策略来提升记忆的持久性和准确性。对于短时记忆问题，集中注意力有助于专注当下正在发生的事情，并清晰准确地记下思考和感知过程中最重要的事情。可通过心态放缓和正念练习[①]来达到这一目的；尝试一心一用，避免一心多用；并尝试遵循禅学大师的建议——活在当下。

其次，可以将易出错的记忆外化到不像脑细胞那样易变的物体上。可以把事情记下来，列出清单。还可以借助电脑和手机应用程序帮助记忆，以上都属于脑部健康项目不可或缺的环节，其中具代表性

---

① 最初源于佛教禅修，从坐禅、冥想、参悟等发展而来。指有目的、有意识地关注和觉察当下的一切，而对当下的一切又都不做任何判断、任何分析、任何反应。后来正念发展成为一种系统的心理疗法，即正念疗法，一种以"正念"为基础的心理疗法。

的有 Neurotrack（Neurotrack 意为神经追踪）——一种由斯坦福大学、卡罗林斯卡学院（Karolinska Institute）和康奈尔大学（Cornell University）的科学家团队开发的记忆基线测量和记忆增强工具。

我们总是最能记住自身最关注的事情。而且，关注度越高，记忆便越深刻。如果你在窗外看到一只鸟，并且注意到鸟下巴下的黄色羽毛，那么与仅仅注意到有一只鸟相比，前者是更深入且复杂的处理过程。同理，如果你开始思考这只鸟与之前见过的鸟之间的区别，例如尾巴和喙的形状有所不同，这样的处理也更为深入。这种深度处理信息的方式已然成为辅助深度记忆的关键功能之一。音乐家可以回忆起上千首歌曲，仅仅靠对歌曲的肤浅学习无法做到这一点；音乐家需要深度处理歌曲信息，记录歌曲之间的差异性和相似性。沿着以上思路，越来越多的研究表明，描绘信息能巩固记忆[10]——描绘信息会触发必要的深度信息处理。

前额叶皮层结构及该皮层中对多巴胺和 GABA 敏感的神经元会调节注意力。GABA 指 γ-氨基丁酸，是大脑中的一种抑制性神经化学物质。前文提道，人的前额叶皮层直到 20 来岁才发育成熟。与猴类相比，人类前额叶皮层的体积要大许多——实际上，人类与其灵长类表亲的脑部之间唯一一个最大的差异便体现在此处。前额叶皮层负责认知控制、规划，与机敏度和责任心有关，你可能认为物种差别与衰老过程导致的变化会让这一区域布满类似"智慧神经元"的物质。但实际上，人与猴的前额叶皮层以及青少年和成年人的前额叶皮层之间最大的不同在于是否存在大量作为 GABA 受体的神经元。没错，正是这种抑制性神经化学物质。身为成年人类，我们很大程度上要抑制冲动。比如：不会因为生某人的气便给他一拳；学会延迟满足，继续钻研重要的工作项目，即便知道有还不错的电视节目；饮酒不过三杯；垃圾食品确实很诱人，但还是得健康饮食。

GABA 和多巴胺神经元都能提高专注力，使人不易分心。然而，随着年龄的增长，前额叶皮层失去了一定的活力，老年人确实发现自己更容易分散注意力，不太容易集中精力。

联邦法官杰克·韦恩斯坦（Jack Weinstein，98 岁）曾表示："我一直在想斯波克（Spock）博士[11]写的育儿丛书，他的书是许多父母的宝典，我刚为人父时，也常常看他的书（笑）。我记得他在广播里说——我大概在 70 年前听过这档节目——人必须拥有应对记忆力减退的小技巧，而他举了个例子，我至今难忘。他说，如果你正在收听广播或看电视，主持人说降雨天气即将来临，在那时（在忘记之前），你要把雨伞挂在门上，那么你出门的时候就会记得带上。"周围的环境会提醒你。认知神经科学家斯蒂芬·科斯林（Stephen Kosslyn）将这些小技巧称为"认知型假肢"（cognitive prostheses）[12]。

乔尼·米切尔①（Joni Mitchell，76 岁）也在利用自己房子的环境。她说："我记得在电影《日瓦戈医生》（*Dr. Zhivago*）[13]中，朱莉·克里斯蒂（Julie Christie）一走进家门就把钥匙放在门旁边的柜台上。我觉得这个做法太妙了，这样她就总是能找到钥匙在哪儿。从此以后我也这样做。大约 10 年前我在不列颠哥伦比亚省建新房时，在厨房里多置办了一整套小抽屉，用来存放我总是会忘记去向的东西，每个抽屉各放不同的物件：电池、火柴、筷子和透明胶带之类的东西。我受不了找不到东西的感觉。我应该早几年就这样收纳的。"

许多人在出门时都有不同的记忆技巧。美国前国务卿乔治·舒尔

---

① 加拿大音乐家、作词家、画家。

茨（George Shultz，99 岁）表示："要养成习惯[14]。我的上衣右口袋里放助听器。总是放在这个口袋。房门钥匙放在一个口袋里，钱包放在另一个口袋里。"电影制片人杰弗里·金鲍（Jeffrey Kimball，63 岁）在出门前会在心里默念一份清单，列出常带的 5 样东西[15]，就像咒语一样重复着：老花镜、钱包、钥匙、手机和双筒望远镜（他很喜欢赏鸟）。回到家后，他把钱包和钥匙放在门边的鞋子里。

我有两个接受过癌症化疗的朋友。医生警告说他们可能会出现认知失误，俗称"化疗脑"。两人都借助已有技术帮助记忆。若是 15 年前，他们也许必须购买多个计时器，贴上标签，提醒自己白天需要处理的各种事务。而现在，他们只需在手机的云日历中编辑各种"事项"，比如吃药、看医生或填写健康状况报告。他们会记录一些小事，例如"洗澡"或"穿好衣服迎接孙子孙女"。他们也会记下"15 分钟后打电话给医生"，如此一来，他们便有时间坐下来思考自己想谈论的内容了。

两人的身体都已完全康复，他们坚持使用云日历记录待办事项清单，并将其作为便签提醒系统。这样能减轻大脑的压力，不用担心自己会忘记什么，他们享受这种自由的感觉。如此一来，他们更能活在当下。而且，记录各种事项、密切注意日程安排的过程本身就改善了他们的记忆。

记忆力真的会随着年龄的增长而衰退吗

前文提到，海马和颞中叶会随着年龄的增长而萎缩，前额叶皮层的变化会分散人的注意力。注意力被分散是巩固记忆力的大敌。我还强调过，到达一定年龄后我们经历的一次小小的记忆缺失并不一定代表自己立刻就会衰老。但是，通常认为记忆力会随着年龄的增加而衰退。专攻压力问题的神经科学家索尼娅·卢比安（Sonia Lupien）[16]研究了压力对记忆力的不良影响及压力如何增加应激激素皮质醇的水平。她预感，记忆力测试的某些开展方式令老年人感到压力巨大，因此测试结果比实际情况要更不如人意。

科学家卢比安表示："我认为不存在与衰老有关的记忆障碍，即便真的存在，那也比人们想象的要少得多。我研究过声称衰老会导致记忆力下降的实验。在实验还未开始前，参与实验的老年人的皮质醇水平便已经飙升至顶点。设身处地想一下：我们是在对老年人不利的环境中对他们进行的测试。一般来说，新事物、不可预测性、缺乏掌控性和对自信心的威胁是人类的四大压力来源。而老年人接受记忆力测试时，他们面临着所有的压力源！"

几乎所有与老年人记忆力有关的研究都在大学实验室中进行，而此环境对于作为对照组的年轻人而言是再熟悉不过的——他们都是大学生。但它对老年人而言是相对陌生的，他们要四处寻找停车位，也不清楚教学楼的电梯在哪里。等到他们终于到场时，又因为迟到而感受到压力，之后一位性格开朗且年轻的研究助理接待了自己，他们知道这位助理会想办法找到他们的记忆缺陷。整个过程让人备感压力。

实验进行的时段也有影响。记忆力测试通常在接近中午的时段或下午早些时候进行。此时对照组里21岁的孩子才刚刚醒来，思维最为活跃，但是老年人也许凌晨5点就已经醒了。卢比安表示："我们为对照组的大学生创造了良好的测试环境和测试时间，但这不适用于老年人。"

卢比安颠覆了传统记忆力测试的形式[17]，消除了大学生对照组的所有优势。在测试前一天，她让老年参与者先进入实验室以熟悉场地，如此一来，他们第二天再来时便不会因为路线问题或房间地点问题感到过大的压力。而且，接待对照组和实验组的不是与老年人缺少共同点的年轻学生（老年人在年轻学生面前也许会胆怯），而是 72 岁的研究助手贝蒂。在测试当天，贝蒂与老年参与者分享零食茶点，给予他们足够多的时间去克服因赶来实验室和身处室内所引发的一切压力。适当的"冷静"时间过后，贝蒂拿出相册与他们一起浏览。她可能会给他们看一张名叫劳拉的女人的照片，她养了一只猫作为宠物；或者一张后院的照片，上面有一棵漂亮的榆树。实际上，贝蒂展示的相册是记忆力测试的刺激物。随后，当贝蒂展示劳拉的照片时，老年参与者回答说："噢，她是那个养猫的人。"当被问及后院的树时，他们也能正确地记得那是一棵榆树。消除所有压力源后（例如，老年参与者甚至没有意识到自己在接受测试，因此无须担心可能会失败），老年人和年轻人表现得一样好。

导致老年人有时在记忆力测试中表现较差的另一种可能性是感官能力下降。未经矫正的视力和听力损失[18]能为认知水平 93% 的变异性做出解释。在安静的环境中测试时，听力受损的老年人和一般年轻人都能表现良好；如果给予更多的时间，老年人能表现得更好。

指导波莫纳学院"认知与衰老项目"的黛博拉·伯克（Deborah Burke）发现，对单词，尤其是专有名词的检索能力会随着年龄的增长而下降[19]，这是大脑皮层左岛叶萎缩的副作用，左岛叶参与对单词语音的检索过程。换言之，老年人实际上并没有忘记单词本身，只是忘记了发音——这便是为何我们认为自己记得某个单词，可话在嘴边却说不出口；而一旦有人提到这个词，我们便能意识到自己想说的就是这个词。当我们真的遗忘某事物时，是不可能有上述感受的。

做你自己是什么感受

记忆是构成人们本质的不可或缺的一部分。做自己的感觉如何？在第一个温暖的春日，沐浴在阳光下时，你是否在关注皮肤感受到的热量、蓝天、气味，抑或树木的颜色？一些人拥有向内关注的焦点——遇见新的处境时，会更关注自我感受。注意到的第一件事是身体的感觉：是感到温暖、寒冷，还是发痒？皮肤是否受压，衣服宽松与否？而另一些人具有向外关注的焦点——去体验外部世界并关注外部世界和其中的其他人，以此感受生活。

在许多其他的方面，做自己和做别人的感受并不相同——例如，你回想起的与当前经历相关的记忆（无论是好是坏）或者喜爱的活动与别人的不同。阿尔茨海默病和痴呆症发作时，人们可能会失去这些独特且非常个人的生活方式。性格会变化，记忆会缺失或者扭曲。诸如吃鲜浆果这样的简单小事都让人感到陌生；可能会觉得自己活在别人的身体里，这会引发严重的焦虑。患有痴呆症的人经常感到烦躁、不舒服、生气和困惑。这也难怪，毕竟他们认为自己的身体不属于自己，周遭的环境也十分陌生。

理解和关怀这类老人的做法之一是帮助他们恢复自我意识。可与他们触碰，只需在其脸颊上轻吻或者轻抚其后背。也可以借助音乐的力量——听一听唤起童年回忆的熟悉歌曲能重新激活神经回路，使他们产生"我就是我"的强烈感受。

第2.5章
中插章：初探大脑

人类的生命源于一个细胞——受精卵，受精卵一分为二，二再分为四，以此类推。早在细胞分裂初期，细胞便开始分化和特化，最终形成人体的不同器官和组织——皮肤、脚趾、静脉、肌腱、胰腺细胞和脑细胞。妊娠4周左右，可在超声图像中观察到大脑的发育。此时处于初期发展阶段的大脑正在思考什么？抑或还没有形成思维，得等到出世后才开始思考？

古希腊解剖学家赫罗菲卢斯（Herophilus）和埃拉西斯特拉图斯（Erasistratus）于公元前322年发现神经系统，认为大脑会思考。可以说他们是第一批神经科学家。亚里士多德等人原本认为大脑的功能只是冷却血液，因为脑部有许多褶皱和折痕。有人认为《圣经》奠定了道德的基础[1]，而古希腊人奠定了知识和理性的基础。以供参考，《圣经》的《约伯记》第十二章（约伯回应琐法，"但我也和你一样有脑子"）和《耶利米书》第五章（"听着吧，愚蠢无脑的人，你们有眼无珠，充耳不闻"）中确实也提及过大脑。而以上段落出现的时期比两位古希腊解剖学家研究大脑的时期早约 300 年。至于为何《旧约》的作者对大脑的认知早于古希腊人数个世纪，这便是神学家、文学史学家和科学哲学家研究的课题，而非我这区区神经科学家力所能及之事。

妊娠第 4 周，可以识别出大脑的 4 个结构。其中之一便是视泡，视泡将发育成视觉系统的关键组成部分：视神经、视网膜和虹膜。之后一周内，脑干和小脑开始分化——包括最终将发育成为负责运动、睡眠-觉醒周期和体温调节的神经回路。此时子宫中的神经元生长速率[2]将达到 250000 个神经元每分钟。一个小小的单细胞最终将发育成分布于大脑和身体各个部分的细分系统。这些早期未分化的细胞称为干细胞，因为它们就像花朵的干茎——最终将生长出花瓣、叶子、雌蕊和雄蕊等不同的部位。因其具有极强的分化能力，干细胞主要负责修复衰老和受损组织，并治愈疾病。在研究干细胞的初期，获取它们的唯一方法是从被丢弃的人类胚胎入手。在乔治·布什担任总统期间，这引发了道德层面的争议。直到 2017 年科学家发现可从成年人皮肤细胞中获取干细胞，争议才停歇。干细胞有望用于许多医学治疗领域。在未来的 20 年中，干细胞疗法很有可能取代隐形眼镜、助听器、皮肤保湿剂和激素替代疗法，干细胞还可用于治疗糖尿病和癌症，甚至可以逆转记忆衰退。

随着胚胎细胞的分裂和分化，大脑逐渐成形。首先发育完全的是视觉系统，随后是其他感官系统。到第 20 周时，听觉系统已经完全能发挥作用。此时发育中的胎儿能听到被羊水、子宫壁和肌肉过滤的外界声音；这种声音和埋头进入浴缸或游泳池时听到的声音相近。胎儿能感受出声音的响度、音调、节奏和持续时间的变化。基于上述信息，在发育的大脑中，神经元开始连接，勾勒出胎儿听觉世界的本质和结构，为胎儿出生后的生活做好准备。此时，胎儿能提取音乐中的低音线、和弦进行，以及对话中的音高和节奏模式。出生后一年，婴儿会更偏爱在胎儿期熟悉的特定声音模式。

第 28 周，胎儿眼睛睁开，开始眨眼。第 7 周开始发育的鼻子在第 11 周左右长出两个细小的鼻孔，此时鼻孔处于阻塞状态，到第 30 周左右开始张开。这时，即将出世的胎儿开始有嗅觉，并逐渐熟悉母亲的味道——这是胎儿与母亲形成感情纽带的重要一环，并帮助胎儿做好母乳喂养的准备，因为子宫的气味与母乳味道的化学成分相似。实际上，最新研究表明，在鼻孔张开前，胎儿便能通过流入口腔和鼻腔的羊水熟悉母亲的味道。

❖

人类为何能处于食物链顶端？[3] 我们不是跑得最快的生物——甚至跑不过猫。我们举不起最重的物件。我们没有像狮子那样的獠牙，没有像响尾蛇那样的毒液，没有像犀牛那样的盔甲。在学校里，老师告诉我们，因为人类的大拇指指腹可与其他四指指腹相对，且人类会使用工具，所以人类处于食物链顶端。但其实不然，是大脑使我们登顶。

我们所有的思想和体验都由大脑协调，而大脑由其特定细胞——神经元组成。成年人大脑中有 850 亿个神经元。大脑虽然仅占体重的 2%，但耗能巨大，约占身体全部能量的 20%，功率约达 20 瓦，足以支撑我在 1978 年全速行驶的状态下使用车载音响。

婴儿的大脑就好比一大片未开发的土地，而大脑发育的过程就像开着拖拉机在茂盛的草丛间开路。神经元是一种专门以神经冲动的形式传递信息的细胞。神经元的长传输线轴突就像一条高速公路，树突就像繁华城市的支线公路、临街、街道、车道和小巷。这两种比喻都有其局限性。毕竟无法轻易地在坚固的"花岗岩"上或"山脉"中间修建道路，并非每个神经元都能连接到其他神经元。神经元的连接局限性限制了某些连接，但也促进了其他连接。例如，在大脑这一块未开发的土地上，可能有一些小径被鹿群踩踏过，于是草丛倒下了，泥土也软化了，这将极大减少修建公路的障碍；而在某些地方，有小径比有水井更有利。大脑从 DNA 编码中获取有关这片土地地形的一般信息，可以说 DNA 编码相当于大脑的地图，显示了鹿群踩踏过的所有小径。

人类出生后一年内是神经快速发育的黄金时期——此时神经元的连接速度呈爆炸式增长，出生时每分钟会产生超过 100 万[4]个神经元连接，6 个月大时，每分钟有多达 200 万个新连接生成[5]。随着婴儿开始了解世界，神经元便开始相互连接。每一个连接都代表一种体验、一次记忆、一类认知。当婴儿得知迎来清晨第一缕阳光后可以进食、哭泣会让父母帮忙换尿布时，大脑内部便开始发生电化学反应。此时，在两个神经元之间的微小空间中形成了一个新的连接，称为突触。一旦神经元通过突触连接，神经元之间的电化学活动将同步进行。拿神经科学家的话来说便是："神经元会同时启动。"神经元的协同工作构成了人的思想、学习、记忆和体验的本质。神经元连接贯穿整个大脑，一个神经元最多可产生 1 万个连接。经数学计算可知，成年后人脑中的神经元连接会增加，其可能产生的思想和大脑状态比已知宇宙中的粒子还要多。这可能也是我们难以预测彼此行为的原因之一。

从大约 6 个月开始，通过巧妙的生物性进化与适应，神经元形成绝缘层，使传输神经冲动的神经通路变得更加有效。该绝缘层称为髓磷脂（myelin），是一层非导电性脂质，包裹着神经通路并能提高信息传输速度。髓磷脂呈白色，神经元细胞体为灰色。所谓的白质指的正是大量的髓磷脂，而灰质指的则是大量神经元聚集的部位，白质犹如一捆捆高效的信息传输线，连接着灰质形成的运算中心。

神经元的类型多达数百种。一个受精卵如何分化成数量庞大的神经元？蛋白质决定神经元类型，决定轴突和树突向靶细胞生长并形成突触的方式和位置。DNA 中的蛋白质基因为如何以及何时形成上述蛋白质做出指示。人类的 23 对染色体上大约有 2 万[6]至 2.5 万个蛋白质编码基因。[非蛋白质编码基因的数量约为 2.6 万个。有些人的某对染色体中缺少一条染色体，从而出现诸如特纳综合征（先天性卵巢发育不全）的单体性疾病；有些人的某对染色体上多出了第三条染色体，从而导致了唐氏综合征[①]等三体综合征。]

在发育过程中，神经系统的生长取决于特定基因于特定位置和特定时间的表达。人类神经系统发育和形成的多数关键指令也见于其他生物中，而数百万年的进化导致了物种差异。人类与黑猩猩有 99% 的 DNA 都相同[7]。对于我们和黑猩猩表亲都爱吃的香蕉，以及在香蕉周围流连忘返的果蝇，我们与两者相同的基因多达 60%。这是因为动植物共同拥有许多维持细胞持家（housekeeping，保证基本的细胞功能、复制 DNA、控制细胞的生命周期以及帮助细胞分裂）功能必需的基因。

---

① 先天愚型，是 21 号染色体的三体现象造成的遗传疾病。

上述现象由来已久。人类和黑猩猩的共同祖先生活在1300万到400万年前。人类与香蕉的基因有重叠是因为动植物大约在三四十亿年前拥有共同的祖先，称为最后普遍共同祖先。基于这种相似性，神经科学家从相对容易研究的相对简单的生物中获得了大量研究成果，这在逻辑上成立，且符合道德标准。你如果想在与人交谈时显得自己知识渊博，那么可以不经意地提及秀丽隐杆线虫（*C. elegans*）和黑腹果蝇（*Drosophila melanogaster*），通过这两种生物人类获取了许多有关DNA的知识。

探索和输入的作用

婴儿的大脑首先探索世界，然后根据对世界的认知形成神经回路。有些认知似乎是根深蒂固的[8]，例如（在两个月时）了解到物体会掉落而非上升。但是，这一认知究竟是先天具备的还是后天形成的，仍是一个值得讨论的问题——两个月大的婴儿已经拥有了许多对这个世界的体验。

探索以及归纳探索结果是大脑的两大主要功能，第三项功能——预判能力在老年时期达到顶峰，并强有力地支撑着前两项功能。大脑在物理世界和精神世界中总结规律模式，并对此做出预判。这需要更高的认知水平——分类、推论和解决问题的能力。

虽然人的大脑在胎儿期便开始获取信息，但彼时的大脑顶多处于一个半梦半醒的状态。发育中的新生大脑如何"打开开关"，像出生后的大脑一般启动该有的状态呢？神经生物学家埃文·巴拉班（Evan Balaban）如此描述胎儿的大脑[9]：

大多数生物学家期望在胎儿大脑中观察到类似成人大脑的功能，不用完全一样，有一部分便足够。生物学家希望看到胎儿的大脑能慢慢地开始发育。而事实正好相反，在胎儿出生之前，几乎所有大脑状态中仍无法观察到任何大脑苏醒的迹象。

胎儿期的大脑是处于睡着了般的状态，还是昏迷或其他完全不同的状态？为了回答这个问题，精通电子设备的科学家巴拉班开发了可以记录胎儿脑电波活动的小型发射器。我们已经知道胎儿的大脑一般不会受到过多刺激，此时给予外部刺激会对胎儿今后的发育产生巨大影响。外部刺激对新生儿正常的大脑发育而言至关重要，而没有外部刺激可能会造成严重后果。

婴儿出生时，5种感官（视觉、听觉、触觉、味觉和嗅觉）的受体会继续进行其在胎儿期的工作，将信息一路传递至特定的大脑部位，使婴儿对外界产生一定的印象。但是感官需要感知到刺激才能发育。此时，外界的一切对婴儿来说都是全新体验——乳汁从喉咙流下的感觉、走廊里传来的声音，以及周围环境的多种颜色。

在出生后6个月左右，婴儿的大脑还无法清楚地区分感官输入的来源。此时，视觉、听觉、嗅觉、触觉和味觉融合成统一的感官表现形式——正如威廉·詹姆斯描述的那样，充斥着嗡嗡作响的困惑[10]；正如美国摇滚乐队"感恩至死"（Grateful Dead）在歌声中表达的那样："你的问题刚好造成了我的麻烦/你有一双明目却看不明晰。"最终将发育成听觉皮层、触觉皮层和视觉皮层的大脑区域还未分化，而各感官受体接收的信息输入有可能连接到大脑的各个部分，等待今后的删繁就简。

感官信息相互交叉融合后,新生儿会产生一堆混杂的感官印象。此时,眼睛的信息流与耳朵、鼻子、嘴巴和皮肤的信息流相混合。婴儿的世界充满着迷幻的光彩,在这种状态下,对他们而言,绿灯可能会散发味道,母亲的声音会让他们的皮肤感到温暖而光滑。有些新生儿无法达到完全的感觉分化,出现联觉的现象[11]。有证据表明,有些患痴呆症的成年人可能会出现上述状态,并且有人认为这可能是老年人突然对艺术产生兴趣的原因之一。

只有通过与外界的互动,婴儿才能学会区分感官输入的信息;此时婴儿的认知能区分声音与味道带来的不同质感。一旦婴儿学会区分感官,他们便开始经历重新整合感官信息的阶段。看到唇瓣翕动时,婴儿知道此时通常会有声音发出;看到物体掉落地面时,婴儿明白随之而来的通常是一阵声响或一次颤动;闻到刺鼻的气味时,婴儿也基本能预判出辛辣的味道。

在整合信息的过程中,婴儿的大脑不断搭建过量的神经网络[12],生成比实际所需更多的神经元连接。此时,轴突和树突不断向更多靶点延展[13],发育程度超过维持成年期正常功能所需的状态。在生命的最初几年中,大脑的主要任务是根据感官输入建立尽可能多的神经元连接,毕竟婴儿的大脑还不清楚今后会需要哪些连接。新的神经元连接如雨后春笋般蓬勃生成。可以将这一过程想象成盖一栋新房子:在安装墙壁之前,你可能会置办比实际所需数量更多的电线和电缆,因为初期的投入成本相对较低;你终归可以忽略不需要的电线电缆。但是,大脑作为器官不会简单忽略不需要的连接;相反,大脑会直接除去这些连接——回收连接或利用细胞持家功能来切断连接。

从两岁左右开始,大脑会开启长达 20 年的神经元连接删减过程,除去不使用的突触连接。到 10 岁时，大脑将去除两岁时建立的 50% 的连接，这一过程一直持续到 20 来岁。有些成人患有晚发性精神障碍[14]，例如精神分裂症，这可能是由于青春期时对前额叶皮层的神经元连接删减得不够完全。有人可能会问："为什么神经元建立好连接后不能保持原状？"一方面，如果事实如此，大脑会变得硕大无比——神经元链将长达 20 千米[15]。另一方面，对神经元的删繁就简使我们得以根据特定环境来塑造高效的大脑。神经元的修剪，迫使大脑将功能特化[16]，建立能独立且自动完成特定任务的神经回路。最终发育为成千上万个功能模块，各司其职。

以语言为例。婴儿的大脑配置决定其可以学习世界上的任何语言。婴儿与生俱来的神经回路能提取单个辅音和元音、语法、句法等语言特征。中国人的孩子不一定比西班牙人的孩子更容易学会中文，大脑接触到的事物才能决定孩子掌握的语言。而且，孩子能够掌握的语言数量似乎也没有限制。坊间认为，掌握多语种的孩子只能部分掌握单个语种的语言，而有研究打破了这一说法，其实不同的语言能共存于孩子的大脑中，不会互相抵消。换言之，如果孩子掌握三四种语言，而他的词汇量最多是 3 万个单词，这不代表着其所有语种的词汇量加起来是 3 万个单词；每种语言的词汇在大脑中都有各自的存储空间，而且对此尚未发现任何局限性。

齐亚德·法扎赫（Ziad Fazah）掌握了 59 种语言，被列入吉尼斯世界纪录。（他本人表示自己一次"只能"流利地说 15 种语言，而对于其他语种则需要一定的练习时间才能跟上速度。）17 世纪的诗人约翰·弥尔顿（John Milton）会说英语、拉丁语、法语、德语、希腊语、希伯来语、意大利语、西班牙语、阿拉姆语和叙利亚语。我认识的最令我印象深刻的多语言人才是认知科学家道格拉斯·霍夫施塔特（侯世达），他爱好将诗歌从一种语言翻译成另一种语言，同时遵循诗歌的所有形式和结构限制。我曾经听闻他将一首500年前用古法语写的诗歌翻译成现代英语、莎士比亚时期的古英语、法语、意大利语、德语和俄语，同时尝试保留原作的格律。他甚至创作了一版英语译文，将每行诗的第一个字母结合起来，便能拼成这首诗的诗名和诗人的名字。

❖

神经元的修复是如何适应大脑发育的？婴儿的大脑有能力学习世界上数千种语言的语音[17]。当听到周围环境中的部分语音时，婴儿的大脑会自动整合信息。婴儿不会听见所有的语音，而且听到的许多语音都不是必需的——在街上走过一个说外语的人，但他因为嘴里塞得满满当当所以发音并不正确。我们之所以能快速轻松地识别熟悉的语音，是因为大脑已经除去了其他语言的语音，此时大脑中熟悉的语音不需要和其他语音"过度竞争"。即便是多语言人士也能快速识别语音，因为当他们用特定语种对话时，大脑会预判接下来会听到的该语种的语音，此时负责该语种的神经元得到启动并做好准备，而负责其他语种的神经元则"退居二线"。

神经元的连接和删减主要基于大脑获取大量数据并从中总结规律和结构的能力。可以认为世界上存在一个统计结构，其通过人与外界的反复互动来塑造大脑。从这个角度而言，可将大脑比喻为一个巨大的统计分析引擎。

我们基于事物的共性来学习知识。婴儿通过信息整合了解到，英语单词"start（开始）"或"stop（停止）"发音开头的 /st/ 是英语单词常见的发音标志，而非西班牙语。（因此，说惯西班牙语的人在说英语时习惯在"start"一词前加上一个元音 /e/，发成"estart"。）婴儿也清楚，英语中不存在 /wszczn/ 这样的发音组合（但波兰语中有）。统计推断也构成了学习其他知识的基础。例如，从统计学角度来看，触摸热炉会有烧灼感；婴儿的哭声通常会引来其母亲。

对某事物的经验越多，常态事物的数据库便越完善，那么大脑对该事物的表征便越精细。例如，与听了 3 万个元音 /ǎ/ 的例子的青少年相比，听了 30 个元音 /ǎ/ 的例子的婴儿对此的识别便没那么准确。除了语言学习，统计推断适用于几乎所有知识的学习。我们学会阅读后，即便字母以不同的字体（不论你此前是否见过该字体）出现，我们也能认出。大脑能识别出字母 a 的基本体，然后 a 形状的变体便如磁铁一般向基本体聚拢。这便是感知学习的一般原理。基于看见的无数示例，大脑会对事物进行分类：正方形、圆形、红色、狗、房屋、桌子、杯子和汉堡。而且，如下图所示，面对这一扭曲的、几何上不成立的、也许此前完全没见过的三角形时，我们也能看出这是三角形。

图 7　不可能三角

通过运动和探索与环境进行互动，对于神经的正常生长与发育也很重要。婴儿借此学会伸手抓住物体，培养深度知觉，并产生关键的视觉运动神经回路。与移动的物体成功接触（例如接触婴儿床上方旋转的物体或接球）非常重要，这被称为拦截计时（interceptive timing）能力①。这项技能是形成数学能力的先决条件[18]：通常必须先发展拦截计时能力，孩子才能形成诸如数字的抽象概念。

拥有拦截计时能力需要大脑磨炼并发展预测神经回路——必须根据运动物体的当前位置、速度和轨迹来预测其接下来的可能位置。例如，你必须对手部的运动进行一组相似计算才能校准握拳的抓力。这一切的本质是一种对数量和秩序的敏感度。拦截计时能力甚至可能是形成语言能力的先决条件，因为要想熟练掌握语言，就得学会辨别时间顺序——为理解口语和书面语，必须对时间上非常接近的语音进行适当排序。我们之所以清楚"tsar（沙皇）"一词与"star（星星）"的含义不同，只是因为我们能在毫秒时间内精准辨别出 /t/ 的发音出现在 /s/ 之前还是之后，以此帮助理解。

关键期，婴儿与成人的神经可塑性

智力发育的过程犹如一个复杂的四向舞蹈——由 DNA 携带的基因指令、脑部构造、环境刺激物以及人们所处的文化共同构成。皮层随着体验的积累不断发育。出生时，人的感知系统等待接收信息，并整合信息为己所用。在婴儿发育早期的关键期，失去正常的社会和生

---

① 拦截计时能力是体现神经可塑性的一种形式，指大脑整合环境信息并适应环境，根据经验发展眼手协调的能力。——编者注

理环境会对人生的后期阶段产生较大的影响。关键期（critical period）指的是一个特定的时间窗口，要培养一项技能，就必须在此范围内获得适当的环境输入。时间窗口的分布颇具统计学色彩，即在一定年龄后培养某种技能的希望十分渺茫。关键期内的神经发育涉及多个过程的整合，因此一旦窗口期关闭便难以重新开启。

如果你上过心理学课，应该还记得心理学某些著名的案例。在关键期失去正常视觉输入的小猫永远无法形成正常的视力。戴了眼罩的小猫有一只眼睛无法接收外界信息，即便摘下眼罩，小猫也无法形成双目视觉或深度视知觉。小猫即便双眼发育正常，若生长在黑暗的环境中也无法形成正常视力。（上述实验出现在 20 世纪 50 年代，彼时学界认为小猫实验符合道德标准，而如今许多科学家为此深表懊悔。）科学家们虽然并未对人类进行上述实验，但曾发现，出生时单眼无法视物而在关键期恢复视力（例如，治愈白内障后恢复）的孩子也无法形成深度视知觉。这是因为视觉信息会告诉大脑该何时发育及该如何组织视觉系统，而其他感官系统也遵循这一方式。

与视觉系统一样，听觉系统也需要环境输入才能正常发育。关键期对患有外周性听力障碍（耳朵而非大脑的听觉系统出现问题）的婴儿也有影响。此时，人工耳蜗[19]可提供皮层所需的信息输入，但必须在人生头几年完成移植才能完全发挥效果，在十几岁或之后再植入则无法帮助产生正常的语音感知——尽管人工耳蜗确实能带来某些生存优势，如帮助佩戴者听到不在视野范围内的物体（从身后驶来的汽车）接近时产生的声音。

大脑在发育的初始阶段会产生生物层面的偏倚，例如，耳朵的听觉输出会连接至听觉皮层。此外，若由于外周听力受损等导致输入体验不足，可能会产生其他的连接。因此，早期的大脑就像一块黏土，在一定范围内几乎能适应所有环境。

几十年来，学界曾一直认为听觉输入对儿童学习任何语言来说都是必要的。但是，2018年发表的一项新研究表明，声音并不构成大脑发展语言能力的统计基础[20]；而语言本身，甚至包括手语才是关键。如果能尽早发现失聪问题，并且在语言发展的关键期接触手语，那么大脑便能按正常速度发展语言能力，让人像掌握荷兰语、日语或斯瓦希里语等语言一般掌握手语，并将其发展为成熟的母语体系。这一发现解释了为何在18个月至24个月佩戴人工耳蜗的聋哑儿童的语言能力通常不如在出生后第1年便接触手语的聋哑儿童。

神经可塑性（大脑拥有自我改变的能力）促成了语言习得和感官学习。之所以称其为神经可塑性，是因为神经元连接像软塑料一样可塑、可弯曲，而且神经可塑性会在生命的初始阶段达到巅峰状态。好在某些形式的神经可塑性存在于整个人生阶段，甚至包括晚年时期。

敏感期（sensitive period）指[21]在关键期之外进行的神经可塑性学习阶段，但敏感期与关键期的本质有所不同，因为前者不易受生物事件的限制。以演奏乐器和说外语为例。人们可以在任何年龄阶段学习以上技能，但是比起在8岁至12岁以前便开始学习相关技能的人，起步晚的人的熟练程度可能欠佳。

胎儿期虽然通常不被称为关键期，但也十分关键。此时胎儿生活在母亲体内，与之共享血液和营养，因此如果母亲摄入任何会干扰神经正常发育的物质，酿成的后果均不堪设想。类固醇、激素、酒精、海洛因、阿片类药物等处方药都可能导致发育缺陷。在我所处的时代，孕期用药导致严重后果的著名案例是对处方药沙利度胺的使用。

自 1957 年开始，沙利度胺便用于治疗晨间孕吐。1 万多名服用沙利度胺的孕妇生出的婴儿均出现手臂和腿部畸形——双手扭曲、只长出手肘以上的部分、没有拇指等。在极少数情况下，孕期内服用抗抑郁药帕罗西汀（Paxil）和百优解会引发心脏和肺部疾病。在孕早期（怀孕第一周至十三周末）中服用烦宁（Valium）等抗焦虑药与婴儿的面裂和畸形有关。而且，胎儿发育不仅受母亲行为的影响，父亲酗酒[22]也可能会增加胎儿器官发育不良的风险，降低其应对焦虑的能力，并引发运动障碍。目前威胁胎儿健康的风险因素是寨卡（Zika）病毒，该病毒导致"小头症"，使患病婴儿的脑部小于正常婴儿的。还有许多学名复杂的综合征，其成因均归结为一点：对胎儿所处环境的干扰。

无法与父母或照顾者产生身体接触或情感联系的婴儿将经历一系列社交问题，这些问题带来的影响可能会持续其一生。婴儿不仅需要食物和睡眠，还需要温暖和拥抱，在蹒跚学步乃至之后的童年阶段，婴儿需要与成年人互动。不仅是哺乳动物，不仅是上述童年时期，其他所有物种[23]在整个生命周期也需要这样的互动。孩子的社会发展能力是一个脆弱的系统，而良好的父母教育也并非水到渠成的，特别是对于原生家庭本就不幸福的父母来说。父母对孩子无法投入持久的感情和关注也会伤害孩子幼小的心灵。许多与父母缺乏良性互动的孩子长大成人后便无法信任他人。

神经可塑性和再连接

针对特定的脑力活动，大脑拥有特定的脑部区域和神经回路，例如，听觉皮层、视觉皮层、运动皮层，以及大脑的语言区域。在某一特定的脑部发育进程中，眼部的神经元会将视觉信息传递至视觉皮层。同样地，胎儿舌头中的味觉感受器[24]会将味觉信息传递至味觉皮层，大脑将特定的神经冲动组合解释为"酸味"或"甜味"。内耳的神经元不断生长，直至连接到听觉皮层，首先在对声音的深度处理做准备的5个中继站［这5个中继站是脑干中的耳蜗核、上橄榄复合体、下丘脑、上丘脑（在听见惊响时，控制头部转向声源）和内侧膝状体］里中止生长。

但是，天生失聪的人无法从耳朵接收任何信息输入，他们的情况又如何呢？此时，大脑通常会适应环境，重新调整自我，以发挥自身最大的效用。将视觉信息（尤其是手语等传达信息的交流方式）传递至听觉皮层，借用这一脑部区域来完成信息交流。与口语一样，手语也具有语法和句法，由许多结构化的手势组成，并且手语交流时使用的大多数脑部区域与口语的相同。与前文提及的关键期原则相呼应的是，天生失聪的人必须在语言发展的关键期接触手语或佩戴人工耳蜗，否则将永远无法实现流利的语言表达。

同样地，盲人在阅读盲文时使用的是自身的视觉皮层，大脑将手指触摸的信息重新传递至通常由视觉输入激活的大脑区域。神经可塑性为天生的盲人提供了这一补偿机制[25]，而且脑部组织的变化使盲人得以通过盲文阅读及语音刺激来激活视觉皮层。

上述神经元再连接的产生机制究竟如何尚不可知。我们尚不清楚"听觉"神经元如何找到视觉皮层，或"视觉"神经元如何找到听觉皮层。如果舌头的味觉感受器最终的目的地是视觉皮层而非味觉皮层，那情况将会如何？人们能看到味道吗？酸味会让特定的颜色或形状弥漫双眼吗？上述情况可能发生在婴儿的感官未分化阶段（此时一切处于绚烂的迷幻中）。

研究人员为此展开了一系列非凡的实验，逐渐对这一领域有所了解。麻省理工学院的姆里甘卡·苏尔（Mriganka Sur）指导的研究团队在实验中堵住了雪貂幼崽从视网膜到视觉皮层的神经通路[26]。正常的神经通路受阻后，视网膜神经元将向何处连接？结果发现，视网膜神经元不仅找到了进入听觉皮层的通路，而且在抵达目的地后，还在听觉皮层内部构建了一个视觉世界。于人类而言，这种神经可塑性的交叉模式也许可以解释为何某些失明或聋哑的人在其余完好的感官上有超乎常人的能力。

衰老对大脑产生的特定影响

婴儿期是感官和心理成长的时期，但在成长完成前，它也是缺乏身体控制的迷茫时期。从一定程度而言，衰老期与婴儿期类似。在这两个阶段，我们都可能会大小便失禁；无法养活自己；难以理解外界的声音，无法如愿、流畅地表达自我。随着年龄的增长，整合感官信息的能力逐渐衰退[27]，但总的来说，老年人更善于同时处理听觉和视觉信息，这是一大幸事。而与年轻人相比，老年人可能需要更多的时间才能记牢新信息。

在逐渐衰老的过程中，大多数人将面临由各种诱因引起的一系列脑部退化问题。例如，由于斑块积聚和动脉部分阻塞（动脉硬化），血液的流动不如年轻时顺畅。神经化学物质的分泌能力下降[28]可能会降低神经元协同工作的效率。多巴胺水平以每10年为单位下降约10%[29]，5-羟色胺和脑源性神经营养因子的水平也会随着年龄的增长而下降。常年饮酒会导致神经元死亡[30]，引发大脑萎缩。神经元连接效率下降会导致大脑信息处理的过程普遍减慢。随着年龄的增长，包裹轴突的绝缘性髓磷脂会逐渐退化或无法再生，从而减少神经冲动的电导率。最终，大多数成年人在35岁以后脑容量会逐渐减少，以每10年为单位减少约5%，这将持续到60岁时[31]；而到了70岁后，减少的速度会加快[32]。以上所有因素都将损害认知功能。

脑部容量及重量的萎缩主要体现在前额叶皮层和海马上。前额叶皮层负责设立目标、制订计划，将大项目拆分成小部分，实现冲动控制，并决定专注力。前文提道，前额叶皮层是儿童最后一个发育的脑部区域，直到青春期后的20来岁才完全发育成熟。正因为前额叶皮层负责冲动控制，在几次案例中，辩护律师辩称不应让18岁至20岁的青年承担法律责任，因为他们缺乏像成年人一样成熟的前额叶皮层来控制其冲动行为。

前额叶皮层也是第一个衰老的皮层区域。阿特·岛村表示："这便是为何老年人面临的一大挑战[33]是专注当下的思路，避免被打断。随着年龄的增长，大脑是否健康在很大程度上取决于其能否保持前额叶皮层的健康与活力。在日常活动中多使用前额叶皮层有助于我们更好地控制自己的思路，学会灵活思考。"

参与脑部活动的另一个重要区域是耳朵后上方的颞中叶。颞中叶包含呈海马状的海马，海马对于记忆的存储和恢复至关重要。想象一下，你准备出门和朋友看一场话剧。此时，前额叶皮层让你能够阅读话剧说明，帮助你注意同伴的说话内容，对此思考并做出回应。演出开始后，前额叶皮层会抑制你在此过程中说话或大喊的冲动。同时，颞中叶将此次看话剧的经历与以往类似的经历（以前看话剧的经历、在这家剧院中的经历、和某些朋友同行的经历等等）相联系。此外，它还将你联想到的所有想法和经历储存下来，以便今后的记忆检索。如果没有颞中叶，上述联想会全部丢失，并且你以后也无法将这些经历视作一个关联整体回忆起来。而如果没有海马，你在第二天早晨醒来时便无法记得昨日的乐趣。

导致脑部功能衰退的另一个重要因素是髓磷脂，髓磷脂是包裹轴突的绝缘脂肪层。白质束（大脑的信息传输线，是髓磷脂包裹的轴突）在50岁左右开始退化[34]，而且髓鞘再生开始放缓，直至无法维持正常水平。在30岁至80岁，前额叶和海马的灰质平均缩小约14%，而白质的萎缩更为明显，平均为24%。此外，灰质的萎缩较为平缓，随着时间的推移逐渐缩小，而白质的萎缩在七八十岁时尤为明显。白、灰质并非消失，只是绝缘层破损会干扰神经冲动的电信号传递，进而减慢思维的传递速度。

于是，老年人的身体机能普遍减退，所有脑力活动均受影响，包括感知信息的传递、记忆、决策和运动。这进而可能会导致记忆问题等认知水平的下降，因为受损最严重的白质束存在于前额叶皮层和海马中。

衰老伴随着前额叶皮层与颞中叶功能衰退、脑容量萎缩和白质减少，这便可以解释为何老年人很难整合并处理各种信息源，为何一心多用对他们而言十分困难，为何老年人难以集中精力，为何老年人容易分心或转移注意力。这也解释了为何老年人难以应对新技术（尤其是新手机）：大脑的反应变慢，脑容量变小；由于长时间接触已有的事物，老年人更善于处理熟悉的情况，而非应对全新的挑战。

你可以做个小测试观察自己是否变得迟缓。用拇指和食指将笔尾端捏住,使其竖直向上,松开手指后,在笔掉下前尝试尽可能快地抓住,数一数笔从你手中掉落的次数。将自己的测试结果与年轻人做对比,或者每月记录一次日志,观察自己是能保持敏捷度,还是反应开始变慢。

促进神经健康的重中之重是维持髓磷脂的健康,髓磷脂的80%由脂质构成。髓磷脂的产生和维持取决于饮食中对脂肪的摄入。如果缺乏脂肪摄入或脂肪代谢能力降低,髓磷脂面临的损害可能比衰老引起的损害大得多。并非每一次你忘记某个词或弄丢钱包都是脱髓鞘引起的,但是改善并保持髓磷脂健康确实有其益处。食用富含脂肪的鱼和摄取足量的维生素B_{12},这两种简单的方法都能增强髓磷脂活力。有句话说得好,鱼是补脑的食物,这是事实。鱼油可提供生成髓磷脂的omega-3脂肪酸,甚至可以修复由脑部外伤引起的髓磷脂受损。

衰老的累积效应包括长时间接触毒素、患病和DNA分解等。许多风险因素对DNA有害,如抽烟、因紫外线晒黑或在日光浴中晒黑、服用某些药物,甚至是压力。好在人类拥有先进的DNA修复机制,可检测并修复损伤。但是这一修复机制并非完美无缺。指导修复机制运行的物质包含在DNA中,因此,如果这些物质受损,后果将不堪设想。

前文多处提及"注意力"一词,那么假设(就像威廉·詹姆斯假设的那样)所有人都清楚其含义。人的一天要经历多个不同的注意力模式。神经科学家将其中最值得关注的两个模式称为中央执行模式和默认/静息状态模式。在中央执行模式下,我们注意力集中,引导自己的思路,排除干扰。在静息状态模式下,我们的思维开始飘荡,思维与思维之间的联系变得松散,于是这也被称为大脑的"白日梦模式"。长时间高度集中注意力后进入白日梦模式能恢复大脑活力，在这一模式下，我们能有效解决许多问题。设想一下你在杂货店里走过早餐谷物货架，脑子里什么都没想，而此前困扰你多时的问题的解决方案突然在脑海中冒出，这便是所谓的白日梦模式。白日梦模式和中央执行模式犹如跷跷板相反的两端——一端升起后，另一端便落下。在自闭症患者和阿尔茨海默病患者身上均可观察到这种白日梦模式的中断[35]。

轻度认知障碍、阿尔茨海默病和痴呆症

　　轻度认知障碍[36]的定义：针对特定年龄段、具备特定教育程度的人群，轻度认知障碍患者的认知退化比正常人的要严重，但这不会太过干扰其日常生活。大约50%的轻度认知障碍患者会转换成阿尔茨海默病[37]或出现阿尔茨海默病的预兆；剩下的患者仅出现轻度认知障碍[38]。换言之，部分轻度认知障碍患者的认知障碍将长期保持在稳定水平（好消息），而其他患者会逐渐恶化成痴呆症。轻度认知障碍患者仍然可以完成日常杂务并照顾好自己，但是会出现记忆问题，常常暂时忘记物件摆放的位置。（实际上，我认识的大多数科学家都有上述情况，40多岁的科学家也难逃一劫！）

　　科学家尚未发现与轻度认知障碍相关的单一脑部因素，这使得轻度认知障碍出现神经解剖学异质性，即不同的脑部问题共同导致轻度认知障碍。而且，通过脑部扫描结果观察轻度认知障碍患者大脑的系统性变化[39]时，会发现他们的脑部病变与完全没有症状的人的高度相似！与之类似的是痴呆症，痴呆症由许多不同的脑部异常问题引起，

而非单一的神经生理学特征[40]造成的。

在撰写本文时，中国的神经科学家团队刚刚发表了一篇论文，其中将脑成像信号分为不同的频率带，有了这项新技术，神经科学家能够对轻度认知障碍患者进行分级[41]，准确性高达93%。虽然在相关领域只有这一篇论文，还需要进一步确认该技术的准确性和实用性，但至少这是一个好的开端。

大脑中存在的各种冗余以及认知储备的概念[42]可能与上述扫描结果的发现同样重要。认知储备指受教育程度更高、智力水平更高的人比普通人更能承受生物性衰退。认知储备就好比大众汽车过去额外安装的秘密汽油箱（这个比喻多妙）。认知储备使得发育成熟的大脑能适应逆境，比一般人更能应对疾病或损伤带来的影响。

以身体运动的力量或耐力为例来解释储备的概念。如果你可以举重200磅（约90.7千克），能以最快速度快跑20分钟，那么与体力欠佳的人相比，举重50磅（约22.7千克），快跑5分钟对你而言都是小菜一碟。即便你感冒（感冒会损害肌肉张力和肺活量）了，你也仍然很有可能在体力方面碾压一般人。

痴呆症是多种症状的综合，指引发多种认知领域（如注意力、记忆和语言）缺陷的任何脑部疾病。阿尔茨海默病是痴呆症的一种，痴呆症还包括许多其他类型。

阿尔茨海默病的特征是出现异常蛋白质聚集体（斑块）和神经原纤维缠结，这会破坏神经传导。名为β-淀粉样蛋白[43]的一种特殊蛋白质首先破坏突触，然后聚结成斑块引发神经元死亡。阿尔茨海默病通常从颞中叶开始发病，然后扩散到整个大脑。这种病尤其会影响与学习和记忆有关的脑部区域，而个中原因尚不可知。早期症状包括记忆力减退（特别是遗忘近期发生的事件），随后其他认知障碍问题开始显现，例如注意力、语言和空间处理障碍。虽然几乎所有疾病都受遗传因素影响，但能否照顾好身体会影响阿尔茨海默病的严重程度。

美国仅在 2018 年一年便投入 18 亿美元用于研究阿尔茨海默病，加上数十年的潜心研究，我们已经清楚阿尔茨海默病的病因、治疗方法以及预防手段。学界一度认为 β-淀粉样蛋白的集聚是问题所在，减少淀粉样蛋白便能治愈阿尔茨海默病。现在已经出现可以减少淀粉样蛋白堆积的药物[44]，但这种药并不能阻止或逆转阿尔茨海默病；而且，还不存在任何能有效改善阿尔茨海默病的药物。另外，并非每个脑部出现淀粉样蛋白斑块和缠结的人都患有阿尔茨海默病或都会出现该病的症状。许多明显健康正常的人的脑部扫描图也显示出 β-淀粉样蛋白斑块沉积物的堆积、神经元连接的缺失以及髓鞘通路（白质）的退化，但是这些人没有任何症状。

早期研究表明，慢性炎症[45]会加重甚至导致阿尔茨海默病。一些研究人员建议，在阿尔茨海默病预计发作前的 10 年服用非甾体类消炎药（NSAIDs）[46]，但还需做大量的研究才能证实这一建议的可信度，毕竟还不清楚长期服用 NSAIDs 可能带来的负面影响。

如果你也是为商业基因测试贡献过唾液样本的数百万人中的一员，那么你可能会收到一份特殊的遗传因素报告，这能预测你患痴呆症的可能性。载脂蛋白 E 基因[47]可大幅增加患痴呆症和晚发性阿尔茨海默病（65 岁之后患病）的风险。而上述信息的问题在于，痴呆症的遗传原因十分复杂。为获悉准确的遗传病因，需要考虑载脂蛋白 E 基因与其他基因和生物标记物的相互作用。仅载脂蛋白 E 基因本身并不会引起痴呆症或阿尔茨海默病。而且，患病风险高并不意味着你必定会患病，并且载脂蛋白E基因会对某些人群起到保护作用[48]。我发现，对疏于统计学和风险分析训练的人（也就是我们大多数人）而言，以上信息可能让人焦虑。正如我在《有序》(The Organized Mind)一书中提出的观点，人们的行为会使其患罕见疾病的风险增加两倍。当然，如果你一开始的患病概率是1/6，那么最终结果的范围是"可能患病到确定患病"；但是，如果一开始的患病概率是六千万分之一，而你将患病风险增加了两倍，那么最终的患病风险仍然只有两千万分之一——事实上相比之下，你在同一天被雷击中、中彩票，甚至死于车祸的可能性更大。

我认同"我依然在这里"(I'm Still Here)基金会的创始人约翰·泽塞尔（John Zeisel）[49]的观点，痴呆症治疗面临的最大挑战是公众对其的绝望，大众认为对此我们无能为力。但我并不这样认为；我们应该拒绝污名化痴呆症，转而对其抱以希望，同时也要重视痴呆症患者的存在。

《柳叶刀》(The Lancet)的专家组[50]为我们带来了些许希望：

> 患痴呆症绝不是达到退休年龄或年近九旬时的必然结果。有些生活方式会影响人们患痴呆症的风险。某些人群的痴呆症会延缓数年才出现，有1/3的痴呆症可预防。

中　风

中风的成因是大脑血液流动受阻导致细胞死亡。有三种中风类型。第一种是缺血性中风，此时大脑出现凝块，阻止含氧血液输送至特定区域。第二种称为短暂性脑缺血发作（transient ischemic attack, TIA），在这种类型的中风案例中，血凝块只是暂时出现。以上两种类型通常是第三种类型——出血性中风的预兆，此时大脑血管破裂导致内出血。

导致所有中风类型的主要风险因素都是高血压。因此，医生开抗高血压药的目的不仅是减少患心脏病的风险，也在于减少中风的风险，尤其对于还存在其他风险因素（如肥胖问题、健康状况不佳、有中风的家族史）的人群来说。养成良好的生活习惯（如控制摄盐量、学会应对压力、进行有氧运动等），能降低高血压。

多年来，医生一直建议五六十岁以上的人每天服用婴儿剂量的阿司匹林[51]（约80毫克）作为预防措施，以稀释血液，降低患血栓或缺血性中风的风险。但这一做法的问题在于，若患有出血性中风，血液稀薄不会凝结，内出血造成的伤害反而会更严重。此时面临的是一个医学窘境，要么选择死亡方式，要么承受伤害，即愿意接受血栓还是血管破裂？此外，若曾患有缺血性中风——并且确定是缺血性而非出血性中风———般而言，服用阿司匹林或其他血液稀释剂旨在减少再度患缺血性中风的风险。截至2019年，越来越多的证据表明，服用低剂量阿司匹林达到的预防效果不足以抵消其风险；此外，一项针对12000名欧洲人的研究[52]发现，服用低剂量阿司匹林对中风没有任何改善。

中风的后遗症各有不同。有些人根本没有任何后遗症；有些人的身体则部分瘫痪，无法开口说话或性情大变。在某些情况下，认知治疗和物理治疗可以完全恢复身体功能，但尚不清楚哪些患者会完全康复。已知遗传因素、环境因素，以及是否有韧性和决心都会影响康复，但尚不清楚这些因素如何以及为何产生影响。

整个人生阶段的神经可塑性

数十年来，医生和科学家们都认为[53]大脑由一定数量的细胞构成，每个细胞各司其职；大脑成熟后，细胞会逐渐消逝，大脑从而进入第二个婴儿期。虽然这是公认的观点，但有迹象表明这一观点有待斟酌。80年前，神经科学家卡尔·拉什利（Karl Lashley）认为，若某大脑区域受损，其他区域将接管其功能，但彼时的主流观点将大脑比作永远无法改变的机器。对此，阿比盖尔·祖格（Abigail Zuger）医生解释称[54]："每个大脑区域都有其特定的用途，无法被修复或取代……精密实验的结果表明，大脑更像是迪士尼动画描绘的海洋生物，不断游向各个方向。很显然，大脑能通过惊人的功能重组来应对脑部损伤，并且有时可以将其想象成一种新的解剖结构。"

与上述观点类似，科学家们过去认为人脑在出生后无法重新生长神经元。而随后有证据表明，成人的海马中出现了神经发生（新神经元的生长），每天可重新生长700个新的神经元[55]。当然，相较于海马共约4700万个神经元的数量[56]，这一数字并不多，只占据大脑神经元年增长总数的1.5%左右。在2018年，于同月发表的两项研究得出了相反的结论。加利福尼亚大学旧金山分校发表在《自然》（Nature）杂志上的一项研究称，海马的神经发生在童年时期降至了无法检测到的水平[57]；而哥伦比亚大学（Columbia University）的研究发现成年人的大脑中仍有神经发生[58]。

当年有两篇文献评论尝试解决这一矛盾[59]。神经元生长的测量面临着许多复杂的技术和方法难关，而且人类（目前）还无法对神经元进行物理计数，因此这些估算有赖于许多概念和统计推断。上述两个团队都利用了伴随神经元生长的典型蛋白质标记物（DCX 和 PSA-NCAM）。只有在尸检时才能测量上述标记物，而大脑保存方式的变化以及死亡时间和检查时间之间的延迟可能会导致十分矛盾的结果。此外，有研究发现，上述蛋白质标记物并不一定伴随着动物的新神经元生长。这是否让人一头雾水？我和其他神经科学家也觉得如此。我们仍然在着力研究这一问题，因此目前为止，我只能说尚不清楚成年人是否可以长出新的海马神经元。但是，过去 20 年研究的种种证据有力地给出了肯定答案。仅仅一项未发现神经元持续生长的研究不足以否定其他十多项与之结论相反的研究，也不足以否定数十项在动物身上发现新神经元生长的研究——在这一点上，我们没有理由认为人类会与其他动物有所不同。但是，即便没有神经发生也不意味着不会形成新的记忆，或者证明记忆能力有限。神经元的连接和突触的可塑性帮助人们储存记忆，这是一个终生发展的过程。

加拿大精神病学家诺曼·道伊奇（Norman Doidge）曾描述突触可塑性（大脑重塑）的个案研究。其中，一名女性的前庭（平衡）系统受损，一名被截肢的男性患有幻肢痛，他们在成年后都完成了大脑功能的重组。

在 1976 年，我接受的教育告诉我，上述神经可塑性在青春期和青年时期达到顶峰，六旬老人不可能经历如此彻底快速的大脑重塑。但是过去 10 年的研究表明上述假设并不正确。老年人的大脑也是可塑的，也能完成重组和适应的"壮举"；只是他们需要更长的时间，因为老年人的大部分（但不是所有）脑功能都变迟缓了。

对于常年坚持以不同的方式思考和锻炼脑力的老年人而言，神经可塑性似乎并未放缓太多。如果你从事艺术创作——绘画、雕塑、建筑、舞蹈、写作、音乐等——你便一直在以有趣的方式锻炼自己的大脑；因为你承担的每一个艺术项目都需要你做出新的适应，从不同的角度看待世界，从而付诸实践。而且不仅限于艺术创作——任何需要频繁与世界互动，且需要不同应对方式的工作或爱好，都有助于预防痴呆症、思维僵化和神经萎缩。这类人有：油漆工、树艺师、运动员、连续创业者、公关人员、专业司机、填字游戏玩家、桥牌玩家等。

我玩乐器的亲身经历表明，神经重塑在任何年龄段都有可能发生。有时在音乐会上，我那些音乐家朋友会叫我上台演奏一两首歌，我就用在场的吉他演奏。我会碰到不同的吉他，经常是我不熟悉的型号——音柱的高度、琴弦间的距离、琴弦的规格和琴颈的粗细，各有不同。又或者，在我弹了数月电吉他后，他们突然给我一把原声吉他。于是，我时常要快速适应。音乐家的大脑有一套抽象的认知体系，他们清楚该如何演奏乐器，手指应该如何与乐器互动，并做出适当的调整。更精妙的经历是，有一次我弄断了右手中指的指甲，而我正是用那根手指指弹。于是我暗示自己，这个手指暂时"退役"，其他两个手指需要代替它来完成演奏，做这样的调整只需要 5 分钟——这是神经可塑性的一个例子。伟大的钢琴家儿玉麻里（Mari Kodama）[60]表示，根据钢琴或演奏大厅的音响效果，她经常需要在演奏现场调整其早已熟悉的指法。因此，虽然特定的演奏指法规律已经深深根植在记忆里，但显然我们也将这些规律抽象化后牢记于心了，需要时便可调用。

在日常生活中你可能亲身经历过类似情况，却未曾意识到原来它有一个"高大上"的称呼——神经可塑性或脑部适应。如能驾驶租来的汽车；能用笔身粗细不同于常用型号的笔写字；能在别人的厨房做饭；能系新衬衫的扣子；别人操着一口你从未听过的口音说话，你也能听懂。甚至包括一些十分简单的事情，比如，即便新咖啡杯的重量和手柄尺寸都不同于习惯使用的杯子，你也能顺利喝上咖啡。以上都是大脑做出适应并拥有神经可塑性的例子。

神经可塑性的过程会一直持续到人们死去，但是，正如反应时间，它确实会随着年龄的增长放缓，大脑重塑的程度也会降低。但好消息是，已经掌握的运动技能①至少可以维持到60岁，而在许多人身上甚至要超过80岁。音乐家格伦·坎贝尔（Glen Campbell）就是一个典型例子。76岁时，深受阿尔茨海默病的影响，格伦迷失了方向，生活无法自理，但他仍然坚持演奏已经铭记在心超过45年的复杂曲目，这表明某些运动记忆会深深嵌入脑海中，疾病也无法对其产生影响。而他的其他运动记忆则出现了偏差，他有时会迷路，找不到来时的路。年轻时学习一门技术或手艺并坚持练习能帮助你抵抗衰老。接下来，在你年老时，你便可以开始学习新的技艺。

然而，我们学习新的运动技能的效率会随着年龄的增长而下降——确实，在90岁甚至之后我们都能学习新事物，但学习的过程需要更多的专注力和时间。从祖孙之间熟悉的对话中可以看出，老年人能学习如何使用电脑[61]和手机，但在学习过程中会犯更多错误，并且新信息停留脑海的时长不如年轻人。老年人需要更长的时间才能适应新眼镜、新鞋或因道路施工而更换的新路线，甚至还要更长的时间

---

① 此处泛指身体部位的移动。

来重新适应其以前的行事方式。老年人不仅做很多事情的速度较慢，他们适应新事物的速度也较慢。如果你从此推断这可能和老年人的政治观念更为保守（希望保持现状）有关，也不无道理。

感官是子宫内最早发育的器官组织之一，但不幸的是，正如在老年人身上看到的那样，感官比其他功能更容易衰退。75 岁以上的老年人中有一半出现听力下降，1/6 出现视力下降。55 岁以上的人戴眼镜的比例高达 90%[62]；出现听力下降的美国人中只有 1/6 佩戴了助听器[63]，而不佩戴助听器会增加老年人住院的风险[64]。好在神经可塑性为大脑提供了多种补偿感官功能下降的方法。神经可塑性控制身体对世界的感知、感官如何感知世界，以及感知水平如何。了解感知如何运作及发展对于了解如何康乐晚年至关重要。

第 3 章
感知：身体对世界的感知

英国哲学家约翰·洛克（John Locke）提出了我们现在所谓的"洛克的挑战"：尝试想象一种你以前从未闻过的气味，或者向从未闻过某种新气味的人描述这种气味。洛克认为人们通过感官了解这个世界的一切。顺带一提，洛克不只有上述思想贡献。他首次提出人的自我意识源自意识的连续性，也是他首次撰文强调政教分离的重要性——后来亚历山大·汉密尔顿（Alexander Hamilton）以及美国的开国元勋们将这一思想纳入美国宪法。

"洛克的挑战"认为感官对于信息处理的理解至关重要。他的言论改变了我们思考知识的方式——什么是知识，以及我们如何获取知识？大脑如何从明显未发育的状态演变为成年人的状态？这其中唯一重要的因素是外部世界的输入。通过与环境的互动，大脑得以充分发挥其功能；否则，大脑永远无法发育为成人状态，永远无法释放其所有潜力。这一结论适用于动物和人类（儿童及成人）。与外部世界的互动至关重要。机器人专家和 AI 工程师历经艰辛才意识到：无论

CPU 处理算法的速度有多迅速，机器人实现类人功能的最大障碍还是缺乏感官输入以及无法整合人工感官的输入。

我们在小学时便知道人类有 5 种感官。但鲜为人知的是，一些动物能使用我们缺乏的感官，有些例子还相当特别。例如，鲨鱼通过"电感官"来检测猎物的神经电信号；蜜蜂通过检测电场来寻找花朵（花朵带有轻微的负电荷，与蜜蜂的轻微正电荷形成对比）；蛇则通过红外热探测器来寻找猎物；大象脚上有特殊受体，对振动极为敏感。许多动物的感官比人类的更敏锐——狗的嗅觉比人类的敏感 100 万倍（凭借如此强大的嗅觉能力，想必一只聪明的狗狗只需在消防栓旁闻一闻，便能清楚附近存在哪些人、他们的日常饮食是什么，甚至还可能知道当地犬类的整体健康状况）。

感官受体是一种特殊的细胞，它们不断检测并收集外界信息，随后将信息传输至大脑。例如，我们的鼓膜会对空气或液体中分子的波动（振动）做出反应。我们的眼睛会记录光波的振幅和频率。（光是电磁能的一种，因此我们的视觉与鲨鱼和蜜蜂的电感应别无二致，区别在于人类大脑对信息的诠释方式不同。）我们的触觉受体会感受温度、湿度、压力和伤害；甚至我们的某些内脏器官上也有触觉受体——回想一下你上次胃痛的经历。我们的味觉和嗅觉受体会检测物体的化学成分。

接收到外部世界的信息后，感官受体会向大脑中专门解读各类信号的区域传输电冲动。由感官受体传输的电冲动的波峰给予我们各种各样的感官体验：酸、甜、热、冷、痛苦、舒心、响亮、柔和、明亮、黑暗、红色、紫色、芳香、刺鼻等几十种感受。以感受到的"酸"为例，由舌头传输的神经冲动并不带有"酸"的属性，而是负责解读味觉信号的味觉皮层让你感觉到"酸"。与洛克同时代的艾萨克·牛顿爵士（Sir Isaac Newton）认为，人类丰富的感知体验由大脑而非外部世界创造。他写道，照亮蓝天的光波本身并不是蓝色的，之所以呈现蓝色，只是因为我们的视网膜和大脑皮层将特定频率（650太赫兹）的光解读成蓝色。蓝色体现的是人类对世界的一种解读，而非客观存在。

感知的逻辑

人们倾向于认为感官向我们呈现的世界是真实的——我们通过感官看到的、听到的或体验到的都是事实。但这恰恰是科学所追求的真理的对立面。设想一下我在屏幕上投射不同颜色的光波，即使我小心控制投影机的亮度输出，有些光波看起来还是比其他光波更亮。（人类眼睛对绿色最敏感，对蓝色最不敏感，这意味着即使绿色、蓝色和红色以相同的亮度呈现时，我们眼中的绿色也会比红色更亮，蓝色会比红色更暗。）上述现象产生的原因可能要追溯到数十万年前，甚至会在人类学会用两条腿走路之前，那时祖先的眼睛习惯先锁定绿叶来寻找食物。对于振幅完全相同的乐器或声音，人们无法感知到它们的响度相同，因为对我们和我们的大脑而言，有些频率听起来就是比其他频率更响亮。

我们内部的感知系统构建的现实在一定程度上比感官受体实际感受到的更能满足生存需求。例如，大脑最为敏感的声音频率是区分元音辅音的频率——大脑对声音频率的偏好帮助我们更好地理解彼此。由于晶状体的形状特点[1]，有些直线本应看起来有点弯曲，有些曲线应显得笔直。但事实并非如此——视觉皮层"知道"晶状体对线条的扭曲并对此加以修正。还有色差——对于光源一致的光,它们的颜色无法在同一焦点上刺激视网膜,因为它们的波长不同,但是,大脑会对此补偿,让我们感觉颜色都来自同一光源。以上过程在无意识间发生,只是大脑完成的数百种出色的补偿性调整中的一小部分。

我的朋友兼导师埃尔法·罗克(我们在加利福尼亚州认识时,他已70岁)写了一本颇具影响力的书,名为《感知的逻辑》(*The Logic of Perception*),这本书总结了他一生的科研工作。他指出,感官受体感受到的信号通常不完整,或被扭曲过,因此感官受体无法完美地运作。还有其他一些情况导致受体传达的外界信息可能是错误的,此时大脑需要介入。罗克进一步阐明了感知系统如何利用逻辑推理来帮助我们认识这个世界。知觉的形成过程并不简单——需要一系列的逻辑推理,是经过无意识推理、对问题的解决以及对物理世界结构的直接猜测而得出的结果。

明度恒常性(brightness constancy)就是一个明显的例子。去电影院时,你会看到屏幕是白色的,投影仪在屏幕上发出明亮的光。当然,屏幕上也有较暗的影像——戴着黑色帽子的恶棍、黑毛的猫,以及穿着黑色无尾礼服的乔治·克鲁尼(George Clooney)。但是看见黑色就意味着没有光,那么投影仪是如何做到让我们看见黑色的呢?这并非投影仪能做到的事情,而是大脑推断后得出的结论。投影仪只能决定是否向白色屏幕投影。屏幕上所有看起来是黑色的影像实际上只是反映了屏幕的颜色。此时,大脑已经进化到可以区分多种颜色和亮度。(如今黑色电影屏幕风靡一时,电影院使用这种屏幕是因为其能呈现出更真实的黑色。)

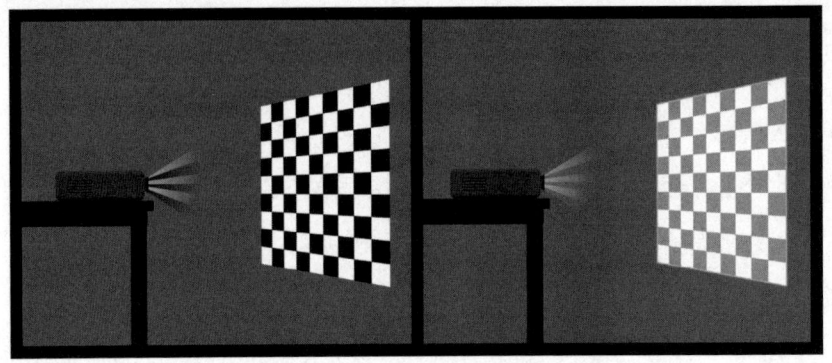

图 8　棋盘格投影图像对比

如图 8，左侧为你认为自己看到的棋盘格投影图像；右侧则为投影仪实际的投影效果。你的大脑通过感知逻辑推断出左侧的图像。大脑在无意识间做出这样的推断——即便知道这个原理在起作用，你的大脑也不会关闭相关的神经回路。我们的大脑知道乔治·克鲁尼的无尾礼服并非灰色，于是将其感知为深黑色。

图 9 展示的爱德华·阿德尔森（Edward Adelson）提出的视错觉证明了这一点。方块 A 和方块 B 是颜色完全相同的灰色阴影，但它们看起来不同，是因为大脑通过自动的逻辑推理扭曲了眼睛看到的图像并将之校正。大脑认为，因为方块 B 处于阴影中，所以它的颜色肯定比看起来的更浅。如果你剪裁并制作一张和上图中的棋盘差不多的纸，剪掉方块 A 和方块 B 附近的小方块，你会发现确实存在以上现象。

类似这样的现象数不胜数。比如色彩恒常性（color constancy）。如果你曾经看过在室内拍摄的照片、旧时代的模拟摄影（analog photography）作品和胶片电影，你可能会发现照片和影片整体呈现出偏黄的色调，而且人的肤色看起来不自然。这是因为画面呈现的是镜头实际"看到"的被白炽灯镀上淡黄色的场景。但是由于色彩恒常性，你

图 9　视错觉图

的眼睛不会这样看。对大脑而言，画面中的红裙子在室内和室外看起来都一样，但对镜头而言，它们"看起来"却不一样。

已知的多数感知偏差的例子都出现在视觉和听觉方面，因为它们是目前为止研究得最多的两种感官。当然也有其他感官的例子。例如，我同时触摸你的脚趾和额头，你会感觉到自己的脚趾和额头被同时触碰了。但是，从脚趾发出的神经冲动到达大脑所需的时间比从额头的要长得多。其实，大脑首先获得额头被触碰的信息，然后再接收到脚趾被触碰的信息，此时大脑必须减去一个延迟常数（考虑神经传递需要的时间），然后得出两个部位被同时触碰的逻辑推论。

洛克提到"感知的逻辑"，因为他认为大脑根据概率来判断感知。大脑基于感官受体接收的信息来推断最有可能发生的事情。感知是一系列事件的最终产物，这一系列事件始于感官输入，包括认知、解释性成分。人类的大脑会"玩各种小把戏",外界并不总如我们所见所闻,你现在相信这一点了吗?这便是大脑的有趣之处。大脑会在你不知情的情况下填补缺失的信息。而且随着年龄的增长,填补信息的频率会变高。这种感知信息的补全过程也基于感知的逻辑。如果你在拥挤的房间内与人交谈,对方的话很可能会被其他谈话、玻璃杯碰撞的叮当声或脚步声所掩盖,但是你仍然能够解读他们的话。多年来,我一直在我的课堂上给学生播放一个人说话的录音带,这个人说了一句话,其中一个音节完全被删去,由咳嗽声替代。学生们知道有人咳嗽,但没有意识到音节被删除,他们理解起来没有困难——他们的感知系统填补了缺失的信息。感知是一个构建的过程,为我们构建了对外界事物的认知;同时它也是一种心理表象[①](image),使我们按照大脑得出的结论而非世界的真实面貌来与外界互动。

5种感官都会出现幻觉。一种叫作奇迹果的西非浆果能令人产生味觉错觉,消除食物的苦味。刷牙后喝橙汁,你会感觉橙汁的酸味更甚。甚至还有运动错觉:我和姐姐小的时候会站在门口,双手放在两侧,然后抬起双手尽可能用力地向外按压门框大约1分钟。脱离门框时,我们的手会不自主地莫名飘浮起来——这是一种运动控制的错觉。

感知修复始于[2]人4个月至8个月大时,成人水平的感知调整出现在5岁左右。视野中的盲点更能体现日常生活中的感知修复。在视神经穿过视网膜的部分没有视锥细胞和视杆细胞,因此视觉图像无法投射在那里——然而大脑能够根据周围环境来补充缺失的信息。

随着年龄的增长,我们会越发擅长这种感知修复,正是因为我们的阅历更为丰富,基于超出年轻人数百万次的观察,我们的大脑才形

---

① 基于知觉在头脑内形成的感性形象。——编者注

成了事情发生概率的数据库。这些观察成为大脑（无意识）统计处理器的数据。通过神经可塑性，每一次的新观察都会改变大脑的神经元连接。因此，即便衰老使得感官受体退化，我们的大脑也出现萎缩、血流量减少等其他缺陷，但我们的感知修复程度仍然可以提高。这是衰老带来的又一个脑部补偿机制——老去的另一个优势。老年人也许能更有效准确地处理不完整的信号，因为他们的感知系统有更多的处世经验。

在柏林和因斯布鲁克进行的实验

大脑神经元的重新连接与排布体现了神经可塑性，而赫尔曼·冯·赫尔姆霍茨（Hermann von Helmholtz）于19世纪初开始的一系列实验很好地证实了这一点。我认为赫尔姆霍茨是现代认知神经科学之父之一，他的研究深深地启发了洛克。赫尔姆霍茨热衷于研究，对所有感官及其运作原理都很感兴趣。他知道视觉系统能够适应新的体验，但他想了解的是神经可塑性适应的极限在哪里，于是他用扭曲的眼镜开展了研究[3]。

柏林的志愿者们戴着棱镜眼镜，这种眼镜将他们的视野向左或向右移动了几英寸。然后赫尔姆霍茨让志愿者们伸手去拿咖啡杯、钢笔等附近的物件。因为此时视觉信息发生变化，所以他们的手会移向不正确的位置，离他们想要拿到的物件几英寸远。在一个小时内，他们的大脑开始自我调整，感知系统开始适应环境，这便是神经可塑性的体现！大脑接收到新信息并重新调动运动系统来适应环境变化。摘下眼镜后，志愿者们在短时间内仍然无法拿到目标物件，但大脑很快就适应了环境。

上述棱镜适应实验证明了视觉系统和运动系统相互联系及相互依存的程度。这有力地证明了大脑中存在一个外界的空间地图。戴上棱镜眼镜后，大脑意识到原本的空间地图不正确，需要更新。于是对新环境的适应使得以下部位——大脑[4]、感觉皮层、运动皮层、顶内沟（intraparietal sulcus，与错误检测和纠正相关的区域）以及海马（空间地图所在的区域）[5]——出现变化。

当你摸黑在床头柜上找水杯时，或者半夜在不开灯的情况下找通往浴室的路时，你便在利用空间地图。随着时间的推移，大脑的空间地图可以实现高分辨率、耐用和稳定的效果。然而，如果出现与原本的地图相矛盾的新信息，大脑也会做出适应。

赫尔姆霍茨认为大脑的适应程度取决于佩戴棱镜眼镜的时长，但最近的研究表明，该过程取决于视觉系统和运动系统之间的互动频率。实际上，如果仅佩戴棱镜眼镜而不主动与环境互动，大脑不会适应新环境。如果是护士帮你活动手臂，无论活动多少次，你都不会做出适应。在这种情况下，做出适应的不是眼睛或视觉皮层，而是控制视觉和运动之间相互作用[6]的运动系统和神经回路。而只需三次互动便足以引导大脑重新连接神经元[7]。

赫尔姆霍茨的开创性实验在奥地利因斯布鲁克引起了轰动，从而带动了20世纪20年代和30年代的一系列实验。其中一项实验是让参与者戴上左右颠倒的护目镜。相较于视野左右移动几英寸的棱镜实验，参与者对这种护目镜的适应时间更长，但令人惊讶的是，参与者仍然能完全适应。至少，有一名勇士戴着这样的护目镜在因斯布鲁克的街道上骑摩托车（话又说回来，也许当时在因斯布鲁克街道上目睹这一幕的行人才是真的勇士)。

在因斯布鲁克进行的系列实验将适应研究的概念做到极致，其中一项实验让参与者佩戴令视野上下颠倒的护目镜[8]。实验发现，大脑适应感知变化的驱动力十分强大，最终仍然能纠正颠倒的视野，将感知者的大脑中的世界翻转过来。在佩戴护目镜的前三天，参与者们犯了许多错误。有一个人在水即将倒满时将水杯倒翻；有人以为灯柱的顶部在地面，于是试图跨过灯柱。接下来是两天的调整期，到了第六天，参与者们早上醒来透过倒置护目镜观察世界时，一切都恢复了"正常"。他们可以自如摸索，进行日常活动，就好像无事发生一般。这些戴着护目镜的参与者进行的日常活动包括：看电影或马戏表演、去小酒馆、骑摩托车、骑自行车和滑雪旅游。最后他们摘下护目镜时[9]，真实世界在他们眼中是上下颠倒的。而只需几分钟大脑又能重新适应，视野效果又恢复了正常。大脑能够迅速地重新感知其熟悉了数十年的环境，其速度之快，实在令人惊叹。

为什么大脑最初的适应耗时如此之长，而重新适应到最初状态却如此迅速？这体现了熟悉的环境与几天内发生的变化之间的生物学差异。所有学习过程都会产生突触连接。重复多次的学习和练习会产生更高的突触连接强度，因此大脑更容易重新适应，回归正常。

以上似乎只是理论层面的解释，或只是让老派的感知神经科学家感兴趣的领域，但这确实也能产生有益的临床用途。比如改善中风的症状，70 岁以上的老年人有 1/4 受到中风[10]影响。

近 1/3 的中风患者会出现半侧空间忽略[11]，也称为单侧忽略。此时，中风幸存者忽略了身体或视野的一侧，并且不清楚自身在这方面的缺陷。可想而知，单侧忽略是患者跌倒或出现其他损伤的主要原因。一种治疗单侧忽略的有效方法[12]是让患者佩戴棱镜眼镜，逐渐将患者的注意力转移到被忽略的一侧。

棱镜适应实验也与戴眼镜的人有关。眼科医生通过研究上述实验来了解视觉系统对视野扭曲的适应程度。如果你感觉新配的高精确度眼镜让眼睛不舒服，眼科医生可能会建议你先戴几周适应适应。镜片越是精确，其折射率就越高，眼镜周围图像的失真便越严重。在镜片折射率非常高的情况下，人们甚至可能会看到视野边缘出现彩虹般的颜色。随着时间的推移，大脑通常可以适应这些情况（尽管过程可能会很艰难）。

我在麻省理工学院读本科时便亲身体验了棱镜适应实验。在神经心理学课上了解到这个实验后，某一个星期五下午，我制作了一副棱镜眼镜，将整个视野向左移动了大约30°。在实验开始之前，我还知道目的物件在哪里，我的手还能轻易、准确地摸到。而一旦我戴上眼镜，一切都乱套了。我试图拿起宿舍书桌上的咖啡杯，但我与它差了12英寸（约30.5厘米）。第二次再尝试时，我试图调整，但仍然失败。我不得不伸出手，慢慢向右移动，直到碰到杯子。而步行则是一项特殊的挑战。我尝试在宿舍的长廊里行走，但过程中不断撞到墙壁，我不敢离开大楼。但我还是坚持完成了实验：四处走动，伸手去拿东西，戴着眼镜吃饭、读课本。

实验开始当晚，我的梦里全是自己伸手去拿东西、四处走动的画面，在梦中我设法抓住了想要伸手去拿的一切物件。我早上醒来时，发现外界以及我与外界的互动似乎都很正常。这种感觉很奇妙。我整个周末都戴着那副奇怪的眼镜四处走动，学习，在自助餐厅吃饭，成功地将盘子里的食物送到嘴里。在星期一早上，也就是实验开始的两天半后,我摘下了棱镜眼镜。当时的视野完全向右移动了30°,我再次撞到墙壁、把鸡蛋洒在干净的衬衫上、完全没握住门把手……此时,我的大脑已经成功适应了戴棱镜眼镜后的世界,必须重新学习才能重新适应摘掉眼镜后的新转变。到中午时,一切便恢复正常——摘眼镜重新适应所用的时间比戴眼镜适应的时间短得多。这是因为适应戴眼镜后的世界需要我学习新事物,而摘眼镜后的重新适应只需要重新激活那些早已存在且十分完善的神经通路和突触连接。

棱镜适应实验有力地证明了短期的神经可塑性,即大脑能够适应不断变化的条件并重新连接神经元。除了涉及视觉系统,这些实验还体现了感觉统合(sensory integration),即运动系统和视觉系统之间的相互作用。

通过触觉系统和视觉系统的结合,我们不断更新自我对身体的表征,如我们的空间位置,以及位置与自身和他人的关系。以"橡胶手错觉"[13]实验为例。若你是实验参与者,工作人员会将你的手藏起来,例如,放在桌子底下,然后将一只橡胶手按你本人的手的方向放在桌面上。接着,工作人员将自己的一只手放在那一只你自己看不见的、在桌子底下的手上,再将自己的另一只手放在你看得见的、在桌面的橡胶手上。接下来,工作人员的双手将同时做抚摸动作。在当时的实验中,仅1分钟后,大多数人便开始坚信橡胶手是自己的"手"。这是因为视觉系统"通知"了触觉系统,而且面临歧义或两者出现冲突时,视觉系统通常会胜出。有趣的是,即便橡胶手看起来不是特别逼真,又或者它的肤色与你真实的手的不同,上述现象也会发生——视觉系统与触觉系统协同工作,颠覆了你对自己真实的手的认知。如果你只是看着橡胶手,而自己的手未被工作人员在底下偷偷触碰,这种错觉便不会发生，因为触觉和视觉的同步输入是以上错觉出现的必要条件。这种错觉也会出现在身体的其他部位。令人惊讶的一个例子是脸。若你参与识脸错觉（enfacement illusion）[14]实验，你便需要观看一个视频，视频中工作人员用棉签触碰着某人的脸，而同时另一位工作人员也在现场抚摸你的脸，你便会逐渐认为视频中的脸也是自己的，即便这张面孔长得和你不太像！这一切都表明，自我意识通过感知输入构建[15]而来，并且是可塑的。

华纳兄弟制作的一部卡通短片很好地体现了视觉如何战胜其他感官，该短片由查克·琼斯（Chuck Jones）执导，名为"老鼠逗猫"。短片讲述了生活在人类大房子壁脚板里的两只老鼠，它们害怕房主人的猫，并密谋把这只猫逼疯，好赶走它。在一个片段中，两只老鼠把客厅里的所有家具都钉到了天花板上，并取下吸顶灯将其固定在地板上。猫午睡醒来后，环顾四周，看到了旁边的吸顶灯。它抬起头，看到沙发、咖啡桌、安乐椅等，随后得出结论，认为自己此刻一定在天花板上，而"地板"，也就是有客厅家具的地方，才是属于它的地方。于是，惊慌失措的它尝试着跳向天花板，它认为那里才是安全的。但是重力将它拉回原位，它的爪子无法握住"地板"。它不断地向天花板（自以为的地板）跳跃，不断地跌倒。事实证明，这只猫的视觉系统并非有效的现实指标，而猫也无法战胜这一感官。在一定程度上利用了这一早已确立的神经科学原理，便是这部动画片的精彩之处。

飞行员需要耗数十个小时来学习避免过分依赖自己的感官系统（具体来说，是前庭系统），而是要"相信仪表盘"。人类的大脑和身体没有足够的时间进化到能准确解读飞行中的感受的程度，因此人在飞行时的感官可能不可靠。许多致命事故都是飞行员忽视仪表盘而过度依赖自身感知导致的。这也解释了小约翰·F. 肯尼迪（John F. Kennedy Jr.）[16]于恶劣天气在黄昏时飞行发生事故的原因。当时他可能无法区分天空和水域，而且他的身体和视觉感知可能让他以为自己正处于上下颠倒的位置。本来仪表盘能帮助他判断环境，但他可能认为仪表盘出现了故障——这种情况偶有发生，但其频率没有感官对我们的误导的高。于是他控制飞机，上下颠倒飞行，最后驶入水中，而他却以为飞机正在升空。这也是公认的百慕大三角航空事故的原因——飞行员在没有地标的情况下迷失方向，无法区分天空和水域，他们无视仪表盘却相信自己（不可靠）的感官，随后将飞机驶向大海深处。

　　探索行为是形成感官体验和建立神经可塑性的关键。经历运动剥夺的儿童无法形成正常的行为。这一点在小猫实验中得到了验证。一只猫幼崽被放置在其能自由活动的环境中；与其同窝的另一只幼崽则被放置在手推车中，手推车会复制第一只小猫的动作。如果第一只小猫向左转，第二只小猫的手推车也向左转。若第一只小猫跳跃，则第二只小猫也照做，通过它的手推车。两只小猫接受的视觉刺激基本相同，但只有一只小猫能积极地探索周围环境。实验结果表明，手推车中被动的小猫没有发展出正常的行为：它无法对靠近自己的物体眨眼；被轻放至地面时，也没有伸出爪子向下触摸地面来避免碰撞；也没有避开视觉悬崖（visual cliff，指在一块安全的厚玻璃下存在几英尺高的"悬崖"；换言之，没有实际的危险，但具有完整运动行为意识的高等哺乳动物会选择避开视觉悬崖。这便是为何在一些城市中颇为流行的玻璃走道会让许多人感到恶心或心脏狂跳——这是一种刻在身体里的反应）。对于你襁褓中的孙辈来说，伸手去抓在婴儿床里的玩具，而非只是被动地盯着它们看，是最为有效的玩玩具方式。如果他们的手和腿能触碰物件，使其移动，这便又是一种更好的训练。老年人若希望保持平衡感和方向感，则不仅要观察环境，还要在其中四处走动。

神经可塑性的调整贯穿整个生命周期。在婴儿长大成人的过程中，随着眼睛和耳朵之间的距离越来越远，舌头变得越来越大，大脑需要逐渐适应感官信息的变化。触觉系统必须要适应身体各部位之间不断变化的距离。骨骼和肌肉的生长需要逐渐改变大脑发送的信号，以进行平稳协调的运动——这些都是补偿性神经可塑性的体现。

触觉系统能够非常迅速地重构。在局部皮肤感受到疼痛[17]（例如刚接受完注射或针刺）后，疼痛区域周围的部分［辐射范围多达5/8英寸（约1.6厘米）］会立即变得十分敏感。若神经细胞因人体受伤而受损，这种神经可塑性便可以保护我们，让我们对初始疼痛部位周围的疼痛更为敏感。这种痛感会促使我们远离危险的环境，或者去除皮肤上的刺、碎片等异物。

当肢体或其他身体部位被截断时，其中的神经末梢也被切断了。但是相关神经纤维的另一端仍然连接着大脑。因此，许多被截肢的人称被截肢部位仍有感觉；事实上，幻肢痛[18]影响了90％的被截肢人士。对此，可以使用在概念上类似于橡胶手的视觉与触觉治疗方法，治疗师可以通过触摸患者身体、残肢或其周围区域来促进神经重构，同时让患者观察并体验与被截断部位有关的触觉感受；视觉和触觉的同步刺激能加快治疗进程。另外，类似的手段还有助于治疗牵涉痛（referred pain），即痛感源自某一类感官受体，人们却在另一类感官中感受到疼痛。

加利福尼亚大学圣地亚哥分校的维莱亚努尔·拉马钱德兰（Vilayanur Ramachandran）开创了一种治疗幻肢痛的新方法[19]。在通常情况下，患有幻肢痛的人在截肢之前便伴有肢体瘫痪或疼痛，且他们的（幻肢）肢体会痉挛，处于不舒服或形似紧握的状态。拉马钱德兰将一面镜子放在中央，每侧各有肢体，并指示患者观察有完整肢体的镜子一侧；此时患者看到两个肢体，一个是真实的完整肢体，另一个是前者的镜像。接着，患者需要左右对称地移动双肢。当然，患者实际上无法移动幻肢，但是从镜子中他们能看到两个肢体（完整肢体及其镜像）在移动。此时，大脑会认为看到的是幻肢在运动，于是最初引起不适、痉挛或紧握状态的神经回路会被重构，并且在许多情况下，幻肢痛能得到缓解。

衰老引发的功能失常

视 力

也许最为人熟知且最可靠的衰老标志是视力下降，此处特指无法正常阅读。从 40 岁左右开始，人们会在离家近的药店老花镜区选眼镜，或者开始预约验光师。

我记忆中第一次感受到衰老正是我 50 岁生日时。那是 12 月下旬，我很早便醒来，准备"及时行乐（carpe diem）"。屋外仍然很黑——蒙特利尔冬天的白天比较短——我把晨报放在面前一臂远的距离，帮助眼睛聚焦报纸上的字母，一如之前数百个清晨我做的那样。但是当天早上，我的手臂似乎"缩短"了，字母太小、太模糊，我看不清。我的第一个想法是《泰晤士报》(The Times) 把字体变小了。我翻遍了报纸回收箱，找到了昨天的报纸，但读起来也遇到了同样的麻烦。我试着把报纸拿得远一些来聚焦字母，但实际上需要拿到比一臂的距离再远一两英寸的位置，我才能看得清报纸。我感觉我的手臂在昨晚缩水了，因为保持一臂的阅读距离在过去一年左右的时间里对我而言根本不是问题。

这种视力变化称为远视眼。其原理为随着年龄的增长，晶状体中的蛋白质发生变化，这使得晶状体变得越来越硬，越发缺乏弹性；晶状体周围的肌肉纤维也会发生变化。由于弹性较小，相比远距离聚焦，眼睛更难做到近距离聚焦，因为后者需要更大的肌肉张力。

你可能会认为，如果这只是肌肉问题，也许可以通过锻炼来防止或减缓远视眼形成的过程，但尚无证据支持这一点，也没有证据表明晶状体硬化可以预防。因为患远视眼与否由蛋白质决定，而DNA编码蛋白质的合成，所以也许在我们的有生之年，会出现能够解决远视眼问题的基因疗法。但就目前而言，对我们大多数人来说，老花镜或远视眼矫正手术[20]才是实际之选。

大多数人都会经历这种视觉系统的变化。但由于身体能适应，我们没有注意到自己的良好视力是如何逐渐衰退的。在这个过程中，我们要把物件放得更远、安装功率更大的灯泡才能看清；我们把手机短信的字号调大。大脑使用其强大的模式识别体系不断地适应环境。例如，在远视眼的情况下，视网膜发送到大脑的信号是模糊的，从实际的输入信息流中，我们可能无法区分小写的 c 和小写的 o，但可以通过上下文识别。有些字母的组合能构成单词（如"look"，意为"看"），而有些不能（如"lcck"，是个无意义的单词）。有时我们需要更完整的上下文，不仅靠单个单词评判，还依据句子和语义的上下文：请锁门（Please lock the door）。即使这个句子中的第二个单词传输至大脑的数据不明确或显示为"lcck"，大脑也会在你不知不觉的情况下做出推理判断。

对输入流的自动校正是感知修复的一种形式，大脑在我们的一生中有足够的机会锻炼这一方面的能力。随着年龄的增长，大脑对输入信号的依赖程度与感知推理之间的比率在我们40岁后以每10年为单位变化一次。大脑强大的规律匹配功能不断发挥作用，不仅因为感官系统需要这一功能，也因为年长者的大脑比年轻者的大脑拥有更多的经验，于是相比尝试去解读每一个细微的感知细节，还不如直接推断来得更有效率。你是否在阅读时曾读到一个词，一段时间后突然发现自己看错了？你返回去看这个词时，甚至觉得自己可以对天发誓，刚才看到的和现在看到的绝对不是同一个词。你那擅长规律匹配的大脑只是犯了一个小错误，然后将看错的单词以逼真生动的方式传输到了你的意识中。

前几天我刚好出现了上述现象。那时我正计划去纽约旅行，我住的酒店给了我一沓康尼岛（Coney Island）的免费餐饮券和景点代金券。在午餐时间，一位朋友端上来腊肠，拿出几罐调味品，其中包括一种我从未见过的新型芥末。我看着罐子，清楚而肯定地读到了"康尼岛"三个字，并决定尝一尝。味道很不错，我更加仔细地观察瓶身，想要写下牌子，这才发现原来正确的字是"蜜糖芥末"（Honey Mustard）。之所以看错，是因为我的脑子里留下了"康尼岛"三个字的印象，错把"Honey（蜜糖）"看成了"Coney（康尼）"，而"Mustard（芥末）"和"Island（岛）"又共有十分相似的字母。此时，规律匹配和感知修复出现了问题：毕竟，"Coney"和"Honey"这两个词只有一个字母不同,"Island"和"Mustard"都具有"s-a-d"的形式。(另外,对我这老化且更依赖数据推断的视觉系统而言,斜体的字母 r 看起来也许很像字母 n。)

感知修复是一种分类的过程,一种由认知驱动的效果,是"自上而下"的处理过程,与纯粹由刺激驱动的感知相反,后者被称为"自下而上"的过程。在我们还年轻时或者当我们学习新事物时,大脑几乎没有预先的设想,因此我们更倾向于看到事物的真实面貌。在成熟和衰老的过程中,我们则需要对事物进行分类。随着年龄的增长,分类的倾向更明显,因为在大多数情况下,这才是高效的做法。一项新研究表明,这种自动分类[21]在很大程度上取决于类别里各个项目有多普遍。类似于负责归档的文员,我们习惯把事物组合起来,从更广的范围做分类,这样脑子里便不会出现"文件夹"成堆,而每个"文件夹"里只有一个"文件"的状况。

如果你看到数量相等的蓝点和紫点,而有人要求你给它们贴上"蓝色"或"紫色"的标签,你能够轻松完成任务。但是如果减少蓝点的总数,你便会开始将一些紫点归类为蓝色——蓝点的稀有性会让你扩大分类范围。

扩大分类范围不仅体现在颜色上,也体现在情绪刺激上。若要求人们将面孔分为"威胁性面孔"和"善良的面孔"两类,而给定的"威胁性面孔"低于一定比例,人们便会扩大对"威胁性面孔"的定义范围。对于更为抽象的判断[22]也是如此,比如判断某种行为是否合乎道德:如果没有出现明显不道德的行为,那么以往被认为可以接受的行为现在便会被解读成不道德的行为。这一发现具有很深刻的社会意义。正如一项研究的作者所解释的那样:"当暴力犯罪行为不算普遍时，警察对'攻击'的概念不应包括乱穿马路。在判断水果是否成熟时，可以拿其他水果做参照；但在评判重罪、射门是否成功或肿瘤问题时，即便没有类似的事物做对比，警官、裁判员和放射科医师也无论如何都不该随意扩大相关概念的范围，并对其强下定义。尽管现代社会在解决各种社会问题——包括应对贫困、暴力问题和降低婴儿死亡率及文盲率——方面已然取得非凡的进步，但大多数人仍然认为世界在变得越来越糟糕。也许正是这种因为案例总数减少而扩大概念范围的行为导致了这一悲观情绪。"

而如果依赖了大半辈子的感官系统受损，想必你很有可能会感到悲观。另一个常见的视觉问题是白内障[23]，指单眼或双眼的晶状体混浊。在任何年龄段都有可能得白内障，但白内障更常见于40岁以上的人群。白内障的影响范围一开始往往都很小，不会对视力产生太大影响。到60岁时，白内障开始导致视力模糊；而超过一半的美国八旬老人都患有白内障。一般来说，光线穿过晶状体后投射到眼睛后部的视网膜上；而白内障会导致视线模糊。晶状体主要由水和蛋白质（你猜对了）构成。随着年龄的增长，一些蛋白质会聚集起来，使晶状体的某个区域变得模糊。

请记住，进化是通过繁殖在代际传递生存优势的。因此，对于正常生育年龄之外发生的变化，进化无法做出适应性改进。于是，没有白内障或远视眼的人并不存在进化优势，因而老年人一直有患这两种病的概率。

最近有少量证据表明白内障与吸烟和糖尿病有关。青少年时期养成的良好习惯可能会影响你数十年后的健康。预防白内障最好的方法是从年轻时开始养成在户外戴墨镜的习惯。白内障手术[24]会用人造晶状体代替有蛋白质结块的混浊晶状体，这类手术是最常见且最安全的手术之一，前提是手术由合格的医生使用精密的设施进行。从 60 岁开始，应该每两年检查一次眼睛，以便及早发现白内障、黄斑变性、青光眼等眼部疾病。及早发现眼部问题能助你保全视力。

听　力

也许下一个最常见的衰老迹象是听力损失，大多数人最终在某个时刻总会需要助听器。老花眼（远视眼，presbyopia）和听力损失（presbycusis）源自希腊语词根"presby"，意为"衰老"。[美国长老会（Presbyterian Church）以"Presbyterian"命名是因为他们的宗教团体遵循由教会长老管理教会的制度。]与视力问题一样，听力损失往往是渐进的过程。造成听力损失的原因有多种，科学家们尚未完全解释清楚。其中一个原因是，耳朵中的毛细胞变硬，不再将必要的电信号传导至大脑。

就像紫外线会损害眼睛的晶状体一样，环境因素也会损害听力：若你长时间暴露于工作场所或摇滚音乐会突发的巨响中，这样的噪声引起的听力损失会给耳朵的毛细胞带来不可逆的伤害。最好的预防措施是在嘈杂的环境中戴上耳塞。高血压、糖尿病和化疗也会对毛细胞造成不可挽回的损害。此外还有一个原因，衰老使得耳蜗（内耳）内不同结构中的线粒体 DNA 发生退化[25]。学界认为氧化应激是引发退化的线粒体 DNA 突变的主要原因。你也许听说过抗氧化剂——人体内的抗氧化成分和化学自由基之间出现化学失衡时便会发生氧化应激[26]，从而损害身体的解毒能力。这种失衡会导致脂质、蛋白质和 DNA 出现问题，并可能引发多种疾病。抗氧化剂是能向自由基提供一个电子且中和自由基的分子。食用抗氧化成分高的食物[27]，如蓝莓，可能是预防或纠正氧化应激的一种颇具前景的方法，但现在下定论还为时尚早；关于抗氧化食物有效性的证据[28]并非都给出了肯定答案。尽管如此，梅奥医学中心①和相关专家仍然建议[29]在日常饮食中加入抗氧化食物，静待证据证明其有效性，这不仅仅是为了预防听力损失，也是为了预防一系列疾病，如癌症和阿尔茨海默病（稍后会详细介绍）。

65岁至74岁的美国人中，1/3的人的生活受听力损失[30]影响，（正如前文所提）近半数75岁以上的美国人也是如此。与视力下降相比，一出生便拥有听力的人出现听力损失时，在社交方面会更加感到被孤立，因为听力涉及了我们如何相互交流的核心。即使聋人学习了手语，他们仍然会被听力正常的人群孤立，毕竟听力正常的人大多数都不会手语。从大脑的角度来看，一旦来自耳朵的输入减少，整个神经元群便不会接收到外部刺激。你猜听觉系统会如何应对？它会自己编造刺激或随机触发刺激，从而导致幻听[31]，其中一些幻听可能十分具有韵律和节奏。视觉系统的输入缺失会导致视觉幻觉。这种情况时常发生，对此还有专门的学名：查尔斯·邦内特综合征（Charles Bonnet syndrome）。

听力损失引起的幻听通常表现为耳鸣[32]，耳鸣分为间歇性和慢性两类，影响着1/5的成年人。大多数耳鸣患者不被耳鸣所困扰，但许多人感到耳鸣会分散注意力，使人心烦，干扰睡眠、工作和休闲活动，他们因此而十分烦恼[33]。慢性耳鸣几乎必然导致生活质量的下降——耳边不断有声音响起时，你便很难感受到安静的环境。正如一

---

① 被评为"全美最佳医院"。

位研究人员所说："对于许多耳鸣患者而言，他们的世界毫无平静与安宁[34]可言。"

虽然人们会在耳朵里听到耳鸣声，但耳鸣似乎确实发生在大脑[35]而非耳朵中。耳鸣与幻肢痛类似，是进入皮层区域的输入信息丢失造成的。最新的研究假设是耳鸣由神经稳态可塑性引起[36]：听觉皮层的神经元已经习惯在整个生命周期中接收各种频率的输入，此时由于衰老导致的外围听力损失，耳朵突然失去了所有的信息输入。为稳定地获取所有的预期刺激（稳态），听觉神经元开始放大自发和随机的活动，因此导致耳鸣。基于上述假设，有一种治疗耳鸣的实验疗法[37]为患者带来了希望。内耳中的神经元会对特定的频率做出反应，因为耳鸣的频率通常是恒定不变的特定频率，选择性地使这些神经元疲劳可以缓解耳鸣。对可调噪声机（甚至助听器）进行编程以提供精确的耳鸣频率，可给孤立的听觉神经元一些刺激，使之平静。于是你瞧，耳鸣消失了。

助听器技术因数字电子革命而突飞猛进。对我们父母那辈人而言，助听器不过是18世纪初用于放大声音的巨大耳角（置于耳旁的号角）的升级版。而现代助听器经听力学家编程来强调某些频率，并专注于来自特定方向的声音。而具有讽刺意味的是，旧时代的耳角能改善的方面，改良版的模拟助听器却办不到。（如果想强调不同的频率，可以选择不同尺寸和形状的号角；如果想听到特定方向的声音，可以将号角管转向那个方向——前、后、上、下，均可。）助听器的品牌数不胜数，价格差异巨大，但助听器有效性的最重要指标是听力学家针对患者做出调整的质量——一个真正出色的听力学家手中的一个普通助听器也比一个医术不精的听力学家操作的高端助听器要更有效。

然而，助听器要发挥作用，耳内仍然需要有存活的毛细胞。因为毛细胞对频率具有选择性，它们只向所调谐的频率发送电信号——于是患者可能只会在特定频率出现听力损失，这便是数字助听器的频率调谐发挥最大作用的地方。

但是如果毛细胞全部死亡了怎么办？人工耳蜗是一种相对较新的设备，可为许多重度耳聋的人带去福音。人工耳蜗有麦克风（类似于助听器的麦克风），麦克风通常安装在耳后，从环境中拾取声音，麦克风与手术植入耳蜗（内耳的一部分）的设备相连接。人工耳蜗帮助完全失聪的人听到声音，但目前的技术并不能将听力恢复到接近正常的水平。这是因为，一般而言，耳蜗通过数千个听觉通道接收信息，这些信息可涵盖人类听觉的所有频率范围——低沉的雷声或低音小提琴声、夏天的蝉鸣或爵士鼓中的钹声，以及高低频率之间的频率。通过以上所有通道，我们能够准确地分辨频率，这为音乐、演讲、笑声和环境噪声镀上了独特的声学和心理学色彩。相比之下，人工耳蜗通常只有12个至22个信息通道。如果配置得当，人工耳蜗可以提供一种沙哑、嘈杂的信号，帮助人们理解语音内容，但音乐等声音却不好处理。相信新型生物纳米技术会在未来几年改善这一方面的问题。

触　觉

触觉的敏感度也会随着年龄的增长而下降。流向四肢（手和脚）的血流量减少会损害四肢的触觉受体；老年人可能无法感觉到洗手间室内很滑，也无法区分冷水和热水。衰老使得指尖的触觉传感器退化，导致其灵敏度下降。老年人需要不断摸索寻找物件；关节炎让手指和脚趾活动起来十分痛苦。正如阿图尔·加万德（Atul Gawande）写道[38]："皮层中运动神经元的减少会使人迟钝。此时，人的书写能力退化，手速和对振动的敏感度下降；越来越难操作按键和触摸屏都很小的一般手机。"

当触觉传感器衰退或髓鞘减少时，皮肤可能会出现小范围麻木。在触觉方面还有一种常见的老年病（乍一听像是编造出来的疾病，但却是真实存在的）：患病后，背部一块通常够不到的皮肤会间歇性或不停地发痒，抓挠也没有任何缓解作用——根本没有！因为这种症状由某些神经通路的损伤引起，而正是这些神经通路阻断了挠痒本应带来的缓解。这种症状被称为感觉异常性背痛（Notalgia Paresthetica）。目前没有治愈方法，治疗手段也很少。有种抗炎凝胶，双氯芬酸二乙胺（商品名扶他林），可在一定程度上缓解该症状，大麻二酚（CBD）乳膏和大麻二酚油也能带来不错的缓解效果。

味觉和嗅觉

与其他感官问题相比，视力和听力的衰退更为人熟知，但是味觉和嗅觉也会受衰老的影响。嗅觉障碍有三种不同的表现方式：嗅觉减退（hyposmia）、嗅觉丧失（anosmia）和幻嗅症（phantosmia，即患者闻到的味道与实际的不同）。（可通过以上词汇的前缀记住它们的含义：hypo- 指"缺少"；a- 指"没有"；phantom- 指"不存在的事物"。）幻嗅症通常表现为闻到烧焦、变质、腐烂等难闻气味的幻觉。

嗅觉减退[39]在老年人中很常见，据统计，半数的65岁至80岁老年人以及3/4的八旬老人会出现嗅觉减退。嗅觉出问题不仅仅会对生活造成不便。嗅觉让你闻到森林里的松针、爱人的香水味，能帮助你感知影响健康和生命的危机，例如危险烟雾、环境污染以及食物腐烂，还能帮助你提前探测是否有火灾。同样重要的是，如果闻不到气味，也无法真正尝到味道。闻不到气味，并且把眼睛闭上，你很容易将洋葱与苹果混淆，而且失去嗅觉意味着你失去了远离腐烂食物的重要身体机制。每年有相当一部分老年人因为无法闻到异味而死于意外造成的天然气中毒和油罐爆炸。有嗅觉障碍的老年人的死亡风险要高出36%。

由于拥有丰度更高的嗅觉神经元，女性通常比男性的嗅觉更灵敏，并且可以闻到男性无法察觉的气味。要闻到物体的气味，物体中的化学物质首先需要通过鼻孔或口腔进入鼻腔，然后在鼻腔内与一层黏液接触，黏液覆盖着一层类似皮肤且含有嗅觉受体的细胞层。人体中有350多种不同的受体蛋白，各种蛋白还会相互组合，使我们能够闻到一万亿种不同的气味[40]。

在正常使用嗅觉的过程中，上述细胞可能受损，但在通常情况下它们会自我修复，就像受损的皮肤细胞一样。然而，在衰老过程中，长年累月的污染以及病毒和细菌的感染增加了细胞修复的难度，或导致细胞无法修复。另一个影响修复的因素是衰老导致的端粒缩短。端粒是位于DNA序列末端的保护罩，随着DNA的每次复制而变短。抗衰老研究的前沿风向是寻找抑制端粒缩短的方法，也许我们会在有生之年看到进展。

影响嗅觉的另一个因素是神经递质乙酰胆碱。与所有神经递质一样，乙酰胆碱参与大脑和身体多种功能的发挥；不能简单地认为每种大脑化学物质只控制一种行为、情绪或反应。乙酰胆碱是大脑胆碱能系统的一部分，它是第四阶段睡眠期内记忆巩固阶段的必要因素；它也与嗅觉、注意力集中、学习和气味记忆息息相关。与许多神经化学物质和激素一样，乙酰胆碱的水平会随着年龄的增长而减少。在某些情况下，嗅觉失灵预示着与衰老相关的疾病，例如阿尔茨海默病、帕金森病、科尔萨科夫综合征①（Korsakoff's syndrome），以及肌萎缩侧索硬化症和唐氏综合征等与年龄无关的疾病。以上所有病症似乎都与胆碱能系统受损有关。在嗅觉缺陷与其他疾病有关以及仅出现嗅觉障碍的情况下，利斯的明等增强胆碱能活性的药物可能有助于缓解老年人的症状。

只考虑味觉带来的乐趣着实诱人——一顿美餐、一杯美酒、最喜欢的甜点，以及所爱之人的肌肤。但除此之外，味觉也是很重要的感官。味觉失灵会改变我们对食物的选择，此时我们无法摄取所需的维生素和矿物质，这会导致营养不良、体重减轻和免疫系统功能下降。此外，味觉通过刺激唾液、胃液、胰液和肠道津液的分泌，帮助身体为消化食物做好准备[41]。当其他感官（如身体接触）带来的满足感可能受影响或并非常常可得时，享受美食带来的愉悦感对老年人而言就变得更为重要。

你也许在学校读书时学到过，我们可以尝出4种味道：酸、咸、甜、苦。味觉科学家（是的，确实有这类科学家）发现了第5种味道——鲜味[42]，即可以尝出氨基酸和谷氨酸的味道，这种味道通常称为肉味或肉汤味。在肉类、鱼类、蘑菇和酱油中可以尝到鲜味；在乳汁中也可以尝到鲜味，而且其中的鲜味所占的比例与其在蔬菜或肉汤中的比例大致相同。然而即便加上这个新的味道，5种味道也不足以

---

① 又称"健忘综合征"。

囊括人类能尝到的所有味道。我们能尝出食物中的脂肪含量,特别是乳化油中的——这便是为何乳脂含量高的冰激凌的口感令人入口难忘。我们还可以尝出白垩味,例如抗酸药片的主要成分钙盐的味道;以及金属味,例如富含铁或镁的食物。这些不同的味道帮助我们保持包含必需营养物质的均衡饮食。

许多老年人会抱怨食物清淡[43],这通常是嗅觉失灵造成的——嗅觉与味觉通过协同合作来传递食物和饮料的味道,而脸颊内的传感器则将信息传输至大脑的嗅觉中枢。导致味觉缺陷的原因还包括上呼吸道感染史、头部受伤、吸毒以及衰老导致的唾液分泌减少。以上所有因素都会导致食欲不振、营养不良,甚至抑郁。

味觉丧失[44]可能是感官受体的正常老化衰退所致,但在许多情况下,疾病(尤其是肝病和癌症)或药物也会引起味觉丧失。若研究改变味觉和嗅觉的药物,你会发现这简直就是75岁老人典型的药物清单,包括降脂药、抗组胺药、抗生素、抗炎药、哮喘药和抗抑郁药。化疗、全身麻醉和其他医疗措施治疗也会对与化学息息相关的味觉和嗅觉造成永久性损害。

影响老年人味觉感知最明显的问题是味觉阈值(最高值)的上调——需要给予更多的味道刺激,老年人才能感受到与以往一样的味道。对于患有一种或多种疾病,且服用三种处方药的老年人而言,尝出不同味道所需的味觉分子数量会显著增加。如果你是这种类型的老年人,那么与你50多岁时相比,此时需要多出11倍的盐量你才能尝出食物里是否加了盐。对于如奎宁等物质带来的苦味,用量为之前的7倍;对于鲜味,用量为5倍;对于甜味,约为正常量的3倍。(也许这便是为什么奶奶总是随身带着糖果来给孙子孙女。)

阈值变化体现了衰老对味觉另一个方面的影响，即必须将某种味道添加至现有的味道中才能感受到味道是否发生变化。在听觉或视觉方面，你可能更熟悉这个思路。假设你在家，听到冰箱发出嗡嗡声。声音必须足够大你才能注意到，这被称为最低辨别阈值。感官神经科学家关注的另一个问题是，嗡嗡声的音量需要改变多少才能让你听见。当然，这取决于你当时是否在密切留意声音，但相关的阈值变化是能够被有效测量的。许多年前，一些有趣的心理学家将这个阈值命名为最小可觉差（just noticeable difference）。

　　对最小可觉差的研究涉及方方面面。例如，需要对房间的灯光强度或亮度做出多大幅度的改变才能让你注意到两者的变化？在一个亮着 100 个灯泡的房间里，每个灯泡产生的光线为 1500 流明，此时只改变一个光子不会引人注意。但是在一个黑漆漆的房间里，当你的眼睛适应了黑暗，你便会注意到这个光子。或者想象一下，你提着装有杂货的购物袋，那么需要改变多少重量才能引起你的注意？如果我只是加一粒米，你不会注意到。而如果我放了一盒一磅的大米，你可能就能感受到了。但这取决于袋子里已经装有多少物品——如果原来只有一两磅重，添加重量会让你有所察觉；而如果原来就有 50 磅左右，情况则相反。

　　关于老年人的味觉，最小可觉差确实会按照你可能预测的方向发生变化：需要更大的变化才能让他们注意到变化，换言之，老年人的味觉最小可觉差在增加。舌头和口腔不同区域的敏感度也会随着年龄的增长发生变化。如果青少年往嘴里塞一颗 SweeTart 或 Starburst 牌子的糖果，他们也许能立即感受到爆发的甜味；而老年人则可能需要在嘴里稍微旋转一下糖果才能尝出味道。以上所有因素导致了老年人仅凭味觉识别食物的能力下降[45]——此时对他们而言，视觉、嗅觉和听觉在帮助辨别食物方面变得更为重要。衰老科学家苏珊·希夫曼（Susan Schiffman，79岁）建议："老年人一顿饭多尝尝不同的菜能减少感官适应或疲劳。摆上口味和风味各异的餐点，这样一来，至少有一道菜更有可能吸引到老年人。"现在我明白为何我73岁的导师罗克喜欢在我们出去吃午饭时点各种各样的菜式。我们在伯克利经常吃印度和尼泊尔餐馆里的塔利菜，或者中东餐馆里的前菜拼盘，这能让他保持对味觉和嗅觉受体的刺激。或者可能他只是因素五① 很明显，喜欢尝试新事物。

60岁时，我开始注意到自己吃的食物不如我记忆中那般美味。这是记忆问题所致，是现代商业化食物的味道变淡了，还是我的味蕾发生了变化？在60岁那年的春天，我有幸前往墨西哥与墨西哥前总统比森特·福克斯（Vicente Fox）见面，一同探讨他成功老去的策略和建议。在墨西哥中部莱昂附近的福克斯中心，我尝到了一生中最美味的三顿饭。我的味蕾没有任何问题；是我吃的食物出了问题！我的感受与许多60岁以上的人一样，我的医生建议我尝试低热量、低盐，少红肉和零精制糖的饮食；不吃面包或意大利面，少摄入碳水化合物。我已经在吃早餐时放弃了美味的格兰诺拉麦片、培根和煎蛋卷，换成了燕麦片和蛋清——简而言之，我开始尝试清淡的饮食，不是故意为之，而是尝试健康饮食。我如何做到健康饮食？我回到家后，开始在蛋清中加入乔卢拉和塔巴斯科酱，并用肉桂和肉豆蔻给燕麦片调味，于是，我又重燃了对食物的渴望，而且我没有增重，胆固醇值也没有升高。

---

① 即大五人格模型中的经验开放性。——编者注

不幸的是，与助听器和眼镜不一样，尚不存在嗅觉和味觉的辅助器。为安全起见，有人建议嗅觉障碍人士使用带有可视信号的气体检测设备来检测危险烟雾。食物变质的气味也可能被忽视，因此可能需要烹饪警报系统，也许在这一方面老年人仅需善解人意的照顾者便足够。

恶心或厌恶是一种复杂的情绪，它源于令人厌恶的想法或感知——食物腐烂的味道或气味会让人恶心；遭受所爱之人的背叛或公众人物辜负大众的信任也会让人厌恶。我们对某些气味和味道的反应十分直接与本能，所以你也许会认为物体的某种分子或特质本身让人恶心，但这并不正确——实际上那是大脑的解读，但并非所有大脑的反应方式都一致。其中一些反应方式是靠体验所得——如果你吃了一个让你胃不舒服的烂哈密瓜，你可能在很长一段时间内会觉得所有哈密瓜都让你反胃。但是，当然了，某种气味是否恶心因人而异，还因物种而异。例如，狗似乎对所有气味都不厌恶——它们几乎能吃得下任何东西。这其中还涉及文化因素——美国人认为来自其他文化的人吃蚱蜢、蚂蚁、狗和猴子很恶心，我也相信有许多人无法想象为何美国人要吃芝士汉堡和薯片。

感知与复杂的环境

人类在复杂多变的自然环境中进化。现在，有些科学家开始认同乔尼·米切尔在她的歌曲《伍德斯托克》（"Woodstock"）中体现的智慧："我们必须重返花园。"植物、泥土、天空和野生动物刺激我们的感知系统。在户外，也许你想到的第一类刺激是视觉输入，但也有声音和气味；以及下雨前空气中潮湿的味道，脚下的树皮或石头带来的触感。因为我们对世界的感知全都源于感官，所以保持感官刺激对于维持大脑活跃、警觉和健康至关重要。神经病学家斯科特·格拉夫顿（Scott Grafton）坚信户外活动的治愈力量[46]。他表示："让老年人远离复杂的环境只会加速他们的衰老。仅仅简单的体力活动是不够的，需要复杂的体力活动才能保持大脑的活力、健康以及对事物的参与度。"要想获取这种关键的脑部信息输入，只需在一个新环境中走动便可。此时，你的脚必须适应不同的表面和角度，脚踝需要与脚一起移动。在其他感官接收信息的同时，你的眼睛正在扫描环境中的新事物。许多老年人都渴望旅行，这种诉求可能源于一种适应性的生物学驱动力，这将使他们维持更长时间的健康，特别是如果能到新的地点徒步旅行。而因自身行动问题或经济水平无法出国旅行的老年人可以选择当地的公园、森林或花园，甚至去逛逛繁华的城市街道也能受益。上述感官输入会唤醒处于休眠和"自满"状态的神经元，刺激它们工作并建立新的神经元连接。神经可塑性能让人保持年轻，而要做到这点只需在公园里散步便可。

第 4 章
智力：解决问题的大脑

除去皱纹和脱发问题，衰老最明显的现象还包括智力的衰退。但并非所有人都如此。有些人在年老时依旧幸福快乐、身心健康、思维活跃，而有些人的智力则开始退化。

年至耄耋却仍然思维敏捷的老年人的大脑运行机制究竟如何？他们此时的智力只是勉强维持在年轻时的水平，或实则得到了一定程度的提升？我认为人在 75 岁后不仅能维持其智力水平，还能在一定时间内变得越发聪慧。大提琴家巴勃罗·卡萨尔斯（Pablo Casals）在 80 岁高寿时被问及为何仍然坚持练琴，卡萨尔斯当即答道："因为我要精益求精！"和塞戈维亚一样，卡萨尔斯认为不论在智力、体力、情感，还是精神层面，提升自我和钻研专业知识在任何时候都不晚。

去年我见识了一个在老年时期仍具有高度专业水平的典范。和许多音乐制作人一样，我也将家中闲置的一间卧房用作家庭录音室。若房间的音响效果有误，最终可能酿成大错，因为在房间内听见的声音并不能代表收录的真实声音。扩音器的放置尤为讲究。插好电源，连接好所有设备，在墙壁和天花板贴好隔音板之后，我意识到必须找一位声学顾问为我的录音室"调音"——进行必要的调整。我的一位电影音乐作曲家兼唱片制作人朋友迈克尔·布鲁克（Michael Brook）此前向我推荐了乔治·奥格斯珀格（George Augspurger）。乔治是业界传奇，曾为世界上许多绝佳的录音室调过音。但我还是有些顾虑，毕竟他已经 87 岁高龄，众所周知，人的高频听力在 65 岁以后会急剧下降。我这位朋友说他之前也担心这一点，但是乔治把他家的录音室调得十分精准，于是我还是请来了乔治。

乔治带着詹姆斯·泰勒[①]（James Taylor）的 CD 来到我的房间，把 CD 放好后开始循环播放《给他们排好队》（"Line 'Em Up"）。他在房间里走来走去，在不同的位置专心听歌，持续了 40 分钟。接着他让我坐在调音台前听一听歌曲播放到 36 秒时康加鼓的声音。

"这个声音听起来像是哪儿传来的？"他问我。

"中间。"我答道。

"声音的方位应该是右方。你的房间有拖尾[②]问题。"接着，他把歌曲快进到 1 分 22 秒，问我，"你听见风琴的声音了吗？"

"没有。"我答道。

"风琴的声音被房间的声反射掩盖了。"他摸摸下巴，环顾四周，说道，"把左扩音器往左移 1 英寸，右扩音器往左、往后分别移动 0.5 英寸（约 1.3 厘米）。再往你身后的门上贴一块隔音板。"

我按他的指示全部照做。他坐下后又开始听音乐，接着让我把调音台往左移动 3 英寸（约 7.6 厘米）。他放好 CD，面带笑容，示意我

[①] 美国民谣唱将，以内敛、忧郁的演唱风格而著称。
[②] 声学现象，导致声音方位出错。

坐在调音台前:"现在听听看。"

而后我获得了全新的听觉体验。我能清楚地听见康加鼓的声音从右边的扩音器传来,而非中间,这和收录的声音方位完全一致。我也能听到之前从未听到的风琴演奏声。乔治的高频听力可能已经衰退了,但他多年丰富的经验和优异的专业知识及记忆使他做出了必要的调整。之后,乔治才拿出一个分析室内声音特征的频谱分析仪。看过分析仪的读数后,乔治让我将超低音扬声器的音量增加半个分贝。这样一来便大功告成了。来过我的录音室的音乐家们都惊叹于这个房间的声音质量,而这不过只是一个闲置的卧室,并未经过精心设计。乔治运用专业知识精准地调试了这间录音室。乔治的酬劳是 300 美元,这是 60 多年的经验才积累下来的独有智慧为其挣得的财富。

我的家人和大学同事中也不乏在老年时期仍然奋斗不止的例子。我的母亲在其职业生涯中出版的小说逾 40 本,但 75 岁过后,她的作品已无法再引起出版社的兴趣。于是,母亲开拓了新的艺术领域,开始写话剧剧本,这便需要她学习全新的表现形式、技巧和写作手法。至今母亲已完成 4 本剧作,其中两本剧作已在洛杉矶的著名剧院演出,第一本剧作的演出在她 78 岁时完成。转战剧作后,她需要在电脑上完成写作、剧本排版;找演出场地、雇导演、面试演员;把控排练、服装设计、场景设计、灯光、票房等环节——这一切于她而言都是全新的考验。母亲回忆道:"这比我想象的工程量还要大。我一般早上 7 点开始工作,需要持续工作到夜晚。在试镜和排练时,我常常在外工作到半夜。我意识到我的耐力比想象中的要持久。"她当时的行程十分紧凑,换作比她年纪小一半的人也会感到劳累,而且颇有压力——她不确定是否会有人到场看话剧,也不能保证到场的人会喜欢这部作品。母亲说："再也没有什么场景能让我如此欣喜不已了——在话剧的首演之夜坐在观众席上，亲眼看着演员呈现自己的剧作，听见观众的欢声笑语，看见他们的泪水、他们在鼓掌，是掌声！"我的母亲在78岁时意识到自己对掌声的热爱，而我认识到了在任何年纪都愿意尝试新鲜事物所蕴含的力量。

美国前总统里根执政时任国务卿的乔治·舒尔茨在97岁时出版了第11本书，并且仍然坚持学术研究。舒尔茨带头主张减少破坏气候的排放物，推动国际货币改革的新理念，在《华尔街日报》（The Wall Street Journal）的同行评审文章和专栏中发表自身观点。他还在《纽约时报》（The New York Times）上发表文章，呼吁美国停止有关药物滥用的纷争，广受大众认可。某天我在斯坦福大学的办公室遇见他时，他桌上的文件堆积如山，他很兴奋，因为他刚刚雇了一位年轻的合作伙伴同他一起处理文件。舒尔茨很是羡慕这位年轻同事吉姆·廷比（Jim Timbie）能有如此旺盛的精力，而且对二人现阶段合作取得的进展感到惊喜。而这位"年轻的"吉姆·廷比彼时已经74岁高龄。著名爵士乐鼓手亚特·布莱基（Art Blakey）[1]一直在为自己的乐队"爵士信使"（Jazz Messengers）输送更年轻的新鲜血液，他说道："是的，我要一直和年轻人待在一起。等这批成员老到弹不动、唱不动的时候，我就再找一些年轻的人来，要让乐队的思维保持积极、活跃。"

人们衰老的速度不尽相同。在有限的生命里，我们的目标是增加健康的寿命，减少生病的时间（请回忆前言的插图）。对于大多数人而言，有些疾病无可避免，比如脑部功能的缺失，但我们可以反思负面因素并采取对策，制定相应方案将负面因素及其对生活造成的影响最小化。我对健康寿命的定义范围比其他人的要广得多。于我而言，拥有健康寿命不仅指身体健康，还指大脑健康。我们应尝试增加健康寿命，延长思维活跃的持续时间，如此一来，我们便仍能保持智力水平，继续做我们在生活中最关心的事情。

人们可以延长健康寿命，还得益于对 COACH 原则的实践。我遇见的仍在为社会、艺术、科学、社区以及家庭做贡献的人都在践行这一原则。他们保持健康的生活习惯：我的母亲已经坚持做了 35 年的素食主义者；舒尔茨请了普拉提教练，保持锻炼的习惯。有责任心的人不忘初心，持之以恒，能真正找来普拉提教练，且坚持到场练习。我的母亲心态开放，愿意尝试新事物，因此她在 78 岁时还能沉浸在剧院的世界里；在气候变化和消遣性毒品的问题上，舒尔茨选择和自己拥护了几十载的共和党站在对立面。在关联度方面，我的母亲和舒尔茨都能倾听他人所想，与他人交流合作，帮助其施展抱负。他们与别人合作的过程中也有使人恼火、令人沮丧的时刻，但同时也能锻炼脑力，且最终赋予他们成就感。好奇心激发人们的求知欲，使得人们运用智慧尝试一切新鲜事物。

遵循 COACH 原则，能维持我们年轻时的智力水平，也使我们能在任何年纪提升智力。智力的提升是成功老去的秘诀之一。这和智慧有所区别，但我们目前尚无法明确指出二者的差异有多大。然而，我们仍然可以假设二者之间相互关联。接下来让我们一同探讨上述问题。

什么是智力

关于智力的定义以及测量方法存在很大的分歧。我认为智力指一种以创新的方式应用知识，并发现事物之间未被挖掘的关联点的能力。智力水平体现了人们对不断变化的环境的适应能力。对于乔治·奥格斯珀格而言，需要他调音的录音室总是在变化，但他在每间录音室都能运用自身的巧妙智慧。无论智力的衡量标准如何，智力水平较高的人总是更有可能解决新问题。这些问题可能涉及理论、学术、物理、实践、美学、人际关系，甚至是精神层面。

关于智力，首先应该思考人们如何获取信息。与其他动物相比，人类擅长找出关联点：吸收新旧信息，并观察新旧信息如何与其他信息相互作用。每当遇见新信息时，我们的大脑都会在一定背景下理解该信息，然后尝试将其与自身其他经历相联系。大脑是一个巨大的模式探测器，能够应用统计分析来做出决策。除此之外，大脑还能做类比，据目前所知，这是人类独有的能力。类比（或类比推理）促成了科学界的一些重大发现，例如宇宙大爆炸的起源和癌症的免疫疗法。

我们在老年人——老年人是人类群体中阅历最丰富的——身上发现的智慧体现在以下4个方面：关联点、经验、模式识别和对类比的应用。这便是为何随着年龄的增长，人们的智慧也见长。智慧有赖于见闻和经历的积累，它源自在经历中发现的规律和模式，以及根据经验来预判未来的能力。（若这不是智力的含义，还有什么能被定义为智力呢？）自然，经历的越多，能够运用的智慧便越多。此外，老年人逐渐衰老的大脑中出现的某些变化使得年龄之间的差距越发明显。年轻人玩电子游戏，驾驭新技术的速度也许更快，但他们的智慧无法与老者的相媲美，毕竟老前辈们阅历丰富，目睹了一次又一次的因果循环。与年轻人初生牛犊不怕虎的莽撞相比，老者能运用智慧更高效地处理一些问题。年轻力壮的小伙子也许可以扛着重物上山而不洒一滴汗，而年长的人会思考如何将重物放在手推车或小车上。

发现关联点是学习的基础。要吸收新信息，我们需要将新信息与已掌握的信息联系起来。生活经验使我们能够发现更多关联点，从而找出更多的规律。

与智力的定义相关的巨大分歧一直阻碍着对智力的理解和研究。在发展认知神经科学领域，需要对行为下定义之后才能确定行为背后的脑科学逻辑。而智力则不同，研究人员尝试对智力下定义时，甚至无法在智力测试是否有效、是否存在缺陷或偏见、是否忽略了需要关注的方面等问题上达成共识。在明确智力和衰老如何相互影响之前，我们需要先了解与智力有关的讨论。

智力的不同类型

20世纪初，测量和研究智力的心理测量学家和认知心理学家认为，智力是单一的统一体。他们认为无论智力的定义如何，它都沿着一个单一的连续体变化，智力水平的高低是一个绝对值，测量智力的指标称为智商，即IQ。从直观看来，这个思路很有吸引力，并且在某种程度上符合人们的一般经验。在孩童时代，你发现有些同学的学业成绩似乎比其他同学的更好。对这些好学生而言，上学不是难事，而对其他许多孩子来说，上学简直就是酷刑。我们似乎能轻易地从中得出一个结论：认为课业压力不大的人更聪明，而认为上学是煎熬的人则相反。此时，大脑中影响智力的因素被视为一个普遍因素，对大脑中许多区域产生影响，其名称为"g"（一般智力的代号）。

但是，如果回首自身的经历（无论是学生时代还是之后的生活经历），你便能发现如此对智力下定义实在肤浅。基因、文化和机会这三大因素造成了孩子在学习方式上的差异。不同文化和国家在运动发展等基本方面存在着惊人的差异；考虑经济因素后，情况同样如此。例如，从平均水平来看，非洲国家的婴儿[2]比欧美国家的婴儿更早学会昂着脖子走路。（这是由于非洲的父母们期望自己的孩子能更早地迈出人生的第一步，并且采取了加速婴儿成长的育儿方法，例如在每日为孩子洗澡时帮孩子伸展四肢，做肌肉按摩。）尽管人类的基本遗传结构、神经解剖结构、发育阶段和激素水平变化都大同小异，但是其自身特有的经历会影响以上所有方面。例如，缺铁（影响9%的1岁至3岁美国儿童）、血液铅含量过高和其他环境毒素会损害人们的学习能力[3]和记忆水平。每个人的学习情况各不相同[4]，因为文化、基因和机会会影响我们从出生到死亡所做的一切。

在西方课堂中能发现许多差异。请回想一下：一些同学有学业困难，并非因为智力缺陷，而可能是存在学习障碍。可能他们本身有阅读障碍、注意力不集中；可能其家人受教育程度很低；可能其家中一团乱麻，令他们无法保证充足的睡眠；也可能其家庭或所处的文化背景并不重视教育，于是他们缺乏学习动力。史蒂芬·史提尔斯[①]（Stephen Stills）和乔尼·米切尔的学业成绩不佳，因为他们认为学校的课程设置随意、无聊且与他们自身兴趣无关。昆西·琼斯（Quincy Jones）[②]曾被乌合之众缠身，在西雅图期间，诸如小偷小摸的犯罪活动占据了他大部分精力。许多我们认为聪明的人常常出于其他各种原因而学业成绩欠佳，而且他们的IQ分数（标准化智力测试结果指标）可能只在"正常"而非"天才"的范围内；但你不能因此而评判他们

---

① 美国歌手、作曲人和多乐器演奏家。
② 著名的、成就卓越的黑人音乐艺术家、唱片专辑制作人、作词家、作曲家、企业家，也是人权运动的社会活动家，以及关心全球弱势民族和群体的慈善家。

智力欠缺。

因此，认为智力可以用一个 IQ 数值来衡量的想法显然是错误的。如圣塔菲研究所所长、复杂系统专家大卫·克拉考尔（David Krakauer）[5]所说："我们对智力的认知是最为愚蠢的。"

我们知道，站在智力连续体另一端的尖子生在学业表现中往往拥有其他学生所缺乏的优势，例如，因为其父母或兄弟姐妹重视教育，他们会帮助尖子生们完成家庭作业并提前辅导预习。换言之，学校成了拥有先天优势的尖子生得以炫耀自己在家中已学知识的场所。这是否意味着尖子生更聪明？或者尖子生能够接触到更多的知识？这两个问题也许根本不是同一个概念。美国国家科学院的一个特别委员会于 2018 年得出结论："学生在家庭和学校中所学知识的不匹配在一定程度上导致了学生学习成绩欠佳[6]。"而且，在家已经学习到一系列知识的优势不仅能使学生领悟那些不寻常的事情，还能为他们提供更多学习新知识的时间。

我们需要将一个人的学习经历（知识获取）与其天生的运用已知信息的能力区分开来。科学家把人们已经学到的知识称为晶体智力（crystallized intelligence），将学习的潜力称为流体智力（fluid intelligence）。还有第三种智力，我称之为获得性智力（acquisitional intelligence）[7]，指在合适的机会下人们获取新信息的速度和难易程度。获得性智力应该先于晶体智力和流体智力出现：如果没有获得性智力，人们便无法快速积累已经习得的信息。

晶体智力指已经获得的知识（无论其难易程度如何），包括一个人的词汇量、一般知识、技能以及任何已经习得的数学规则或公式。文化对晶体智力的影响很大，因为不同国家和地区对不同知识的重视程度有所差别。试对比：以狩猎采集为生的人对植物知识的重视程度与生活在工业化社会的人对阅读的重视程度。晶体智力还受教育背景和机会的影响。填字游戏是体现晶体智力的一个例子，因为玩填字游戏需要积累大量的词汇，需要上知天文下知地理——以及了解填字游戏设计者们常常使用的各种缩略词。此时能快速轻松地习得和保留新知识的程度便是获得性智力，例如在做填字游戏时了解了缅甸的首都。

流体智力是在新情境下运用已有知识的能力（无论其涉及面广泛与否）。这是人们与生俱来的推理、思考、发现规律和解决问题的能力。在生活中，我们总会发现一些人能牢固地记住已有的知识，能够快速学习，但却缺乏应用知识的能力——他们的晶体智力很高，但流体智力较低。有些拥有照相记忆（photographic memories）[①]的人便是如此。

流体智力，指能快速思考并在极端不利条件下采取对策。在哈德逊河迫降奇迹中，飞行员便发挥了流体智力：起飞后发动机发生故障，在俯视下方几千英尺的纽约市时，飞行员必须采取紧急措施。在运用流体智力的基础上，飞行员还需要结合飞行和空气动力学的原理（晶体智力）才能使飞机步入正轨。在理想情况下，人们可以毫不费力地学习与自身相关的新信息，从而提升获得性智力。当然，若认可智力的好处，最好是同时发展以上三种智力。

晶体智力和流体智力的表述具有误导性，但我们还是暂时使用这两个术语。晶体这个词似乎表明人的知识库呈高度结构化，像晶体一样一般不会轻易改变，但晶体智力所传达的意思并非如此。晶体智力会发生变化。随着不断学习和体验新事物，人们的知识库也会扩大。

---

① 类似于过目不忘。

而如果学习新事物的积极性很强,并且能不被当前信息大爆炸[8]时代所困扰,那么人们的获得性智力也会发生变化。流体智力这个词似乎表明该智力会随着年龄的增长而变化,但实际上流体智力通常不会发生变化(虽然人们可以通过系统的练习来提高流体智力;当然,脑损伤或痴呆症也会降低流体智力)。

多元智力

晶体智力、流体智力和获得性智力三者的区别体现了区分各类智力的重要方法,但这忽略了不同的智力领域,这一点对了解人们的智力差异十分重要。我曾与一些才华横溢的音乐家或作家共进晚餐,并发现他们不知如何计算餐厅账单20%的小费。即便告诉了他们简单的计算技巧,比如"忽略最后一个小数位,将剩下的数值加倍",他们的大脑还是一片空白。他们的晶体智力、流体智力和获得性智力在音乐和文学方面可能更胜一筹,但不擅长数学。如果将数学视作一个特殊的能力领域,那么音乐也是如此。如此一来,测量智力更明智的做法不应该是分别计算数学IQ和音乐IQ,将其区分开来,而非只测试相关词汇量是否够大吗?

哈佛教授霍华德·加德纳(Howard Gardner)恰好就是这样认为的,他在1983年出版了一本颇具影响力的著作《智能的结构》(*Frames of Mind*),在书中提出了多元智力理论。该理论霎时风靡认知神经科学界,我认识的所有教授当即开始在自己的认知心理学课堂中教授这个概念,作为一种研究智力的创新方法。要想被认定为某种智能的结构(一种单独的智力类型),一项技能必须满足以下某个正式条件,但我们也不必因为种种条件而感到迷茫。加德纳提出的智力条件是：

1. 音乐节奏；
2. 视觉空间；
3. 口头语言；
4. 逻辑数学；
5. 身体动觉（运动、舞蹈、表演）；
6. 人际交往（或"社交"智力[9]）；
7. 内省（或自我认识）；
8. 精神思想（可以摩西、耶稣、穆罕默德、佛祖等为例）；
9. 道德（在符合道德和伦理的基础上解决问题的能力，例如所罗门王①）；
10. 自然主义[10]（与自然、植物、动物以及野外生存相关的知识）。

关于自然智力，加德纳本人如是说："这是一种对人类而言十分重要的智力，人们可借此很容易地识别动植物群，继而在自然界中将之与其同类做出区分，并（在狩猎、农业、生物科学领域）取得一定成效。"在前工业时代，必然有十分聪明、创造力极强的人，他们最先学会了用火，发明了轮子，开启了农业时代。他们也许在其他领域只有普通人的智力，但却是自然领域的天才。

智力专家罗伯特·斯腾伯格（Robert Sternberg）通过走访肯尼亚西部的一个被寄生虫感染肆虐的村庄来研究自然智力[11]。

---

① 以色列联合王国分裂前的最后一位君主，相传生前著有众多著作，对历史、植物、动物以及天文地理也有广泛研究。

他测试了 85 名 12 岁至 15 岁村民的自然智力。其中，94% 的村民感染了曼氏血吸虫，54% 感染了钩虫，31% 感染了鞭虫，19% 感染了蛔虫。通过考查村民用植物治疗寄生虫感染的知识，斯腾伯格测试了他们的自然智力——显然，这一知识领域对他们而言具有非常重要的现实意义。斯腾伯格写道："村里的孩子们会用天然的草药给自己和其他人治疗，有时需要父母或其他成年人的帮忙，有时不需要。"孩子们在相关的多项选择题测试中表现十分出色[12]（书后注释中有其中一个测试题的示例），他们在自然智力实际技能测试中的表现明显好于在村庄学校的概念测试结果，也好于基于其他智力衡量标准（例如词汇量）的结果。斯腾伯格还表示："孩子们对相关药物的了解似乎相当广泛，包括针对某种疾病该使用什么药物以及服用剂量等。"是什么导致了不同智力测试之间的差异？在一些发展中国家，学业成功与人生成功之间并不存在联系。斯腾伯格指出[13]：

> 在一个村庄里，如果大多数男孩会成为农民或渔民，大多数女孩将成为妻子和母亲，那么学业成功在眼下并不能带来好处。事实上，相较于能为后续人生带来成就的技能和资源，他们会认为在学校的大部分学习活动都是浪费时间……有人会明智地在对自己最重要的方面——比如草药、乐理、篮球——倾注学习时间，因此在传统的智力测试上表现平平。

从广义角度而言，可以将自然智力视为一种实用智力，这在城市环境中被称为"街头智慧"①（street smarts）。实用智力（或前文提及

---
① 指人与社会融合并且默契配合得恰到好处的一种社会现象。

的任何其他智力）可作为不同于常规智力测试项目的智力测试内容。

多元智力中的每一种都可以是晶体智力（在特定领域积累了丰富的知识）、流体智力（在特定领域的潜力巨大）和获得性智力（在特定领域的学习速度很快），但是在特定领域拥有的智力并不一定能转移到另一个领域去。

许多认知科学家认为，人们在特定领域获得的专业知识越多，该领域与其他领域之间的智力差距便越大。[博闻强识的人除外，例如莱昂纳多·达·芬奇（Leonardo da Vinci）。]与此形成对比的是智力平平的人，他们 IQ 的各项子测试结果往往变化不大。更通俗地来说便是，如果智力一般的人在某个领域（例如语言能力）表现平平，那么他们在其他方面往往也表现一般（例如空间和数学能力）。这便更进一步验证了前文提及的一般智力因素 g——如果一个人有许多擅长的领域，那么必然存在支撑上述所有领域发展的共同心理基础。

但对于特别出色的人而言，情况并非如此。这些人往往在一两个领域中表现得出彩。这并不是说他们无法在多个领域出类拔萃，而是当他们真正擅长特定领域时，就会深耕这些领域，并调动大脑资源来着重发展单个领域，如此一来，与该领域相关性不强的领域则逐渐被遗忘。我在工作中遇见过视觉空间感薄弱的诺贝尔奖获得者，他们在自己的小区散步时都会迷路。（爱因斯坦在普林斯顿校园迷路的故事便十分具有传奇色彩。）人们很容易将上述现象归咎于心不在焉或忙于思考其他事情，但这通常并非因为这些优秀的人没有关注当下情况，而是他们已经将大脑的神经资源重新分配给了自己专注的领域，任由自己的空间感退化。我遇到过严重缺乏社交智慧的数学家，以及八面玲珑但在其他领域却有所欠缺的销售人员。对于某方面表现卓越的人，智力的衡量标准之间会存在几个标准差的显著差异，例如语言与视觉空间能力这两个指标。伟大的认知心理学家巴兹·亨特（Buz Hunt）打趣道："g 并非真正的一般智力因素，而是一般平庸因素——那些不擅长任一领域的人更有可能在各项智力子测试中获得相似的分数。高智商的人则摆脱了假设因素 g 的限制。"

最近加德纳一直在思考是否应将教学智力纳为第 11 种智力。但他要知道：哈佛大学和加利福尼亚大学伯克利分校等精英学府的许多杰出研究人员都并非优秀的教师（也许他们并非缺乏能力，而是缺乏动力）。而许多教学技能最为优异的学者有善于解释事物的天赋，能真正地与学生共情，但他们本人并未做出过重大的研究发现，也永远不会成为被载入史册的研究人员。在许多情况下，学业成绩不佳并非学生之过，而是老师的错。蒲公英几乎可以在任何地方生长[14]，并且不需要太多呵护；而兰花则需要十分悉心的呵护才能生存。蒲公英就好比拥有遗传优势和社会经济优势的孩子，他们往往在学校和智商测试中都表现出色——对他们而言，环境并不重要，因为无论环境如何他们都能出类拔萃。兰花就像没有遗传优势和社会经济优势的孩子，为了使其取得学业上的成功，我们必须要对他们的教育给予足够的重视。

许多大学都在教授加德纳的多元智力理论，但智力测试界接纳这一理论的速度较慢，而且还在坚持使用已有百年历史的一般智力因素 g。一部分原因在于他们使用的韦氏儿童智力测试（WISC）、伍德科克-约翰逊（Woodcock-Johnson）认知能力测验、瑞文（Raven's）测验等智力测试已经被使用了几十年，成千上万人的回答提供了常模数据：一般情况下人们的典型反应。这一数据库十分庞大，使智力测试专家通常能够很好地预测 88% 的人的表现。但问题在于他们不知道这 88% 是哪些人。

加德纳理论难以被广泛接受的另一个原因在于，尚不存在定义各项智力的明确测试，而已有的测试往往与那个惹人心烦的 g 高度相关。加德纳不是智力量表的编写者，而且编写智力量表的研究员又未填补这一空白。以塞雷娜·威廉姆斯[①]（Serena Williams）和保罗·麦卡特尼为例，他们是公认的杰出人才，在各自领域体现出了世界一流的独特能力，但这并不代表我们能使用专门的测量工具来量化他们的能力。心理测量学需要得到一个确切的数字，例如，保罗·麦卡特尼在音乐智力量表上的得分为 212 分，而一个对音乐不敏感的人得分则在 90 分左右。你也许会惊讶——正如我一样，竟然不存在有效的音乐能力测试。实际上，音乐能力测试是存在的，但它们无法衡量现实中与真正的音乐相关的任何内容，所以这些测试没有作用。

标准化智力测试存在的问题

当前使用的标准化智力测试存在许多问题。心理测量学家认为，智力测试需要满足两个属性：信度（reliability）和效度（validity）。信度指在不同场景下进行同一测试所得分数应当大致相同。轻微的分数变化不可避免——比如某天过得很糟糕；或者做测试的时候肚子很饿；又或者头脑在早上比较活跃，可测试在晚上进行；等等。即便如此，若参加的测试信度足够高，那么每次的测试分数应当相似。大多数标准化智力测试都满足这点。与信度不同，效度指测试分数与真

[①] 全世界第一位网球大满贯黑人女单冠军、第二位黑人女子网球世界第一。

实场景或属性的关联度。假设有一项针对运动能力的一般测试，勒布朗·詹姆斯①（LeBron James）、汤姆·布雷迪②（Tom Brady）和塞雷娜·威廉姆斯的表现都欠佳，而荷马·辛普森③（Homer Simpson）或哈里·斯泰尔斯④（Harry Styles）却拿下高分，那么很少有人会认真对待这项测试。这项运动能力测试也许具有很高的信度，即人们每次测试的得分都大同小异，但若这项测试结果并不符合我们对体育技能的认知，那么这项测试意义何在呢？

这是许多智力量表存在的第一个问题：无法确定测试的测量意义。大约25%的学业差异可以用智力测试分数来解释，但这意味着余下多达75%的内容无法解释。学业成绩优秀的促成因素有哪些？饮食、锻炼、社会经济阶层、家庭文化，以及加德纳提出的教学智力。而且，即便智力与在校成绩存在一定的相关性，生活也远不止学业。已有的智力测试明显偏向于西方中产阶级对智力、学习和价值观的固有看法。媒体新闻总是在告诉我们，可量化的智力与经济实力几乎没有联系。动力、韧性、机会和人际交往往往更为重要，能帮助解释尚未揭开的75%的原因。

标准化智力测试存在的另一个问题是文化偏见。这些测试题目大多由抱有特定世界观的白人所编写，众所周知，这导致了这些测试对非裔美国人存在偏见。因此，罗伯特·李·威廉姆斯二世（Robert Lee Williams Ⅱ）博士针对黑人编写了100道智力测试题，其中包含与黑人相关的信息。参加测试的美国黑人的分数高于其标准智力测试分

---

① 美国职业篮球运动员。
② 美国职业美式橄榄球运动员。
③ 美国成人动画喜剧《辛普森一家》中的人物。
④ 英国男歌手、演员，演唱团体单向组合成员。

数,也高于参加同一测试的白人的分数。

智力测试的内容包括常识问答,例如:美国内战期间的总统是谁。显然,非美国人回答这道题便不占优势。[此外,北方人可能会回答亚伯拉罕·林肯(Abraham Lincoln),而南方人则可能回答杰斐逊·戴维斯(Jefferson Davis)。]

标准化智力测试的下一个问题是扼杀创造性思维:测试题目的编写者没有考虑到的答案就不是测试允许的正确答案,参与者也没有发挥创造力的空间。对于一个富有创造力的人而言,参加标准化智力测试不仅需要解决问题,还需要厘清白人中产阶级在编写测试题目时的解题思路,但两者并非一回事。

例如,请看以下问题:

> 以下哪项运动与其他运动不同:高尔夫球、网球、壁球、足球、棒球?

你的答案是什么?这道题只有一个标准答案:足球,因为足球是唯一一项不需要球具的运动。但是针对高尔夫球你也可以提出同样令人信服的观点,因为高尔夫球是唯一一项即便单打独斗也可拿下高分的运动;或者网球,因为这是唯一一项需要使用球网的运动。有一次我和一个朋友就这个问题来来回回讨论了好几轮,那时他 7 岁的女儿乔斯琳听见我们的对话,跑进房间说:"你们都错了!南瓜① 才是正确答案,因为它是蔬菜!"她的话让我们醍醐灌顶。之后她还提出壁球是唯一一项通常在室内进行的运动。(顺便说一下,这个 7 岁的孩子最

---

① squash,在英语中意为南瓜或壁球。

后从麻省理工学院毕业，现在是一名具有创新意识的高中数学教师，我是她的教父，我十分自豪。）

绝妙的创意会在某处迸发，让人情不自禁地惊叹、佩服这些思维活跃的人。出现这种情况时，我们似乎不得不把创造力纳为智力的一部分。

关于这一点，我最喜欢《突破思维的障碍》(Conceptual Blockbusting: A Guide to Better Ideas) 中的例子[15]。这本书由斯坦福大学机械工程名誉教授詹姆斯·L.亚当斯（James L. Adams）所著。教授在85岁时说："我已经退休12年了。但退休并非易事，因为我还有很多有意义的事情要做，而退休既没有带给我花不完的钱，也没有给予我无限的时间。"

你是否听说过"跳出思维定式"这个说法？这一说法源自对"九点连线谜题"的解答，詹姆斯将其推广开来，"九点连线谜题"至晚可以追溯到1914年。如图10所示，有三排三列共九个点，你需要画四条连续的直线将所有点连接起来，每个点只能经过一次，而且过程中不可停顿，不可将笔提起。

对于任何谜题，我都建议你自己尝试解题。这背后有大脑记忆的原因，如果不亲自动脑，而是直接获悉答案，就会很容易忘记解题思路。如果积极思考问题——无论是谜题、发人深省的问题，还是历史问题（"挑战者号航天飞机灾难发生时谁是总统？"）抑或艺术问题（"莫奈活跃在哪个世纪？"），通过自身的推理以及解决问题的技巧，努力寻找答案后，才更有可能记住答案。

书后注释附有九点连线谜题的标准答案[16]。面对这道题，许多人首先尝试用笔从其中一点开始（但题干没有要求必须这样做），并且

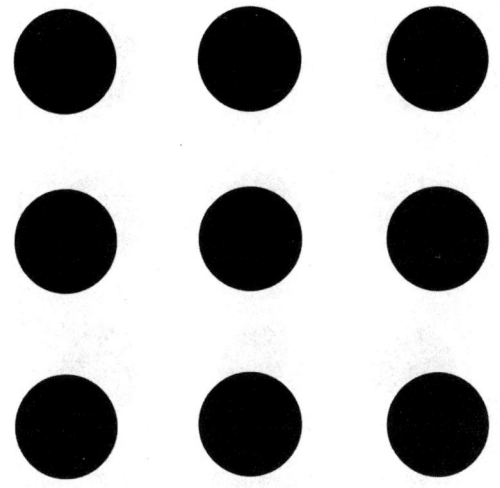

图 10　九点连线谜题

绝不会把线延伸到九点之外（题干也没有不允许这样做）。此时，大部分人自己给这九个点设下了一个框架，手中的笔或大脑的想象力都无法超出这个框架的范围（如图 11 所示）。

解决问题需要跳出这个框架，跳出思维定式。詹姆斯的著作在企业界引发了不小的轰动。"跳出思维定式"成为去除问题的不必要限制的代名词，这一概念适用于各个领域，不论是设计更省油的发动机（例如马自达的转子发动机），还是近年来爱彼迎（Airbnb）等企业的房间共享服务，或是优步（Uber）等的拼车服务（谁规定顾客只能乘坐颜色固定、装有计价器的汽车？）。

詹姆斯的书出版后，他收到了大量关于九点连线谜题的来信，读者想出的办法能做到用两三条线满足题目要求，还通过折叠、撕裂、拍打纸片等各种各样的方式完成连线。题干没有对解题做其他多余的限制。有一个特别精妙的解题方案，将纸卷成圆锥形，仅用一条线便

图 11　九点连线谜题的思维框架

可在圆锥形的三维空间中把点连续地连接起来。我最喜欢的答案来自一个 10 岁的孩子，他写了一封信，如图 12 所示。

> 类似的解题方案让我十分兴奋。我相信，这种使人迸发创造力的开放性思维正是人类的智慧，这是所有人与生俱来的能力。4 岁的孩子便已经开始不停地发问：为什么我要上床睡觉？为什么要上学？为什么会下雨？我们生来便有好奇心，但老师和父母却疲于回答这些问题，这大不应该。好在我们能在任何年龄段重燃好奇心。顺带一提，给我写信的 10 岁可爱男孩贝基·比歇尔 8 年后被斯坦福大学录取了。

除此之外，詹姆斯的书还提道，可以通过深入了解创造性问题的解题思路来激发创造力。解题思路是一种思维方式，一种方法，而且可通过实践来建立和改进。每一个数独或填字游戏都需要解决

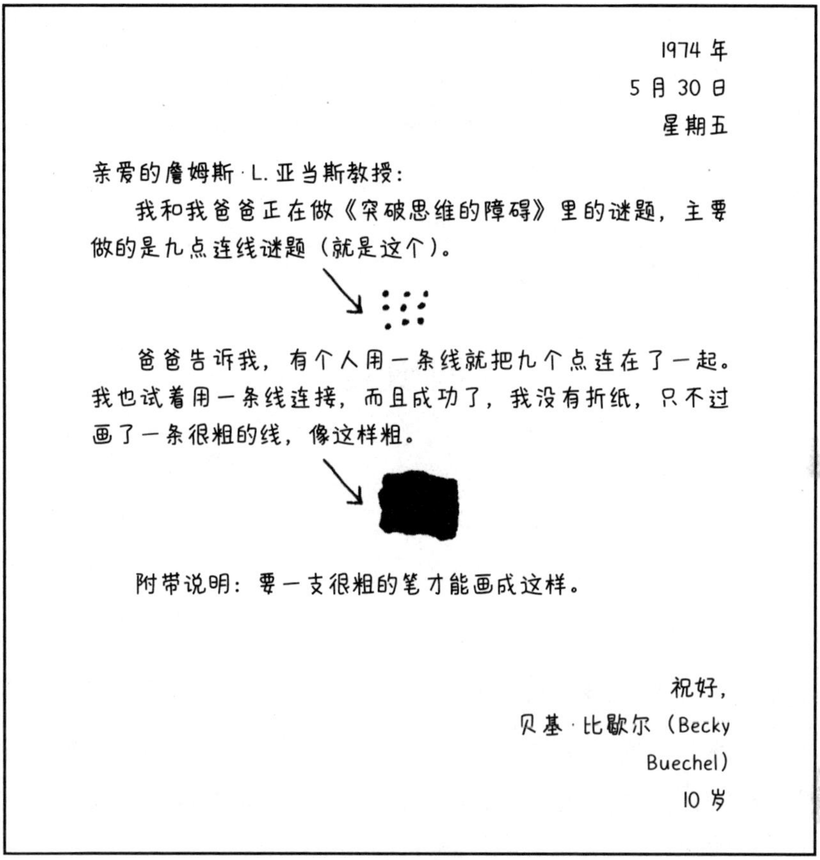

1974年
5月30日
星期五

亲爱的詹姆斯·L.亚当斯教授：

我和我爸爸正在做《突破思维的障碍》里的谜题，主要做的是九点连线谜题（就是这个）。

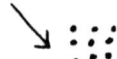

爸爸告诉我，有个人用一条线就把九个点连在了一起。我也试着用一条线连接，而且成功了，我没有折纸，只不过画了一条很粗的线，像这样粗。

附带说明：要一支很粗的笔才能画成这样。

祝好，
贝基·比歇尔（Becky Buechel）
10岁

图12　贝基·比歇尔的来信

问题，而且能让人熟能生巧。你也许听说过，解这些谜题是人在衰老时期保持认知水平的关键，但这一观点把问题过于简单化了。因为坚持玩数独或填字游戏无疑会让你更擅长玩这两种游戏，并不一定代表你也更擅长其他领域。保证健康的认知水平的不二法门是不断尝试新鲜事物，即需要用新思维解决问题。如果你此前从未玩过填字游戏，从70岁才开始尝试，那这确实是不错的锻炼脑力的方法；而如果你从16岁起便一直在玩填字游戏，现在当然可以继续玩，但不要指望坚持玩填字游戏能成为治愈痴呆症的灵丹妙药。你应该尝试全新的益智活动——魔方、逻辑题、拼图、3D 木制拼图、脑筋急转弯。万事开头难，所以最好从易到难，并坚持练习。也许你可以找一个 14 岁的孩子来帮忙，这又满足了 COACH 原则的另一个因素：认识新朋友。

处理速度

一般的智力标准化测试，尤其是 IQ 测试，通常需要在限定的时间内完成；因此，心理测量学家将处理速度纳为智力的一部分。能够快速解决问题的人似乎确实具有较高的智商。但是有些宏大的问题需要花时间来解决，有些思想家会缓慢、有条不紊地解决这类问题，那这种情况当如何处理呢？爱因斯坦耗时 10 年才提出广义相对论；托尔斯泰用了 6 年的时间才完成《战争与和平》；而托尔金（J. R. R. Tolkien）笔耕不辍 12 年才完成《指环王》（*The Lord of the Rings*）。他们是否不如莫扎特聪明？据说莫扎特能以其最快的速度谱写新作品。提出这个疑问似乎很荒唐。然而，智力测试界却未能快速地认识到这一点：处理速度快虽然令人惊叹，但速度并不是一切。麦吉尔大学的神经科学家杰弗里·莫吉尔（Jeffrey Mogil）是智力测试方面极具洞察力的专家，他表示："我一直认为，处理速度虽然确实有一定意义，但其本质上与智力无关。这只是体现各人擅长的领域罢了[17]。"《蒙娜丽莎》（*Mona Lisa*[18]）是西方艺术中最著名的画作之一，耗时 14 年才完成。然而，随着年龄的增长，我们快速解决问题的能力会逐渐衰退，这是令人沮丧、惹人担忧的事情。

阿特·岛村研究了处于老化状态的大脑和反应时间[19]：

要记住 1/25 秒这个数字，这是我们在 30 岁至 71 岁参与者中发现的反应减慢的时间。这个数值乍一看并不大，但三四十年后，反应变慢可能会导致髋部骨折和精神问题。

处理速度和前额叶皮层的功能显著相关。前额叶皮层负责许多认知功能，以下认知功能通常会随着年龄的增长而衰退：

1. 抑制注意力分散或关注无关信息；
2. 计划、调度能力；
3. 分析思维；
4. 完成复杂连续的动作；
5. 应对新奇事物；
6. 流体智力。

只可惜随着人们的衰老，前额叶皮层容易受到血流量减少[20]、细胞结构变化[21]和自身体积萎缩的影响。从生物学的角度而言，在年老时前额叶皮层没有"保持敏锐"的进化压力，就像任何其他身体机能一样。（人们通过生育把基因传递给下一代之后，进化进程便不会关心人们如何度过余生了。）因此，前额叶皮层的衰退拖慢了人的处理速度。

流体智力会随着年龄的增长而下降，至少测试结果显示衰老会影响流体智力。在洛锡安群体研究（以参与者居住的苏格兰地区名称而命名）中，参与者的智力和抑郁症症状在70岁至79岁的9年间均有所下降。但是，童年时期流体智力水平低[22]预示着老年时会出现更严重的抑郁症症状。高流体智力可以防止衰老引发的智力下降和情感衰退。

实用智力随着年龄的增长而提升[23]，在五六十岁后达到峰值。考验实用智力的问题可以是："如果在开车旅行的途中，被暴风雪困在州际公路上，你会怎么做？"也可以是一个社交任务，例如与不愿意维修房间或家具的房东打交道；邀请朋友多来家里看看自己；或者没能成功升职该怎么办。针对上述问题，50岁以上的人表现得要远远优于50岁以下的人，而且许多大于60岁甚至70岁的人能更好地解决实际问题。随着年龄的增长，实用智力似乎与晶体智力一同增长了。

如果能在年老时勤加使用分析智力，那么这种智力也能维持到老年时期。与其被动地接收信息，不如学会质疑，将新知识与已有的知识联系起来，并加以思考。在我现在工作的大学里，一位90岁高龄的教授每天必到办公室，参加研讨会，与比自己年轻许多的同事交流。我在企业的董事会中几乎没有见到过这么年长的管理层人员，但却见过许多高龄的医生、律师和法官。例如98岁的布鲁克林联邦法官杰克·韦恩斯坦至今仍在处理大量案件。他的同事甚至把遇到的最棘手的案件交由他处理。他和我见过一次面，我们相谈甚欢，话题围绕的是他堆积成山的公开案件、他的书记员的研究简报以及他正在撰写的手稿书籍。请注意，此处并没有出现印刷错误——他确实已经98岁了。他的人生哲学与我认识的其他九旬老人似乎有异曲同工之妙：尽量不要变慢。韦恩斯坦法官的大部分工作都需要分析能力、对事实和假设的深思熟虑，以及借鉴自己的毕生所学和经验。

从艺术方面来看，音乐家朱迪·柯林斯（Judy Collins，80岁，仍在坚持巡演和创作）建议："永远不要停下脚步。这便是关键。永不止步。永不停止成长。永不熄灭好奇心。永远不要停止思考——还有哪些事情你想做，但却没有做，然后付诸行动！"

简·古道尔（Jane Goodall，85岁，仍坚持在坦桑尼亚进行严谨的实地研究，并坚持举办全球公开讲座）补充道：

> 退休后的人很快就会退化，除非有真正重要的事情等着他们做。有事可做后，人们便感觉自己有了目标，而留给自己发挥才能的时间却越来越少。你不能放慢脚步，必须加速前进。

随着年龄的增长，抽象思维越发活跃

大脑接收感官输入后，在进行处理的第一阶段或初始阶段会相对完整地将其复制并保留。抽象思维出现在更高级的大脑中枢；抽象思维并非人类独有，但却在人类大脑中得到了最充分的发展，它是数学能力、语言、问题解决和工业化的基础。要做出适应性的智能行为，需要将与行为相关的概念和类别抽象化[24]，这种能力会随着年龄的增长而增强。

麻省理工学院的神经科学家厄尔·米勒（Earl Miller）发现抽象思维涉及的大脑区域范围很广[25]，随着人脑发育，抽象思维动用的大脑区域会变多，最终在前额叶皮层达到最佳状态。回想一下，前文提到前额叶皮层是最晚完成发育的脑部区域，通常要到20多岁它才会达到成年人的状态。大脑对事物进行抽象化时，会跳出事物的外观或表面，对其做分类思考，例如思考其使用方法、在哪里可以找到这些事物或物件、它们是否稀缺，以及它们会采取何种行动。波斯纳和基尔在随机点阵图案实验中研究的抽象化、音乐家对指法的抽象化，或者我们对日用品（如叉子和钢笔）使用的抽象化都可视为抽象思维。

抽象思维是与生俱来的[26]，一般人们从出生开始形成抽象思维，但抽象思维的发展是一个漫长的过程。这便是在 13 岁和 16 岁之前通常不会教孩子学代数和微积分（两者分别对应两个年龄段）的原因：大多数学龄儿童在此之前不具备学习代数和微积分所需的抽象推理能力。事实上，研究表明超前学习这两项能力简直是揠苗助长：直到约十六七岁时[27]才有迹象表明孩子们能准确地用字母（符号）而非数字来解方程，而这是学习代数的基础。学校的数学课程通常将代数作为激发学生抽象推理的第一个板块。这种发展轨迹也解释了孩子通常读不懂成人文学的原因——不只是成人文学作品的词汇或主题更为复杂；还难在人物之间存在的抽象关系。（在神经科学和生物学领域，对其他物种的抽象思维还未形成系统的研究[28]，而最近一篇论文得出了令人振奋的新发现：蜜蜂也拥有抽象思维，并且可以表达数字零，这原本被认为是人类独有的能力。）

到 60 岁时，人们会开始发现自己的感官不总是可靠了，在考虑事物之间的相似之处时，会发现比表象更重要的因素。以在前额叶皮层进行的抽象推理为例：假设你必须找东西支开一扇门，你会选择以下哪些物件？

1. 一把锤子
2. 一根香蕉

3. 一本厚书

4. 一只靴子

5. 一张纸

6. 一个棒球

7. 一个镇纸

8. 一个楔子

仅观察表象，以上物件没有任何共同点——它们的功能决定它们是否属于同一个类别。此时，视觉皮层和额叶无法发挥作用，你需要前额叶皮层来分析抽象的功能关系。

对我们最有用的大多数信息都需要经过抽象化和分类。比如食物：不同的食物有各不相同的颜色和形状，但我们知道——实际上，是学习到——像土豆、菠萝、鲑鱼、姜黄和杏仁这样看起来不同的物品都是可以食用的。还可以进一步细分哪些食物需要煮熟后再食用。

作家黛安·艾克曼（Diane Ackerman）发明了一种名为杂锦字型（Dingbats）的游戏[29]，曾与其已故的丈夫、作家保罗·韦斯特（Paul West）生前一起玩。他们会从某个物件开始，尝试想出其尽可能多的用途：

除了写字，铅笔还有什么用途？

女作家先开始说："打鼓；指挥管弦乐队；施法术；卷球纱；用作指南针；玩拾音棒游戏；比对眉毛；系上披肩；将头发盘起；用作小人国里帆船的桅杆；玩飞镖；制作日晷；在燧石上垂直旋转来取火；与丁字裤结合做成弹弓；点燃用作细蜡烛；测

试油的深度；清理水管；搅拌油漆；作为使用通灵板①的工具；在沙子里凿出一条桥道；把面团擀成馅饼皮；聚集散开的水银球；用作陀螺的支点；扫开窗户的雾水；让鹦鹉栖息在上面；等等……现在铅笔给你……"

随后保罗接棒，说："用作模型飞机的梁；测距；刺破气球；用作旗杆；把领带绕起来；将火药塞进1品脱（约550.6毫升）大小的火枪管里；检查法式糖果的内馅……捣碎铅笔，将其中的芯用作毒药。"

神经心理学家使用上述测试来评估智力。测试结果与白日梦模式下大脑中的皮层厚度和灰质体积的增加[30]有关。这种测试一般给参与者两分钟的时间思考，让他们列出尽可能多的想法，回答"砖块的用途是什么？"之类的问题。典型的答案一般包括：建造房屋、打破窗户、用作笔架、支开门等。（奇怪的是，在这种发散性思维测试中，如果参与者想出了属于同一类别的大量例子，那么他们会受到惩罚，而研究员并未提前告知参与者有这种惩罚。例如，上面的示例答案值四分；但"建房子、建工厂、砌石墙、堆成楼梯"等仅得一分。这是对标准化测试的又一拳重击。）

抽象思维的发展趋势也属于延缓感官系统衰退的补偿机制。而且除此功能外，这种趋势也有助于我们解决原本无法解决的问题。衰老并非一定伴随着认知能力的下降[31]。由于神经可塑性，处于老化状态的大脑会发生变化：自我调整，自我治愈，寻找解决问题的其他办法，其中一些能力（例如抽象推理）实际上还有所提升；此时的大脑

---

① 在欧美流行的一种占卜方式，可能起源于古代巫术。

发挥了神经保护和神经恢复作用[32]。

快速学习新事物的能力在青春期和大学时期达到最佳，在 40 岁以后开始下降。晶体智力，即使用已有知识的能力，在 40 岁以前处于较低水平，40 岁后以每 10 年为单位获得提升。虽然神经初始的处理速度和反应可能会减慢（在 80 岁时急剧下降），但是老年人的生活阅历比 20 来岁的年轻人要丰富得多，这是他们的一大优势。这便是为何许多《财富》500 强企业留用年长的资深员工担任名誉主席。克莱夫·戴维斯（Clive Davis）87 岁，是索尼音乐的首席创意官，此前曾担任唱片公司的高管，是业界的创新派。同样地，丰富的阅历使得乔治·奥格斯珀格十分擅长自己的领域。

有一个重点需要注意：人与人之间的衰老方式差别很大。很多年近百岁的老人比 60 岁出头的人活得更年轻，相反的情况也成立。认知能力的衰退速度以及患痴呆症的严重程度都因人而异，差别巨大。许多人（在某些研究中高达 25%）身体中能检测出阿尔茨海默病的生物学和病理学症状[33]，但他们的思维能力却丝毫未下降。此时，认知储备可以帮助我们抵御[34]衰老的负面影响。

那么该如何储备知识呢？良好的教育背景以及均衡的饮食有助于提高认知储备。请回忆一下洛锡安群体研究的结论：高流体智力能预防衰老，这可能得益于认知储备。

认知储备的高低还取决于职业的复杂性[35]。复杂的职业需要人们不断学习、不断动脑、锤炼意志力；这类职业要面临不断变化的选择和决策，无法自动或仅根据简单的规则来完成任务。另外，流行病学研究表明，受教育程度低以及职业复杂性低[36]会增加阿尔茨海默病的危险因素。

流体智力训练

几乎所有你能读到的关于智力的书或文章都表示流体智力无法提高，更不用说在六七十岁后提高流体智力。虽然这也许是事实（我持怀疑态度），但还是可以提高流体智力测试的分数，我认为这样也不错——这能进一步开发大脑，增加认知储备，帮助学会解决问题的新方法。

流体智力的纯粹主义者认为，学习无法改变流体智力。但是测量流体智力的方式并不纯粹，也不完美，而且几乎所有流体智力测试都与学习效果息息相关。很少有流体智力测试能排除教育、经验或社会经济阶层等因素。有些孩子的成长环境鼓励他们勤动脑，而有些孩子则被教导只需要向内探讨自我的情感、身体或精神。早期的这种成长取向会产生深远的影响。在我拜访过的一些家庭里，有的孩子在每天吃晚饭时与家人讨论逻辑问题、谜题和智力游戏；有的家庭话题则主要围绕祈祷、祈求和施舍。不仅是孩子，成年人的生活方式、关注点以及动脑程度都会影响他们回答流体智力测试问题的能力。于是，比起把所有时间都花在与伴侣静静地远足和徒步旅行的老年夫妻，以及一心只投身社区服务的夫妻，经常玩智力游戏的老年夫妻在完成解决问题测试时准备得更充分。但这不意味着只徒步旅行或只专注慈善的夫妻智力水平更低——只是一般的智力测试并不会测试他们擅长的领域。

20世纪伟大的格式塔心理学家卡尔·邓克尔（Karl Duncker）[37]以最为宏观的视角看待对问题的解决，将不同形式的智力联系在一起：

当生物设立了一个目标但不知如何实现时，问题便出现了。每当一个人不能仅仅通过采取行动来获得期望的结果时，就必须学会思考。思考的任务包括考虑应该采取哪些行动才能逐渐得出期望的解决方案。

邓克尔随后提出了一个需要思考的问题[38]：

假设你是一名医生，你的病人胃部有恶性肿瘤。你无法手术切除肿瘤，但可以使用特定类型的射线杀死肿瘤。如果射线以足够高的强度一次性辐射到所有肿瘤，则可以破坏肿瘤。但不幸的是，在这一强度下，被射线穿过的健康组织也会被破坏；而在较低强度下，健康组织虽然能被保住，但也无法破坏肿瘤。需要采取什么措施才能破坏肿瘤，同时保护健康组织？

这个问题对于非医学专业人士而言十分棘手——只有大约10%的人提出了解决方案。在此情形下，流体智力高的人最终可能会思考，是否可以借鉴相似的案例来解决这一问题。抽象地说，需要解决的问题是：当直接运用强大的力量会对周围地区造成损害时，应当如何摧毁目标。此时我们会想："我是否在另一个领域中听说过类似问题，可以借鉴到这里？"

现在从战术军事史的角度来考虑这种情况：

有一名将军希望占领处于某国中心地带的堡垒。以堡垒为中心，向外延伸出许多道路。所有道路上都布有地雷，小队士兵可以安全通过，大部队则会引爆地雷。因此无法进行全面的直接攻击。这名将军将他的军队分成几个小队，派每个小队到通往堡垒的各个路口并计时，以便各小队能同时在堡垒中会合。

与此类似，肿瘤问题的具体情况是：同时发射多个低强度光束，从不同方向瞄准肿瘤。单个低强度光束本身不会伤害周围的组织，但所有光束聚集则会破坏肿瘤。肿瘤问题和堡垒问题的要素是相似的。需要逻辑飞跃或创造力的点在于：在堡垒问题中，有很多条从堡垒向外延伸的道路；而肿瘤问题上则没有。但是，如果也可以在解决肿瘤问题时构建多条支路呢？这便是聚焦分散光束疗法的用处所在。（如果关注医疗技术便会发现：针对肿瘤问题，近距离放射治疗和其他小型放射性粒子的植入手术近来也在使用，但它们与堡垒问题的本质并不完全相同。）资源分散是一个运用在各种场景中的抽象概念，例如非法洗钱：大笔资金被分成小笔资金，每笔资金都流入某个国家或存入某个金融账户，免受质疑和监管。

在肿瘤问题和堡垒问题中，我们应用类比来描述事物之间的一种特定关系。当参与者获悉堡垒问题是对肿瘤问题的提示后，多达90%的人解决了肿瘤问题。哲学家卡尔·波普尔（Karl Popper）提出，生活的本质就是解决问题。此处解决问题的策略是思考任何可能借鉴的相似案例。类比思维促成了伟大的发现，例如卢瑟福（Rutherford）对原子结构的理解和薛定谔的猫（Schrödinger's cat）[①]。

要擅长解决问题、在任何年龄段都能拥有最佳的流体智力，需要

[①] 薛定谔设计这个实验来挖苦量子理论荒唐的一面，按照量子论支持者的解释，在打开盒子看猫之前，这只猫非生非死，而是处在典型的量子态，即活与不活叠加的离奇状态。

练习、让自己接触不同类型的问题,并与朋友分享。流体智力测试得分高于平均水平的人的优势在于:他们已经学会了解决特定类型问题的系统方法,并且已经进行了解决不同类型问题的大量练习。比做填字游戏或数独更好的练习方法是解决各种不同类型的问题。

智 慧

什么是智慧?[39] 与智力一样,科学界在这个问题上还未达成共识,但从各项研究中总结出了九大主题:

1. 社会决策能力和生活中的实用性知识
2. 亲社会行为①和态度
3. 维持情绪稳态的能力(倾向于积极情绪)
4. 反思和自我理解的倾向
5. 认识到不确定性的存在,并有效应对
6. 重视相对主义②和宽容
7. 灵性(对宗教的兴趣)
8. 对新体验持开放态度
9. 幽默感

以上主题并不能涵盖智慧的全部内涵——你可能不同意其中的一些观点,并认为还需要添加其他主题——但以上内容是定义智慧的一

---

① 又称利社会行为,指符合社会期望并对行为者本身无明显好处,而行为者却自觉自愿给行为的受体带来利益的一类行为。
② 一种认为观点没有绝对的对与错,只有因立场不同、条件差异而相互对立的哲学学说。

个起点。保罗·巴尔特斯将智慧定义为[40]对处理生活问题有用的知识，包括认识到人生中的不同背景以及这些背景如何随时间变化，认识到个人和群体的价值观与生活目标各不相同，以及认识到生活的不确定性和应对方法。

这不正是我们希望拥有人生智慧的原因吗？我们不会长途跋涉到喜马拉雅山山顶，问大师该给我们的宠物取什么名字；我们阅读哲学论文不是为了了解鳟鱼该搭配米饭还是土豆，抑或处理其他小问题或日常问题。我们寻求的是与生活中不寻常的重大问题有关的智慧与答案。我们求助的对象是自己心中的智者，比如祖父母、精神领袖或诗人，比如莎士比亚、吉南［美剧《星际迷航：下一代》(*Star Trek: The Next Generation*) 中的角色］或毗湿奴①，向他们寻求我们所缺乏的观点——如何得到幸福、和平以及达成自我与世界的和谐融合。

你可能认为此处所谓的智慧很有可能正是标准化智力测试遗漏的智力测试项目，对此我表示同意。在本章开头，我提出智慧体现在四大方面：关联点、经验、模式识别和对类比的应用。这便是随着年龄的增长我们会获得越来越多智慧的原因。老年人之所以拥有更多智慧，是因为他们的神经网络不断进化，能够以先前的知识和经验为基础，从中对事物间共有的原理进行抽象化；能够发现年轻人（和不太聪明的人）可能无法观察到的问题的核心。此外，他们拥有更多的经验用以类比和借鉴。

发展心理学家朱迪思·格吕克（Judith Glück）提出，生活中的挑战是发展智慧[41]的催化剂，内部资源会影响我们评估、处理和整合挑战的方式。朱迪思的 MORE 模型显示，预测智慧发展的内部资

---

① 毗湿奴是印度教主神，是维护之神。

源包括：掌控力（mastery，对不确定性和不可控性的掌控）、开放性（openness）、反思力（reflectivity）和情绪调节（emotion regulation，包括同理心）。外部资源同样重要。朋友和导师等其他人在智慧的短期显现和长期发展中都起着至关重要的作用。包括生活阶段在内的各种情境也会影响人们对智慧相关知识的运用程度。

人际关系智力或社交智力是加德纳提出的多元智力之一，与我们通常认为的智慧（帮助他人与调解分歧）有关。在《圣经》中，所罗门王[42]受托调解两名都自称是小孩母亲的妇女之间的纠纷，他的回应成为西方文化中做出明智判断的典范。与年轻人相比，老年人更能调节情绪[43]，更擅长基于经验做出决策并解决冲突[44]，有更多亲社会行为[45]（如展现同理心和同情心），更能从主观上感到幸福[46]，而且有更强的自我反省倾向或洞察力[47]。老年人也更偏爱积极的情绪[48]，维持积极关系的能力更强[49]。他们更有可能在街上向陌生人问好，向站在自己车前的司机招手，而且更容易信任他人（这便是为何老人会十分轻易地掉进骗子的圈套）。

老年人的智慧有神经生物学原理做支撑，其大脑的变化使得左右脑能够更自由地交流，让逻辑与直觉碰撞、让定量与定性结合、让实事求是的思维与艺术相遇。老年人的更大智慧还体现在[50]额叶和人类早已拥有的边缘系统之间更自由的连接，以及与年龄相关的神经化学变化。例如，众所周知，多巴胺随着年龄的增长而减少[51]，而去甲肾上腺素①和5-羟色胺水平则保持稳定。大脑的神经化学机制是一个相互作用的、复杂的动态系统。直接做出"多巴胺水平增加……"或"5-羟色胺水平降低……"之类的判断是把问题过于简单化了。实际

---

① 去甲肾上腺素既是一种神经递质，也是一种激素。

上，即便只是单个神经递质（如多巴胺）的变化也会导致大脑中其他的化学受体和神经回路发挥不同的作用。有些老年人称以前令自己痛苦的心理状态已经消失了。例如，莱昂纳德·科恩（Leonard Cohen）曾患抑郁症，而令他惊喜的是，这无药可治的抑郁症竟然在他70多岁时消失了。

然而，并不是每个人都会越老越聪明。智慧来源于对动机、情感和认知体验的结合，有赖于成功克服挑战，并与他人进行有意义的互动。尽管我们可能会认为智慧主要是智力的一种品质，但实际上智慧在很大程度上需要情感上的成熟和动机层面的转变。随着年龄的增长，大脑中各种不同的激素和神经递质的变化会改变情绪和动机。

人无完人。在一生中，我们会做出明智的决策，也会犯下不明智的错误。拥有智慧或许意味着，在某个节点，明智的行为多于不明智的，此时我们能够从某个视角来审视问题和决策，以便更好地预测一个良好的结果，无论这涉及我们本身还是他人。好在智慧是可以培养和传授的。我们不仅可以对智慧的基础[52]（如同理心、情绪调节和批判性思维）构建模型，从人生早期阶段便开始对孩子言传身教；而且可以向拥有智力和智慧的更高理想而奋斗——以自身的智力和智慧造福他人和我们所处的世界。这便是简·古道尔提到的主要动机："招募许多愿意让这个世界变得更美好的年轻人。"

第 5 章
从情绪到动机：
蛇、摇摆桥、《广告狂人》和压力

我最喜欢的两位歌手是乔尼·米切尔和史提夫·汪达（Stevie Wonder），他们做到了我认识的其他人都做不到的事情——能吟唱出各种各样的情绪，也能让听众感受到这些情感，通常通过一首歌的某句歌词就能让人感同身受。当唱道[1]"人们手牵着手，我还能活着看到富饶的乐土吗？"，史提夫在同一句歌词中同时表达了脆弱和自信，流露出了悲伤和希望。乔尼仅需唱出"blue"[2]（蓝色/忧伤）这个词（同名歌曲和专辑），听众便能感觉到她似哭似笑的情绪——抑郁症确实很可怕，但她似乎可以跳出当下，只将其看作一个过渡阶段。

许多人听音乐是为了寻求情感上的支持、安慰或灵感，或以此激励自己前进。音乐可以触发我们的情感，有时可以帮助我们在不确定自己的感受时对其加以理解。音乐可以将阿尔茨海默病患者从封闭的世界中拉出来，帮助他们重新融入生活和周围的环境。

情绪或情感出现在我们的内心世界，并对我们的心境产生深刻的影响。这些心理状态究竟是什么？情绪与心境有关，但两者不是一回事。情绪是一种持续数秒到数分钟的急剧的情感唤醒状态，而心境指长期的情绪基调。情绪是在某种特定的心境下出现的[3]。例如，和老板争论一番后，你可能会有点烦躁。接着你在星巴克排队时又有人踩到你的脚，或者你7岁的孩子一直打扰你，此时，你便开始有情绪。

情绪、动机、强化和唤醒[4]是密切相关的话题，经常一起出现在神经科学研究中。情绪会演变，是因为它会激励我们。情绪是一种内心深处涌出的、让人想要采取行动的唤醒状态。它使我们远离危险，找到食物、干燥的住所和潜在的伴侣，是积极地强化自我认知的关键要素。"情绪/情感"（emotion）包含"运动"（motion）这个词并非偶然；当感受到特别深刻的情感时，我们说自己被感动（moved）了，这也不是组词的巧合。情绪激励我们采取对自身最有益处的行为，正如生物学家弗兰斯·德瓦尔（Frans de Waal）[5]所说："情绪使人们集中精神，让身体做好准备，同时留出空间来积累经验并做出判断。"

乍一看，情绪似乎只是对环境的反应，但神经科学家并不这么认为。情绪与感知一样，是由一点一滴的经验和推理构成的，大脑的任务是将不同的线索联系起来，以理解我们周遭的环境和我们的内心。

换言之，情绪的产生方式与我们通常所认为的正好相反。你本以为人在看到一条蛇后会感到恐惧，然后跳开躲避，但蛇跑得很快，而大脑有意识的分析却很缓慢。要是等到大脑反应过来草丛中的沙沙声是一条蛇的响动，那就为时已晚——你会被蛇咬伤。实际上，在这种情况下，一个潜意识的皮层下过程会帮助你迅速逃离。只有在这时，大脑才反应过来你为什么要跳开，并告诉你："你现在很害怕。"这一切来得太快，导致你颠倒了二者发生的顺序。同样地，你手臂感到的疼痛也取决于不同的情境。如果你刚刚被打了一拳，那么大脑会分配一种特定的情绪——或许是愤怒和想要报复的欲望，又或许是恐惧和避免再次被打。但是，如果手臂感到疼痛是因为刚刚接种了流感疫苗，你的情绪又会不同——可能会产生顺从、沮丧或坚忍的情绪，同时还会混杂认为疫苗能帮你在今年冬天防御疾病的乐观情绪。同样的生理感受会催生出两种不同的情绪。

神经科学家约瑟夫·勒杜（Joseph LeDoux）将生存行为催生的情绪和其他情绪区别开来。生存行为包括防御、维持能量和供应营养，以及体液平衡、体温调节和生殖行为，生存行为有不同的神经回路作为支撑。此时人类的生存策略返璞归真，回溯到单细胞生物（如细菌）的运作方式，虽然它们没有神经系统，但能够关闭其半透性外壁来抵御有害物质，并吸收营养物质。人的生存神经回路包含的化学系统能调节我们对他人的反应方式。人体分泌的催产素和加压素[①]会影响我们的感情纽带和人际关系。即便是像蠕虫这样的低等生物，也有一种功能相当的神经肽，被称为线虫素[6]，当线虫素处于活跃状态时，蠕虫便有交配的欲望。线虫素的分泌被阻断后，蠕虫便没有了强烈的交配欲望，而它们即便尝试交配，也做不太好。

无论是蠕虫还是人类，生存神经回路[7]都使得特定的大脑和身体反应优先出现，同时抑制其他神经回路和动作。当大脑和身体被唤醒时，我们的注意力就会集中在相关的环境和内部刺激上，动机系统会

---

① 通过提高肾集合管上皮细胞的通透性来增加水的重吸收，产生抗利尿作用，也可收缩外周血管，并引起肠、胆囊及膀胱的收缩。

参与其中，我们会采取行动，进行学习，形成记忆。当我们意识到生存或动机回路被激活时或者意识到身体状态的一些变化时，所谓的情绪或感觉[8]便会出现，随后发生令人惊叹的事情——我们的意识会评估并标记这种状态。

我最喜欢的心理学实验之一——"摇摆桥"（rickety bridge）实验[9]，正说明了这一点。实验中，男性大学生需要经过两种桥。其中一种桥悬在高高的深谷之上摇摇晃晃，以此造成恐惧感；另一种桥是距地面仅约10英尺的坚固桥梁，并不会让人害怕。实验中，在每种桥的另一端还有一位女性研究员等待着，并告知男性参与者自己正在做心理学项目报告，询问男性是否愿意为其填写一份关于桥上风貌环境的问卷。完成后，女性研究员会写下她的电话号码，以便男性参与者进一步沟通其想法。研究员假设，当（出于恐惧）到达摇摆桥另一端时，男性参与者在生理上会被唤醒，但她们会将这种唤醒解释为（或误认为是）女性对其的性吸引力。因此，研究员预测，与走过坚固桥梁的参与者相比，经过摇摆桥的参与者更有可能打电话邀请女性研究员去约会，这也正是研究发现的结果。[这个实验启发了美剧《广告狂人》（*Mad Men*）中最令人难忘的场景之一。罗杰·斯特林（Roger Sterling）和琼·霍洛威（Joan Holloway）夜间在纽约市散步时遭遇抢劫，这让两人都十分恐惧。待劫匪一离开，两人便躲在昏暗处翻云覆雨。] 其他实验表明，人们很容易对各种情绪进行错误归因[10]。这些研究结果都再次印证了一个反直觉的观点：情绪是取决于环境和解读的认知结构。

这种观点使得我们重新解读动物的情感或情绪。众所周知，动物也有情绪，但它们体验情绪的方式与人类的不同，因为动物缺乏认知分析能力，无法如人类一样以复杂的方式来解读情绪。在许多狗主人看来，心爱的宠物拥有各种各样的人类情感——在草地上打滚时感到的愉快，在沙发上撒尿时的羞耻，在看到主人与另一只宠物玩耍时产生的嫉妒，主人长时间离开自己时的悲伤。我们之所以这样认为，其中一个原因可能是我们将动物拟人化了。而另一个原因是，研究表明，面对刺激时，动物能感受到在某种程度上与人类情绪相似的原始情绪，因为动物的神经化学机制和大脑激活状态与人类的相似。但人类似乎也有狗等动物完全没有的情绪[11]。例如，我的狗玛德琳，虽然我们常常把它当作人类，但它并没有厌恶这种情绪。它之前的一众"好友"（温妮弗雷德、影子、伊莎贝拉、夏洛特、卡玛或 99）也没有。狗狗几乎吃得下所有东西，几乎能在所有东西上打滚，并且未有证据表明它们会出现厌恶情绪，厌恶似乎是人类独有的情绪。在 3 岁至 7 岁的阶段，人才开始出现厌恶的情绪，而这种情绪一旦开始，便会伴随我们的一生。事实上，随着年龄的增长，我们厌恶的事情会越来越多——世上的不公正、暴力和欺诈，而不仅仅是粪便或腐烂的食物。

　　许多情绪似乎是与生俱来的。无须明确的教导，人类的婴儿便知道该规避某些危险。当一个牙齿锋利的大型生物快速接近时——即使此前从未遇到过——人们也会立马感到恐惧并开始回避。在进化的过程中，我们的大脑中被根植了一个涵盖范围很广的一般"恐惧标准"，这个模板并不只是框定了对特定事物的恐惧，而很容易引起我们恐惧的事物也是这个一般"恐惧标准"的一部分。例如，相比花，我们可能更害怕蛇。

　　是否存在跨越不同年代和文化的、人人共有的情感？保罗·埃克曼（Paul Ekman）在早期提出六大基本情感理论，这些情感具有文化普遍性，即不受文化影响，它们分别是：恐惧、愤怒、快乐、悲伤、厌恶和惊讶。该理论认为，我们描述的数百种其他情绪，如烦恼、吸引他人、后悔和希望，可能都取决于文化因素或认知结构。这个理论具有争议性，相关证据有时自相矛盾——甚至提出的六大情感可能也不具有普遍性；一切尚不得而知。可能还有更多的共有情感，最近的证据表明应该将恶意这种情绪（比如，"让他们尝尝我的厉害！"）列入其中[12]。

另外，似乎数百种情绪都与文化有关。在有些语言中用以表达某些情绪的特定单词在别的文化中则没有。荷兰人用"uitwaaien"来描述在风中散步后感到的神清气爽。如果你从未有过跳舞时脱掉衣服的无法抑制的冲动，那么就无法体验班图人描述的"mbuki-mvuki"。如果你因为暗恋某人而紧张不安，你也许能感受到这种情绪，但却无法用语言描述"kilig"，除非你会说塔加洛语[13]。丹麦人用"hygge"来形容一种安全、舒适以及被照顾的感觉，还有与朋友畅聊或在阳光下骑自行车时产生的愉悦感。而且，众所周知，德语中有幸灾乐祸（schadenfreude）这个词，指快乐建立在别人（尤指我们不喜欢的人）的痛苦之上。这些词在英语中都没有对应词，但在其他文化中则描述了十分具体的情感。

情绪有一种无可争议的功能：调节身体资源，即在任何特定时间内的生理资源，根据实际情况来储存或消耗它们。如果你呼吸急促、出汗，身体应该要有什么反应？这取决于这种状态的成因，以及你如何看待这一成因。你是刚刚遇到了一头发怒的老虎，还是得了流感？这两种情况会产生不同的生理反应。

情绪还能促进信息传递，让我们了解他人的心理状态。为此，大脑会做出情绪推断。正如情绪研究员莉莎·费德曼·巴瑞特（Lisa Feldman Barrett）所说[14]："如果你看到一个男人呼吸急促，汗流不止，那么他穿慢跑服和穿新郎燕尾服时传达的信息是完全不一样的。"做情绪推断意味着大脑必须不断做出预测。比如，当你听到草丛中的沙沙声时，大脑便会对响声的来源做统计推断，思考身后的是否为朋友，是否有风，自己是否在蛇出没的区域，等等。

因此，对事件做出情感解读时，大脑不是在预测，而是在进行极速"后判"，即对已经发生的事情进行事后推断。大脑通过不断改写已有的感知体验来适应刚接收到的事实信息。这是贝叶斯推断①的一种形式：形成观点，并将已有观点更新为可用的新信息。

人类的情感生活必须像其他任何事物一样不断发展，进而成熟。婴儿在一开始没有情绪上的自我意识，只能感受到有限的情绪：第一个月，只有哭泣（痛苦）和满足感。两个月大时，出现社交微笑（幸福或喜悦）。其他情绪在 6 个月后才会出现。快一岁时，婴儿开始感到恐惧，两岁时感到愤怒（两岁的小恶魔！）。随后，在孩子拥有自我意识并开始担心他人的看法后，他们的人际关系中会出现一系列社交情绪：内疚、羞耻、尴尬和骄傲等。直到 20 岁出头时人们才拥有完整的情绪分化能力[15]（评价和描述情绪）——例如，青少年通常一次只能描述其感受到的一种情绪，而年轻的成年人能描述复杂的情绪集合，并将其概念化为共同出现的情绪。

---

① 推论统计的一种方法。这种方法使用贝叶斯定理，在有更多证据及信息时，更新特定假设的概率。

情绪有科学依据吗

情绪是否可以完全还原为神经化学物质？换言之，能否认为神经化学物质就是情绪？理论上来说，两者可以等同。现代神经科学的一个假设是，如果有足够的信息，那么可以将所有想法、感觉、希望和欲望具体化成特定的大脑状态。但在目前，乃至未来的许多年，这只是一个理论上的理想情况。"往海马旁回[①]添加两微升黄体酮[②]便能完成以上假设"，但要做到这一点仍然任重而道远。

为什么？

首先，其中涉及的因素有许多——有超过 50 种激素和神经化学物质在由化学受体、突触、神经元放电率、大脑结构和血液流动构成的系统内起作用。目前无法测量以上所有因素的瞬时状态，因此还无法确定它们各自的作用。此外，这些因素以复杂的方式相互作用。这个问题就好比：10 个人能否引起一场革命？也许可以——这取决于社会环境、街道情况、天气以及是否有其他政治选项。总之，情况很复杂。

还有一个原因在于，我们每个人都是独一无二的，彼此之间千差万别。你的额叶中含有的少量多巴胺发挥的作用可能与我体内的多巴胺的完全不同，因为你和我的多巴胺受体的数量可能不同，而且你我体内多巴胺受体支撑的神经回路几乎必然会以不同的方式运作（这是我们不同于彼此的一部分原因）。而且你的大脑也在不断变化：同样水平的多巴胺激增对今天的你和明天的你会产生不同的影响，对 20 岁的你与 70 岁的你也有不同的影响。个体之间存在差异的一部分原

[①] 环绕海马的大脑皮层灰质区，属于边缘系统的一部分。
[②] 又称孕酮激素、黄体激素，卵巢分泌的具有生物活性的主要孕激素。

因是，人与人之间不同的基因会影响大脑发育及其相应的行为。还有一个同样重要的原因是基因与环境的相互作用[16]和基因表达：例如，你可能有自恋型人格障碍的遗传倾向，但如果没有对应的环境触发因素，该基因可能永远不会被激活（当然，也有可能被激活）。

神经科学家认为，在大脑中人们所有的感觉、希望、欲望、信念和经历都被编码为神经放电模式。虽然尚不清楚这一过程如何发生，但我们在理解神经元之间如何传递信息方面已经取得了长足的进步。科学家们也更加清楚各大脑系统负责的功能：一个系统负责眨眼，另一个使人在被蜜蜂蜇伤时感到疼痛；一个帮助人们解密填字游戏，另一个负责欣赏美剧《小谢尔顿》(*Young Sheldon*)。有一种研究大脑和个体差异的新方法，即绘制神经元连接方式的图谱。借鉴"基因组"这一术语，科学家将之称为"连接组"。神经元相互连接，以此来编码每个人的体验和经历。

未来，当连接组问题得到解决，有更好的技术来测量大脑化学机制时，我们也许能够用特定的激素和神经术语来讨论情绪。乍一看，从医学角度看待人生体验也许很奇怪，但这种做法已经在实践当中了。在 100 年前，如果有人在饭前感到暴躁或困倦，人们只会说这是饥饿所致，而现在我们会说这是低血糖，换言之，身体没有足够多的葡萄糖。在 70 年前，如果一个孩子在学校表现得心不在焉，人们会说这个孩子不守规矩，而现在这个孩子可能被诊断患有某种障碍症（ADD①），需要服用多巴胺受体激动剂如哌甲酯（Ritalin）或阿德拉（Adderall）等进行治疗。（激动剂促进特定神经化学系统的作用，而拮抗剂会阻断这一作用。）

---

① 注意力缺陷，俗称多动症。

令人惊奇的压力

压力也是一种情绪,是整个人生阶段中所有人都共有的情绪,也是人与其他动物共有的情绪,虽然造成压力的原因可能各不相同。慢性压力尤其有害,压力大小因人而异——对于同一件事,有的人感觉压力倍增,而有的人则能从容应对。

压力对生物的寿命有着巨大的影响。以太平洋鲑鱼实验为例。太平洋鲑鱼逆流而上产卵,在压力下释放大量糖皮质激素[①]后死亡。这并非因为鲑鱼已经筋疲力尽,也不是因为其他一些预设好的生物学原因——而是因为压力激素的分泌加速了它们的衰老。研究员去除了鲑鱼体内释放糖皮质激素的肾上腺,鲑鱼便在产卵后活了下来。

正如生物学家罗伯特·萨波尔斯基(Robert Sapolsky)所说:

> 如果在鲑鱼产卵后立刻捞捕它们……你会发现它们的肾上腺肥大,出现消化性溃疡和肾脏病变,此时它们的免疫系统已经崩塌……而且它们血液中的糖皮质激素浓度非常高。
>
> 奇怪的是,这种情况……不仅出现在5个鲑鱼品种间,而且也存在于十几种澳大利亚有袋鼠中……太平洋鲑鱼和有袋鼠并不是近亲。在生物进化史上至少出现了两次上述情况,即彼此完全独立的两种截然不同的物种竟采用了同样的办法:如果想要快速退化,那就分泌大量的糖皮质激素。

---

① 机体内极为重要的一类调节分子,它对机体的发育、生长、代谢以及免疫功能等起着重要调节作用,是机体应激反应最重要的调节激素,也是临床上使用最为广泛而有效的抗炎和免疫抑制剂。

前文提到了我在蒙特利尔大学（University of Montreal）的同事索尼娅·卢比安[17]，她是一位世界级的压力生理学专家。她写道：

> 人们在一周内多多少少都能听到或读到关于压力的话题及其对健康的负面影响……压力研究的领域内存在一个很大的悖论，大众对压力的看法与压力的科学定义有很大的不同。
>
> 大众认为的压力主要为时间压力。当没有足够的时间完成想要执行的任务时，我们会感到有压力……而科学界认为，压力不等于时间压力。如果以上观点成立，那么每个人都会在时间紧迫时感到有压力。然而，我们都知道，有些人会因为时间压力而极度紧张，有些人（所谓的拖延者）则需要时间压力来完成任务。这表明压力是一种高度因人而异的体验。

"stress"一词[18]起源于1303年的古英语，其作为"苦恼"（distress）的变体，通常在受胁迫或贿赂的语境下使用。在现代社会，这个词在19世纪50年代首次出现在工程师对可能施加压力于结构之上的外力——热、冷和压强——的描述中。20世纪30年代，内分泌学家汉斯·塞利（Hans Selye）重新定义了这一术语的使用范围，包含了外力作用在身体时的生理反应，例如热、冷和引发痛感的损伤。直到20世纪60年代，这个术语才拥有我们现在所熟知的意思，即表示因预判到不利事件而感到的心理紧张，以及这些事件的生物学相关性。

你也许比较了解体内平衡的概念，即身体会尝试保持一致性，例如在核心温度或血氧水平方面保持恒定。然而，在过去的20年间，我们已经认识到一些生理系统的水平——例如血糖水平、心率、血压和呼吸率——需要不断调整[19]才能发挥其最佳功能。这种通过变化来实现稳定的概念被称为应变稳态[20]（allostasis）——人的生理系统会根据生活需求有规律地波动。

当人们认为某种情况（比如全新的、不可预测的、不可控的或痛苦的局面）会造成压力时，身体会分泌两类主要的应激激素：儿茶酚胺[①]和糖皮质激素。分泌这两类激素的系统是最先对压力做出反应的内分泌系统。面对挑战时，上述激素的短期分泌是为了适应环境，并引发战斗或逃跑反应（应变稳态）。然而，如果这些对生存必不可少的应激激素的分泌时间较长（称为适应负荷，allostatic load），就会严重损害身心健康。其原因是这些应激激素水平的长时间增加会导致身体和大脑的其他主要生物通路（例如胰岛素、葡萄糖、脂质和神经递质）失调，这将进一步导致其他系统（例如免疫系统、消化系统、生殖系统、心脏和心理状态的健康）的失调[21]。

适应负荷体现了压力随时间累积的效应；它记录了在面对生活中各种事件时，压力的各种生物标志物（血糖、胰岛素、免疫标志物、压力标志物等）产生的变化。我们可以通过确定某些"压力生物标志物"的水平来计算适应负荷[22]，这些标志物包括C反应蛋白[②]、胰岛素、血压等。社会支持是一个十分有效的适应负荷预测指标，拥有较少社会支持的人会表现出较高的适应负荷。而以下是另一个尚不清楚因果关系的案例——朋友很少或没有朋友会增加人的压力吗？也许会。开启一段友谊时感到压力是否不利于交友？也许是。缺乏朋友的安慰是

---

① 由肾上腺产生的一类应激拟交感"战斗或逃跑"激素。
② 在机体受到感染或组织损伤时血浆中一些急剧上升的蛋白质（急性蛋白），通过激活补体和加强吞噬细胞的吞噬而起调理作用，并会清除入侵机体的病原微生物和损伤、坏死、凋亡的组织细胞。

否会让你的压力挥之不去？答案还是，也许是。

当然，也有很多减压方法[23]。例如，认知行为疗法（CBT）是一种谈话治疗，教会人们如何应对压力；锻炼、冥想、听音乐、沉浸在大自然中也是不错的减压方法；有时只需要与朋友聊聊天，获得社会支持，便可以大幅度减轻压力。

如果情绪和感知一样通过构建而来，你可能会认为大脑试图在情绪上补充信息，并预测将要发生在我们身边的事情——确实如此。对于大多数人而言，我们的身体会尝试维持情绪的一致性；在内部调节情绪，以此来避免极端情况，因为我们在情绪和生理上都无法承受。中枢神经系统能够预测压力源，并提前进行适应调整。整个调整过程是动态的——这是一个适应性强的可塑机制，通过调节神经递质和激素以产生压力或从压力中恢复，从而对感官知觉和认知处理做出反应。

减少不确定性能有效调节压力。大脑尝试预测未来事件的结果，以预测自身需求，并提前计划该如何满足这些需求。如果你的生活充满不确定性，那么完成上述预判需要许多代谢资源[24]，并且大脑资源很容易耗尽，最终会增加适应负荷的负面影响。

由于应变稳态是一个预测机制，它可能会受到早期的生活压力源、极端创伤的影响，或者因为这两大因素而失调。胎儿期和幼儿期的环境稳定性[25]有助于形成良性的应变稳态。但是，不幸的童年经历则可能导致这一机制反应过度，或令该机制在面对日常生活中普通的起起伏伏时直接关闭，引发过度警觉，韧性不足，有时甚至还有情绪的剧烈波动——他们终生都无法实现正常的稳态调节。童年不幸的人的长时记忆中充斥着威胁和压力；即便面对中性事件，他们的默认预判还是，可能会发生不好的事情。这会导致他们出现压力反应，在许多良性事件发生之前就开始释放皮质醇和肾上腺素。从身体系统层面来看，他们的压力反应系统——HPA 轴并未得到调节。

由于生活中风波不断，或神经化学机制未被正确校准，压力调节的缺失可能会导致情绪波动；我们可能出现不理性或冲动的行为，伤害自己；我们可能会在整个人生阶段被各种病痛缠身，或遭遇其他问题。适应负荷（由此引发的激素调节缺失）增加[26]会导致心血管疾病、糖尿病、免疫功能受损和认知水平下降。而且，压力调节还关乎许多精神疾病[27]，例如抑郁症和焦虑症，以及工作倦怠和创伤后应激障碍。

早期生活压力引发的皮质醇水平升高与海马加速萎缩有关（无论是对健康人士还是阿尔茨海默病的早期患者来说）。因此，有效调节情绪不仅能保障老年人的身体健康，还能保护他们的大脑功能。

影响压力反应和应变稳态的因素有很多——不仅仅是一些显而易见的因素，如怀孕期间吸毒或幼儿期家庭暴力。这些因素包括：

1. 人口统计学因素，如年龄、性别、社会经济阶层、教育；
2. 成长状况，如亲子关系欠佳、患有慢性病、遭遇霸凌；
3. 遗传因素，如端粒长度、皮质醇不足、缺少血管紧张素转化酶（用于调节血压）；
4. 环境因素，例如文化、极端气候、吸烟行为、饥荒；
5. 神经内分泌功能；
6. 心理因素，例如控制点①，以及用于情绪调节的手段。

---

① 个体将责任归因于自身的内部因素还是外部因素。

然而，并非每个经历巨大童年压力的人最终都会患上精神疾病，或出现高度适应负荷。压力经历会导致截然不同的结果，这取决于上述所列因素的相互作用。有些人在重压之后会培养出更强的韧性、勇气、毅力和专注力；而有些人则不堪其重。是什么让一些人能以更积极的方式生活，将生活中柠檬般的酸涩酿成柠檬汁般的甘甜？这背后珍贵的奥秘仍然不得而知，同时它也是一个热门的研究课题。关于这一方面，我们能确定的是，考虑周全的育儿方式和/或良好的教育能帮助人们走上更积极的生活道路，提升他们的整体生活质量，从而减少不幸童年带来的劣势。

适应负荷指压力的累积效应以及身体对压力的反应，所以无论身体系统的功能有多健全，适应负荷和相关的细胞损伤都会随着年龄的增长而增加。特别是，随着年龄的增长，调节应变稳态[28]、海马和前额叶皮层的结构发生的正常变化使得应变稳态更难维持其健康状态。适应负荷增加也与大脑灰质的减少有关。最近3项研究也将睡眠障碍与适应负荷增加联系了起来[29]。

要减轻压力、增强韧性[30]、挺过逆境，可以通过参与专门的心理治疗、巩固社交网络、加强身体锻炼，以及参加旨在帮助人们找到生活中有意义且有目标的活动的项目。但这并不能一蹴而就（也需要对新体验持开放态度）。

抑　郁

当然，人的情绪可能会失控，从而造成严重的后果。小孩发脾气；青少年变得冷漠、爱闹别扭；而成年人则可能受抑郁症所累，这是一种影响约 15% 美国人的顽疾。在世界范围内患抑郁症的比例大致相同[31]（15% 左右）。之所以称其为顽疾，是因为尽管神经药理学已经取得了巨大的进步，但抗抑郁药通常还是只能起到 20% 的作用[32]。

负面情绪会干扰人们做自己想做的事情；这类情绪可能使人虚弱，释放的神经化学物质使人无法清晰地思考。

我曾与史提夫·汪达一起制作一张专辑，他当时经常迟到，因为他很容易陷进情绪中，无法自拔。我们一起工作的某一天早晨，有一则新闻提到美国突发了一场可怕的火灾，造成多人死亡。史提夫当天迟到了 4 个小时，他出现时明显是受惊了，说自己不停地在想那些可怜的家庭。如果你的工作是向他人传递情感，那么任由情绪释放可能是一件好事；但对于我们其他人来说，却不完全如此。

抑郁症会影响任何年龄段的人，而且老年人的抑郁症往往没被诊断出来。我们可能会注意到自己或其他年长的人有类似抑郁的行为，认为这是正常的衰老，但实际上不然。此处的抑郁不是指很多人偶尔会感到的悲伤，而是指持续数周以上的绝望、悲伤和空虚。抑郁症是一种生理疾病，并非靠简单的"振作起来"就能摆脱。老年人抑郁的迹象并不总和年轻人的一样——老年人的抑郁更多地表现为嗜睡、缺乏动力和精力不足，而不是感到悲伤。所以老年人可能没有意识到自己患上了生理性抑郁症，有些人误以为抑郁只是衰老的正常迹象。但抑郁症绝对不是正常现象，而且应该接受治疗。

好在老年人患抑郁症的概率低于年轻人的[33]，但这并不意味着老年人没有患病风险。老年人中有 80% 的人至少会患一种慢性疾病，有 50% 会患两种或两种以上；疾病引发的生活方式转变和生理变化，以及各种身体机能的衰退，都会导致抑郁。某些处方药与患抑郁症有关。许多老年人出现睡眠困难，于是吃处方药来帮助入睡，但即便是短时间内服用这些药物，如安必恩（Ambien）、安定文（Ativan）和海乐神（Halcion），也会导致抑郁。处方药带来的一夜好眠完全被白天的抑郁情绪抵消了。（偶尔服用这类药物对周期性失眠可能有益。）其他与抑郁症有关的药物还包括雌性激素、降压药、他汀类药物和阿片类药物。

单单是老年抑郁症[34]本身便能致人伤残（不受其他因素影响），它会加重已有的身体问题，降低免疫力，从而拖慢伤口愈合和疾病痊愈的速度。同样重要的是，不要低估因为衰老而减少的日常活动所带来的影响[35]——从前让老年人快乐的事情如今变得在生理上难以实现、令人痛苦，甚至危险，还可能导致抑郁症。

导致老年抑郁症的危险因素符合本书一直强调的基因、文化和机会三因素及其相互作用：包括遗传脆弱性，与年龄相关的脑容量和处理速度的变化，以及压力事件。失眠是许多人衰老的标志[36]，也是老年抑郁症的一个经常被忽视的风险因素，80岁群体中25%的男性和40%的女性都受到失眠的影响。失眠的诱发因素还包括：调节睡眠-觉醒周期的下丘脑完整性的变化，以及与衰老有关的褪黑素和其他神经激素分泌的减少。如果夜晚睡眠质量欠佳，身体的各种神经和生理系统就会开始失控。保持良好的睡眠习惯（详见第11章的内容）往往比药物更有效。

流向大脑的血流量随着年龄的增长而减少——有时仅仅是缺乏运动，或是循环系统的一般恶化、动脉斑块的积聚所致。这会导致血管性抑郁[①]（vascular depression）。脑白质高信号（white matter hyperintensities）现象——表示大脑因血液缺氧而出现白质萎缩区域，其分布范围可能相当广。抑郁症症状与上述病变的波及范围有关。

图13展示了老年抑郁症的一些风险因素和相应的保护因素，还包括上述因素首次出现的年龄。

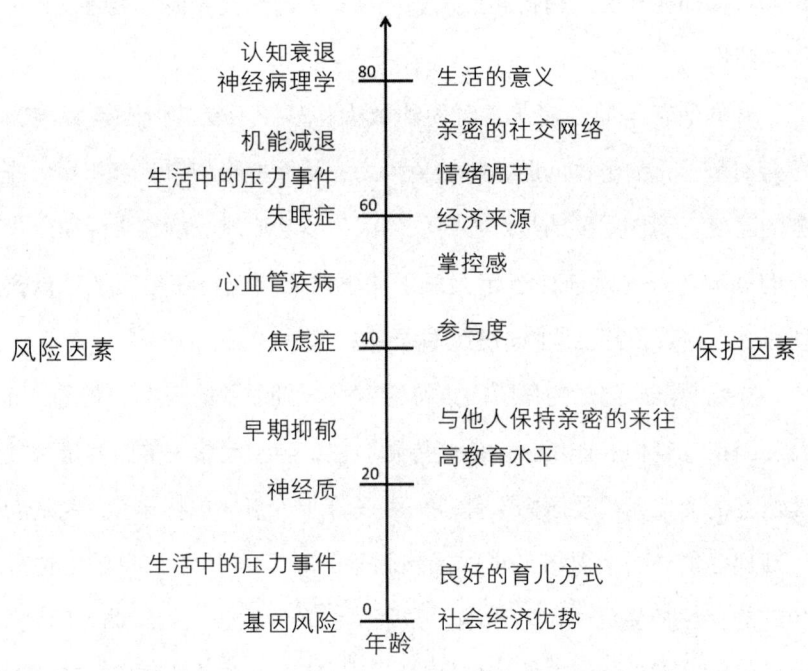

图13　老年抑郁症的风险因素与保护因素

基于上述内容，图13的结果似乎令人惊讶，即老年人不太容易抑郁。有三类因素的保护作用似乎最强。首先，某些老年人享有的资源——身体健康、认知功能健全、经济水平足够稳定，能满足日常

---

① 这一概念认为，脑血管疾病会引起患者主管情绪调节和认知的额-皮质下通路的血管性损害及神经递质代谢的异常，从而导致抑郁症。

需求。其次，毕生沉淀下来的内心力量，或经过不断试错所积累的经验。许多老年人因此掌握了一定的策略和方法，能通过社会支持来管理与健康相关的压力。最后，意识到与他人开展有意义的交流的重要作用[37]，例如通过社会活动、志愿工作或集体宗教活动参与社交生活。以此类推，生活中拥有亲密的朋友和伴侣[38]会显著降低患抑郁症的风险。

抑郁症患者的5-羟色胺水平较低，那么为什么不直接增加他们的5-羟色胺呢？有两方面原因：技术性的和概念性的。从技术上讲，无法直接给予5-羟色胺，因为药物和注射剂都无法穿过血脑屏障①。20世纪80年代后期，科学家开发了一类称为SSRIs的新型药物（选择性5-羟色胺再摄取抑制剂）。SSRIs会导致大脑中的5-羟色胺在突触间隙停留更长的时间——虽然给予了大脑更多的5-羟色胺，但只是从已有的5-羟色胺中获取益处罢了。SSRIs随之流行开来，百优解等药物被广泛用于治疗抑郁症患者。

大卫·安德森（David Anderson）是加利福尼亚理工学院的神经生物学家，从事情绪神经化学研究已有35年。SSRIs被用于治疗抑郁症，可令他感到沮丧的是，5-羟色胺只是100多种神经递质和神经激素之一，它们的相互作用方式十分复杂。SSRIs影响着整个大脑，而无法只专注于需要纠正的特定神经回路。这便是无法直接给予5-羟色胺的概念性原因。

上述治疗方法就好比将STP②机油止漏剂喷洒在整个发动机上，以此希望止漏剂能慢慢滴入化油器。正如大卫所说，大脑不仅仅是一

---

① 指脑毛细血管壁与神经胶质细胞形成的血浆与脑细胞之间的屏障和由脉络丛形成的血浆与脑脊液之间的屏障，这些屏障能够阻止某些物质（多半是有害的）由血液进入脑组织。
② 一个美国知名汽车养护品牌。——编者注

袋化学物质而已。其相关TED①演讲播放量超过百万，他已然成为我许多同事眼中的英雄。前文提到的一些药物有助于缓解失眠，但会引发抑郁症，这恰好强调了我们的大脑需要达到一个微妙的平衡，才能享有好心情。有些药物（如心脏病药物）干预的出发点是好的，但可能会严重扰乱身体机能。

至此，本书出现了不少关于多巴胺的信息，虽然它是一种重要的神经化学物质，但还有许多其他的物质不容忽视。而如果读过大众媒体的刊物或报道，便会发现，似乎一切都与多巴胺有关！这让像杰弗里·莫吉尔这样的神经科学家十分无奈。他表示："很多科学家都认为多巴胺能解释一切，但我认为，打个比方，20年后我们回顾现在，就会意识到对多巴胺的研究就像醉汉[39]在灯柱下找钥匙，因为灯柱下的灯光更亮。现在多巴胺看起来很有用，是因为它是我们迄今能研究的物质，但它并不比其他100个神经递质、200个离子通道，或1000个信号转导分子更重要。学界最感兴趣的机制往往发生在十分复杂的回路中。"目前看来，我们的大脑、行为、情感和动机似乎都与多巴胺有关，但这只是因为我们能对其开展研究，只是因为在这方面我们能"借光"看得更清楚。

大卫向世人敲响警钟，呼吁开展更好的生物医学和药物研究。然而，与此同时，百优解和其他SSRIs确实是至今几乎最好的抗抑郁药。最近，著名的《英国医学杂志》（*British Medical Journal*）得出结论，SSRIs应该是治疗老年人的一线药物[40]，其对象包括慢性病患者，比如我的朋友兼导师约翰·R. 皮尔斯，他患有帕金森病，在服用百优解几周后重获新生。治疗抑郁症最有效的方法是通过发展认知行为疗法

---

① 三个字母分别指代技术、娱乐和设计，是美国的一家私有非营利机构。——编者注

或其他干预治疗来应对身心的变化。在传统上不被认为是抗抑郁药的药物也对老年人有效。比如低剂量的哌甲酯[41]或莫达非尼（Modafinil），无论是单独使用还是与抗抑郁药一起使用，都能弥补老年人大脑中缺失的多巴胺能功能（dopaminergic function）和一系列神经信号传输问题。

心理治疗可以改变大脑的结构[42]。这并不奇怪，毕竟前文提到了——我们的每一次经历都会改变大脑。值得注意的是，认知行为疗法与抗抑郁药物具有类似的神经机制，但没有后者的戒断副作用。长期以来，更专注药物、电击或其他"医疗"干预手段的内科医生对心理治疗不屑一顾，但是这类谈话疗法的有效性已经得到证明[43]，甚至还展现出其优越性。对于抑郁症来说，心理治疗至少在短期内与抗抑郁药一样有效[44]；从长远来看，心理治疗后复发率更低——进行干预疗法两年后，接受过认知治疗的患者的情况比单纯坚持服药的人的更好。

应 对

人们应对挫折和逆境的方式在很大程度上受到基因、文化和环境的共同影响。与宿命论者和悲观主义者相比，天生坚韧和乐观的人会有不同的应对方式[45]，并产生不同的结果。一般来说，孩子们通过模仿父母来学习应对世界。若父母能应对逆境和创伤，他们也会将应对策略展示给自己的孩子，孩子便很可能会模仿父母。（既然如此，你是否认为应该给父母设立育儿训练营？确实有——你的童年期就是他们的训练期。）

关于抑郁症应对方式最重要的一个发现是由苏珊·诺伦-霍克西玛（Susan Nolen-Hoeksema）提出的，她将沉思与分心区别开来，并发现在应对逆境时，分心比沉思有效得多，而且沉思与长时间的情绪低落有关。

陷入沉思的人往往会思考出了什么问题，以及问题出现的原因和后果，一遍一遍，循环往复。他们把自己锁在房间里；不愿意下床；他们认为未来会灾祸不断。所有人都有这种倾向，只存在程度上的差异。从进化上来看，经历逆境后逃避现实能让我们适应环境——给我们时间治愈自己，并反思出了什么问题，以此避免或纠正可能引发问题的行为模式。在某种程度上，沉思让我们沉浸在悲伤中，能让人更淡然[46]：这一过程会释放神经化学物质，催乳素，它具有镇静和舒缓作用——母乳喂养时母亲和婴儿都会释放这种激素。

然而，过度沉思则会增加应激激素。这会使人陷入情绪低落的恶性循环，并可能引发单次或多次重度抑郁症。过度沉思会阻碍人们解决人际关系问题，使人无心开展有意义的活动，损害社会关系。过度沉思也加剧了情绪依赖型记忆检索的负面影响，因为海马对情绪非常敏感。当人情绪低落时，海马倾向于检索负面记忆，导致人们难以回忆起美好时光。这会加剧一个恶性循环：不仅当下情绪低落，而且认为未来没有希望。

诺伦-霍克西玛认为，积极的分心是应对负面情绪更有效的做法[47]，即沉浸在自己喜欢的、积极的、具有前瞻性的活动（运动、烘焙、旅行、音乐制作等）中，沉浸在能吸引你的、令你愉悦的活动中，让自己投入其中，让自己忘却不愉快。生活中一般的活动也大有益处，比如欣赏艺术品、读书、在大自然中悠闲地散步、与宠物共度时光。

在良性的、相互支持的关系中与人交谈带来的效果不同于沉思。经历挫折后与人谈心会有所帮助，并且如果谈心后加深了对问题根源的了解，痛苦也可以得到减轻。但是，并非所有的社会支持都有益处。有些朋友会和你一起过度沉思，让你陷入负面情绪，并对未来持十分消极的态度，和这样的朋友交谈只会增加应激激素。（有这样的朋友还不如没有。）

除了积极分心外，还有其他方法可以打破致郁的沉思恶性循环。冥想就是其中之一——它并非对所有人都有效，但的确对许多人都有效。抑郁症患者的自我意识被放大。思想的纠结以及对自身的过度关注都对大脑不利。冥想可以帮助摆脱纠结，因为这可以将"自身"从你的想法中移除。

克服抑郁症最有效的方法还包括帮助他人——这可以让你跳出对自我的关注和已有的想法。帮助他人是一剂良药。

达到菩提境界①，即西方认知心理学家所说的心流状态②的方法有无数种。也许你已经猜到了，这种状态与前文提及的白日梦状态有关，即大脑的默认模式。很少有人能处在这种"无我"的状态中。有些人大言不惭，说只要付一笔巨款，他们便能教会别人如何"无我"。如果你对这种状态感兴趣，可以去找一个不情不愿的上师③，他们不会过分夸大自我，称自己是伟大的导师。

我认为，正是"无我"吸引着我们去欣赏约翰·科尔特兰（John

---

① 觉悟、智慧，用以指人忽如睡醒，豁然开悟，突入彻悟途径，顿悟真理，达到超凡脱俗的境界等。
② 将个人精神力完全投注在某种活动上的感觉；心流产生时会有高度的兴奋感及充实感等正向情绪。
③ 佛学的老师，是在寺院教育或佛学教育当中最权威无上的导师。

Coltrane）和迈尔斯·戴维斯（Miles Davis）[①]等伟大即兴演奏家的音乐。他们全神贯注地聆听其他音乐家的演奏，并做出回应，无论演奏与否，他们的一举一动都是为了呈现出更好的音乐，此时，无所谓"自我"或"他人"。许多人说自己在进行社区服务、在危难时解救他人、在团体和个人运动中都有过类似的体会……很多方法能帮助我们达到"无我"状态。

动机和激素

我们的动机主要由大脑以及在内部循环的激素和神经化学物质控制。（激素是一种神经化学物质，在中枢神经系统内外都起作用。）一般认为，我们的动机和欲望由自身的想法和意志所驱动。比如，我们决定出门快走，于是说走就走。但激素才是驱动身体的隐藏力量。例如，女性雌性激素的分泌周期为一个月，在大约生理期中段时雌性激素的分泌水平达到峰值，此时，女性到处走动的概率高于生理期的其他阶段。有人推测，每个月生理期的中段，女性会患幽居病[②]（cabin fever）[48]，想要在身边找到最理想的伴侣——在潜意识层面有这种倾向。高雌性激素水平[49]还与竞争力提高和恐惧感降低有关。

激素所隐藏的力量在生命的各个阶段影响着我们。孕期增加的黄体酮水平[50]会导致身体的免疫反应（特别是炎症）减少。患有类风湿性关节炎[51]、多发性硬化症[③]和偏头痛的孕妇其相关症状有所缓解。当

[①] 爵士乐发展史上一位重要的人物。
[②] 由于长时间待在封闭空间内产生的不安与易怒状态。
[③] 一种最常见的中枢神经脱髓鞘疾病。本病急性活动期中枢神经白质有多发性炎性脱髓鞘斑。

然，免疫反应减少也会使孕妇（和其他黄体酮水平高的女性）更容易感染患病，此时，激素会与大脑的想法相互作用，即可以控制想法。黄体酮水平高的女性[52]会选择避免细菌传播，在接触细菌后更有可能洗手。

黄体酮水平升高还可能使女性更迅速地察觉对方的面部线索和肢体语言，更快划分敌友。心理学家马蒂·哈塞尔顿（Martie Haselton）写道[53]："黄体酮水平高的女性会在潜意识中观察所处的房间，'铲除'亦敌亦友的人，并且能很好地判断该依靠谁、该避开谁。"黄体酮水平与寻求朋友并与其共度时光有关[54]。还有证据表明，黄体酮可以使人更冷静[55]并减少自杀倾向。

有证据表明，睾酮能调动女性与男性[56]去追求和维持社会地位，包括性地位，以及对有吸引力的伴侣的渴求。睾酮水平高的男性和女性都更有可能采取更危险的行为，例如赌博[57]，或与多个伴侣发生性关系[58]。事实上，大多数处于一夫一妻制关系中的人的睾酮水平都低于未建立忠诚关系的人的。可以认为这背后存在一个进化基础，建立了忠诚关系的人能更好地在一起并养育子女，这也将促进他们的后代寻求忠诚的关系，繁衍下一代，并成为父母。

环境会影响睾酮水平。在"臭T恤研究"[59]中，男性需要闻排卵期女性或未排卵女性最近穿的T恤的气味。这些男性不认识实验中的女性，研究员也没有告知女性的排卵状态。闻完所有T恤后，男性参与者的睾酮水平升高，但闻完排卵期女性的T恤后升高得更多，这大概是为了提升其性欲和增加寻求伴侣的行为。在公众前获得成功后[60]，男性的睾酮也会增加，而一次人尽皆知的失败则会使得该水平下降（这也许是一种进化适应，使成功男性有动机去寻求基因最好的配偶）。

睾酮对行为的影响可以追溯到数亿年前。鸟类的鸣叫是其构建领土防御和吸引配偶的重要环节，通常是雄鸟来鸣叫。给雄雀注射睾酮，雄雀会更频繁地鸣叫[61]，但只有雌雀在场时才会这样。

衰老的特征之一是，与性相关的睾酮和雌性激素水平都会随着年龄的增长而下降，而且这些激素的下降带来的影响均有据可查。首先，性欲下降。塞伐洛斯（Cephalus）68岁时，苏格拉底问起他的性欲，塞伐洛斯答道："我很庆幸已经摆脱了你问的事情；我感觉自己就像是从一个狂暴的主人手下逃脱了。"我有一个相识40年、现已68岁的朋友H，他是我认识的性欲最强的人之一，但几年前，他的性欲逐渐消失，他说："我不敢相信我现在多出了这么多时间来做其他的事情。"其实，可以将我们的生命周期分为三个阶段：童年，即青春期性激素开始分泌之前；青春期到成年后期，此时性欲主导我们的许多想法；到了晚年，我们又返璞归真了，像孩子一样，更想要和朋友一起玩，不会想那么多关于性的事情。

当然，在这方面的个体差异很大。有些人一直保持较强的性欲；有些人则性欲全无；有些人虽然一开始失去了性欲，但通过一些偶发的浪漫事件或激素替代疗法（HRT）又重拾渴望。上述方法是有效的，如果适当施药，几乎不会出现副作用，而且能带来许多附加益处。这是因为睾酮和雌性激素的减少会导致思绪模糊以及功能（认知功能、记忆力、动机与情绪、免疫力和骨密度）减退。明智的做法是，在50岁之后开始检查自己的激素水平，如果身体条件允许，则可以通过药物将相关激素恢复到正常生理水平。激素替代疗法能够重新提升女性和男性的生活质量以及精力，这是其他方法无可比拟的。

尽管普遍认为睾酮水平高会增加攻击性行为，但仍不确定其因果关系——也许是攻击性行为增加了睾酮[62]。然而，我有许多年过八旬的朋友，他们年轻时是其他人口中的"可怕人物"。而我对他们的印象只有"可爱、和蔼的老人"。其中一些人几乎没有朋友，他们在追逐成功、不断竞争的过程中破坏了许多关系——但我从未见过他们的这一面。如果见过，我是否也会警惕他们？但是他们现在既可爱又有趣，所以我并不害怕。

情绪可以还原成激素水平吗？换言之，有了足够的神经化学知识以后，能否认为某种激素平衡会导致内疚的情绪，而另一种则会使人兴高采烈？也许能。但实际情况更复杂——同一种激素或神经化学物质在大脑的不同部位发挥着不同的作用。如我们所见，对实际情况的认知评价会影响我们对情绪的判定。大脑绝不只是一袋化学物质。

动机和终身学习

动机是推动我们实现目标的条件。目标可能关乎生存，抑或只为寻求娱乐、愉悦或减轻痛苦。如果你现在正在阅读这本书，那么你很有可能拥有学习的动机，你会从自己与生俱来或后天培养的对世界的好奇心中受益。正如我们所见，好奇心可以防止衰老，也是促进我们接受教育的重要动力，而接受教育也能预防衰老。

坚韧和毅力令人无惧实现目标的坎坷——尤其当实现目标的过程比我们最初想象的要更困难时，仍需坚持不懈。许多人的目标都是智力上的追求——渴望学习新的技能和理念，并借此找到有意义的工作或爱好。例如，参加帕金森病治疗前沿技术研讨会的医生，周末参加网球课程的运动员，前往新地点探索自己从未见过的鸟类的观鸟者，这三者的目标没有什么不同。

K-12①学校实行的义务教育 [63] 相对而言是经过明确界定的，供个人选择的空间不大。学习学校科目和课后学习时，每个人的动机有所不同。有些人可能会继续深造，有些人会接受专门的职业培训，而有些人可能会直接工作。人们离开学校后对学习的渴望程度存在很大的差异，这与他们从事的工作类型没有太大关系。你可能认为职业专业性强的人——教授、医生、律师、商界领袖——都在不断地自我提升，而技工类职业——瓦工、灭虫员、卡车司机——则不然。但这是误解。令人遗憾的是，我遇见过很多医生、律师和教授存在思想上的惰性，越发自满，根本没有紧跟自身领域的变化的动机。然而，我认识的建筑工人和卡车司机则热衷于研究新技术和新信息，不断寻找能提高自身技能的方法。此外，80多岁的巴勃罗·卡萨尔斯仍然坚持苦练大提琴。

以上两类人的不同之处在于他们的动机，在某种程度上，这还与世界观（谁能主宰自己的命运）有关。如果你倾向于认为自己的人生受他人、体制、组织和环境的支配，你往往会"接受自己的命运"，而不会为改变命运而奋斗。这在专业上被称为拥有"外部控制点"（外部世界在控制你）。而如果你的想法刚好相反，认为自己可以改变生活，那么你拥有"内部控制点"，并且通常更有动力去做出改变。以保罗·西蒙（Paul Simon）[64]为例，作为音乐人，他攀登过无数个职业生涯的高峰，在个人专辑《有节奏的西蒙》（*There Goes Rhymin'*

---

① K-12 教育是美国基础教育的统称。"K"代表"kindergarten（幼儿园）"，"12"代表 12 年级（相当于我国的高三）。"K-12"指从幼儿园到 12 年级的教育，因此也被国际上用作对基础教育阶段的通称。

Simon）取得巨大成功后，他决定要学习更多的音乐理论，以免被相对简单的和弦以及已知的音乐结构所束缚。于是，他向菲利普·格拉斯（Philip Glass）等人学习音乐。而且，作为一名出色的歌手，他仍然坚持参加了多年的声乐课程。

宿命论最终会变成一个自我实现的预言，因为人们错过了改变生活的机会。

讽刺的是，认为自己可以改变生活并不等同于能够预测或规划生活的发展轨迹。正如琳达·朗斯塔特（Linda Ronstadt）[①]所说[65]："人们总是认为职业生涯是步步为营的，心中所想会变成现实……但实际则不然。"保罗·西蒙又说[66]："我从来没有想过听众想要听什么音乐，或者我如何才能写出大热的歌曲。我写的总是我自己想听的。有些时候，听众也想听；有些时候他们不想听我的音乐，接着又想听。我的职业是写歌，因为有时我想听的和大家想听的刚好一样。但我从来没有为了制作大热唱片而写歌。"

完全沉浸在自己所做的事情——工作、休闲、家庭、社区活动中，能防止认知能力下降和生理疾病。从取悦自己的事情中获得回报，能改善你的情绪，增强免疫力，增加细胞因子、T细胞和免疫球蛋白A。

做出改变的动机

随着年龄的增长，出于各种原因，我们往往排斥变化。大脑中多巴胺的消耗和多巴胺受体的退化使得我们不愿意寻求新奇的事物——

---

① 美国歌手和作曲家，在音乐界取得了巨大的声望和成功。

从化学物质的角度而言，我们缺乏寻找新奇体验或学习新事物的动力。身体功能和认知功能的减退让学习和开展新活动变得更加困难。还有记忆！记忆和感知基于数百万次对既定事物的观察而形成；做出预测的神经回路根据反复发生的历史事实进行计算。这一完整的记忆系统使得大脑难以更新自身的状态。再者，海马的萎缩使得存储新记忆更加困难，令人更倾向于检索旧记忆；而且你本人可能较为保守。

个人健康和财务是对老年人最重要的两个知识领域[67]，而且获取与这两方面相关的新信息很重要。已有的知识储备是一个关键因素[68]：拥有个人健康和金融知识基础的老年人能够更好地记住相关的新信息，因为已有的知识结构最大限度地减少了认知负担。医生比医学生更容易理解[69]医学文献中的新发现，因为医生能够在其记忆结构和纲要中整合新信息。

当新信息与已经掌握的信息相矛盾，或新信息与积累已久的知识库不符时，衰老的过程可能会出现问题。随后，衰老导致的认知水平的普遍减退以及推理能力的下降使得人们更加缺乏克服困难的动力。

假设你是一位年长的医生，那么对你而言，在以往的很长一段时间，医学界的黄金标准一直是，只要适合手术，便应该手术切除肿瘤（难以触及的肿瘤、过大或嵌入过深的肿瘤除外）。而现在则认为，最好不要对一些低风险、病程缓慢的癌症（例如前列腺癌）患者进行手术，因为手术治疗比癌症本身造成的伤害更严重。有些癌症可以通过放射治疗来干预，有些则通过化疗。最前沿的治疗方法是癌症的免疫疗法。免疫疗法的创始人之一兼诺贝尔奖获得者吉姆·艾利森（Jim Allison）在几个月前做了一次演讲，阐述了自己的工作，我听了这一场演讲。演讲中提到了"免疫检查点抑制剂"，可治愈 60% 以上的黑色素瘤[①]等癌症。前总统吉米·卡特（Jimmy Carter）在2015年接受了可瑞达（Keytruda）检查点抑制剂治疗，当时黑色素瘤已经扩散至他的大脑和肝脏，截至撰写本书时，他已经抗癌成功。如果你是一位固执己见的老医生——而且有很多这样的医生——那么尝试将这些新信息与旧思维结合起来可能会很困难。这不仅仅是接收新信息而已，而是要打破你对整个领域的根深蒂固的旧思维。那么，要如何获得这样的动力，以及得到完成目标所需的一切？

或以音乐和电影为例。设想一下你到了一定的年纪，在过去的大部分时间中，如果想在家里听音乐或看电影，你都必须在商店里买碟片，然后用适配的播放器播放。你必须将一个系列的碟片收藏在一起，并且需要考虑存储方面的问题，以及这样多的碟片播放是否方便，更别说还要考虑需要投入的资金了。摆脱自己看待事物的既定模式，并接受以"付费流媒体"这种全新的方式听音乐和看电视、电影，这也许需要十分强劲的动力。

再以现代网络表单和应用程序的安全功能为例。在2000年之前，在互联网上完成基本的任务时，你不会被要求证明自己不是机器人（而对于在1990年之前的人们来说，这更是一个全新的、前所未有的概念）。现在，在跳转到下一个页面或步骤（这原本是个人或话务代理的日常操作）之前，你可能会被要求"找出所有包含动物的照片"或"标记每张带有路牌的照片"。由于计算机尚无法解决这些安全问题，上述验证可以作为安全筛查。然而，再过10年左右，当计算机视觉和人工智能取得进步时，我们会以其他方式进行身份验证（也许是面部扫描或虹膜扫描）。

[①] 黑色素瘤也称恶性黑色素瘤，它是皮肤癌的一种，可以扩散到人体其他器官。

面对上述变化，有很多方法可以激发动力。

首先，有好奇心（COACH原则中的第一项）的人和为享受学习而学习的人能拥有更加美好的人生。与专注于学习本身的人相比，那些专注于以个人成就[70]来获得认可的人不太可能迎接挑战，也不太可能坚持学习。换言之，内在动机总是比外在动机更强大。

其次，要有动力，则需要努力。正如心理学家卡罗尔·德韦克（Carol Dweck）的一篇论文标题所述："天才也努力"（even geniuses work hard）[71]。德韦克阐述了两种心态[72]：固定型与成长型，均与控制点有关。与大多数事情一样，这两种心态是相互对立的极端；很少有人在生活的各个方面都抱有完全相同的单一心态。具有固定型心态的人[73]认为自己的品质和能力不会改变；他们会说：

1. 我不擅长数学。
2. 我记不住别人的名字。
3. 我不懂技术。
4. 我不擅长运动。
5. 我年纪太大，无法改变。

具有固定型心态的人通常有外部控制点。他们的好奇心和开放度都很低。他们对学习新事物不感兴趣，也不认为学习新事物的回报会与努力成正比。相反，具有成长型心态的人相信自己可以改变技能储备，可以继续学习。他们有的是内部控制点，并相信有时候努力本身就是回报，可以使人受益匪浅，他们认为努力工作便是愉快的。

具有成长型心态的人会因学习、攻克难关而精神抖擞，感到振奋。对他们而言，生活是一段收集新信息、结识新朋友、求教导师或老师，以及学习新技能的旅程。在所有年龄段都具有成长型心态的人比具有固定型心态的学生表现得更好。很多时候，只需要有人点拨你，告诉你，你可以提升自己的大脑，可以攻克难关；这不仅需要努力，还需要有针对性的学习（这便是教育的作用）。除了付出努力，还需要尝试新的策略，在遇到困难时寻求他人的帮助。拥有可供借鉴的方法和观点储备能够丰富你的精神生活，并激发不可或缺的动力。否则，你的知识库便无法得到扩充。

德韦克的建议如下[74]：

> 面对挑战时，观察自己是否有固定型心态。是否感到过度焦虑，或者脑海中是否有声音警告你别迎难而上……你是否觉得自己无能或感到挫败？你是否在找借口？请观察批评是否会激发你的固定型心态。面对他人的反馈，你是否会自我辩解，感到愤怒或沮丧，而不是对学习抱有兴趣？再观察当看到他人在自己看重的领域做得比自己更好时你会有什么想法。你是否感到嫉妒，有威胁感？还是说你渴望学习？接受自己的这些想法和感受，并与它们共存，和解。然后再重复这个过程。

随着年龄的增长，希望通过个人成就获得认可，以及获得更多成就的动机趋于减少——换言之，老年人往往拥有内在动机而不是外在动机。老年人有更多的动机[75]去使用已有的知识来帮助他人、维持自身的资源，以及保持自主意识和能力。

我家附近有一个70多岁的老人，他每天都在陡峭的山坡跑上跑下，而且是跑两次。他的跑鞋和护膝都很不错，而且他身体很硬朗。75 岁的乔尼·米切尔仍然坚持每天游泳，并且开始向游泳教练学习，以提升她的表现和耐力。别忘了还有朱莉娅·"飓风"·霍金斯，她在 102 岁时（2018 年）创下了 60 米短跑的世界纪录。我在麦吉尔大学的同事吉姆·拉姆齐（Jim Ramsay）在快 70 岁时成了一名骑行爱好者。在我 48 岁、他 64 岁的时候，我们参加了一个环岛自行车赛，那是一个环绕蒙特利尔岛、长达 50 千米的自行车骑行比赛，每年夏天都会吸引成千上万的自行车手。那时我很难跟得上吉姆。几年后，67 岁的他从温哥华骑行到温尼伯，全长 2400 千米，他穿越了海岸山脉、喀斯喀特山脉和加拿大落基山脉。

什么才是某个年龄段该有的目标？回答这个问题需要客观的自我评估。巴勃罗·卡萨尔斯立志在他的年纪学习新的大提琴作品，这是合理的。我母亲完成她的第一部话剧的目标是合理的，吉姆·拉姆齐骑行 2400 千米的目标是合理的——他身体很好，定期接受医生的检查。我做了大半辈子的音乐人，也进行专业演奏，但是，妄想一夜之间学会小提琴——一种我从未演奏过的乐器——并希望成为世界级的独奏家，这对我来说也许是不现实的。然而，通过努力，接受指导，我可能会在三四年内更擅长小提琴演奏，可以在社区管弦乐队中出演。这对我来说就是适合我这个年纪的目标。

对于没有接受过运动训练的八旬老人，立志成为一名曲棍球运动员的目标也许遥不可及，这项运动比较暴力，并且可能会加剧"脆骨症"①。生理极限是很严肃的事情。我有一位 62 岁的专业音乐家朋友，

---

① 一组以骨骼脆性增加及胶原代谢紊乱为特征的全身性结缔组织疾病。其病变不仅限于骨骼，还常常累及其他结缔组织如眼、耳、皮肤、牙齿等，其特点是多发性骨折、蓝巩膜、进行性耳聋、牙齿改变、关节松弛和皮肤异常。

当时他正向自己20多岁的学生展示，如何正确地在不伤到背部的前提下将设备装到汽车上。结果就这么一会儿的工夫，他确实没有伤到后背，但肩膀上的两条肌腱都断了。去年，我弄伤了右手的两条肌腱和一根神经束，不是因为做了危险的事情，而是在没有仔细注意环境的情况下进行日常活动后受伤的——我只放松了30秒的警惕[76]，而造成的后果却十分持久且严重。

然而，人们也需要和过度放弃或抵抗各种活动的念头做斗争。加利福尼亚州前高级官员、助理司法部长蒂姆·拉迪什（Tim Laddish，77岁）[77]写道：

在非必要的时候，我绝对不会服老。几周前，走向邮箱取信时，我正准备像一般老人那样弯下腰看邮箱，身体前倾，下巴远离身体。可我当时暗示自己，我还没到77岁，我才66岁（这似乎是我能达到的最年轻的状态）。于是，我直起身板，加快步伐（似乎还有些连蹦带跳？），由于改善了站姿，我确实获得了更好的视角。

我并不是说你认为自己多少岁，你实际就是多少岁，而是你可以拥有一个比实际年龄更年轻的心态。

但从某一天开始，这招不管用了。当时，我被诊断出肩袖撕裂、臀部关节炎、腰大肌受损，致使我现在不得不借助手杖走路。但是好在我的按摩治疗师能缓解我腰大肌的不适，我预约了肩部的骨科医生，还可以用艾德维尔（Advil）这一药物治疗臀部问题。

我坚信我能回归最初的状态——去跑步、划皮划艇，和我的孙子一起玩接球,以及(小心地)徒步登山。靠着运气、借着努力和治疗,我最终应该能感觉到重返 67 岁了吧。

不管发生什么,我和妻子每周五都会去 REI(户外活动装备品牌公司),在那儿买一个新的露营帐篷。

幸 福

幸福的构成很奇特。对幸福的定义是高度主观的、可变的,且取决于许多因素,例如文化和期望。同时,幸福也是极其相对的,需要依据情况来判定,并且对幸福的定义基于社会比较理论。社会比较理论指,你通过与他人的对比来判断自己的幸福,或者——说得更物质一些——他们有而你没有的东西。例如,现在很少有人会觉得 1919 年的 T 型车坐着舒服,但如果你在 1919 年拥有一辆 T 型车,那它坐起来还是比马更舒服,也比走路更方便——这是相对的。你可能原本从未想过在家里种草坪是否会让你幸福,但是如果邻居家中都布满了郁郁葱葱的草坪,而你的草坪上却长满了马唐(杂草),你可能会因此而失落。

幸福也可能受到"观察者扭曲效应"的影响,即一直试图判断自己是否幸福,反而会感到不幸福。研究自己到底幸福与否会打断你所做之事的自然节奏,让你花时间去审视自己是否幸福。而幸福的人普遍拥有的共同点是,他们似乎不会去想自己是否幸福——他们忙着手头的事情,感到十分快乐,以至于根本无暇停下来思考自己幸福与否。于是,他们通过回忆来判断自己是否快乐。

人类能适应环境,有韧性;我们会触底反弹。当被问及什么是最开心的事情时，人们通常会回答中彩票。但是彩票中奖者在中奖的一年后往往也不开心[78]。他们会被贪图钱财的人包围，此时，以往彼此分享经验的真挚情感关系转变成了交易性质的金钱关系。如果中奖者原本讨厌自己的邻居，或无法与姐夫友好相处，那么中奖也无法改变这个事实。而当被问及最让人不开心的事情是什么时，人们通常会回答四肢的残疾。但是，截瘫和四肢瘫痪的人能做出适应[79]，并在很大程度上正常生活（当然需要一些调整），他们最终认为自己的生活比想象中要幸福得多。

墨西哥前总统比森特·福克斯[80]对此表示赞同。我问他："幸福的关键是什么？"他回答：

> 谈到幸福的关键，我从幼儿园到大学一直致力于实践这个想法。我所拥有的一切都归功于伊纳爵·罗耀拉①（Ignacio de Loyola），他创建了世界历史上规模最大的大学系统，建设了最多的校园。只有一条法则，那就是"为他人着想"。为他人着想是通往幸福的捷径。尽可能多地付出，你将获得比预期更多的回报。

这也许便解释了为何福克斯是墨西哥历史上离任后支持率最高的总统。

随着年龄的增长，保持积极情绪的最大秘诀在于，找到一种助人为乐的方法。如果你努力地想让别人的生活变得更加美好，那么你也就很难感到抑郁或消沉。

---

① 罗马天主教耶稣会的创始人，也是圣人之一。

第 6 章

社会因素：与他人相处的生活

哲学家让-保罗·萨特（Jean-Paul Sartre）曾写下一句名言："他人即地狱（L'enfer, c'est les autres）[1]。"但我不这样认为。如果想长寿，这句话便不正确。活得健康、长寿的关键之一在于社会联系。

孤独感与过早死亡有关[2]。孤独感与你能想到的几乎所有医学问题都有关系，它们包括心血管问题、人格障碍、精神病和认知能力下降。孤独感会使患阿尔茨海默病的概率增加一倍。它会增加应激激素的分泌，进而引发关节炎、糖尿病、痴呆症，并助长自杀倾向。它会导致炎症[3]，增加促炎细胞因子［如白细胞介素-6（IL-6）］的数量，并抵消运动对神经发生的积极影响[4]。孤独感对健康造成的负面影响比每天抽15支烟的还要大[5]。如果长期处于孤独状态[6]，那么在未来7年内死亡的风险会增加30%。

孤独和社会孤立是不同的概念。社会孤立指与他人的互动很少，且可以被客观评估（例如，在一周内与多少人互动以及互动多长时间）。而孤独完全是主观判断的——是你的情绪状态。孤立可以被计算；而孤独是靠感觉的。

即便身边有许多人陪伴，例如身处聚会中或在大家庭中生活，人也会感到孤独。孤独指与有意义的社交关系脱离的感觉，这可能是感觉不被认可、感觉被误解，或缺乏亲密度造成的。伴侣的陪伴有时能缓解孤独，有时则不然。当然，肯定有人喜欢独处，却不感到孤独；也有人虽然总在他人身边转悠，比如与他人闲聊，但还是感觉很孤独。不结婚会增加孤独感，提高一系列健康问题的风险，但结婚也不是万金油——并非所有婚姻都是幸福的。

当然，社会孤立会导致孤独感，而且基于各种因素，这两种感觉都会随着年龄的增长而加剧。老年人退休后会迅速失去与同事的社交联系；朋友会死去；健康问题和行动不便导致他们很难顺利出门。在现代，有许多社会都存在年龄歧视，这让老年人感到自己被贬低、不被需要或被忽视。老年人的一些年轻朋友和家人疲于为自己的生活而奔波，可能无法花时间探望他们。英国政府的研究[7]发现，有20万老年人在一个多月内没有与任何亲朋好友交谈过。显然，这种极端的社会孤立会导致孤独感。

孤立和孤独问题似乎是一个现代问题，是我们这个时代特有的问题。哈佛政治学家罗伯特·帕特南（Robert Putnam）[8]在他的著作《独自打保龄》（*Bowling Alone*）中谴责了危害现代社会的"腐蚀性个人主义"。他在书中用大量笔墨描写了一种有害的、日益加剧的趋势：政治冷漠、教堂活动式微、工会会员制衰退，以及桥牌俱乐部、晚宴、志愿者服务和献血活动的衰落。

纽约大学（New York University）的社会学家埃里克·克林伯格（Eric Klinenberg）[9]补充道：

世界各地的社会都接受了个人主义。与以往任何时候相比，现在都有越来越多的人独自生活，孤独终老。新自由主义社会政策使工人的工作变得不稳定，一旦失业，社会便会分崩离析。工会、公民协会、社区组织、宗教团体等支撑社会团结的传统组织正不断衰落。逐渐地，人们觉得只能靠自己。

克林伯格还表示，自相矛盾的是，通信技术的兴起正是导致孤独的原因之一。在一开始，Facebook等社交网络与苹果、微软和谷歌等科技公司都预测，互联网将有助于建立更强大、更有意义的社交联系，有利于构建有益且充实的在线社区。而事实上我们却发现，在过去几年间分歧越发严重。我们在Facebook、Instagram、Twitter、Kiwibox、Vine、Tumblr、Pinterest、MeWe、LinkedIn、QQ空间和新浪微博上可能有成千上万的"朋友"，但这些"友谊"很少能发挥应有的作用。我以下的猜测尚未得到相关研究的有力证实，但我敢推测，网络互动无法像真实的面对面互动那样促进催产素、催乳素和内啡肽（类似于天然镇痛剂）的分泌。（尽管我曾撰文表示，获得"点赞"会分泌令人上瘾的多巴胺。[10]）不幸的是，失业人群、无家可归者，以及移民人口是受害最严重的群体——他们的生活和社交领域已然严重脱节。当感到孤独时，他们是最没有能力重新振作的群体。

社会孤立和孤独感与神经递质谷氨酸水平的降低有关。谷氨酸是脊椎动物中含量最丰富的神经递质，对于整个大脑中细胞间的信号传递至关重要。关于谷氨酸与味精的关系：味精是一种常用于中餐的增味剂，是谷氨酸的一种，谷氨酸是一种氨基酸。要维持正常的大脑功能[11]，需要在细胞外液保持较低的谷氨酸水平，过高的谷氨酸水平会导致细胞死亡。人体已经进化出许多机制来维持低水平的谷氨酸，例如，草酰乙酸和谷氨酸-丙酮酸转氨酶等构成的复杂的"化学清除剂系统"，它们可以追踪并中和谷氨酸分子。现在尚不清楚味精是否会影响大脑的谷氨酸水平（如果会，这将是很严重的负面影响）。而血脑屏障恰好能应对这个问题。所有分子进出大脑都必须经过两层膜，每层膜都具有阻止特定分子通过的特性。这两层膜可以防止大脑的化学机制因为饮食不当而失控——实际上，这是一种保护机制，可促进大脑化学物质水平的稳态。目前的大量研究倾向于认为摄入味精不会显著改变大脑的谷氨酸水平[12]。

谷氨酸水平过高会带来危害，而其水平过低则会导致孤独感和社会孤立，因此，增加大脑的谷氨酸水平可能会有所帮助。研究员一直致力于寻找相应的药物。并不是说对每一个小问题我们都要进行药物干预，但对某些人而言，社会孤立（和社交焦虑）堪比致命性的打击。有一项发现可能会令"婴儿潮"一代①的某些人感到庆幸：麦角酸二乙基酰胺（LSD）和"迷幻蘑菇"等迷幻药[13]可以持久地缓解孤独感和抑郁感，氯胺酮已被证明可以缓解这些情绪，尽管效果并不持久。

社会孤立和孤独感甚至会改变人的基因。社会孤立、孤独感和抑郁会影响基因的表达[14]，增加大脑炎症，减少抗病毒干扰素的产生。孤独人士的HPA轴更容易被激活，因此容易草木皆兵。他们会认为外界的大多数人都想伤害、羞辱、嘲笑自己，或对自己不屑一顾。从这一角度而言，长期孤独的人和患有创伤后应激障碍的人很像。

---

① 在美国，"婴儿潮"一代是指第二次世界大战结束后，1946年初至1964年底出生的人，人数大约有7800万。——编者注

社会孤立会激活大脑中的恐惧和攻击性神经回路[15],使人长时间感到恐惧,对威胁性刺激反应过度,对同类更具攻击性。例如,老鼠(和鹿一样)在遇到威胁性刺激时通常会静止不动,因为它们的天敌大多会根据其活动线索来捕捉它们的位置。威胁性刺激消除后[16],正常的老鼠会立即动起来,而经历过社会孤立的老鼠因为对威胁高度敏感,会保持更长时间的静止不动。

大脑深处有一个名为壳核(putamen)的小结构。我认为壳核很神秘。它总是出现在有关音乐、神经系统疾病、语言句法和创造力的大脑成像研究中。它还出现在情绪研究中[17],尤其是仇恨这种情绪——一些罪犯的壳核(以及海马、杏仁核和伏隔核)会出现结构异常——这表明壳核会导致反社会行为。壳核体积的增加同对他人攻击性的增强有关[18],而壳核体积的减少[19]与阿尔茨海默病有关。

壳核涉及方方面面,而且与大脑的许多部分都有联系,以至于科学家们很难明确壳核的作用。在我看来,线索应该集中在奖赏和动机,以及壳核在大脑化学奖赏机制中的作用上。壳核也可调节社交焦虑[20]。有人会试图回避他人,这些人的壳核中多巴胺受体的密度较低,这可能会阻断与他人相处时产生的愉悦——即便对方是他们喜欢的人。

这种神经生物层面的影响并不意味着这些人的大脑构成无法改变。显然这也受遗传因素的影响,但必须清楚一点,多巴胺释放系统的形成在很大程度上受童年时期的环境和社会因素的影响,包括在童年和青春期所经历的各种社会互动。以上因素叠加在一起,可能会导致这些人在成年后变得冷漠、疏远他人。

但是,请回想一下上一章提到的加利福尼亚理工学院神经生物学家大卫·安德森的研究工作，他在 TED 演讲中谈到大脑不仅仅是一袋化学物质：大脑各个部分的多巴胺受体负责不一样的功能。在壳核中，多巴胺调节社会参与度。但是在壳核附近的腹侧纹状体和苍白球①中，多巴胺吸收得少会使人更冲动，也更厌恶单调性。

通过研究壳核等结构和奖赏社会参与行为的神经化学物质，可以看出人类从很久以前开始便有与他人相处的欲望。从苍白球等结构可以看出，人类有控制冲动行为的进化基础。大脑对基因、文化和机会的反应方式会影响我们的社交驱动力和行为。

社会发展

阅读至此，我们知道基因、文化和机会的发育神经科学三要素会影响大脑的发育，而且可能影响人的一生。社会发展同样如此。正如前文所提到的，婴儿和动物幼崽都需要肢体接触。

心理学家哈里·哈洛（Harry Harlow）曾经做过一些在科学史上最令人痛心的实验。为观察实验结果，他将幼猴隔离饲养[21]长达 24 个月；幼猴表现出极度的不安，即便隔离结束，许多幼猴仍未好转。在另一项研究中，他把幼猴和两只铁丝制成的"铁丝猴"（作为两种"猴妈妈"）放在一个笼子里。一只铁丝猴身上装有一个奶瓶，另一只铁丝猴身上裹着一条毛巾毯。哈洛假设，幼猴会花更多时间与装有奶瓶的铁丝猴相处——为了填饱肚子，补充营养。但实际上，幼猴们却紧紧抓住了裹着毛巾毯的铁丝猴。记录这个实验的视频令人心碎。（哈洛和他的合作伙伴让所有科学家都蒙羞，但是大多数科学家绝不

---

① 位于纹状体的豆状核上，苍白球内含有髓纤维较多，其神经细胞也较大。

会考虑这种残忍的研究。）在一个视频中，一只幼猴一边紧紧抓住"毛毯妈妈"，一边用力伸手去喝旁边"奶瓶妈妈"的牛奶。母爱远不只提供食物，母爱关乎温柔的触摸、温暖与舒适感。

大约在同一时期，一位名叫约翰·鲍尔比（John Bowlby）的心理学家正在研究依恋理论，该理论认为人类婴儿需要与至少一个主要照顾者建立关系，才能感受到有效的情感和社交发展，并学会调节自身情绪。主要照顾者不必是亲生父母，甚至不需要是一两个特定的人，可以是一整个社区的照顾者，这在非西方文化中很常见。

研究表明，社会压力与免疫力下降有关，这可能出现在任何年龄段。但作为早期生活的压力源，社会压力尤其有害，因为其影响会持续许久。麦吉尔大学的迈克尔·梅尼表示，母亲对后代的照顾实际上会改变后代在其一生中对压力的生理反应。如果幼鼠在出生后的前10天被母鼠舔舐得更多，那么这种幼鼠成年后会变得更有安全感，且不太可能因压力而变得不稳定。与幼年时受到较少照顾的大鼠相比，幼年时被母鼠频繁舔舐和梳理毛发的大鼠在应对挑战时分泌的应激激素更少。这些影响一直持续到幼鼠成年，还会延续到下一代，因为雌性后代会更频繁地舔舐自己的后代。梅尼还表示，在生命早期被频繁舔舐和梳理毛发的幼犬在成年后也表现出了更好的记忆力。

早期经历与基因和脑部结构相互作用。母亲的健康至关重要。梅尼表示："母亲的身心健康是决定母子互动质量最关键的因素，这对于老鼠、猴子和人类来说都一样。"生活贫困、患有精神疾病或生活压力巨大的父母更容易疲惫、发怒和焦虑。而这些情况会转移到这类父母和孩子的互动中去。

有无早教会对许多大脑系统的发育产生不同的影响，例如海马中的糖皮质激素受体，这是在免疫系统中用于减少炎症的反馈机制的一部分。梅尼还表示，父母的养育会影响垂体和肾上腺的功能，这两种器官调节生长和性功能，并分泌皮质醇和肾上腺素。父母的养育的影响可能持续一生，但仍然可以通过正确的行为和药物干预来改善，但这并非易事。拥抱很重要，尤其是在出生后的第一年里。打个比方，院子里有些植物长势惊人：如果你早早地便修剪，给植物塑形，那么院子里的植物会变得很好打理；而如果你无视这个现象，几年后，植物的茎会变得粗壮有劲，你仍然可以进行修剪，只不过需要下很大的功夫，而且植物的长势和你设想的已经南辕北辙了。作为父母（祖父母和老师），我们在早教方面的选择对孩子晚年时期的影响将比以往认识的要大得多。

请记住，人类在社会经济环境中成长，社会经济环境因素会影响神经系统的发育——尤其是语言和思维基础系统的发育。家庭环境中的产前因素、亲子互动和认知刺激都会影响神经发育。举个例子，教育成就与日后生活中的适应负荷降低有关[22]。然而，此处的因果关系尚不清楚。也许教育能帮助我们更好地管理生活压力；或者已经能有效管理生活压力的人会在学习的道路上走得更远（确实，丰富幼鼠的生活环境——相当于一个优质的幼鼠园——已被证明可以增加海马体积，减少应激反应，并提高其成年后的记忆力）；又或者这只是因为，有一定教育背景的人经济实力更雄厚，吃的食物更优质。但无论原因何在，上述发现给我们带来的启示是，应制订计划、制定政策以缩小在心理健康服务和学术支持方面的社会经济差距，并不断改进相关计划和政策。

❖

目前,世界范围内预计有超过 1 亿名孤儿或被弃儿童,这个数字比德国总人口还多 2000 万。1915 年,纽约医学研究生院(现纽约大学)的儿科医生兼教授亨利·查平(Henry Chapin)[23] 博士在《美国医学会杂志》(*JAMA*)中写道:

> 在考虑救助重病婴儿和弃婴的最佳条件时,必须始终牢记两个重要因素:①婴儿对其周围环境异常敏感;②婴儿亟须个人护理。因此,婴儿成长的最佳条件是一个家和母亲。越是无法满足这些在生命初期的必需条件,就越无法帮助有需要的婴儿。匪夷所思的是,上述重要条件经常被相关领域的工作人员忽视,或并未得到足够的重视。

上述内容写于 100 多年前的 1915 年。然而时至今日,孤儿和被弃儿童的问题在世界范围内仍然存在。

1989 年罗马尼亚齐奥塞斯库政权垮台后,其国内发现超过 17 万名儿童在出生时或出生后不久被遗弃,他们被留在过度拥挤且管理不善的机构中。许多美国人通过 ABC 新闻杂志《20/20》的电视片段了解到罗马尼亚危机,随后前往收养共 8000 名罗马尼亚孤儿[24]。但总体而言,这些新手父母们对许多孩子已经遭受的心理创伤毫无准备。

10 年后,查尔斯·纳尔逊(Charles Nelson)和内森·福克斯(Nathan Fox)等美国研究人员开始了布加勒斯特早期干预项目(BEIP),以对比领养和收容的区别。68 名罗马尼亚婴幼儿被带出相关机构,并按专门为该研究设计的方式领养他们。研究发现,所有被收容的儿童的大脑发育情况都发生了巨大的变化。他们的智力严重受损,并表现出各种社交和情绪障碍——抑郁、焦虑、破坏性行为和多动症。然而,收容所的孩子越早被领养,恢复得便越好,特别是在满20个月前被领养的情况下。

在孩子们 12 岁时,研究人员再次对他们进行各种评估,包括对压力的反应、生理健康、心理健康、药物使用情况和学习成绩。曾被收容的孩子中只有 40% 在 12 岁时表现良好。但是,40% 只是平均水平,最终是被领养还是被收容,也会导致显著的差异。大约 55% 的被领养的孩子在 12 岁时表现良好,而只有 25% 的被收容的孩子表现良好。在出生后前 20 个月内被领养的孩子中,有 80% 表现不错。早期的家庭经历不仅是社会化的关键[25],也是整体大脑功能的关键。正如查尔斯·纳尔逊所说[26]:

> 大脑的正常发育有赖于经验。被忽视的孩子(例如在收容机构中长大的孩子)便缺乏经验。所以他们的大脑一直处于一种思考模式:"哪里有经验?哪里有经验?哪里有经验?"而当无法得到经验时,这些神经回路要么无法发育,要么以非典型的方式发育——从某种程度而言,这会导致神经回路的错误连接。
>
> 一个大问题是,接下来 10 年、20 年或 30 年会发生什么?得出的推论是,这些孩子的处境会越来越不利,健康状况也越来越恶劣。

在过去的 20 年间,被诊断患有自闭症谱系障碍的儿童显著增加,这可能还受文化因素的影响。试比较一个典型的墨西哥儿童和一个典型的美国儿童。

墨西哥文化提倡社交互动、家庭和集体活动。美国家长通常允许儿童独自玩平板电脑、手机等电子设备。尽管自闭症的病因很复杂，但我们仍然可以看出，墨西哥文化不鼓励"自闭式"的行为，而美国文化则助长了这种行为。的确，在墨西哥长大的儿童，以及在美国长大的西班牙裔和拉丁裔儿童的自闭症率[27]明显低于美国"白人"儿童的。

如何应对社交孤立

有没有治愈孤独的方法？对此需要迈出的第一步是承认自己很孤独，以及愿意采取应对措施，但这并非易事。纽约长老会医院的主治医师德鲁夫·库勒（Dhruv Khullar）表示：

> 孤独是一个特别棘手的问题[28]，因为接受和宣告自己的孤独让人感到十分耻辱。承认孤独会让他人认为，我们承认自己无法得到生活中最根本的要素：归属感、爱、依恋。承认孤独与我们挽回面子的本能相悖，使得人们更不愿意寻求帮助。

显然，治愈孤独不仅仅指减轻社交孤立，因为有人在人群中也会感到孤独。但出门走走，和他人相处是一个好的开端。

大卫·安德森一直在研究黑腹果蝇的社交孤立[29]。也许你认为在这一方面，果蝇的神经构成比人类的原始，但它们确实会表现出社会行为，而且果蝇和人类之间存在大量高度相似的与 mRNA 翻译[30]相关的蛋白质（尽管果蝇和人类之间存在 7.8 亿年的进化差距）。这表明恐惧和社交能力会通过一种非常古老的前人类机制联系在一起。回过头来，你可能认为是我们自己对环境和其他人采取了行为和反应，但是至少在某种程度上，是潜藏的神经化学物质和激素在引导着我们，让我们跳舞、走动或静止，同时让我们有一种自己在掌控的错觉。

安德森还研究了老鼠的这种机制。两周的社会隔离[31]处理会增加神经激肽（Tac2/NkB）的分泌，这一神经化学物质会参与应激反应。而用奥沙奈坦（osanetant，Tac2/NkB 受体拮抗剂或阻滞剂）阻断其分泌可以缓解压力的影响，使被孤立的小鼠表现得像普通小鼠。相反，Tac2/NkB 的增加使得被群体饲养的小鼠表现得像被孤立了。有趣的是，在仅用奥沙奈坦治疗一次后，原本被隔离的老鼠——在治疗前对其他老鼠显示出非常强的攻击性——能够和其他老鼠一起回到笼子里了，它们表现正常且没有攻击性。正是速激肽（tachykinin）这种神经化学物质引发了安德森实验中果蝇的攻击行为。恰如安德森所说[32]："这个结果值得我们思考——这种药是否可以减轻单独监禁的有害影响，例如被监禁者的暴力行为增加？"或者帮助那些经常感到焦躁和迷茫的养老院中的老人家。

回答这个问题的重要性不仅在于战胜社交孤立的不利影响，还在于广泛治疗各种精神障碍。在未来几年，如果能十分精确地调节 Tac2/NkB 等神经化学物质的水平，心理健康医学也许会得到显著的改善。奥沙奈坦目前还不适用于人类，但这一领域正在迅速变化，在未来几年有望出现许多创新的进展。

Tac2/NkB 的例子告诉我们社交孤立是如何引发攻击性行为和恐惧的，但并未解释为何有些人难以摆脱社交孤立。社交孤立通常是人们施加给自己的，因为他们无法从社交互动中获得正常的大脑奖赏。换言之，在一般情况下，我们喜欢与他人相处——像所有灵长类动物一样，人类是社交动物。积极的社交互动会在大脑中释放阿片类物质，尤其是分泌在大脑最重要的奖赏中心伏隔核中。而当人们因社会经历被欺负、嘲弄或羞辱时，与他人相处的内在愉悦可能会被恐惧所"挟持"。对于奖赏系统受损的人，由于消极的社交互动，或伏隔核和相关边缘系统的组织损伤，或衰老导致的大脑自然萎缩，他们往往会减少社交，因为社交已经无法带来奖赏作用。直接刺激小鼠的伏隔核会增加其嬉戏和社交的动机。但目前尚无法直接刺激人类的伏隔核[33]。然而，通过药物来增加奖赏中心的活性可以对人类进行间接刺激[34]，例如大麻、吗啡和哌甲酯等大麻素，它们分别调节内源性大麻素、内源性阿片类物质和多巴胺的受体。还有一种增加多巴胺水平的药物莫达非尼，通常用于缓解时差反应或发作性睡病，但于一些人而言，它有使其社交性增强的副作用，因为它会改变寻求新奇体验的多巴胺能系统。

我与神经科学家维诺德·梅农（Vinod Menon）合作的一系列研究表明，音乐可以激活上述奖赏中心。音乐常常出现在聚会、聚餐和政治集会等社交场合中，有证据表明，集体听音乐会释放催产素，这是一种巩固社会纽带的激素。我们的研究表明，即便人们在脑部扫描仪的无菌环境内独自听音乐，奖赏中心也会受到激活。不用药，只是听音乐也可能减少孤立感和孤独感[35]。毕竟，当我们听音乐时，我们似乎与音乐家同在，对吧？

虽然帕罗西汀和左洛复（Zoloft）这两种SSRIs主要被用作抗抑郁药，但是它们已被证明可以缓解社交焦虑，帮助人们享受与他人的互动。如果治疗无法迅速奏效，请不要气馁——疗效会受到"治疗滞后"[36]的影响。要找到合适的药物和剂量,可能需要反复试错。

另外,尽管上述药物被广泛使用,但人们却越发质疑其功效。如果医生不给患者开药,患者往往会感到上当受骗了;对医生而言,说服患者寻求心理治疗常常比开具处方更为困难,而前者在世界上大部分地区仍然被污名化。挪威的一项研究表明,前文提到的认知行为疗法[37]比药物治疗或药物治疗结合认知行为疗法更有效。问题在于,药物往往治标不治本,只能给予暂时的愉悦,而无法让人们学会自己调节情绪。

调节情绪是延长健康寿命的关键。特别是,要养成良好的睡眠卫生和饮食习惯,加强体育锻炼,这些生活方式[38]已被证明可以减少孤独感;同时,要专注于积极的情绪,如学会感恩。感恩是一种重要但却经常被忽略的情绪和心态。学会感恩,会发现生活中的美好而不是阴暗,从而拥有更积极正面的人生态度。积极心理学的基础理念认为,心理学过度关注疾病和适应障碍,从而忽略了许多让生活有意义的事物。积极心理学发现,懂得感恩的人会感到更幸福。

关于这一方面的研究表明,有宗教信仰的人比无宗教信仰的人更幸福。对此有多种解释,但并不同于大众所想:有宗教信仰的人并不因为相信上帝或感受到上帝的抚慰而快乐,这些因素对他们而言可能很重要,会给他们带来一种使命感、道德或伦理的信念基础,或只是让他们相信自己在做正确的事情;但是,这些都不是幸福的构成要素。研究表明,宗教人士感到更幸福,是因为祈祷能促进他们学会感恩,并为他们搭建社交圈,给予他们目标和意义——这三大要素对我们大多数人都有益处,无论其是从何种渠道获得的。部分非宗教人士也能通过加入音乐共享小组、参与慈善厨房活动,或与邻居参加社区聚会等获得这些社交益处[39]。能成为群体的一分子，让宗教人士感到十分幸福，而无法融入群体的宗教人士则相反。

许多人在社交时会感到不自在，好在有相关的计划和干预措施帮助缓解这一问题。例如，加入读书俱乐部、徒步旅行小组、国际演讲会（Toastmasters）或扶轮社①（Rotary Club），以及宗教/非宗教志愿者组织。

帕罗奥图（Palo Alto）医疗基金会发起了名为"linkAges"（这是个文字游戏，link 意为连接，ages 此处指老年人和年轻人，将两个词拆分可理解为"连接老年人与年轻人"；将两个词合并则意为"连接"）的创新项目。该项目好比一个交易系统，鼓励年轻人与老年人进行服务交易。linkAges 社区的成员会在线发布所需的服务内容。年长的成员可能需要年轻人带他们去医院，或帮忙换灯泡；而年轻人可能想学吉他，或学习如何准备新业务的资产负债表。假设 27 岁的蒂芙尼帮助 77 岁的琼种植菜园，蒂芙尼因此赚得两个小时的信用分。随后，蒂芙尼想上吉他课，她向 32 岁的拉梅什求教；蒂芙尼用自己的信用分从拉梅什处学了相应小时数的吉他课，于是拉梅什得到了新的信用分。拉梅什想创办一家在线吉他课程机构，于是她用自己的信用分向曾在大企业担任审计长的琼学习。琼教拉梅什如何编制资产负债表。蒂芙尼和拉梅什以其不同的技能与琼互动，而琼将知识传授给有需要的人，从而活得更有目标，更具自我价值。正如帕罗奥图医疗基金会的医生保罗·唐（Paul Tang）[40]所说："老年人不需要每天都有人陪伴，只需要知道自己被重视，而且能对社会做贡献——这极大地肯

---

① 是依循国际扶轮的规章所成立的地方性社会团体，以增进职业交流及提供社会服务为宗旨；其特点是每个扶轮社的成员需来自不同的职业，并且在固定的时间及地点每周召开一次例行聚会。

定了老年人的价值。"

加拿大老化纵向研究[41]发现，75岁以上的女性中有30%表示感到孤独。有一个极具创意的方法可以解决老年人的孤独问题：让老年人和年轻人同住。加拿大安大略省、魁北克省和新斯科舍省的一些项目将年轻人（通常是学生）与老年人配对。例如，加拿大安大略省和伦敦的"共生"（Symbiosis）项目让大学生和老年人一起住在老人之家。这个同住项目由麦克马斯特大学（McMaster University）研究生院管理，将需要安全经济住房的学生和需要陪伴的当地老年人联系起来。通过这个项目，留学生可以练习英语会话，提高英语语言技能，而老年人则有人帮忙料理家务。这个过程缓解了社交孤立，促进了共享意识，使双方都受益。

在英国开展的另一个新项目"益友"（Befriending）将志愿者与老年人配对[42]，定期进行一对一的陪伴。帕罗奥图医疗基金会的项目需要老年人借助自身专业知识来为社区做贡献，而益友项目相较之下不那么具有交易性。现在判断这两个项目是否会切实增加健康寿命还为时过早。但益友项目负责人表示，该项目"常常为人们提供新的生活方向，开展一系列活动，提升自尊和自信。人们在尝试社交时，对某些服务可能会使用不当，那么益友项目则可以减轻这些服务所造成的负担"。

在晚年因离婚、疾病或死亡而失去伴侣是十分煎熬的。我的祖母在她63岁时便失去了相伴40年的我祖父，之后，她又独自一人度过了16年。她并没有做好一个人生活的准备。祖父还在世时，我的祖父母有着丰富的社交生活，他们主要与祖父的同事以及相识数十载的医生打交道。我祖母的父亲是一名裁缝，他是西班牙移民。1923年，我的祖母大学毕业,主修哲学。结婚后,她在社交场合中把哲学思维运用得游刃有余。我的祖父母会定期与其他医生社交,他们谈话的内容总是充满智慧,极具挑战性。

但在我祖父去世后,祖母迷失了方向。被她当作朋友的医生不再邀请她参加聚会。起初,她通过预约这些医生来寻求陪伴,大约每周两次。她会逐个看内科医生、耳鼻喉科医生、妇科医生、足踝外科医生、牙医——祖父在世时与她打过交道的所有人。她的身体也许没有任何问题,但这是她唯一能想到的与外界保持联系的方式。这让医生们很尴尬——他们因此牺牲掉了帮助真正有需要的病人的时间。我敢肯定,她也无法得到太多的抚慰。接着,她的生活迎来了转机。祖母在报纸上发现了"启蒙"(Head Start)计划,这个在旧金山发起的计划在寻找能够进教室为幼儿朗读的志愿者。祖母开始做志愿者以后,她的整个情绪发生了变化。她不再去看那些医生了。我的祖母和她每周见两次的弱势儿童群体之间建立起了联系,这使他们都受益匪浅。正如英国儿童桂冠作家麦克·莫波格(Michael Morpurgo)爵士所写[43]:

> 我们每个人,无论是儿童还是成年人,都需要感到被需要,都需要归属感,并且需要感觉到自己对他人的价值所在。依据经验,我们都知道,被周围的人孤立、被社会疏远的感觉让我们伤心,甚至愤怒。孤立感越重,我们就越感到受伤、越发怨恨,这种情绪便更多地反映在了我们的行为中。这些行为只会加剧人与人之间的疏离。从小就感到孤独,与外界隔绝的儿童,他们中的许多人会变得愤怒,受到伤害,几乎难以过上充实的生活。他们

从一开始就迷失了。他们最需要的是友谊，他们需要关心且能持续关心自己的人带来的踏实的温暖。有了这样持久的友谊，他们才能迸发出自我价值和自信心，孩子们的生活才能彻底改变。

老年人社交能力的变化

当艾滋病危机在旧金山附近爆发时，劳拉·卡斯滕森（Laura Carstensen）是斯坦福大学的一名年轻助理教授。当时，艾滋病病毒检测为阳性的结果几乎无异于被宣判了死刑。作为一名对衰老感兴趣的心理学家，卡斯滕森想知道这些寿命骤减的年轻人将如何应对即将到来的死亡。就仅剩的时间而言，他们与老年人相似——这两者在心理上是否存在相似之处？

卡斯滕森认为社会目标大致分为两类：知识获取和情绪调节。此外，大多数人都意识到时间终将耗尽；这进而又会影响我们在人生不同阶段的目标。她表示，人的一生是一个选择性的过程，我们会通过一定策略来建立社交圈[44]，并做出适应，以最大化自己的社交和情感所得，同时最小化社交和情感风险。如果认为时间是弹性的——正如大多数年轻人一样，人们设下的目标便倾向于为未来做准备，人们会花时间去优化自己的未来——例如，收集信息，促使自己突破极限，并培养新技能。年轻人通常非常重视对未来有帮助的活动；毕竟，举一个最典型的例子，学校不正是目前对你并不一定有帮助，但你却必须去的地方吗？

相反，如果意识到时间的限制[45]，人们的目标则更侧重可在当下进行的有意义的活动。于是，人们的目标从对侧重未来的知识和人际关系的关注转变为强调情绪状态,以及对内心平和、幸福和重要友谊的追求。当时间有限时,人们更追求生活中的情感意义,将该目标优先于在当前时间限制内实现长期回报最大化的目标。当然,年轻人有时也追求意义,而老年人有时需要获取知识;这两者的相对重要性会发生变化。而且,如果在当下获取知识或技能本身能让人快乐,正如坚持苦练大提琴的巴勃罗·卡萨尔斯那样,那么衰老也不能减退人们对知识和技能培养的追求。

卡斯滕森研究了那些有症状的艾滋病年轻男患者,他们的生命即将走到尽头;研究发现这些年轻人对余下时间的规划和生命即将走到尽头的老年人非常相似——他们想与自己关心的、亲近的人共度余下的时光,并且更注重当下具有情感意义的活动,而非为以后做准备。劳拉将这种现象称为社会情绪选择理论(socioemotional selectivity theory)[46]。人们的时间观念而非其实际年龄改变了社交动机。如果无法从一段新的社交关系中获益,那么何必花时间去经营一段新的关系?当所剩时日不多时,重要的是维系深刻而有意义的、长期以来丰富了情感生活的友谊。

衰老的另一个值得关注的转变体现在我们如何处理与外界的关系上[47]。中年人往往会改变环境,使其符合自己的期望——例如,通过翻新和建造房屋等措施,按照自己的喜好来塑造自己的世界。老年人则常常通过改变自己来适应环境。为了应对衰老问题,老年人需要不断地采取策略以调整自己的期望和活动,这样他们追求的目标才更切实可行,毕竟年轻时常做的事情现在已经变得难以实现。

值得庆幸的是,在许多情况下,随着年龄的增长,人们能更好地平衡情绪[48]。这种情绪平衡在一定程度上得益于杏仁核的失活——随着年龄的增长，我们的消极想法会减少⁴⁹，也不太可能感到恐惧。杏仁核负责检测和应对威胁，其分泌的化学物质会遍布整个大脑（去甲肾上腺素、乙酰胆碱、多巴胺、5-羟色胺）和身体（肾上腺素和皮质醇等激素）。虽然你可能认识容易害怕、情绪容易失控的老年人，但统计上的大趋势并非如此。（这种现象也可能是阿尔茨海默病或痴呆症等合并症导致的，或者只是因为自然的个体差异，而个别的典型案例并不能否定老年人的情绪更为稳定的整体趋势。）

社会情绪选择理论认为，随着年龄的增长，我们会越发意识到所剩的日子不断减少，这种意识引导我们注重情感意义、情绪调节和幸福感。这还能带来一个不断发展的积极效应——老年人比年轻人更关注，且能记住更多积极的经历。总之，以上所有因素都帮助减少老年人客观幸福感的下降，并初步提升其主观幸福感和积极性。

自我效能

对罗马尼亚布加勒斯特孤儿的研究体现了社交对早期大脑发育的关键作用。但是大脑处于不断变化的状态，不仅在婴儿期发生变化。这促使我思考社会经历和家庭生活如何影响人在晚年时期的大脑。晚年生活往往意味着退休和孩子的独立（希望如此），随之而来的是一个重要的心理变化：在组织或社会中我们不再需要履行特定的职能。责任的缺失会使得我们在整体上缺乏能动性（agency）。能动性指，意识到自己做的事情很重要，自己对他人也很重要。这种认为自己能够掌控所处环境的想法⁵⁰对我们的幸福感至关重要，并被认为是心理和生理健康的必要因素。掌控环境，以及能纠正自己的错误，是成功的蒙氏教学法①教给儿童的重要原则。如果以上两点对年幼的孩子很重要，也许对老年人也如是。

以养护院/养老院和"退休之家"（以前称为"老年之家"）为例。在很多情况下，养老院的工作人员为老年人代劳了许多他们以前能做到的事情，例如做饭和清洁。不谈因为行动不便或痴呆症而不能自理的老年人，许多老年人本来还能做些事，却被鼓励要"放轻松，别勉强"。许多老年人对此的解读是："你没有能力；你不再重要了。"养老院中的许多老年人身心虚弱，可能多少是因为身处的生活环境不鼓励他们自己做决定。这种现状可以被改变吗？

20世纪70年代有一项具有里程碑意义的研究探讨了养老院中老人的选择与责任[51]。研究员给参与研究的半数老人一盆盆栽，并告诉他们护理员会浇水并照料植物。而另一半的老人首先能选择是否想要植物，如果答案为是，那么他们会被告知自己有责任照料植物。这种简单的、几乎微不足道的询问式干预却带来了戏剧性的效果。即便在盆栽问题上老人们只是被给予了很小的选择空间，被赋予了极小的责任，他们也变得更快乐、更活跃。他们花更多时间去串门，并与护理员交谈。他们也明显更加机警。

阿尔伯特·班杜拉（Albert Bandura，截至本书撰稿时94岁，为斯坦福大学教授，不久前发表了三篇重要的学科论文）使用能动性和自我效能[52]来描述认为自己可以掌控环境的信念。自我效能感越强，为自己设定的目标就越高。掌控感是心理生活的基本必需因素。认为自己无法掌控环境的个体可能会"不择手段地"寻求掌控感，也许会采取某些行动、违反法律、痛斥自己爱的人，或者引发饮食失调。还

---

① 由蒙特梭利发起，特点在于十分重视儿童的早期教育，反对填鸭式教学等。

记得大脑深处有一个神秘的结构——壳核吗？当人们能选择奖励而不是单纯地被给予奖励时，壳核的活性会因梦寐以求的奖励被极大地激发[53]。拥有选择（掌控环境）能激活大脑的奖赏系统[54]。即便在压力下做出选择，即便要"两害相权取其轻"，情况也是如此。有所选择似乎可以减少大脑中的应激反应，并且让我们在不断变老的过程中拥有更加健康的大脑。

与选择、控制、自我效能和能动性密切相关的概念是功能自主（functional autonomy）——真的可以自由地做我们想做的事吗？随着年龄的增长，由于能力逐渐减退或在某些情况下完全丧失，我们必然会越来越依赖他人。我的祖父乐于在自己的房子周围做做杂工——他建了这所房子，自己兼任总承包商、水管工、电工等角色。但从62岁开始，即便只遇到小问题，他也会打电话给水管工要求维修。他已经不想再自己挤进狭窄的空间，或艰难地爬上阁楼。他的背会疼，他的手不似以前灵巧了。在去世前不久，他给家人写了一封令我们动容的信，在信中他表达了对自己这种态度转变和能力变化的遗憾。他感觉自己和从前不太像了。这些改变不可避免。但研究表明，朋友和家人能极大地影响我们的衰老过程[55]。如果身边的人支持和鼓励老年人拥有自主性，老年人往往会做得更好。而如果身边的人不鼓励自主性，并尝试说服老年人不要继续年轻时能做的事情，老年人的生活很快就会跌出正轨。当时，我帮祖父修理东西，他也很高兴能把自己的技能传授给后代。

当然，在某些情况下，我们必须干预，甚至阻止我们爱的人拥有自主权。我祖母95岁时正与阿尔茨海默病做斗争，她好几次忘记自己把东西放在炉子上，差点放火烧了自己的公寓。她还忘记打扫卫生，生活再也无法自理。经过一段时间的深思熟虑，几番咨询后，母亲还是把祖母带去了养老院。这是一家很不错的养老院——工作人员让祖母在其能力范围内做任何决定，他们增强了她的自主性，而没有加以抑制。虽然祖母不能决定什么时候（这个时间是固定的）吃饭，她也不能选择自己的房间；但她可以决定吃什么，去哪里，和谁在一起。她 96 岁时在睡梦中安详地离去，死因和痴呆症无关，但好在当时她有朋友作陪，虽然她患有晚期痴呆症，但在生命的最后一年里她也找到了一些乐趣。

在美国，使用辅助生活设施正是大势所趋，即成年人通常拥有自己的公寓，专业人士会根据个人量身定制护理方案，给予相应的关注度，并注重自主性。这些设施的典型特点是提供优质的服务，设有酒吧、游泳池和健身房。

辅助生活设施为人们提供了在家中无法获得的社交机会。九旬老人在家里和在辅助生活设施场所都面临一样的问题，但辅助生活设施解决了其中的许多问题。在这里，有人会帮他们穿好衣服，然后他们可以去酒吧喝啤酒。

工 作

沃尔特·艾萨克森（Walter Isaacson）认为，最大的创造力源于与他人建立的联系，即通过与想法有趣的人交谈而迸发出思想火花。达·芬奇搬到米兰后，身边不乏各行各业的精英与翘楚——15 世纪 70 年代的米兰充满了创造力，于是他创作了他最著名的作品《最后的晚餐》（*The Last Supper*）和《蒙娜丽莎》。本杰明·富兰克林（Benjamin Franklin)于 1727 年(当时他只有 21 岁)在美国费城创建了"皮围裙俱乐部"①,在这里,拥有不同背景和观点的人聚集在一起对话、辩论。他晚年继续以这种方式保持社交上的活跃,直到 84 岁时离世。

现在一个新兴的趋势是,退休后,人们往往会减少与他人的联系,逐渐开始过度纠结自己的问题,接着会出现认知能力下降和情绪障碍。虽然不是所有人都如此,但这却是大多数人的真实写照。抑郁症会逐渐侵蚀我们,起初并没有引起注意,它来得悄无声息,于是我们并没有采取任何措施,毕竟我们还拥有足够的智慧,我们还有改变的意愿。但后来,身边的某个人注意到了我们的举止变化,注意到我们的锋芒,到那时,对抗抑郁症就变成了一场艰苦的战斗。退休对大多数人而言意味着,接触的人会锐减,也难以再感到自己在做的事情是有意义的。

当然,也有例外,比如伟大的爵士萨克斯手桑尼·罗林斯(Sonny Rollins)。在 80 岁那年,他和女朋友从纽约市的家搬到了纽约州北部地区,他表示:"在那里我们总算清净了,再也没有人来拜访我们,按我们的门铃。"对于像桑尼这样的人而言,社交互动可能会让人感到有压力和不快。虽然从 2013 年开始他不再演奏萨克斯,但在被诊断出患有肺纤维化后,他仍然很活跃。他开始练瑜伽、唱歌、潜心阅读东方哲学。他的一生经历了大大小小的巡演,遇见过千千万万的人,桑尼似乎在独处时找到了乐趣。并非所有人都认为社交令人振奋。

但是,对于我们大多数人而言,最好的建议是不要停止工作。弗洛伊德认为,人生中最重要的两个关键是健康的人际关系和有意义的工作。关于这一点,并未进行对照实验,也没有研究将老年人随机分

---

① 聚集了商业、道德辩论、政治和哲学领域的年轻人。

成继续工作或退休的两个小组——目前只有趣闻逸事可以证明这一点。但这些鲜活的例子令人印象深刻：直到91岁还在担任国会议员的得克萨斯州民主党人拉尔夫·霍尔（Ralph Hall）；在2018年离世、享年107岁的印度妇女马斯塔纳马（Mastanamma），她的YouTube烹饪频道拥有超过130万的订阅者。

居住在纽约的安东尼·曼奇内利（Anthony Mancinelli）[56]曾是在世的最年长的理发师。他于2019年9月去世，享年108岁，在世时，他仍然每天坚持上班帮顾客理发。他的理发店经理说："他从不请病假。有些年轻人有时候膝盖和背会出点问题，但他一直坚持工作。他的工作量比一个20岁的年轻人的还大。年轻人会坐在店里看看手机、发发短信，或干点其他事情，而他总是在工作。"在2017年的一次采访中，安东尼表示，坚持工作能让他在妻子去世后保持忙碌和乐观的状态。（2003年，他的妻子卡梅拉在70岁时离世。安东尼每天上班前都会去妻子的坟墓看一看。）虽然安东尼没有明说，但很明显，理发是一种社交职业。他整天都在与顾客和同事交谈。

每个人都有自己的需求、意见和敏感之处，与他人相处涉及复杂的习俗问题和各种潜在陷阱，因此，正确应对这些习俗和陷阱是人类能处理的最为复杂的事项之一。这能锻炼我们庞大的神经网络，使其保持良好的状态，时刻准备着发挥作用。在良性的对话中，我们倾听他人，我们感同身受。抱有同理心有益健康，这能激活整个大脑的神经网络，包括后顶叶皮层和额下回。

试想一下这是什么感觉：你很长寿，生活丰富，能得到重视，也能为社会做贡献，接着却突然被排除在外。在巴西、法国、德国和韩国等强制要求退休的国家，老年人都会对此感同身受。我对此感到遗憾，因为在人类活动的任何一个领域，还有很多需要做的事情，而这么多经验丰富、身心健全的智者能给我们提供相应帮助。年纪大的人可能稍稍迟缓一些，可能需要医疗辅助，但是年轻人更容易冲动，缺乏经验，且还无法像老年人那样运用一辈子积攒的动脑经验来匹配各种规律模式。

西班牙、澳大利亚、美国和英国已经禁止强制退休，但这并不意味着这些国家就不存在年龄歧视了。即便在这些国家，如果你的公司要缩小规模，或面临倒闭，而你已经70岁，你便很难找到新工作（即便你刚50岁也会很困难）。

我们身边不乏晚年仍坚持工作的榜样。65岁以上的人数飙升，在今年超过10亿人口大关，而现在80岁以上的人数已达到1.25亿，在不久的将来，坚持工作的老年人可能会从榜样变成常态。

几天前，我让一位结构工程师到家里检查地基。（我住在地震区加利福尼亚州。）他75岁了，无法在狭窄的空间中爬行，也不能爬上屋顶，但检查我的房子对他而言是小菜一碟。他来过我的房子好几次，早在我是房主前便检查过房子。他对房子的记忆和周围地形的了解简直令人叹为观止。一年前，有一位年龄只有他1/3的检查员来过，花了两倍的时间才完成工作，而且还不及这位年长的工程师仔细。

路易斯·斯劳特（Louise Slaughter）是民主党国会议员，她于2018年去世，但在生前仍代表纽约选区奋力工作，享年88岁。97岁高龄的贝蒂·怀特（Betty White）仍坚持出演电视节目，最近活跃在美剧《识骨寻踪》（*Bones*）和动画《海绵宝宝》（*SpongeBob Square-Pants*）中。布伦达·米尔纳（Brenda Milner）是神经科学领域的杰出人物之一，101岁时仍然每天坚持在蒙特利尔神经学研究所（Montreal

Neurological Institute）工作。美国最高法院法官露丝·巴德·金斯伯格（Ruth Bader Ginsburg）在86岁时三根肋骨骨折，此后不到一周便重返工作岗位。代表加利福尼亚州洛杉矶第43国会选区的国会女议员马克辛·沃特斯（Maxine Waters）在众议院迎来她第15个任期，她81岁。作为众议院金融服务委员会主席，她在2018年和2019年引起了全美的关注。民主党人赞她，共和党人恼她，但两党人士都认为她是沉着、镇定、强大且才华横溢的人。任他人爱她憎她，她都是一股不可忽视的力量。她为自己能得到几代人的支持而自豪，她表示："我们一直在抱怨[57]年轻人的政治参与度不高，但年轻人让我知道了什么能打动他们。似乎，他们只不过需要真相，需要诚实，以及能够信赖的人。"

主动与他人相处

衰老能给社会行为带来有益的影响。一般来说（你可能会想到例外情况），老年人更擅长情绪调节；他们能够更好地控制自己的情绪，能更冷静地应对侮辱，更加关注生活中积极的一面[58]。阿特·岛村如此描述道[59]：

> 老年人能成熟应对，是因为在与他人打交道的几十年里，他们见识了太多人际交往的美好、险恶与丑陋。因此，他们更清楚，关注生活积极的一面最有可能帮助我们健康生活，我们可以对自身行为做出选择。这种积极的偏向遵循的是"不要为小事烦心"（don't sweat the small stuff），这种态度于心理健康十分重要，因

为生命太短暂，不必为小事烦恼。

参与社会活动有助于维持大脑的功能，防止认知能力的下降。流行病学研究发现，社交网络丰富[60]、每天多接触人，都能很好地预防痴呆症。在控制年龄、教育水平和初始健康状况等因素后，结果依旧如此。参加社交活动甚至能降低死亡风险。然而，只有积极的社交活动能带来上述好处，虐待他人、使人痛苦的不良社交活动只会让人更有压力，带来更多害处。

最近有一项针对 76 项独立研究的元分析得出结论，我们迫切需要确定哪些生活方式[61]能减少衰老引起的功能衰退和痴呆症。志愿者服务似乎是一个不错的选择。在当地组织、社区中心、医院担任志愿者能为人们带来坚持工作的好处：拥有自我价值和成就感，与他人日常互动能活跃大脑。数据显示，志愿者服务能减轻抑郁症症状[62]，使人自我感觉健康状况更好，减少身体机能的限制，以及降低死亡率。

在美国，65 岁及以上的人有 1/4 是志愿者，而在加拿大，这个数字超过了 1/3（好样的，加拿大！）。据保守估计，全球范围的志愿者服务为当地经济贡献了[63]近 5000 亿美元的价值。志愿者服务本质上是无私奉献，而老年人（甚至所有人）的无私奉献都有益于身心健康。

在一项对照研究中，志愿者在两个任务组之间切换的能力及其语言学习和记忆能力得到提高[64]，并且脑部扫描结果显示其前额叶皮层（进行高级推理和执行功能的区域）的活动显著增加。担任管理岗，或在委员会服务的志愿者[65]显示出更积极的情绪，但这一结果仅限于女性。为什么？尚不可得知。或许女性在 1 万年前便发展出更好的沟通技巧，她们负责燃起篝火，照顾孩子，而男性则在外默默打猎。

回忆一下第 4 章有关大脑解决问题能力的内容,前文提到工作时的核心职业内容越复杂,老年时认知能力下降的风险就越小。此处的复杂性包括:在不断变化的环境中做出决策、与他人互动、学习新事物——基本上是不能想当然自动完成的工作。关于志愿者职业复杂性的研究很少,但既然志愿者与有偿岗位本质上发挥的功能大同小异,那么可以认为职业复杂性仍然能为志愿者带来益处。这一点成立的前提在于,只要我们认识到,任何职业都有一个最适宜的复杂度,而一旦超出这个限度,即便是志愿者工作,也会变得恼人。

当然,并非所有的志愿者服务都是有益的。例如,被困在一个没有窗户的房间里盘算一个非营利组织的账户,不能四处走动,无法与任何人互动,那么这种志愿者服务即便能带来好处,也是有限的。理想情况是,找到一个与自身体能、社交和认知能力相匹配的职位,也许可以超出自身能力范围一些,但不能达到临界点。可以与朋友和家人讨论,确保志愿者职位的要求与你的目标和期望契合。

请与在某方面优于你,但不会显示出优越感的人打交道。45 年前,我刚开始进行专业音乐演奏时,我向自己承诺,如果我上台表演了,那我一定将自己视为台上最需要进步的音乐家。好在,我从来没有失望过,每场演出对我而言都是一次不可多得的学习经历。请与鼓励你去成长、去探索、能为你的成就感到高兴的人打交道。请尝试找到尊重老年人的社交场合,找到一个你认可其成立目的的社区组织,用你积累的知识和智慧为其贡献一份力量。并且,如果可以,请踏出家门,看看外面的世界。

第 7 章

疼痛：这样很疼

衰老最常见的特征之一是各种各样的疼痛——好比一辆旧车的零件开始出现磨损。美国人80%的就医都拜疼痛所赐[1]——这是美国人的头号主诉①。当医生询问"哪里出了问题？"，几乎所有就诊患者都会回答："这里很痛。""我这样做时会感到痛。"[2]

我和朋友迈克尔记录了各自衰老的生理迹象，在过去的10年里我们一直在比对彼此的记录。衰老的迹象似乎来得很慢，一次出现一个，而且每个问题看起来都可控，但是问题会慢慢叠加。有些迹象需要治疗来缓解；有些需要通过改变行为来应对；而有些衰老问题，你只能忍受。

我和迈克尔常常谈到自己有多幸运。我们认识的许多人都忍受着剧痛，疼痛使他们身体衰弱，甚至危及生命。我在1984年认识了 J. D. 布尔（J. D. Buhl），当时他还是一名创作歌手，而我是一名唱片制作人。25岁的他已经能带领两支成功的乐队："J. D. Buhl and the Belie-

---

① 医学上指病人对症状的自述。

vers"（布尔和信徒）以及 "The Jars"（啤酒）。我们刚认识时，他正准备开启独奏艺术家的职业生涯。我为他制作了一些唱片，我们还一起表演，成了朋友。我佩服他的才华，也佩服他是一部行走的"唱片百科全书"。他知道每首歌的作曲者，每张唱片发行的年份，演奏会上每一位音乐家的名字。在我们这个圈子，除了布尔以外，我一直是记住这类琐事的王者。但在布尔面前，我简直就是关公面前耍大刀，我很欣赏他这一点。在20世纪90年代到21世纪初，我们继续在各自的领域拼搏——我们都成了教师——我们还保持着联系。2013年，布尔打电话告诉我，他被诊断出癌症晚期。他想要给自己的最后一张专辑作曲，将它录制出来，并希望我能做唱片的制作人。长达6个月的化疗让他疲惫不堪，但好在癌症逐渐得到缓解，他的精神很不错。所以我们便慢慢地开始制作唱片。

到2016年，他的癌症复发，但还是要求到录音室录制4首新歌。当时他的痛感很严重，似乎完全无法缓解。他已经计划接受临终关怀。他住在奥克兰，负责临终关怀的医护人员帮助他在疼痛难以忍受时结束生命。经证明，焦虑会明显增加痛感[3]，而意识到自己无法缓解疼痛尤其会引起焦虑。此外，布尔还对自身经济状况的恶化、活动能力的丧失，以及精力的下降感到焦虑。

2017年，他57岁，那年夏天，他给我打电话，说时候到了。他太痛苦了。他每晚辗转反侧、难以入睡，每天早晨醒来，全身上下，从里到外，痛感遍布。而他深知，新的一天只会给他带来更多难以缓解的苦痛。他身上的结肠造口袋使他窘迫，他的皮肤松弛，脸也凹陷。他不算幸运，一生中无法拥有太多令人神往的爱情，他也意识到自己不会再有机会了。他也没有精力演奏音乐，甚至听唱片了。他告诉我："我几乎生无可恋了。"2017年8月14日晚，我打电话与他告别，第二天早上，他喝了一种含特殊药物的鸡尾酒，就走了。

疼痛是医学界的劲敌，即便在医学上取得了惊人的进步，我们也无法将其消灭。思及医学，我们倾向于考量它能在多大程度上延长寿命。社会投入大量的资金和资源，尝试治愈缩短寿命的疾病，例如癌症，但还没有解决如何根除疼痛的问题。换言之，医学界更关注寿命而不是疾病的持续时间。

普遍情况是，30%的人都在忍受慢性疼痛[4]，即痛感持续超过了3个月。对于老年人来说，这一数字接近40%或50%。一个人一生中经历慢性疼痛的概率是1/2。当下，忍受慢性疼痛的人比癌症、心脏病和糖尿病患者的总数还要多。

全球疾病负担项目（The Global Burden of Disease Project）[5]旨在对全球各种疾病和伤情进行统计，并开展流行病学研究。世界卫生组织发起了项目，并提供交互式图谱[6]，供人们查看其中涉及的各种变量，包括按国家、州、年龄和性别划分的死亡原因。项目的创新之处在于提供"健康寿命损失年"（YLDs）数据，我称之为疾病持续时间。

请观察图14与图15（根据世界卫生组织的数据重新绘制）。图14显示了70岁以上老人的死因。图15为70岁以上老人的YLDs。两图的对比表明，导致伤残的原因与死因不同。

如图14所示，70岁以上人群中分别有15%和16%的人死于中风和癌症。慢性疼痛和YLDs的比例相同。（头痛约占1%，被归为"其他慢性疾病"。）还要注意，在慢性疼痛患者中，近一半出现背痛。大约1/5患有颈痛，1/5患有关节炎。再比较癌症在致死与致伤残方面

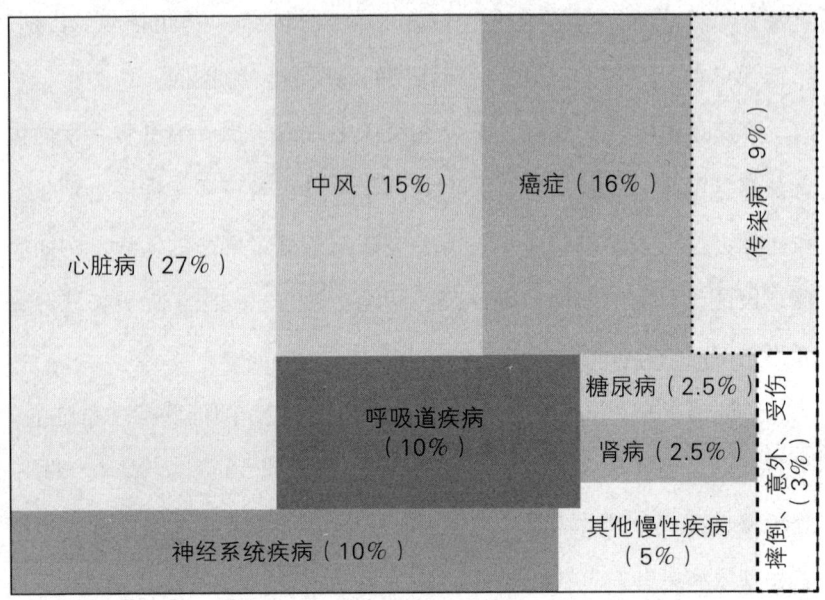

图 14 2017 年全球死因（70 岁以上）

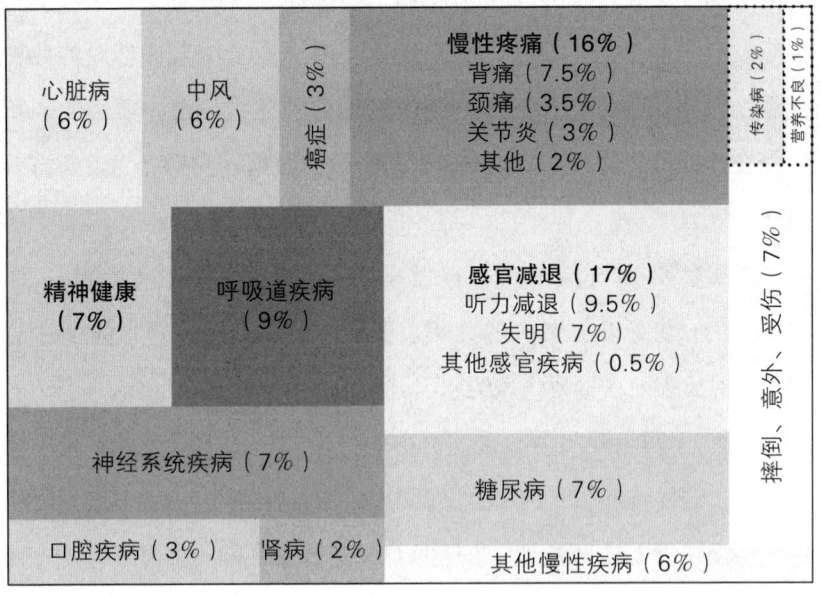

图 15 2017 年全球健康寿命损失年（70 岁以上）

的严重程度：癌症（16％）是主要的死亡原因，但在致伤残方面，仅3％的伤残由癌症导致，而摔伤致残占7％。并不是说不应该探索如何治愈癌症和心脏病，而是过多的资金都投到了如何延长寿命上，忽视了对健康寿命的研究。在美国，仅慢性疼痛的治疗费用[7]每年就超过6350亿美元，这可能导致不可预见的灾难性后果，包括当前对阿片类药物的滥用[8]。关于疼痛的研究只获得了一小部分医学研究资金，这可能由一个普遍的观点导致："是会疼，但不会因此丧命。"但事实上，疼痛也会导致死亡。慢性疼痛会使死亡风险增加1.57，这意味着慢性疼痛患者的寿命每隔10年便会减少一年。换言之，慢性疼痛会让你比实际年龄"老"6岁（受健康风险因素影响）。如果在74岁时患有慢性疼痛，那么此时的状态相当于80岁。

许多人认为，疼痛会随着年龄的增长而加剧，但事实并非如此，痛感先达到峰值，然后减少。慢性疼痛在五六十岁时增加并达到峰值，接着在70岁以后开始下降。

出现上述数据可能是因为老年人的忍耐力更强，逐渐不再抱怨身体的疼痛，或者只是因为这些痛感在他们身上确实消失了。虽然我们通常在身体的特定部位感到疼痛，但实际上痛感在大脑中形成。换言之，如果你的脚趾疼，那么这种"痛感"实际上出现在大脑中控制脚趾感觉的区域。这便是为何睡眠、意识丧失或药物治疗导致大脑停止运转后，疼痛就会消失。同样地，如果阻断从脚趾到大脑的神经传输，痛感也会消失，要达成这一目的，可以使用局部麻醉剂或静脉内神经阻滞剂。以上两种方式都能阻止感官受体将疼痛信号传输至大脑，因此不会产生痛感。第3章（感知）提道，即便没有感官输入信号，人们也能感受到疼痛，例如截肢者的幻肢痛。因此，疼痛是一种大脑现象。

感到疼痛不仅仅是受伤时的自动反应。在第二次世界大战刚结束时，陆军中校亨利·比彻（Henry Beecher）在其发表的论文[9]中表示："人们普遍认为，伤口必定与痛感有关，伤口越严重，痛感便越严重。"而他观察到的一个奇怪现象表明，这并不一定总是成立的：战场上士兵的受伤情况可能会很严重，例如枪伤或断肢，而他们可能会在伤后很长一段时间才有痛感。

痛感也受情绪和情感的影响[10]。换言之，只有排斥受伤时，我们才会认为自己感到疼痛。对于原本同样的感受，例如这三种情况——有人攻击你、按摩治疗师给你按摩、有人很用力地挤压你的脖颈，你会有不同的解读。正如比彻所写："病理性伤情与痛感之间没有必然的关系[11]。突发性损伤所致的疼痛与慢性疾病所致的疼痛之间无显著差异。痛感强度在很大程度上取决于患者如何解读疼痛。"

重伤士兵感觉不到疼痛的原因在于压力导致的痛觉缺失。此时，他们的大脑向脊髓发送信号："现在先不要打扰我，我有更重要的事情要处理——我必须想办法让大家活下来。"

我在位于蒙特利尔的麦吉尔大学工作了许多年，麦吉尔大学是疼痛研究的核心机构之一。我是一个土生土长的加利福尼亚人，认为麦吉尔大学在这方面的贡献离不开蒙特利尔冬天的严寒。（我的加拿大同事们似乎还蛮享受蒙特利尔的寒冷，他们很快便指出，西伯利亚、阿拉斯加、珠穆朗玛峰和育空地区①也非常寒冷，但这些地方却没有具有建设意义的疼痛研究。）麦吉尔大学的研究员罗纳德·梅尔扎克（Ronald Melzack）在20世纪60年代为疼痛研究做出了重大贡献。

---

① 育空是加拿大三个地区/领地之一，位于加拿大的西北方。

我们一般认为周围神经会告诉大脑什么时候该感到疼痛。例如，在踢到脚趾，或切洋葱时不小心割伤了自己后，我们接着会感到，嘶，好痛。但梅尔扎克却认为，大脑才能决定我们是否有痛感。他的疼痛门控理论（gate control theory of pain）和英国生理学家帕特里克·沃尔（Patrick Wall）的理论共同解释了我们许多真实的生活体验。

特别是，梅尔扎克表明，大脑可以不受脊髓的影响[12]，自行增加或减少痛感。如果大脑对疼痛敏感或处于警觉状态，即便脊髓没有发送任何正常的感官输入信息，大脑最终也会将其视为疼痛信号。也许慢性疼痛的本质是：虽然伤口恢复了，但只要触摸到愈合的区域还是会感到疼痛。（这称为异常性疼痛。）

从神经科学的角度而言，疼痛是一种情绪激励状态，告诉你要采取行动，比如轻揉或舔舐伤口；或避免某些举动，比如把手放在热炉子上。但并非所有向你发送行动指令的感受都是痛感。例如，感觉迟钝（dysesthesia），脚麻的时候你会有针刺般的感觉，这可能会让你想跳起来，摆动或摩擦一下暂时麻痹的肢体，但你通常不会认为这是疼痛。医学上用"感觉异常"（paresthesia）来描述任何异常的皮肤感受，如麻木、瘙痒、发冷或无痛热感。当上述感受令人不舒服时，则被称为感觉迟钝。

那么男友或女友离开你时所经历的心理痛苦呢？那是一种生理上的疼痛吗？我们用心碎比喻感受到的痛苦，而事实上，精神上的痛苦确实会导致疼痛。例如，人们能从生理上感受到悲伤，压力或悲伤情绪会引发偏头痛、疲劳、胃部不适等。由于所有的痛感都源自大脑，我们有理由相信精神、情绪与身体上的疼痛是有关联的。

还有许多令人厌恶的、不愉快的感官体验，但这些都不是疼痛，例如吃到变质的食物、睡觉时听到滴水声，或听到指甲在黑板上刮擦的声音。这些体验也许会令人恶心、烦躁、不愉快，但和疼痛不同。

梅尔扎克还推进了对疼痛的描述和治疗方式，他提出了"麦吉尔疼痛问卷"（McGill Pain Questionnaire）[13]。若你下次因为疼痛需要去看医生，那么通过以下描述性词语来思考痛感会很有帮助：

表1 "麦吉尔疼痛问卷"

0=无痛　1=轻度不适　2=不适　3=难受　4=很难受　5=非常难受

时间维度	空间维度	点状压力	尖锐压力	局部压力
一眨眼	跳跃时	刺痛	锐痛	夹痛
颤抖一下	快跑时	凿打似的疼	刀割样痛	压痛
脉动一下	飞驰时	钻孔似的疼	划破样痛	被啃似的痛
搏动一下		刀刺样疼		绞痛
被敲了一下		剧烈刺痛		剧烈绞痛
被猛打了一下				
转瞬				
短暂				
间歇性				
有节奏地				
周期性				
断断续续				
持续				
稳定				
一直				

牵引压力	热胀感	剧烈程度	闷痛程度	其他感觉
被拖拽般痛	热	刺痒	闷	一触即痛
扯痛	灼痛	瘙痒	酸痛	紧绷样痛
扭痛	灼烧感	刺痛	疼	刮痛
	强烈灼烧感	短暂刺痛	隐隐作痛	裂痛
			闷痛	

续表

疲惫程度	不可控感受	悸	难受程度	其他情绪
疲惫	恶心	受惊	痛苦	心灰意冷
精疲力竭	窒息感	害怕	难受	头痛欲裂
		恐惧	煎熬	
			难挨	
			濒死	
其他描述				
疼痛扩散	紧绷	凉	烦人	烦躁
疼痛蔓延	麻木	冷	作呕	感觉麻烦
插入似的疼	拉痛	冻僵	悲痛	可悲
针刺似的疼	挤痛		难过	疼痛剧烈
	撕裂样痛		折磨人	无法承受

请注意，上述表述中，有些描述感官体验（瘙痒、热），有些描述"感觉"（恐惧、心灰意冷），还有一些是自我认知评估（烦躁、烦人）。疼痛的感官体验和感觉[14]之间的区别反映在疼痛信号传输的两种不同通路中，这两种通路通向大脑丘脑核（thalamic nuclei）。从丘脑核开始，感官体验信号进入躯体感觉皮层（大脑的部位），可以将躯体感觉皮层比作身体的图谱，该皮层的不同图谱区域代表了身体的不同部位，这张神经学图谱显示了大脑不同区域所代表的感官体验。需要注意的是，身体的不同部位分配到的脑物质数量是不同的，脑物质的相对数量与身体部位的大小无关。例如，像躯干这样较大的身体部位分配到的体感皮层便比拇指的小得多。这是因为在进化史上，人类祖先需要进化出灵敏的拇指来感受食物，使用工具，而躯干只是承载一些内脏器官的容器。这一点如图16所示，其最初版本由麦吉尔大学的怀尔德·彭菲尔德（Wilder Penfield）构想。你看到的是大脑的

侧视图，其中，脑部的褶皱以及身体部位的大小大致与负责身体部位感官体验的神经元的数量成正比。

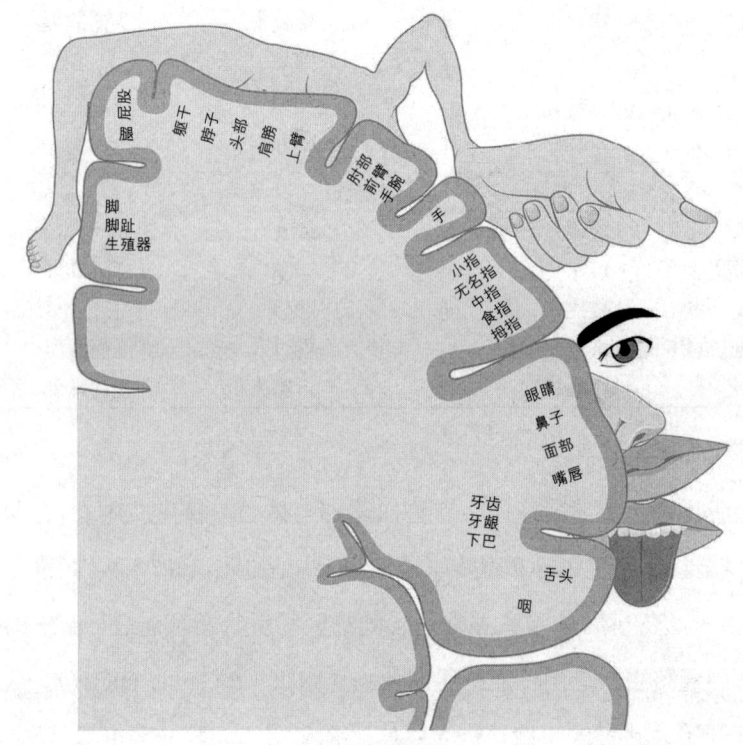

图 16　感官侏儒

也许你已经注意到，在区分身体不同部位的感官体验时，你的敏感度比较低[15]。例如，如果肘部周围被蚊子咬了，你可能会感到痒，但却很难精准定位被咬的部位，也很难确切地知道该抓哪里。负责肘部感官体验的神经元数量相对较少，而负责面部感官体验的神经元数量要多许多，因此面部的感官敏感度要高于肘部的。

梅尔扎克问卷中的不同疼痛类型——例如刺痛、灼痛或隐隐作痛——对应于不同的大脑区域[16]。我们在情绪上感到痛苦时（情感-

动机），疼痛信号会从丘脑①传输到前扣带回和脑岛②（边缘系统的一部分）。而认知上的疼痛信号由额叶中的不同回路以及边缘系统共同处理。躯体感觉皮层会告诉你疼痛的程度、疼痛的部位以及疼痛的持续时间。边缘系统会告诉你痛感令人不适，并激励你采取行动。而认知系统能帮助你分析、结合环境评估伤害。于是，如果出现如中风所致的大脑损伤，那么上述三个疼痛系统中的一个会出现缺陷，但不会影响其他系统，临床上有患者在情绪上对疼痛（情感-情绪）漠不关心，但是仍然会感受到疼痛（感官），并且能够评估疼痛（认知）。

三个疼痛系统会相互作用。例如，同理心会改变我们对疼痛的感知——与陌生人相比，当看到所爱之人痛苦时，我们的疼痛敏感性会增加。这一现象似乎是由镜像神经元介导的，镜像神经元是一种让人在脑中模拟外界动作的特殊脑细胞。我认为这便是所谓的"猴子有样学样"神经元，这个名字源于这类神经元被发现的方式。当时，一只猴子在看另一只猴子剥香蕉，这只猴子的大脑开始出现神经活动，欲刺激猴子的手部做出同样的动作，即便猴子根本没有做任何肢体动作——只是它的大脑在进行神经模拟。同样地，当看到别人受伤时，即便是在电影场景中，我们也会感到畏缩，好像自己也受到了伤害一样。究其进化原因，可能是这样能帮助我们了解令人厌恶的事物，但不必自己亲身经历。

疼痛会对情绪和认知功能产生负面影响，使人情绪低落、不耐烦，且会损害注意力、记忆力和决策能力。同时，消极情绪会加剧疼

---

① 丘脑是感觉的高级中枢，是最重要的感觉传导接替站。来自全身各种感觉（除嗅觉外）的传导通路，均在丘脑内更换神经元，然后投射到大脑皮质。
② 脑岛影响脑干的自动功能。比如，屏住呼吸时，脑岛的神经冲动会抑制髓质的呼吸中枢。脑岛同时还处理味觉信息。

痛,而积极情绪能减轻疼痛。此外,对疼痛的认知评估可以增加或减少疼痛。大脑神经元的连接方式使得认知、情绪和疼痛都可以双向相互作用。

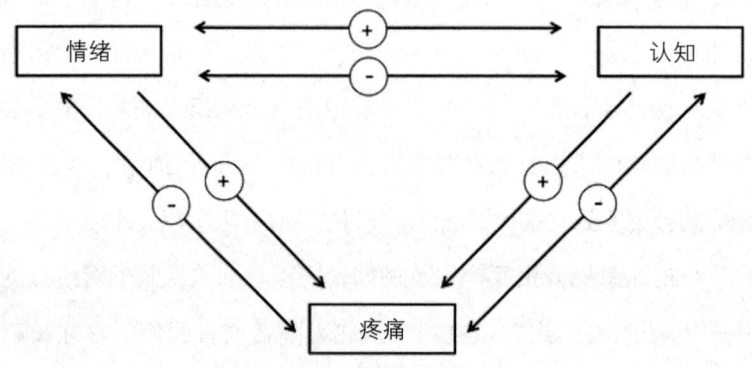

负号表示负面影响,正号表示正面影响。

图 17 疼痛、情绪和认知间的相互作用

麦吉尔大学的凯瑟琳·布什内尔(Catherine Bushnell)和美国国立卫生研究院(National Institutes of Health)都表示,皮肤疼痛(也称为躯体疼痛)和内脏疼痛(也称为急性疼痛)带来的感受非常不同[17]。

人们一般会主观地认为内脏疼痛比皮肤疼痛更让人难受。从神经学角度来看,手指割伤的疼痛强度可能与胃痛相当。但是在主观上,我们却认为胃痛更令人难受。被牙医锉牙或刮牙可能让人很不舒服,但通常不会让人感到疼痛。而足部按摩的指压或反射疗法可能会很痛,但却出奇地让人身心舒畅。所以,大脑的神经网络能够区分疼痛和不适。

皮肤和内脏的感官体验之间、疼痛和不适之间的区别可能受进化起源的影响。通过与外界互动,感官知觉已经进化到让人对受伤的部位十分敏感的程度了;而人们通常不需要精确定位内脏疼痛[18]。与之对应地，皮肤疼痛通常发生在局部，且能被精确定位，人们更善于区分不同强度的皮肤疼痛；相较之下，内脏疼痛更难定位。连接内脏与大脑的神经纤维大部分都没有髓鞘包裹，分布较为稀疏，这使得我们无法精准定位内脏的疼痛位置[19]。例如，食道痛常与心脏病混淆，消化不良常被患者描述成"烧心"。

人类的进化史使得皮肤疼痛和内脏疼痛有了各自不同的神经回路。皮肤疼痛比内脏疼痛更能激活腹外侧（下方和两侧）前额叶皮层。而内脏疼痛更能激活躯体感觉皮层（前文所示的大脑侧视图）、前扣带回和运动皮层[20]。为什么涉及运动皮层？由内脏疼痛激活的运动皮层区控制面部、舌头和呕吐反射，这个结论由气球实验发现。在实验中，研究员在参与者的食道内插入气球，然后对气球充气。这个设计的目的是模拟摄入有害食物或饮料时感到的不适和疼痛。在此过程中，参与者需要闭上嘴、尽可能吐出胃里残留的东西，会流涎以稀释余下的食物，并且可能将咽下的有害物质回吐出来。因此，这个过程激活了控制面部、舌头和呕吐反射的运动皮层。

人们描述皮肤疼痛和内脏疼痛源头的词语，以及两种痛感给我们的感觉都十分不同。我们使用更精确具体的词语来描述皮肤疼痛。因为无法精确定位内脏疼痛，我们通常会通过手势确定，或指出大致位置。我们会说感到"闷"或"悸"。通常情况下无法确定其准确位置。总体而言，患者会使用更多的词语，以及更多的情绪表达来描述内脏疼痛。

也许你还记得上一章提到，致幻药氯胺酮能够缓解社交焦虑[21]，社交焦虑受大脑中谷氨酸水平的影响。服用氯胺酮对患者的皮肤疼痛和内脏疼痛有不同的影响，副作用很小。氯胺酮可减轻内脏疼痛带来的痛感和不适；而只能减轻皮肤疼痛造成的不适。的确，这就是焦虑的本质：感到不适，而且担心这种不适会继续下去。

两种疼痛体验的差异对于老年人及其治疗选择尤为重要。由于内脏器官和相关支撑系统的老化，老年人比年轻人更容易出现内脏疼痛。肾脏、肝脏、肺、心脏、消化道和胆囊机能的减退都可能引发严重的疼痛，而未来几年有望出现针对内脏疼痛的更为多样化的治疗方法。

人们对疼痛的预期会刺激[22]许多导致实际痛感的神经区域，这些区域对痛感、疼痛影响、疼痛调节和与疼痛相关的焦虑都很重要。类似地，感觉皮层和前扣带回在发痒和预期会发痒的过程中都会被激活。[从进化的角度来看，挠痒是非常有趣的。实际上，他人给你挠痒构成了虚假威胁——这意味着有人要触摸你脆弱的部位（如腹部、脖子）。这便是为何只有在你信任的人给你挠痒时，它才能发挥其该有的作用。否则这就会让你反感。非人类灵长类动物和人类婴儿一样喜欢挠痒，而狗热衷于被揉肚子也可能与此有关。]

为什么会感到疼痛

感到疼痛最明显的原因是，数千年来痛感给予人类以生存的优势——让我们保护受伤的身体部位，提高其愈合的概率。人类的皮肤从脚趾尖覆盖到头顶，能包裹住重要的体液和器官，避免其与环境中的有害物质接触。因此，我们必须了解皮肤屏障是否被破坏。类似地，身体出现问题后，我们体内的疼痛感受器会发出信号——例如，吃变质食物后感到胃痛，这能阻止我们重蹈覆辙。疼痛是一个重要的警告信号。

试想一下遗传性感觉和自主神经病［hereditary sensory and autonomic neuropathy，HSAN，也称为先天性无痛无汗症（congenital insensitivity to pain，CIPA）］患者的生活，他们不会感到任何疼痛。虽然病例罕见（世界上只有56例报道病例），但这种疾病在斯蒂格·拉森（Stieg Larsson）的笔下走进了大众的视野。在拉森三部曲的第一部作品《龙文身的女孩》（The Girl with the Dragon Tattoo）中，角色罗纳德·尼德曼（Ronald Niedermann）便患有这种疾病。［在美剧《实习医生格蕾》（Grey's Anatomy）和《豪斯医生》（House M. D.）中都出现过这种病，在《豪斯医生》中，16岁的患者汉娜不幸患有这种疾病。］实际上，HSAN/CIPA患儿[23]难以学会如厕，因为他们无法识别与上厕所相关的感觉。这些患病幼儿可能在毫不知情的情况下跌倒、骨折、割伤自己、咬到脸颊肉。还有许多幼儿在咀嚼时咬断舌尖。他们可能无法感知到食物是否过热，是否灼伤了口腔或食道。他们无法感觉到眼中的异物，于是承受着感染和角膜损伤。在一个特别骇人的病例中，一个6个月大的幼儿把自己的指尖和拇指咬断了。失去痛觉的HSAN患儿会出现顽固褥疮，因为他们在睡觉时并不会改变睡姿。患者的预期寿命很短，大约只有12年——死因往往是体温过低、多处骨折，以及褥疮感染引起的并发症。20%的HSAN患者[24]会在3岁前死亡，而活到25岁以上的并不常见。不过，造化弄人，这些患者和其他人一样，仍然能感受到情绪上的痛苦。

有一种HSAN型疾病由 SCN9A 基因的随机突变引起，该基因位于2号染色体长臂，向大脑发送制造钠通道的指令。通过钠通道，带正电荷的钠离子被运输到神经元细胞中，钠通道对神经元传递信号的能力起着关键作用。*SCN9A* 基因编码 [25] NaV1.7 钠通道的一个子部分，NaV1.7 钠通道控制周围神经系统中疼痛受体的功能。HSAN 之所以不会完全破坏细胞信号的传递，是因为 NaV1.7 不是唯一的钠通道——经过长时间的进化发展，人的生理系统发育出许多重复的备用系统，以增加我们的生存概率。

另一种 HSAN 型 [26] 的患者能够感觉到疼痛，但他们对此完全无动于衷。换言之，他们不会像一般人一样因为受伤而感受到痛苦这种负面情绪，因此他们没有改变行为的动机。

对于其他人而言，我们对疼痛的反应通常遵循这个顺序 [27]：逃避导致痛感的刺激源，减少进一步伤害（通常是受伤部位变得敏感），寻求安全和缓解的方式，最后等待伤口愈合。现在，我们知道为什么会感到痛，但是，为什么痛感非得让人如此不快和痛苦呢？简而言之，是痛感促使我们找到痛源，从错误中吸取教训，促使我们就医，停止对受压关节施加压力，改变自身重复的运动模式，停止摩擦臀部软骨，休息和放松。

急性的短期疼痛确实能提高生存概率 [28]，但是慢性疼痛呢？严重的慢性背痛或关节炎可能持续数年，甚至终生，并且难以治疗或治愈。慢性疼痛无法起到警告作用，因为我们对此无能为力。那么慢性疼痛的生物学益处是什么？我们尚不得知。这是神经科学中尚未解开的谜团之一。

最近，针对鱿鱼及其天敌黑海鲈鱼的研究带领我们接近了这个问题的答案。神经生物学家罗宾·克鲁克（Robyn Crook）和其同事希望探究，除了具有保护作用，慢性疼痛是否旨在 [29] 使动物对捕食者感到敏感，并产生高度警觉。鱿鱼之所以适合这类研究，是因为人们能很容易地追踪其防御行为——它们要么改变身体的颜色（以适应环境），要么喷出墨汁。鱿鱼有八只触手和两条触须。研究员切断鱿鱼一只触手的尖端，对其施加轻微的伤害，这足以引起鱿鱼的疼痛（科学有时很残酷），但并不会损害其游泳和机动能力。随后，研究员将受伤鱿鱼和饥饿的黑海鲈鱼一起放入一个水箱中，再将未受伤的鱿鱼与饥饿的黑海鲈鱼放入另一个水箱中。

克鲁克表示："受伤的鱿鱼真的很敏感，与正常鱿鱼相比，它们对视觉刺激的反应更强烈[30]。因此，对于同样的刺激，正常鱿鱼可能只会留个心眼，而受伤的鱿鱼则启动了防御机制。"受伤的鱿鱼更加关注黑海鲈鱼传递的微妙的视觉信息。换言之，正如克鲁克假设的，受伤使其感官系统变得高度警惕。作为对照，研究员在切断鱿鱼触手的尖端之前单独麻醉了一组鱿鱼；这些鱿鱼没有经历外伤性疼痛，它们和那群没受伤的鱿鱼一样，没有对黑海鲈鱼产生高度警惕。

有趣的是，虽然研究员无法仅通过观察鱿鱼的移动和活动来区分鱿鱼是否受伤，但饥饿的黑海鲈鱼却能做到——它们更有可能捕杀受伤的鱿鱼，包括被麻醉的受伤鱿鱼。在这种情况下，能否感觉疼痛决定了鱿鱼的生死。（给鱿鱼的忠告：远离科学家。）因此，虽然鱿鱼进化出一系列行为来提高自身在受伤时的警惕性，但黑海鲈鱼也进化出了检测鱿鱼是否受伤的能力——即便鱿鱼不知道自己受伤，也无法感觉到疼痛。进化是一场"军备竞赛"（或触手之战）。

那么人类所经历的慢性疼痛呢？我们知道，和鱿鱼一样，慢性疼痛患者更关注自身的外部环境[31]。试想一下：如果你刚刚受伤，那么这便是一个明显的警告信号，提醒你所处的环境并不如想象中的安全。此时，似乎应该要提高感官警惕性。像慢性疼痛一样普遍的所有生物学机制都可能曾在人类祖先身上发挥过重要的作用,这便是为何这类机制经过数百万年的进化仍然一直存在。

疼痛的文化、基因及认知因素

人们对痛苦的感受不尽相同。痛感受文化、环境、历史和认知因素的影响。文化决定我们应对疼痛的方式是否可被接受[32]。不同的种族在对疼痛的体验、表达[33]及期望方面存在着明显的差异。许多文化仪式在你我看来可能很痛苦,但是这些仪式的参与者并不这样认为。对于穿孔、文身和装饰性外科手术等在外人眼中伤害身体的行为,当事人通常不会认为这类行为导致的痛感与关节炎或偏头痛一样属于感官-情感类疼痛。在许多文化中,历经磨难幸存下来的士兵、战士和猎人都受人敬佩。

家庭的微观文化也影响着我们从童年开始对疼痛的思考、体验和应对方式。有些父母会鼓励孩子学会忍耐[34](忍住、坚持);有些父母倾向于医学化观点(哇,你吃药和休息后看起来好多了)。对以上两种观念的取舍受到家庭文化和社区文化的影响。急诊室医生通常会要求患者按1到10的等级来描述痛感,1表示没有痛感,10表示最严重的疼痛。急诊室医生受过专业训练,虽然有些患者表示自己的疼痛等级高达"8级",但医生不需要立即采取行动,因为总体而言,有些文化群体明明痛感中等,但是会夸大自己的疼痛等级,在公共场合表达自己的不适。此外,有些文化中的人虽然称自己的疼痛等级是"4级",但是医生可能会马上准备手术,因为这些文化群体在公共场合通常会保守估计自己的痛感。

文化背景会影响疼痛的心理状态和对疼痛的归因。受伤的方式会影响神经心理状态，进而影响恢复的方式。被枪击的士兵可能会认为受伤证明了自己的英勇，是为崇高事业贡献力量。而被枪击的便利店店员可能就没有这种积极的心态——他们可能将自己视为受害者。店员更有可能患上抑郁症，也更有可能对阿片类药物上瘾。此时，情境很重要。正如心理学家史蒂文·林顿（Steven Linton）所说[35]："我亲眼见到一个男人将生锈的钉子钉在手臂上，没有丝毫的抱怨或退缩，而在我小的时候，只是一次药物注射就让我难以忍受。"

要证明心理因素对疼痛的影响力之大，只需研究安慰剂到底有多见效。安慰剂几乎与实际药物一样有效[36]，一项疼痛研究发现，安慰剂对35%的患者有效[37]，而阿片类药物仅对36%的患者有效。另一项研究（由礼来制药公司资助）发现，安慰剂对47%的慢性膝骨关节炎患者[38]有效——而礼来公司的神经止痛药欣百达（Cymbalta）同样对47%的患者有效，欣百达也用作抗抑郁药和抗焦虑药。针灸中甚至也存在安慰剂效应[39]，在非针灸穴位使用假针刺与进行实际针灸一样有效，而且效果可持续长达一年。

服用安慰剂（你并未意识到的惰性药物或手段）后，大脑会释放天然止痛药内源性阿片类物质。之所以得出这一结论，是因为科学家发现，服用阻断阿片类药物受体的纳洛酮（naloxone）后，安慰剂效应会被消除。神经影像显示，安慰剂产生止痛效果时会激活前扣带回、伏隔核和额中回的大脑回路——这些正是产生内源性阿片类物质的区域。

除了因为遗传而对疼痛不敏感或无痛觉之外，痛感还受基因的影响。基因是复杂的，一个基因会影响完全不同的属性或表型的发展。

几十年来，医务人员都表示，红头发的人更难麻醉。这一点众所周知，甚至连医学院也教授这一知识，但没有人知道其中缘由。不像日本文化或印度教文化，红头发必然不是一种文化，那么谁能想到控制红头发的基因[40]会大幅增加对疼痛的敏感性？但确实有人发现了。这一点由麦吉尔大学的杰弗里·莫吉尔提出，可能在不久的将来，你会在药店货架上发现贴着"专门为天生红发人士定制"的镇痛药。莫吉尔等遗传学家认为，红发性状增加疼痛敏感性的可能性并不高于疼痛敏感性的增加导致红发性状的可能性。仅仅是基于尚不得知的原因，或者只是偶然，相同的DNA序列影响了这两种性状。而我们可能永远也不会明白其中原因。人类只有约两万个基因，它们却控制着无数个性状，可以肯定的是，个别基因控制了许多不相关的性状，而且通常不能将单个基因视为解释某一性状或问题的唯一原因或确定性原因。

正如我们所见，在成长经历（家庭教育模式/文化）与发展的另外两大因素（基因与机会）相互作用的过程中，痛感程度与成长经历相互关联。此处的机会指面对的特定情况。如果在你的成长环境中，有人经历严重事故或患过严重疾病，又或者有朋友和家人在军事冲突中受伤归来，那么该环境便让你了解了家人或自身文化中的人对疼痛和伤害的反应。而相反，如果你的家庭成员从小无痛无灾，那么你就不会有这种经历。

影响痛感的另一个因素是基因构成。如果基因构成决定了你行动较为笨拙或平衡能力差，那么你受伤的概率就更大。此外，你的基因组也可能决定了你对疼痛异常敏感，例如前文提到的红发人士。一项惊人的研究发现，身体在应对压力和疼痛时产生的化学物质可以通过母乳传递给婴儿[41]，影响婴儿此后终生对压力和疼痛的反应，即便哺乳母亲不是亲生母亲。

痛感也受时间因素的影响，而正如红发与疼痛敏感性之间的联系一样，痛感和时间因素的关系也与我们的直觉推断相反。例如，你完全有理由假设人们更愿意接受短时间的疼痛刺激。试考虑以下两种不同的情形：①疼痛级别在 30 分钟内保持在 8 级（按某个级别标准），如左图所示；②持续 30 分钟的 8 级疼痛，随后降至 3 级，持续 25 分钟，如右图所示。

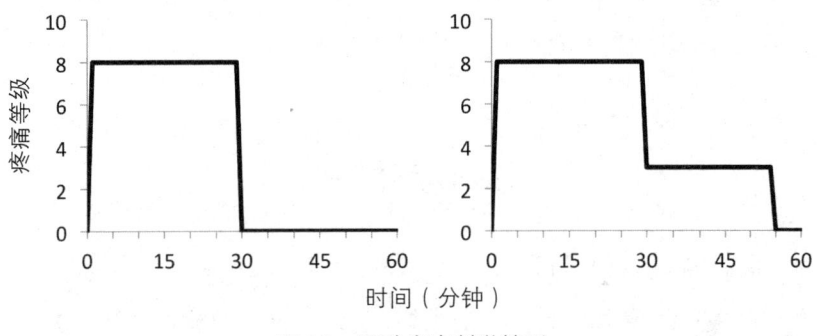

图 18 两种疼痛刺激情形

显然，第二种情形应该会让你更难受——经历了 55 分钟而非 30 分钟的疼痛刺激。而且，经历了第一种情形的所有疼痛刺激后，还有新的刺激等着你。（如果你喜欢数学，可以用微积分或平面几何来计算每种情形下经历的疼痛总量，你会得出：情形一产生的总疼痛时间指数略低于 240，情形二产生的总疼痛时间指数为 315。）但是诺贝尔奖获得者、心理学家丹尼尔·卡尼曼（Daniel Kahneman）[42] 的研究表明，这根本不是人体对疼痛的反应方式。参与者接受完两种疼痛刺激后，大多认为第二种没有第一种那么痛苦，并且更有可能向朋友推荐第二种疼痛刺激，或自己再次接受第二种刺激。这并不是因为卡尼曼研究的人都是受虐狂！而是由于人类记忆的本质。参与者之所以更能接受更长时间的刺激，是因为在情形二中，他们最后经历的疼痛级别较情形一低。大脑评估的不是疼痛刺激的总时间，而只是选择性地记住了痛苦刺激的结尾。疼痛持续时间不是大脑对疼痛整体评估的主要内容；大脑主要记住的是最剧烈的疼痛以及疼痛刺激的最后时刻。这一结论带来的实践意义是，如果有一段喘息时间，那么人们也许可以忍受疼痛。现在，要完全根除剧痛，必须服用高度成瘾的阿片类药物，医学界担心这会诱发许多其他的医疗问题，而从长远来看，也许交替使用小剂量和大剂量的阿片类药物会更有效。

如何应对疼痛

现代医学实践和研究的一个核心目标[43]是缓解疼痛。尽管医学科学在过去几十年中取得了巨大进步，但疼痛治疗的技术却鲜有进展。阿片类药物仍然是最可靠、最有效的止痛药，但是，最近北美的阿片类药物滥用现象[44]表明，阿片类药物具有高度成瘾性，并且患者很容易过量服用。在严格控制的条件下，阿片类药物的安全性也许可以得到保障，但这些严格的条件往往无法满足。对疼痛的处理涉及多种疼痛通路。得益于这种重复性，痛感能发出警告，提高生存概率，但重复性也是疼痛难以缓解的原因之一。

对于炎症性疼痛，如蚊虫叮咬、关节炎、扭伤和某些头痛症状，消炎药很见效。为了提高老年患者长期服用消炎药的耐受性，过去 10 年间出现了从口服止痛药过渡到外用止痛药[45]的趋势，后者以 **NSAIDs**

为代表。但由于医生养成了固定的开药习惯，NSAIDs 仍未得到充分利用。

当代 50% 的 NSAID 处方药都用于治疗骨关节炎，这是最常见的关节炎种类，也是美国最普遍的疼痛诱因，影响了约 3000 万人。在全球范围内，最常用的 NSAIDs 是双氯芬酸（diclofenac）[46]，分为药丸、凝胶、乳膏和贴剂。双氯芬酸是目前最有效的骨关节炎药，近 100% 的患者表示双氯芬酸至少适度缓解了他们的关节炎疼痛。双氯芬酸贴剂的出现为患者带来了新的希望。凝胶和乳膏只能被皮肤吸收，一两个小时后就不会再被吸收了。30% 的 60 岁以上患者口服双氯芬酸[47]会出现严重的胃肠道问题，如胃出血，而贴剂则不会导致这一问题。我发现双氯芬酸凝胶对蚊虫叮咬非常有效。

研究发现，对乙酰氨基酚（acetaminophen，又名泰诺林）对关节炎的疗效最差，但这无可厚非——对乙酰氨基酚不是抗炎药，并且不能与布洛芬［例如艾德维尔和美林（Motrin）］替换使用。对乙酰氨基酚是一种止痛药，可以退烧。但对于脚踝肿胀等问题，对乙酰氨基酚也许不如消炎药有效。

老年人通常服用氨基葡萄糖治疗关节炎，但对其疗效尚无科学定论。在美国，氨基葡萄糖被认为是一种"膳食补充剂"，而非药物，因此氨基葡萄糖的制药和使用不受管制，并且在广告中宣传其药用是违法的。与许多补充剂一样，许多未经证实的宣传助长了氨基葡萄糖的流行，其中充斥着对术语的滥用，这些说辞看似接近科学真理，实质不过是经过精心设计，用以说服天真的消费者。氨基葡萄糖是一种软骨（缓冲关节的组织）中的天然化合物。一些骨关节炎患者出现软骨破裂，那么为什么不在其药里添加含有氨基葡萄糖的软骨组织呢？

因为，没有证据表明摄入氨基葡萄糖会影响其在关节中的含量。尚不能确定其是否会影响。这个逻辑有点像"以形补形"——如果你有肝病，你就应该多吃小牛的肝脏来养自己的肝。但是，人体的运作方式并不是这样。尽管如此，对氨基葡萄糖的大肆广告宣传使其仅在美国就成为一个价值 150 亿美元的产业。

早期证据表明，瑜伽可以真正持久地缓解疼痛。瑜伽练习扩大了脑岛体积[48]，使患者能够承受更大的疼痛。适度运动也可以减轻疼痛[49]——正如莫吉尔所说："运动是目前已知的最有效的镇痛剂[50]。但问题是，疼痛患者运动时会很痛苦。但如果你能克服这一点，那运动真的很有帮助。"

神经病变影响近 8% 的老年人[51]，是成人 2 型糖尿病最常见的并发症之一。神经病变泛指将信息从身体传递到大脑和脊髓的神经受损，它们包括皮肤、身体器官和内脏的神经。你也许听说过周围神经病变，指周围神经系统遭到损害，其实这只是神经病变的一种"高级说法"。除了周围神经系统，另一个是位于大脑和脊髓的中枢神经系统。中枢神经病变由大脑或脊髓的病变、损伤引起，包括多发性硬化症、帕金森病和脑瘫等疾病。

阿米替林、度洛西汀和加巴喷丁类药物（分别为 amitriptyline、duloxetine 和 gabapentinoids）通常能够有效治疗周围神经病变，服用局部 NSAIDs 对有些患者见效，而针对中枢神经病变，需要不同的手段。如果由大脑或脊髓损伤引起，通常要进行手术，但没有证据表明此类手术有效。止痛药和阿片类药物对中枢神经病变通常难以起效，但抗抑郁药和抗惊厥药似乎取得了有限的疗效，尽管尚不清楚背后的原因。

还记得上一章谈到社交孤立时提到的"老朋友"神经激肽吗？研

究发现，在感官神经和大脑中有一种与之相关的神经化学物质P（P代表疼痛"pain"），P物质被认为是痛感和炎症的原因。如果你认为阻断P物质可以缓解疼痛[52]，那么你与许多人的想法一致——这曾是20年来一个十分活跃的研究领域，直到1999年，众多相关的临床试验一一失败。结果证明，P物质也有许多益处，且必不可少，例如调节情绪、焦虑感和压力[53]，参与新神经元的生长[54]、伤口愈合和新细胞的生长[55]，因此阻断P物质造成的后果也许比不采取任何措施更严重。

衰老带来的另一个问题是痛觉过敏。皮肤是器官，皮肤某一处的疼痛会导致[56]未受伤的部位，甚至全身皮肤对疼痛敏感——我们能从可怜的鱿鱼身上观察到这种过度警觉。想象一下，你的腿被蜘蛛狠狠地咬了一口。你的腿痒疯了。于是你涂抹苯海拉明乳膏或可的松乳膏来止痒。但随后，你的手臂或者背部开始无缘无故地发痒。皮肤的疼痛感受器（称为伤害性感受器）因某一部位的疼痛或瘙痒而被激活，并且——因为每一处皮肤都同属皮肤器官，并且彼此之间以电化学的方式进行交流——这种激活会扩散。矛盾的是，长期使用阿片类药物来缓解疼痛反而会导致痛觉过敏，可能会使人出现异常性疼痛[57]，在这种情况下，即便是一般不会导致痛感的刺激（例如轻触），患者也会感到疼痛。

许多疼痛由颈部或脊髓神经被挤压导致。20多岁时留下的颈部旧伤会在60多岁时再次袭来，让你感到疼痛不已。接下来我们将重温一下这种特别"狡猾"的疾病，因为经常无法诊断或治疗这种病，而且它听起来既可笑又可悲。想象一下你背部肩胛骨之间的位置，这里你够不着。现在，这一部位发痒，而你却没办法挠，因为你碰不到。如果你可以像灰熊一样在树上摩擦背部，或者能用竹制的挠痒工具，又或者有一个好朋友能帮你解解燃眉之急,你便能够获得一些解脱。但这种瘙痒会持续几个月。你用尽了所有办法,所有能用的止痒剂和药膏都无济于事。你还尝试了利多卡因贴片,这种贴片可以使皮肤麻木,但背部还是发痒,而现在,由于谚处皮肤麻木,抓挠也无法缓解瘙痒。在某种情况下,身体开始过度敏感,一些平时令你愉悦的触摸体验,例如有人扫扫你的背,给你挠背,或者与所爱之人牵手,都会变得不舒服。这种病并非虚构——这是感觉异常性背痛。它令人十分难受,我们尚未研究出治疗方法。然而,有些患者称消炎凝胶[例如双氯芬酸(前文提到的骨关节抗炎药)]有效。

一项病例表明,运动在一定程度上可以缓解感觉异常性背痛[58]。这名患者曾整天在电脑前工作,两臂围着键盘,面朝电脑。这种坐姿延长、抬高了她的肩胛骨,使她的头部和脊柱弯曲,加剧了她的脊神经角问题。而运动增强了她的菱形肌和背阔肌,拉伸了她的胸肌。运动改变了她的坐姿,虽然没有根除,但是在一定程度上缓解了瘙痒感。

应对策略

如果能够做到不去想自己的疼痛,痛感往往能缓解;分散注意力是缓解疼痛最有效的方法之一。大脑每小时都会受到数百万个信息输入的刺激轰炸,而我们只关注其中的一小部分——如果我们能够转换视角,不把主要的注意力放在疼痛上,那么我们会好受许多。

生活较为丰富——有许多东西要看、要听、要做——的人比生活较为单一的人经历的痛苦要少,这种注意力的分散会减弱脑岛和初级感觉皮层的疼痛信号[59]。能分散注意力且有效缓解疼痛的方法[60]有:

锻炼、培养爱好、进行有趣的谈话、练习瑜伽、冥想、社交、听舒缓的音乐或沉浸在大自然中。即便强迫疼痛患者进行分散注意力的活动，也能缓解疼痛，增加体内阿片类镇痛剂的分泌。

我们在外界的体验越有趣，关注内心痛苦的时间便越少。史蒂文·林顿曾提及丰富的外界活动对其祖母产生的益处[61]，这使她减轻了80%的疼痛。

> 我祖母曾经的住处是一个枯燥乏味、昏暗的住宅单元，她白天无所事事，只能盯着墙壁……晚上去看望她时，她会抱怨自己哪里疼，可能需要半个小时到一个小时才能说得完。好在，她后来搬到"老人之家"，在那里她可以见到其他人，能参加社交活动，也有工作人员定期探访她……显然，那里有更多的事情能把她的注意力转向外界。虽然祖母后来仍然抱怨有痛感，但令我惊喜的是，她的痛感得到了极大的缓解，而且她只用5分钟至10分钟就能讲完。

除了分散注意力，好心情也能减少疼痛带来的消极情绪。而如果本来就心情低落，哪怕只是一丁点儿的痛苦就有很大的杀伤力。如果你心情不好，你往往会回忆起心情糟糕、难过或不顺心的过往，很容易陷入沮丧的循环："我只会觉得越来越痛……我老是这么倒霉。"而如果心情愉悦，你就会想起快乐的时光，对未来抱有积极的期望。好心情会促进良性循环，在这种循环中，带来积极情绪的神经化学物质有助于缓解痛感，也确实能加速你的好转。这便是为何医生经常给疼痛患者开改善情绪的药，例如选择性5-羟色胺再摄取抑制剂。

正如前文所提，心理因素对疼痛有重要的影响。如果你在远足或锻炼时，开始感到肌肉疼痛，你的大脑可能会认为这有益处——这意味着你正在锻炼肌肉。这种思维会改变你对疼痛的理解，并分散你对不适感的注意力，而你被蜜蜂蜇伤，或者发觉鞋子里有石头时，便不会这么乐观。

常见的疼痛应对方式还有祈祷或冥想。有些人祈祷能摆脱痛苦，在某种形式的祈祷中，他们将缓解痛苦的责任交给超自然的力量。此外，有些祷告者则感谢被给予"试炼并认清自我"的机会。换言之，他们将正在经历的痛苦视作对毅力的考验，是锤炼其精神力量的机会，于是他们将对疼痛的主观反应视作接受了一次积极的挑战——这激活的可能是一个完全不同的脑部区域。

老年人疼痛治疗的特殊问题

慢性疼痛

患者对短期（急性）疼痛的反应往往与对长期（慢性）疼痛的反应不同。我们认为可以通过药物治疗短期疼痛，同时可能会减少相关活动，并寻求他人的帮助。

慢性疼痛更难治疗。慢性疼痛患者常常表示，一些看似无害的刺激也能引发痛感。许多慢性疼痛患者都会出现这种疼痛阈值的降低[62]或疼痛敏感性的增加，包括肠易激综合征、背痛和纤维肌痛。慢性疼痛患者的脑部扫描显示，参与疼痛调节的大脑区域（尤其是前扣带回）被异常激活。经观察，慢性疼痛患者的大脑会出现结构性变化，灰质和白质的体积会减少，不仅在前扣带回（疼痛神经回路的一部分）出现变化，背外侧前额叶皮层也会有结构性变化[63]，该区域负责决策、工作记忆、认知灵活性、计划、抑制和抽象推理。神经化学系统也会被影响，例如减少多巴胺的分泌、抑制阿片受体的结合，以及γ-氨基丁酸和谷氨酸系统的调节。如果你曾痛到思维不清晰，以上原因便能解释这一现象。

去年，疼痛研究领域迎来了希望的曙光——新的偏头痛药物艾莫维格（Aimovig）、恩疼停（Emgality）和瑞玛奈珠单抗（Ajovy）上市。尚无法确定导致偏头痛的原因，但是这些药物已经极大改善了偏头痛患者的生活——只需每月给药一次就能起到预防作用。

下一个最大的疼痛治疗进展是，坦尼扎马（tanezumab，到底是谁起的名字？）有望获得美国食品药品监督管理局（FDA）的批准；坦尼扎马是一种针对神经生长因子的抗体，可治疗疼痛，对骨癌疼痛、关节炎和慢性腰痛有效。二期临床试验中的结果显示坦尼扎马有效，但有副作用——关节退化得更快，因此 FDA 暂停了进一步的测试。辉瑞是坦尼扎马的制药商之一，仔细查看数据后辉瑞得出结论，关节退化是由于患者同时服用了 NSAIDs，两种药物相互作用导致。辉瑞表示，理论上，只服用坦尼扎马应该没有问题。FDA 对此深信不疑，因此取消了对进一步测试的限制。莫吉尔对此的观察结论是："最初的二期临床试验[64]数据是我见过的最令我惊喜的数据。在第二阶段，坦尼扎马的试验得分高出安慰剂 40 分（满分 100 分），这一结果绝对是闻所未闻的，毕竟超过安慰剂 10 分就能获得 FDA 的批准。在现在进行的更大型的三期临床试验中，坦尼扎马的表现似乎正常了些，高出安慰剂 10 分至 15 分，这个结果似乎更可靠。以 15 分的优势击败安慰剂，这差距看似不大，但对于特定患者而言，意义重大。"

任由慢性疼痛发展会扰乱睡眠，进而严重损害记忆力，影响情绪。社会对老年人疼痛往往抱有误解。在没有证据的情况下，医护人员假设疼痛"只是衰老的正常现象"。老年患者通常也不会过多提及身体的疼痛，因为他们担心医生对此不屑一顾，或者错误地认为一个"好的"患者是不会随便抱怨的。你大可不必做这样的患者，说出来也无妨。

多重用药

老年患者就医时必须说明正在服用什么药物和补充剂。老年人服用的处方药的平均数量通常超过 10 种，这种情况称为多重用药。导致这一现象的原因在于，为让患者安心，医生针对单一症状会快速开处方药，然后一遍又一遍，循环往复。这一做法将导致一个严重的问题：药物间十分复杂的相互作用。从科学的角度而言，针对两种同时服用的药物进行研究很容易，因此医学界存在大量关于药物如何成对相互作用的数据。但是，当数量增加到 10 种时，要研究其组合之间每一种可能的相互作用，则是非常困难且不切实际的。所以根本不存在关于多种药物之间复杂的相互作用的数据。有些药会抵消或中和其他药的作用；有些药彼此不相容，同时使用会导致严重后果，副作用可能会迅速加剧；有些药对某些老年患者（例如有心脏和循环系统问题，或器官退化的患者）禁用。

举例来看，自然衰老会减少胃液的分泌。同时，维生素 D 受体的缺失会引发食欲不振，进而导致营养不良和骨密度降低。具备降低食欲这一副作用的药物会加剧老年人已有的健康问题。在自然衰老中，动脉会增厚，变得僵硬，从而增加患心血管疾病的风险。肺部弹性下降导致老年人容易患肺部疾病。肾脏的变化会影响过滤效果，增加体内有毒物质的积累。消化系统功能降低导致慢性便秘。任何会加剧已有健康问题的药物都会使老年患者噩梦连连。

通常，上述各类强效药由不同的医生开具，因此不存在最终"对此负责"的医生。多种药物带来的副作用[65]可能会让你误以为自己患有某种病，但实际上并没有；此外，某些药物之间的相互作用可能会掩盖一些疾病的早期迹象。更重要的是，多重用药的现象持续存在，是因为很少有医生愿意让病人停用一直在服用的药物，因为医生害怕出问题后要担责。因此，他们便盲目地继续开药，而不会重新全面地评估病况。

事实证明，老年人出现意识混乱、定向障碍和谵妄①的主要原因[66]不是阿尔茨海默病，而是由于药物或药物相互作用引起的不良反应。许多老年人会被转移到养老院，其家人和朋友们可能是出于好意，认为他们精神上无行为能力，但事实不然，实际上这是多种药物导致的并发症。

要成功老去，很重要的一点是，每个人都要对自己的医疗情况负责，必须告诉医生和药剂师正在服用什么药——包括非处方药（非处方药的药效往往和处方药一样强劲，且同样被复杂的药物相互作用所影响）。这样才是对自己负责。

---

① 又称急性脑综合征。表现为意识障碍、行为无章、没有目的、注意力无法集中。通常起病急，病情波动明显。常见于老年患者。

第二部分

我们的选择

第一部分介绍了衰老问题的科学背景，说明了我们应该从全新的视角来看待衰老。这一全新视角结合了个体差异科学和神经系统发育科学，强调老年人的优势和补偿机制，而非其能力的丧失。第一部分已经从人格、智力、情绪以及疼痛等方面解读了衰老。第二部分将探讨如何改变自身行为，让我们能够康乐晚年——也许老年生活会成为人生中最美好的时光。要改变自身行为，并不困难。

人终有一死。问题在于，我们对晚年生活的设想如何？虽然有些老年人的大脑正不断衰退，已有许多年没有足够的社交活动，甚至不知自己身处何处，但是他们的心脏、肺、肾脏和肝脏仍能缓缓地运转。这正是我一个阿姨的情况——在我撰写本书时，她已经92岁高龄，过去15年来她没有与任何人进行过有意义的交谈。虽然她还活着，她的器官能正常地发挥作用，但她完全无法感知到"生活"该有的乐趣。显然，我的阿姨正处于人生的疾病期，而非健康期。

相较之下，有些头脑活跃的老年人的机能逐渐老化，他们的身体似乎随时都有可能撑不住。然而，许多人却更乐意接受这样的晚年生活。在以上两种情况下，人们都终将离去。身体迟早会消逝，正如灯光终将暗去。而关键问题在于，在离去的那一刻，你希望有一个健全的心智，还是像我的阿姨那样，被困在无意识的牢笼中？

时间生物学层面的健康常常被大众媒体忽视，其意指身体内部的各种生物钟，用以调节大脑和身体的注意力、能量、恢复和修复系统等的循环。生物钟正是第二部分的出发点。正常且同步的生物钟功能在健康和疾病、警觉性和痴呆症方面发挥的作用比以往认识到的要大许多。如果生物钟紊乱,那么神经细胞会退化;细胞代谢将受损;身体无法正常地修复细胞或 DNA 损伤。生物钟紊乱、失调[1]是阿尔茨海默病、帕金森病和亨廷顿病①、抑郁症、肥胖症、糖尿病、心脏病和癌症的一大诱发因素。基于此,我们接下来将探讨如何从实际出发,最大限度地利用人的三个基本生理过程:饮食、运动和睡眠。

---

① 一种遗传性疾病,会导致脑细胞死亡。早期症状往往是情绪或智力方面的轻微问题,接着是走路步伐不协调和不稳定。随着疾病的发展,身体运动的不协调会变得更加明显,能力逐渐恶化,最后运动变得困难,无法说话。心智能力则通常会衰退为痴呆症。

第8章

生物钟：现在是凌晨两点，为什么我饿了

你是否曾半夜醒来[1]，发现自己饥饿难耐？又或者，在睡前感到过度活跃。也许你会在不恰当的时间——比如在开会或听音乐会（甚至是在阅读一本关于衰老和大脑的书）时睡着。如果你曾有上述任意一种情况，那么说明你的昼夜节律（circadian rhythms）出现了失调。科学家于1950年创造出"昼夜节律"这个词，取自拉丁词"circa"（大约）和"diem"（天）：大约24小时为一个周期的节律。

昼夜节律[2]源自生物钟，是对地球24小时自转周期的进化适应。昼夜节律让人的大脑和身体得以预测接下来会发生的事情，以便更好地应对各种情况。例如，对日出时间的预测促进大脑释放"唤醒化学物质"（如食欲素、多巴胺和去甲肾上腺素），并抑制"嗜睡化学物质"（如褪黑素、腺苷[①] 和 γ–氨基丁酸）。生物钟让我们在早上醒来

[①] 一种遍布人体细胞的内源性核苷，可直接进入心肌经磷酸化生成腺苷酸，参与心肌能量代谢，同时还参与扩张冠脉血管，增加血流量。

时精神焕发，准备迎接新的一天。

在进化史早期，大多数细胞对光源敏感，生物钟便开始进化[3]。最终，这些光敏细胞融入植物、真菌、细菌和各种多细胞动物的体内。研究发现，粗糙脉孢菌（neurospora crassa）也有生物钟[4]，空气中的含孢水分达到峰值时，粗糙脉孢菌会在一天中的适当时间段释放孢子。海螺（一种海蜗牛或海蛞蝓）的眼睛也有生物钟现象，其祖先在5亿年前从人类祖先中分歧而来。海兔的生物钟根据明暗周期来同步调节其记忆和运动。生物钟刻在我们的基因里。研究发现，在长达数亿年的进化过程中，类似的基因控制着所有生物的细胞生物钟，从细菌、植物、果蝇到鱼类、鸟类、哺乳动物和人类。科学家发现海兔[5]与人类有十分相似的基因，其中包括与帕金森病和阿尔茨海默病相关的基因。

植物利用对光源敏感的内部细胞生物钟来感知一天的时间。秋天来临时，它们能感觉到白昼开始变短，于是生物钟会激活基因，向植物发出信号，使其种子产生，叶子掉落。当生物钟感应到春天的白昼更长时，植物会重新长出叶子、花朵或果实。生物钟帮助植物迎接日出，此时植物会抬起叶子，向太阳倾斜，并做好准备进行光合作用，将阳光转化为养分。到了晚上，生物钟会调节叶孔的开合[6]，控制夜间叶子的折叠以防止水分流失。生物钟对植物、霉菌和软体动物的调节尚且如此，你可以想象它对人体机能的影响有多复杂。生物钟对衰老也有很大的影响[7]——以至于较为年轻的动物的生物钟组织被移植到年长的动物身上时，年长动物的寿命会得到延长。

主生物钟

哺乳动物的昼夜节律基于三个独立的过程：

1. 输入系统：从环境中获取信息，包括通过外围振荡器接收的明暗周期和食物消耗等线索；

2. 一个中央主振荡器（生物钟）：能跟踪输入信息的时间，并产生与其一致的节律信号；

3. 输出通路：使得主生物钟能与控制生理过程的外围振荡器同步，并对其产生影响，这些生理过程包括消化、睡眠周期、核心体温、饥饿和警觉性。

因此，昼夜节律由不同的阶段组织而成，生物钟系统的各个过程利用反馈-前馈循环相互交流，彼此调节。大脑和身体中的所有细胞[8]对一天中的时间都很敏感，而基因（例如 *PER1*、*BMAL1*、*CLK1*、*DBT* 以及最耳熟能详的 *CLOCK*）大约以 24 小时为周期来激活蛋白质。之所以说"大约"，是因为这些生物钟细胞的功能就像一块廉价的手表——时间会发生偏离：加快、减慢。在进化的过程中，为了调节各生物钟，主生物钟应运而生。人类的主生物钟位于下丘脑的视交叉上核（SCN）中，其大约由两万个神经细胞组成，基本以 24 小时为周期进行有节律的变化。光线等定时因素（德语为"zeitgebers"）可以重置这种节律的起始时间或阶段。

视交叉上核就像一个客流量巨大的火车站的站长，要让所有火车都按时发车，以免相撞；还要让乘客准时到达目的地。视交叉上核的生物钟和政府设定官方时间的原子钟不一样，因为原子钟的功能几乎不受外部干扰。相较之下，视交叉上核对视网膜和皮肤额外的光敏细胞的输入信息十分敏感[9]，以此区分白天和夜晚。视交叉上核还会接收各种代谢过程的输入信息，将时间信息传送到不同的大脑区域和外围器官[10]，包括心脏、肺、肝脏和内分泌腺。肝脏和胰腺组织通过调节[11]代谢节律以稳定葡萄糖水平，促成脂质代谢，以及排出身体和血液中的外来化合物（异源解毒）。例如，当我们进食后，身体会释放消化液，视交叉上核能检测到，并借此调节消化周期。

发展科学旨在研究基因、文化和机会之间的相互作用。生物钟就是其中一个有趣的例子。生物钟通过从环境中获取输入信息来发挥作用，这些信息主要是光源信息，也包括受文化因素影响的饮食习惯和个人的活动周期。无论是初升的太阳，还是手机充电器上微弱的蓝光，光源都能打开或关闭特定基因，改变基因产生蛋白质的时间，从而影响生物钟和昼夜节律。日光会影响昼夜节律的快慢。

生物钟对衰老的影响体现在方方面面。例如，光，尤其是蓝光，是调节生物钟的必要条件。伴随衰老而至的白内障呈黄色，因而往往会阻挡蓝光。因此，白内障患眼会限制到达视网膜的蓝光量，进而减少传递到松果体和视交叉上核的重要神经元信号。在某些病例中，白内障手术可令更多的蓝光在白天进入患者的眼睛，让褪黑素释放的时间趋于正常，从而恢复老年人的睡眠质量。但是睡前的蓝光会刺激松果体，例如手机、闹钟或电脑发出的蓝光，使人更难以入睡。（也许闹钟设计师在选择 LED 颜色前应该先咨询神经科学家。）

时间也许和内容同样重要

食物种类、运动量、睡眠时长对我们都很重要，但在过去几年里，神经科学家和时间生物学家（研究生物钟）渐渐意识到，进食、运动和入睡的时间可能同样重要，对于老年人来说尤其如此。

早在12世纪，哲学家兼医生摩西·迈蒙尼德（Moses Maimonides）便明白了"什么时候吃"以及"吃多少"的重要性。他建议，要吃得健康，则需要"早上吃得像国王，中午吃得像王子，晚餐吃得像农民"。在当代，寿命营养学领域致力于让人体摄入的热量与身体的昼夜节律同步。进餐时间[12]会对许多生理过程产生重大影响，包括睡眠-觉醒周期、核心体温、最佳表现和警觉性。进餐时间不规律，或违背昼夜节律进食，会导致肥胖、代谢综合征、糖尿病等问题。妈妈说的话是对的：早餐要吃得好，晚饭要按时吃。

每个人的微生物组都是独一无二的，构成微生物组的生物有各自的生物钟。我们对微生物组的研究仍处于起步阶段，但早期已有证据表明，"吃什么"以及"什么时候吃"可能会影响微生物钟（微生物群的昼夜节律）；此外，微生物组会将信息传递到主生物钟，以此影响主生物钟的时序。而且，视交叉上核通过促进分泌循环糖皮质激素、胰岛素等改变时间和节律的物质来调节微生物组[13]。

也许你听说过，每个人最精神、最警觉的时间点各不相同。我早上5点30分醒来，巴不得立马开始工作——我会在早上10点之前完成大部分写作和研究工作；而我的妻子在下午和晚上的效率最高——如果她早上8点不用教神经科学的课程，她可能会熬夜工作，而且效率很高。通俗来说，我是早起的鸟儿，而我的妻子是个夜猫子。我们有不同的作息习惯。作息习惯受遗传[14]、环境和经验因素的影响。常年持续熬夜,在日落之后接触蓝光会改变基因的表达,从而在基因水平上改变作息规律。但也有例外——许多轮班工人的生活作息与其原本的生物钟冲突,这会引发事故、抑郁症和生产力下降。

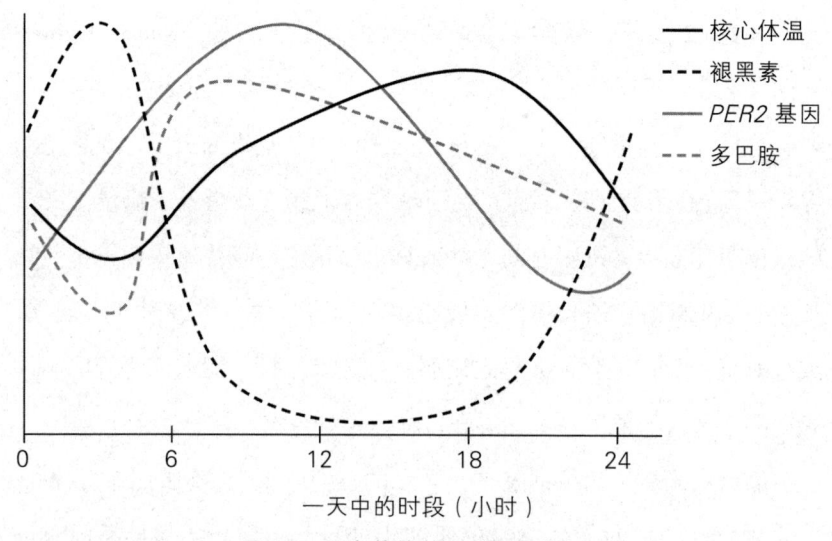

图 19　昼夜节律的 4 种不同指标

　　图 19 展示的是昼夜节律的 4 种不同指标。纵轴代表每个周期的单个缩放单位,数值从下至上递增。深色实线为核心体温,从醒来前约 3 小时的夜间低温点 36.5℃开始上升,上午 9 点达到 37.2℃,并在晚上 8 点左右缓慢上升至峰值 37.4℃,随后下降,在凌晨 4 点达到 36.5℃的初始水平。深色虚线为褪黑素的昼夜节律。灰色实线展示的是 PER2 基因的时间调控。灰色虚线为 24 小时内血浆多巴胺的水平。上图波形的幅度和范围存在显著的个体差异。(该图数据基于缩放平均值,因此不同系统的单位各不相同。)

一个多世纪以前明亮的人造光得以发明,这给人类带来了前所未有的挑战:令视交叉上核混淆白天与黑夜,让人们按照自身意愿随意改变昼夜节律。不幸的是,灯光往往会扰乱人类数百万年前形成的作息,这可能会给健康带来严重后果。我并不是呼吁大家重返没有人造光的世界——只是如果能深入了解人造光对我们有何影响,我们便能营造更好的家庭环境。家用照明灯具、(最近出现的)电脑屏幕、时钟等各种设备发出的蓝光催生了大量的夜猫子。目前,只有30%的人能在午夜前睡觉,进而保证最好的睡眠质量。这意味着70%的人必须在准备好迎接新的一天之前唤醒身体[15],否则无法在早上8点或9点开始工作。青少年的睡眠时间也会出现特定的变化,虽然个中原因我们尚且无法完全了解,但这与青春期激素的分泌突增有关。美国一项旨在推迟高中上课时间的新兴运动取得了一定的成功。只可惜,需要24小时营业的企业,以及工作时间不在正常的朝九晚五范围之内的企业往往还是会盲目地安排轮班而不考虑员工的个人生物钟。这会导致员工效率低下,睡眠不足,因病耽误工作,甚至发生严重事故。

例如,时间生物学家蒂尔·伦内伯格(Till Roenneberg)和其同事在德国蒂森克虏伯钢铁厂进行了一项实验[16]。蒂森克虏伯钢铁厂是世界上最大的钢铁生产商之一,产品包括高速列车、电梯和船舶。科学家们选取了轮早班和晚班的工人,给他们换班,以此让他们的工作时间符合各自的生物钟。研究发现,如果工人的睡眠类型与工作班次保持一致[17],他们的睡眠时间就会增加16%,几乎相当于在一周内增加了一整晚的时间。这项研究持续的时间不足,无法收集与工作场所事故或失误有关的数据,但大量文献表明,睡眠不足是导致现代社会产生严重工业灾难的原因[18]，例如"埃克森·瓦尔迪兹"号油轮漏油事件、切尔诺贝利核事故和博帕尔甲基异氰酸酯气体泄漏事故。美国国家公路交通安全管理局报告称，美国 1/6 的交通死亡事故由司机疲劳驾驶造成。

为什么人有不同的睡眠类型？用莎士比亚的话来说："有人酣眠有人醒。"[19] 从进化的角度来看，我们需要思考一下人类祖先在一两万年前的生活。睡眠确实是生存的必要因素，但在那时，人类特别容易遭受捕食动物和残暴同类的攻击，偶尔还要应对飓风或火山喷发。此处存在哨兵假说[20]，即在群体中生活时，动物需要分担在夜间警戒的任务，有些动物需要照看睡觉的同伴。

经研究发现，不同物种的睡眠类型各不相同，这便是为何我们会用动物的作息（早起的鸟儿和夜猫子）来比喻人类的睡眠。对于人类而言，这两个标签代表了睡眠的两个极端——大多数人处于中间位置，有早起或晚睡的倾向。其中也存在性别差异——男性更可能熬夜。（目前还没有任何研究探讨这背后的原因；也没有研究涉足跨性别者或非二元性别个体/非常规性别者的睡眠模式。因为性别认同受激素和生物因素的影响，所以睡眠类型很可能受性别认同，而非出生时的生理性别影响。）

睡眠类型是可遗传的[21]，并且科学家已经确定了多个导致个体睡眠类型差异的基因。在最近一项全新的研究中，研究人员分析了 70 万英国人的基因组[22]，发现了超过 350 个与睡眠相关的基因。而且，研究发现老年人的昼夜节律提前了，他们倾向于早睡早起。上述与年龄相关的生物钟差异也可能是一种进化适应：从进化角度而言，这对老年人也许是一种生存优势，他们的狩猎技能已经下降，而夜间负责站岗能让更敏锐、更年轻的猎人睡个好觉。由此,有研究人员提出"睡眠不佳的祖父母假说"[23](哨兵假说)。

如果这一假说成立,那么可以认为,在远古时期,过群居生活的成员很少会全体同时入眠。相反,如果所有成员都在同一时间入眠,这一假说便不成立。

最近,人类学家对现代坦桑尼亚中北部哈扎人(狩猎采集部落)的研究证实了哨兵假说。哈扎人部落共约1200人[24],他们居住在裂谷中部及邻近的塞伦盖蒂高原中的埃亚西湖周围。人类学家认为,该部落是了解更新世①(Pleistocene)祖先生活方式的重要窗口。他们没有像附近其他的坦桑尼亚人那样放牧或耕作,科学家认为他们如今的生活方式与几千年前的相同。

图20　哈扎人

---

① 冰川作用活跃的时期,开始于1 806 000年(±5000年)前,结束于11 550年前,是构成地球历史的第四纪的两个世中较长的第一个世。

研究发现，在为期 20 天的周期中，所有部落成员同时睡觉的时间总共只有 18 分钟。而在夜间的任何时段，都大约有 1/4 的人醒着，充当哨兵。他们存活至今。

老化的生物钟

随着衰老，视交叉上核接收与释放的信号都会退化。这种信号缺陷的成因有两点：神经系统髓鞘的缺失[25]或退化，以及衰老导致的对神经化学物质和激素的损耗。这也解释了为何老年人难以入睡，早上 5 点就醒，下午 4 点 30 分就想吃晚饭。若主生物钟失调，人便与生活在博卡拉顿①的九旬老人别无二致。

随着年龄的增长，视交叉上核信号的幅度减小并向左移动（虚线段向前），这解释了老年人睡眠、觉醒和饮食周期的变化。（见图 21，此图数据基于缩放平均值，因此各图的单位并不相同。）

有证据表明，问题实际上在于视交叉上核本身神经元的完整性——将年轻仓鼠的组织移植到衰老仓鼠的视交叉上核[26]后，衰老仓鼠的生物钟得以协调，且寿命得以延长。这表明良好的昼夜节律可能与长寿有关。要在人类身上进行这样的移植，还有很长的路要走，但上述实验结果让我们了解生物钟老化的脆弱性——并为延长寿命的研究提供了方向。

老年人往往会经历生物周期的转变（见图 21），即阶段提前：随着年龄的增长，人们更有可能早起。与 40 岁以下的成年人相比，人到了 60 岁以后，眶额皮层中基因 *PER1* 和 *PER2* 的节律[27]趋于平缓，且

---

① 博卡拉顿是位于美国佛罗里达州棕榈滩县的一个城市。

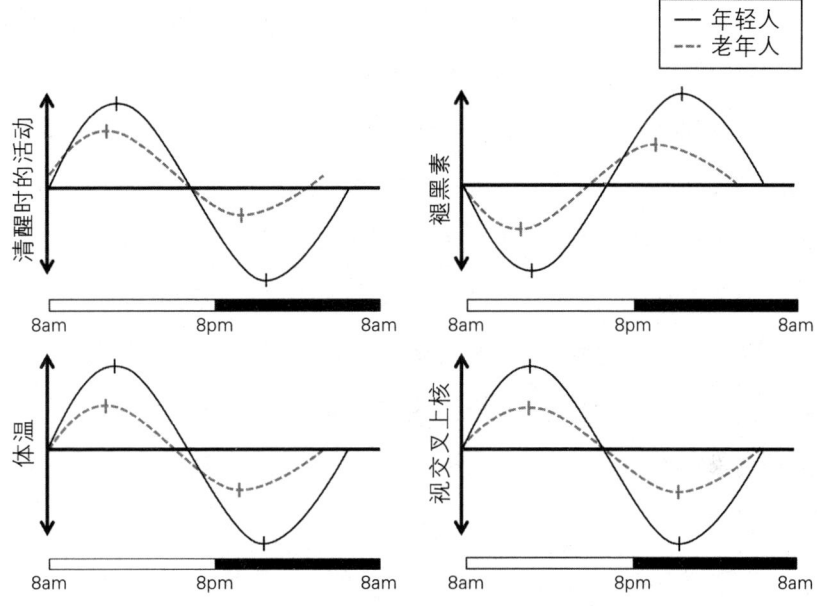

图 21　年轻人和老年人的生物钟对比

提前约 4 小时至 6 小时，*CRY1* 的表达变得失常。加压素信号传导能力下降导致睡眠-觉醒-活动周期越发碎片化，核心体温节律失衡，排尿更频繁——以上所有因素都会导致睡眠时间减少，睡眠质量下降，从而令人白天更加嗜睡。痴呆症患者的生物钟功能会受到更严重的破坏。对痴呆症患者所做的遗体研究[28]发现，其下丘脑的视交叉上核明显退化。

除了影响饮食和睡眠，随着年龄的增长，生物钟的变化对警觉性和各项表现的影响变得尤为突出。从约 60 岁开始，人们在一系列神经心理学测试——包括记忆力、解决问题的能力、空间智力、推理能力、精细运动①协调能力和运动表现——中有不同的表现。若老

---

① 精细运动指手眼协调、手指动作等小肌肉运动。

年人在早上参加测试，则测试结果正常；若在下午的中后段参加测试，他们的表现则不如四五十岁的人（见第 4 章"智力：解决问题的大脑"）。70 岁以后，这种差异变得更加明显。在早上进行标准记忆测试，老年人的表现正常，而在中午之后测试，其结果可能会很不理想。记住关键点：请在中午前做重要的决定，包括财务、健康等方面的，因为此时你的大脑比较清醒。如果想要锻炼，但担心摔倒，那么也请在早上做，因为此时你的身体更敏捷。所以乔治·舒尔茨和比森特·福克斯——已经过了一般退休年龄但生产力仍然很高的人——会一大早起来去上班，往往在下午休息，或者至少不在下午和晚上安排重要的任务。

生物钟紊乱的不利影响在年轻人中往往不易察觉，而且远不如老年人明显。但在某个时间点，你可能会开始注意到生物钟紊乱导致的影响。这个时间点并不固定——可能是 50 岁、60 岁、70 岁或 80 岁，这取决于基因、文化和环境的相互作用。在没有明确外部原因的情况下，昼夜节律紊乱是帕金森病、阿尔茨海默病、亨廷顿病、慢性炎症和癌症的早期预警信号。

经研究发现，昼夜节律反复紊乱[29]（尤其是所处时区的频繁变化，在光照下暴露的时间不规律）与多种疾病有关，包括代谢综合征、免疫缺陷、骨骼和肌肉无力、心血管疾病、癌症，甚至会减短寿命。日落综合征[30]指阿尔茨海默病患者在傍晚时分有感觉混乱、记忆力差的倾向，这很可能是昼夜节律紊乱导致的——如果老年患者能够恢复正常的睡眠-觉醒模式，那么他们便能陪伴家人更长的时间，且不会那么快就需要特殊护理。

旅 行

生物钟最为人熟知的一项功能是调控褪黑素的释放以促进睡眠。当光线较少时——例如在夜间，或在高纬度的冬天——身体会释放较多的褪黑素。当人们习惯的定时因素——日出、光照强度、昼长、食物摄入量、活动水平——发生变化时，就会出现时差反应。时差反应常常出现在跨越时区，且目的地时间与出发地时间不同的旅者身上。此时，日出时间可能不同于生物钟预期的时间。生物钟会尝试自行重置，但这可能需要几天的时间。

年轻人的生物钟更灵活、更具延展性，可对环境变化迅速做出反应。随着年龄的增长，重新调整生物钟需要的时间可能会长许多。老年人更难摆脱阶段提前的现象（比平时早睡早起）；而老年人和年轻人之间的阶段延后则没有区别。老年人更容易适应西向而非东向的时区，因为他们的生物钟早已存在提前的趋势。

一般来说，每往东时区偏移[31]一小时，身体便多需要一天的时间来恢复或重新规划，而每往西时区偏移一小时，身体便多需要半天时间来恢复。以上是最理想的恢复情况。随着年龄的增长，可能需要更长的时间来恢复。日常生活中，在出发东行前几天，可根据将跨越的时区数量，开始将生物钟往前调对应的天数。可在早晨接触阳光，或使用日光灯。登上飞机后，可在目的地城市日落前两小时左右戴上眼罩遮住眼睛，让自己提前适应新的"夜晚"时间。

冬季对生物钟也有潜在影响，因为此时我们最重要的定时因素——光线在变少。天气寒冷，我们也更容易暴饮暴食，可能会影响与进食相关的定时因素。从北到南的旅行虽然不会出现时区的变化，但一天长度的巨大变化也有可能导致时差反应。离赤道越远，夏季和冬季之间的光线差异就越大。

睡眠习惯

对于大多数人而言，由于睡眠-觉醒周期，在凌晨 2 点到 4 点（睡着时）和下午 1 点到 3 点之间（午餐后）会出现精力下降。睡眠不足不仅指过去几天的睡眠时间，还包括睡眠质量，如果睡眠不足，午饭后会更加感觉精力不足。随着年龄的增长，这种感觉会更加强烈。

良好的睡眠习惯包括：睡前避免暴露于明亮的灯光下，要在完全黑暗的房间里睡觉（如有必要，可以使用遮光窗帘！），每天在同一时间睡觉和起床。在了解昼夜节律之后，我们便能理解要保持这样的睡眠习惯的原因——生物钟预判人体会在 24 小时周期内的某个时间点入睡。生物钟会调节核心体温，减缓消化，释放褪黑素，抑制多巴胺，并监控其他生理调节过程。如果你在不同于平时的时间点入睡，生物钟便与你睡觉的状态不同步，那么睡眠质量会下降。

饮食习惯也很重要：睡前两小时内进食[32]会使肝脏、胃和肠道的主生物钟失调。摄入的饮食种类也可能造成影响：众所周知，酒精会扰乱睡眠周期[33]和昼夜节律，而高脂肪饮食往往会使生物钟推后[34]——这背后的现实意义是，如果你需要熬夜，可以选择充斥于每个深夜电视广告的高脂肪食物。（这只是巧合吗？我认为不是。）

光疗和褪黑素治疗[35]是调控生物钟最有效的方法，对老年人尤其有效。这两种疗法对阿尔茨海默病或轻度认知障碍患者也有效[36]，还有望预防或延缓阿尔茨海默病的发作。在实验室研究中，褪黑素通过与

β-淀粉样蛋白相互作用[37]，可抑制有害淀粉样蛋白原纤维的形成，并且昼夜节律紊乱与阿尔茨海默病的关联性已经得到很好的证实。在一项综述中，早期阿尔茨海默病患者服用褪黑素[38]后，确实如研究结果所示，睡眠质量得以改善、日落综合征得到缓解，而且认知衰退的进程减慢。与褪黑素治疗相关的四项研究中，患者的认知能力得到改善，焦虑行为减少。晚期阿尔茨海默病患者的视交叉上核中褪黑素受体的数量和密度大幅减少，这可能会限制褪黑素对晚期阿尔茨海默病的疗效。

模拟柔和日出光的光疗灯很容易买到，价格不到100美元。增加光强度、优化光的波长可以补偿衰老导致的视交叉上核与相关化学回路的自然退化。但是必须在正确的时间，即醒来时，坚持进行光疗。每个人的情况都不相同，但通过尝试不同强度和持续时间的光照，总能找到最适合自己的治疗方法。你可能听说过季节性情感障碍（SAD）：由于冬季白昼较短，白天光线不足，人们容易情绪波动，注意力不集中。许多光疗灯都标榜为SAD灯，但请不要被首字母缩略词所迷惑——研究表明，光疗灯能够给你带来快乐［HAPPY，即healthy（健康）、asymptomatic（无症状）、peppy（精力充沛）、perceptive（敏锐）、youthful（年轻）］。

可在药店购买能帮助调节睡眠周期的褪黑素。每个人的身体对褪黑素的处理方式都不相同[39]，因此，最好的疗法是经医生检测后调节褪黑素，可从下午晚些时候直至夜晚，在昏暗条件下每30分钟至60分钟测试一次血液中的褪黑素水平，据此决定褪黑素的剂量和服用时间。加利福尼亚大学洛杉矶分校（UCLA）的睡眠医学专家阿方索·帕迪拉（Alfonso Padilla）[40]建议，只需服用0.25毫克至0.5毫克的褪黑素便可调节生物钟，这一剂量接近身体自然（分泌正常时）释放的褪黑素量。褪黑素对睡眠的促进作用呈一个阶跃函数，这意味着只有摄入适宜的量，褪黑素才会发挥效用，超过这个量则无济于事（而且可能有害）。常见的非处方产品通常含有 5 毫克至 10 毫克褪黑素（并且至少有一家制造商销售 60 毫克片剂的褪黑素），但是，过量服用会导致第二天极度困倦，并扰乱一周甚至更长的时间内的睡眠周期。请记住：褪黑素不是安眠药，只能重置你的生物钟，两者的作用并不相同。

褪黑素的水平往往会在醒来约 14 小时后上升。如果你每晚睡 8 小时，早上 6 点醒来，那么你的褪黑素水平会在晚上 8 点左右上升，此后你会开始感到困，然后在两小时后，即晚上 10 点左右睡觉。如果褪黑素片剂需要大约一个小时才能被血液吸收，那么你需要在睡前大约 3 个小时服用一片褪黑素。

除了光疗和服用褪黑素，另一个最有效的治疗方法[41]是在傍晚进行适度的运动，例如户外散步。三者结合的效果最佳。

咖啡因

咖啡因是世界上用于提神的最热门的产品之一[42]。对于许多人而言，咖啡因能够清醒神志，提高警觉性，集中注意力，并有助于建立或改变昼夜节律，尤其是在跨越不同时区时。

目前尚不清楚咖啡因是否对人类生物钟有影响[43]，若有，也不清楚其影响程度。但咖啡因能延长果蝇、海螺、面包霉菌和藻类的白天活动节律周期[44]，这点已得到证明。众所周知，咖啡因对睡眠有不利影响[45]，包括延迟夜间的入眠时间、减少总睡眠时间、降低睡眠效率、使感知睡眠质量下降。为探讨这一问题，科罗拉多州博尔德的沃尔特·里德陆军研究所的年轻科学家蒂娜·伯克（Tina Burke）结合遗传学、药理学和人体实验收集了各方证据。她进行的体外培养细胞实验[46]表明，咖啡因确实会延迟节律，以此干扰有助于昼夜节律定时和生物钟重置的多个化学过程。随后，在志愿者睡前3小时，她给每一个志愿者一杯双份浓缩咖啡（志愿者不知道其中是否含有咖啡因）。结果表明，含咖啡因的双份浓缩咖啡将褪黑素循环周期延迟了40分钟，她进一步发现，延迟的时间似乎与咖啡因的剂量有关。与年轻人相比，老年志愿者认为咖啡因对其睡眠的影响更强。

最佳表现

本书开篇介绍了健康寿命与疾病持续时间的概念——健康寿命指避免健康状况恶化，并感到充实且自给自足的时间。有一个相似的概念叫作产能持续时间，不仅指人生阶段的产能表现，也表示一天中的产能情况：你在一天中的某些时段处于最佳状态，而其他时段则处于非最佳状态。前文在讨论睡眠类型时提到了这一点，老年人往往在早上（不论各人对早晨的定义如何，此处指清醒的前6个小时）表现得更好。无论我们如何消磨时间，是否最重视如何运用大脑、调动情绪、使用社交技能或身体技能，相信所有人都希望在白天拥有更长时间的巅峰状态，更短时间的低谷状态。已有大量研究探讨了昼夜节律如何影响职业运动员的最佳表现，原因不言而喻——这背后涉及许多金钱利益。

顶尖运动员经常需要跨越不同的时区参加比赛，而且比赛时间常常无法按照运动员的生物钟来调整。相关研究结果无法确定职业运动员到底在下午晚些时候、傍晚还是早上才能达到最佳表现。显然，这是因为运动员之间存在个体差异，各项运动的需求也存在差异。有证据表明，顶尖运动员往往会选择适合自己作息的运动[47]，且表现不俗。通常需要在清晨进行训练的运动，例如划船和田径运动，往往会吸引习惯早起的运动员。而通常在下午和晚上进行的运动，例如水球、排球、板球、曲棍球和足球，则会吸引习惯晚起的运动员。因为各睡眠类型构成了一种连续的统一体[48]，所以有些人既不是早起型，也不是晚起型，而且有证据表明，这些人可通过在一天中的特定时间持续练习来改变自身的睡眠类型。

一些研究表明，握力、跑步、跳跃、摄氧量和肌肉功能的最佳表现往往出现在运动员当地时区的下午4点至晚上8点。在相似时间段，足球、游泳和自行车运动员也呈现出最佳表现。虽然从数字上来看，顶尖运动员的巅峰成绩和非巅峰成绩之间的差异相对较小，但这在职业体育界却有着非常大的影响。如果一个顶尖跑将[49]必须在距家乡12个时区的世界另一端比赛，那么他可能会在1500米的比赛中慢两秒，在马拉松比赛中慢75秒。如果一位顶尖女子曲棍球运动员要从澳大利亚前往欧洲（跨越6个时区），那么她需要8天的恢复时间才能正常完成冲刺测试。经证明，即便是相对较短的3小时（跨越3个时区）飞行也会影响美式橄榄球[50]、篮球、曲棍球和棒球运动员的表现。

前面已经谈过：身体的自然生物钟决定了饮食、运动和睡眠能否帮助我们保持最佳的健康和活力状态。饮食、运动和睡眠与昼夜节律有关，昼夜节律的失衡会产生不利影响[51]，特别是在身体素质较差的老年时期。接下来的3章将深入探讨日常生活中的饮食、运动和睡眠，了解如何优化调整这三大因素，以便从中获取最大的益处。

第 9 章

饮食：健脑食品、益生菌和自由基

今早吃完早餐后，我打开 YouTube 浏览朋友发给我的一个新的音乐视频。在视频开始之前，弹出了一则广告，广告里的人自称史蒂文·冈德里（Steven Gundry）博士，他身后的场景布置看似是医生的问诊室。身后的书柜上有一个小型人体骨骼模型，墙上挂着一张世界地图（为何是世界地图？），地图旁挂着两张道具文凭，嵌在廉价的相框中，这位博士身后稀疏的书架上没有太多参考书。他直视镜头，面无表情地说："这是番茄。你是否认为番茄对身体有益？再好好想想吧。"他停顿了一下继续道："我是史蒂文·冈德里博士，是畅销书《冈德里博士的饮食进化论》（*Dr. Gundry's Diet Evolution*）和《植物悖论》（*The Plant Paradox*）的作者。"此时，我脑海中的"胡扯检测器"开始警报。畅销书作者不一定等同于权威人士。而且经同行评审的可靠研究表明，番茄确实对身体有好处[1]，尤其是煮熟后的番茄（番茄红素可降低患前列腺癌、乳腺癌、心脏病、骨质疏松症等慢性疾病的风险）。

冈德里继续说道："我今天说的话，绝对会让你大吃一惊。"说到

"大吃一惊"时,他每说一个字都对着镜头用力地摇手指。"在过去 30 年间,我做了大量的研究,完成了一万多次手术,从中我发现了关于人体的一些令人震惊的事情。"这时,我的"胡扯检测器"已然嗡嗡作响。不论做多少次手术,一次还是一万次,都无法提供任何科学数据,无法告诉人们吃什么才有益处。在广告接近尾声时,我们发现这位博士的目的是给自己制作的补充剂系列产品打广告。

我注意到,梅默特·奥兹(Mehmet Oz)为这位博士做宣传。这是另一个红色警告,奥兹博士是医学界公认的骗子,总是以伪科学和各种骗术胡说八道、四处行骗。美国医学会发出警告[2],称他为"危险的流氓"。

随后我访问了 PubMed 数据库,这是一个由美国国立卫生研究院和国家医学图书馆管理的医学和科学文献数据库。一项研究的成果只有通过同行评审——通常由三名专家科学家组成独立小组,对论文、论文方法和结论进行验证,才能被视为"科学"。我没有找到任何同行评审研究来支持史蒂文·冈德里博士的论断。除此之外,他的目的在于推广自制补充剂,这让我不得不怀疑:他的饮食建议是否只是又一个让人们寄予厚望、最后却大失所望的流行饮食风尚?

也许你厌倦了科学理论,愿意做出任何尝试,特别是当一个主张自由思考、不走寻常路的人给你推荐时——万一奏效了呢。每隔 10 年左右,在如何通过食补来延年益寿方面,科学家的观点似乎都会发生极大转变——从无肉饮食、无脂肪饮食、无碳水化合物饮食、全碳水化合物饮食到古饮食。最初,脂肪是一大禁忌,接着换成糖、碳水化合物(会分解成糖)。也难怪人们会认为科学家本人都不知道自己想表达何种观点!

问题的关键在于如何正确地应用科学方法。我们主要通过观察性研究或方便样本①来了解（或以为自己了解）食物和健康，而非科学的实验。在观察性研究中，顾名思义，只是在一段时间内观察饮食习惯不同的人的健康水平，此时，研究对象间的所有差异都归因于饮食差异。而从科学的角度而言，此处的问题是，饮食习惯不同的人可能还存在其他未被跟踪研究的差异：锻炼（或不锻炼）、睡眠时间、对用药的态度、水合作用、每天承受的压力源。有的人也许刚刚失业，有的人则刚成为父母，有的人是瘾君子，而有的人是职业运动员，等等。这涉及个人心理学和个体差异，以及神经科学研究领域中可接受的泛化②程度。

科学的实验方法应当能够聚焦所有生活方式指标都相同的人，告诉他们该吃什么，把变量完全控制住。有些人对应饮食方式 A，有些人对应饮食方式 B。这很难把握。此类实验的志愿者可能不是其所属人群中的典型。许多人会偷偷吃禁止食用的食物，除非能一天 24 小时观察实验参与者，否则无法避免。如果研究员的预设是某种饮食方式会造成损害，那么要求参与者遵循这种方式是不道德的行为。而且，即使实验能满足以上所有条件，也必须跟踪研究许多年才能看到效果。

顺便提一下，正是上述问题阻碍了吸烟研究的发展。在吸烟对照实验中，研究员不能要求参与者吸烟，因为从观察性研究和动物模型来看，吸烟似乎会显著增加人们死于癌症的概率。科学家推断吸烟有害健康，但这一点在人类的对照实验中并未得到印证（只是在啮齿动

---

① 指研究者出于方便性的原因而选取的"唾手可得"的样本。
② 由具体的、个别的扩大为一般的。

物和猴子实验中得以证明）。同样地，科学家推断饱和脂肪和糖有害健康，但尚且没有对照实验来证明这一点。

因此，饮食研究的发展一直以来面临两大阻碍：缺乏对照实验；以及在食物与营养物质的代谢、葡萄糖代谢[3]、脂蛋白脂肪酶（促进脂肪储存而不是脂肪氧化的酶）的活性[4]和遗传方面[5]很有可能存在个体差异（请正视这个问题！）。也许饮食方式A不一定优于饮食方式B，但对于某些人而言，两种饮食方式可能会产生较大的差异。显然，目前尚无数据可帮助临床医生将患者的食物代谢基因型与其最佳饮食习惯相匹配。新领域营养基因组学有望填补这一空白[6]。然而，数据的空白并不意味着我们一无所知。过去15年的研究让我们进一步了解了饮食如何影响健康、幸福和长寿。

经过原始人类数万年的进化，我们才形成如今的消化系统。大约5万年前，旧石器时代的人类祖先靠采集植物、捕鱼、狩猎野生动物或食用其尸肉为生。因此，人类祖先的饮食以瘦肉、鱼、水果、蔬菜、菜根、鸡蛋和坚果为主，即所谓的旧石器时代饮食或古饮食。古饮食的形成源于这样一个事实：人类当时尚未进化到能拥有典型的美国饮食方式，即含有大量的糖、盐或饱和动物脂肪；这些都是技术的产物和工业食品，是我们的身体——我们的基因——还无法跟上的进化节奏。

有史以来，人类便一直致力于寻找一种特殊的饮食搭配来减肥或提高健康水平。在古希腊（地中海饮食①的发源地），伟大的希波克拉底（Hippocrates）医生建议超重的公民严格遵循"锻炼和呕吐"方

---

① 泛指地中海沿岸的南欧各国以蔬菜水果、鱼类、五谷杂粮、豆类和橄榄油为主的饮食风格。研究发现地中海饮食可以减少患心脏病的风险，还可以保护大脑免受血管损伤，降低发生中风和记忆力减退的风险。

案。征服者威廉从大约 1080 年开始遵循酒精饮食。(后来死于骑马事故。)在 19 世纪初，拜伦勋爵遵循全醋饮食。到 20 世纪初，出现了绦虫饮食。(顾名思义，该饮食的理念是绦虫会消耗人吃的部分食物，然后人可以排出绦虫——这可能会引发什么问题？)接下来，这部"饮食编年史"涵盖了葡萄柚饮食、卷心菜汤饮食、红辣椒与柠檬汁排毒饮食、香烟饮食、胎盘饮食(詹纽瑞·琼斯和金·卡戴珊①倡导)、棉球饮食(减少饥饿感，但会导致严重的肠梗阻，有时甚至致死)和快速瘦身(SlimFast)饮食。许多似乎很现代的流行饮食(例如素食主义、纯素食主义和生食)都起源于 19 世纪，而当下十分风靡的生酮饮食可以追溯到 20 世纪 20 年代。你也许会认为，如果其中一种饮食方式明显优于其他，时间久了，我们自然会知道最佳选择是什么。

斯坦福营养学家克里斯托弗·加德纳(Christopher Gardner)[7]指出："无论这些饮食看起来有多么疯狂，只要有足够多的人尝试，它们总会对某些人起作用……如果让 100 个人尝试，某种方式可能只对其中两个人有效，但推崇这种饮食方式的人不会这样测试饮食的效果，他们只关注那两个成功的案例。"

也许遵循某种饮食方式真正的意义在于让你更加关注当下吃的食物——专注于正念②——遵循饮食方式的有效性在于此，而不在于细节。从这一角度而言，所有饮食方式都涉及生活方式的转变。遵循某种饮食方式的人[8]通常会同时加强锻炼，这也许是比改变饮食习惯本身更重要的生活方式转变。事实上，主流饮食方式带来的效果并没有太大差异。《美国医学会杂志》发表的一篇研究文章比较了[9]极低脂

---

① January Jones 和 Kim Kardashian，分别为美国演员和美国社会名流。
② 最初源于佛教禅修，是从坐禅、冥想、参悟等发展而来。指有意识地关注、觉察当下的一切，而对当下的一切又都不做任何判断，只是单纯地觉察它、注意它。

饮食（Ornish）、极高脂饮食（阿特金斯饮食，Atkins）、平衡控制饮食（Zone）① 和热量摄取限制饮食（Weight Watchers），结果发现上述饮食方式在减重或降低心血管疾病风险方面没有差异。研究人员指出，市面上有超过 1000 本减肥书籍，多数提到"本书与主流医学的建议大相径庭"，这不过是从侧面很好地印证了，这些书的理论未经证实。但我认为我们应当严肃对待这类书籍，应该称其为"无知的猜测和推断"。

许多畅销的饮食书籍都提倡减少碳水化合物的摄入——例如，《阿特金斯博士的新饮食革命》（*Dr. Atkins' New Diet Revolution*）、《碳水化合物成瘾者的饮食》（*The Carbohydrate Addict's Diet*）和《低碳水化合物全食谱》（*The Complete Low Carb Cookbook*）。在撰写本书时，《极简的生酮饮食》（*Simply Keto*）在亚马逊畅销书排行榜居第 33 位。书中提倡的饮食建议与政府部门（美国农业部、美国卫生与公众服务部、美国国立卫生研究院）和非政府组织（美国营养与饮食学会、美国心脏协会、美国糖尿病协会）认可的健康饮食背道而驰。而且，关于碳水化合物摄入的极端限制是否有益健康，学界还未达成共识。

《英国医学杂志》2018 年度阅读量最多的文章表明，限制膳食碳水化合物的摄入为防止体重反弹提供了[10]代谢优势，但该文章的数据可能无法支持其结论。美国国家糖尿病、消化和肾脏疾病研究所的高级研究员凯文·霍尔（Kevin Hall）[11]发现《英国医学杂志》这篇文章的数据分析不当，经他重新分析后，发现限制膳食碳水化合物摄入

---

① 又称区域饮食法，一套调节人体激素分泌的饮食体系，通过平衡饮食摄入的蛋白质、碳水化合物和脂肪比例将胰岛素水平保持在特定区间，以达到脂肪自然代谢、抵抗炎症和慢性疾病、运动潜力最大化等效果。

并无积极影响。这种情况在科学界经常发生,因为科学是一个自我纠正、自我监管的过程。然而,对结果的更正几乎从未登上新闻头版,因此,某人的错误反而给公众留下了深刻的印象。

许多饮食方式对身体并无害处,这些方式激励人们加强对饮食的内容以及量的关注。但是,有些饮食方式百害而无一利,例如棉球饮食或香烟饮食,或者尼古拉斯·冈萨雷斯(Nicholas Gonzalez)博士创造的饮食方式,其声称可以治疗癌症[12]。冈萨雷斯博士根据不同患者的情况给出了饮食方面的建议(到目前为止都是可取的),包括素食,也有每天食用两三次红肉的要求。而这位博士建议的所有饮食方式都需要搭配他的团队出售的补充剂。量是多少呢?每天80粒至175粒胶囊。他本人于67岁死于心脏病发作,而他在世时,说服了许多人遵循被医疗机构否决的饮食方式,这些方式受到纽约州医疗委员会的强烈谴责。美国癌症协会表示,尚未找到令人信服的科学证据表明冈萨雷斯疗法对癌症治疗有效,而且这种疗法实际上可能对身体有害。

这类饮食建议有两大危害:其一,饮食方式和补充剂会对身体造成伤害;其二,人们往往排斥完善的医疗手段,而倾向于遵循未经证实的"替代"方案,从而错过了药物治疗的重要窗口期。(第三大危害是,人们会把钱浪费在这些饮食方式上。)冈萨雷斯曾在两起医疗事故诉讼中败诉。在其中一个案例中,他需要向一名被诊断出患有子宫癌的患者支付250万美元[13]。他曾说服患者不顾肿瘤科医生的建议,还推荐其服用自己品牌的膳食补充剂,并建议其养成喝咖啡灌肠的习惯。随后,癌症扩散到患者的脊椎并致其失明,于是这名患者放弃了冈萨雷斯疗法,重新寻求肿瘤科医生的帮助。

如果你认为上述事件听起来颇为熟悉,那是因为这个故事正在世界各地以不同的版本上演，比如墨西哥的精神治疗师，欧洲的顺势疗法①医生。商家常常将草药、维生素、矿物质以及膳食补充剂打上"天然"产品的标签来推广销售，但天然并不总是意味着安全。例如，牛粪是"天然的"。一项研究测试表明，印度制造的20％的阿育吠陀药②14所含的铅、汞和砷都达到了毒性水平。对此，梅奥医学中心为考虑替代治疗手段的消费者15提供了有价值的指南。虽然"净化、排毒和激活"等术语听起来令人振奋，但这通常只是在掩盖缺乏科学依据的事实。只有少数"毒素"（例如铅）是已知的，而上述治疗方法无法去毒。梅奥医学中心还建议广大消费者小心他人的推荐。使用某产品的个体案例无法替代科学证据。如果商家声称有确凿的证据可证明其产品的效用，那么可以查询其是否经过同行评审。只需记住：个体案例的堆积不等同于数据。换言之，个体案例只是在变量未控制的条件下观察到的现象或发生的故事。真正的科学数据收集需要系统地分离变量、记录条件，并观察大量病例的趋势。

《科学美国人》（*Scientific American*）杂志16以其犀利的视角，发表了一篇文章——《为何迪恩·奥尼什有关营养的所有观点几乎都有误》（"Why Almost Everything Dean Ornish Says about Nutrition Is Wrong"）。奥尼什于1990年以一个研究为开端涉足营养领域，但由于该研究无法有效地控制变量，仅研究了48名心脏病患者——24名作为对照组，24名遵循奥尼什饮食。一年后，他声称奥尼什饮食小组的动脉硬化发病率降低。某种治疗手段能降低患者体内物质的水平，

---

① 基于以毒攻毒原理的医学体系，认为若以很小剂量服用在大剂量服用时会引起疾病的物质，可以治愈相同的疾病。
② 阿育吠陀是印度古老的综合医学系统，倡导使用纯天然草药、水果、植物、泥土等调理身体。

并不能表明该手段是否在一开始便可用于预防疾病。除去该研究存在的大缺陷,还有一个小问题:奥尼什饮食小组(非对照组)的参与者同时戒烟,加强锻炼,并接受压力管理咨询,但实验并不允许对照组的人采取相同措施。如《科学美国人》报道:

> 戒烟、锻炼、减压和节食——如果同时进行——可以改善心脏健康,这并不奇怪。然而,该实验有(一半的)参与者同时进行以上所有生活方式的转变,这意味着无法对仅由饮食方式带来的影响做出任何推断。

抗氧化剂

基于伪科学的流行饮食讨论就到此为止。那么如今科学的饮食方式是什么?我在第3章中简要提到了抗氧化剂。抗氧化剂已成为营养、饮食和长寿研究领域新的流行语。但在实验室之外,很少有人了解抗氧化剂的本质,只知道它对身体有益。你可能还记得高中的化学知识——电子是原子内带负电的粒子,你也许还记得电子配对。当两个原子或分子具有自旋方向相反的电子时,它们就可以配对,形成稳定的分子状态。而具有未成对电子的原子、分子或离子是不稳定的,它们被称为自由基。在人体细胞将葡萄糖转化为能量的过程中,自由基会一直产生。但是,线粒体(细胞内的一个细胞器,人体的大多数细胞内都有线粒体)受损也会导致自由基的增加[17]。摄入某些食物/物质(例如油炸食品、酒精、烟草、杀虫剂和空气污染物)也会增加自由基。

自由基不稳定，会通过氧化反应夺取 DNA 和细胞膜的电子，从而对两者造成损害，这很容易形成连锁反应。例如，一个带有自由基的分子从另一个分子处夺取电子，使其成为自由基；随后，这一自由基再从另一个分子处夺取电子，使其也成为自由基；接下来，一传十，十传百，出现滚雪球效应，一发不可收拾。与此同时，所有带自由基的分子都无法正常发挥其细胞功能，并产生氧化应激①。

　　好在人体进化出了许多内在的抗氧化机制[18]。抗氧化剂能清除自由基，因此在维持细胞健康中发挥着关键作用。抗氧化剂以两种方式清除自由基：①减少自由基的形成；②通过提供一个氢原子与已形成的自由基发生反应，从而中和自由基。抗氧化剂的作用在于，在自由基损害其他细胞成分之前，向自由基提供一个电子。一旦电子配对，自由基就会变得稳定且无毒。

　　学界认为氧化应激是多种疾病的基础诱因，这些疾病包括癌症、糖尿病和神经系统疾病，如帕金森病和阿尔茨海默病，还认为氧化应激会缩短寿命。氧化应激导致 LDL（低密度脂蛋白，即"坏"胆固醇）水平升高以及心脏病的斑块积聚，甚至还会让人长皱纹。早在 20 世纪 60 年代人们便知道自由基会加速衰老[19]，而减少自由基可以延缓衰老[20]。

　　关键问题在于，膳食抗氧化剂能否缓解自由基氧化造成的损害。而让问题变得更为复杂的是，关于哪些分子是抗氧化剂，科学家也还未达成共识[21]。目前为人熟知的所谓抗氧化剂包括[22]视黄醇（维生素 A）、β–胡萝卜素（视黄醇的前体）、抗坏血酸（维生素 C）、维生素 E、类黄酮和部分 omega-3 脂肪酸。在某些情况下，锌也可以起

---

① 由自由基在体内产生的一种负面作用，并被认为是导致衰老和疾病的一个重要因素。

到抗氧化剂的作用。抗氧化剂的定义非常宽泛，因为抗氧化剂能直接、间接起作用，任何能消除自由基毒性的物质都可以称为抗氧化剂。例如，虽然硒不能直接起作用，但可以通过间接作用使某些活性氧物质脱氧。而生育酚（维生素E）通过提供氢原子直接起作用。不过，在某种程度上，这一方面争议的焦点在于：某些食品或补充剂分子确实能向自由基提供一个氢原子，但这是否意味着在实际的活体生物体内，它们也能按照人们预设的方式发挥同样的作用，我们还不得而知。

回想一下第7章关于补充氨基葡萄糖的讨论，按理说，服用含有软骨的药物应该有助于缓解软骨损伤，但身体的运行机制并非如此。同理，食物含有的物质，例如抗氧化剂和胆固醇，不一定有人们认为的效果。有一定数量的研究证据表明，食用食物中的抗氧化剂有益健康。但是问题在于，学界尚未对抗氧化食物做出足够严格的研究，还无法得出明确的结论。最近一项元分析表明[23]：“并不存在随机对照实验……经判断，所有研究都存在中度到重大的偏差风险。”

支持服用抗氧化剂补充剂的研究依据更少。例如，一项研究跟踪了近4万名女性长达10年。其中一半被随机分配服用维生素E补充剂[24]，另一半服用安慰剂。10年后的结果显示，维生素E并没有显著降低心脏病发作、中风或患癌的风险。而针对一系列抗氧化剂补充剂（包括β-胡萝卜素、维生素A、维生素C和硒）的其他随机对照实验的结果也并未显示抗氧化剂补充剂能降低癌症发病率。对于胃肠道癌症，补充剂实际上反而增加了全因死亡率。一项元分析回顾了针对超过29万人的研究，发现抗氧化剂补充剂对心血管疾病没有影响[25]。补充抗氧化剂可能会干扰免疫系统[26]或负责消除受损细胞的防御机制。

（补充剂也许能帮助饮食习惯非常糟糕的人群[27]或孕妇，但仍需科学依据才能证实这一点。）

许多针对补充剂的研究都以失败告终，这是因为人们一次只研究一种补充剂，且后者并不等同于真实的食物。真实的食物含有补充剂缺乏的纤维、微量营养素和肠道有益菌。而且，经证明，部分抗氧化剂、维生素 C 和维生素 E[28]会阻碍体育锻炼对健康的促进作用。

胆固醇、脂肪和脑部健康

大多数人都知道胆固醇、膳食脂肪和心脏病之间的关系，而从分子生物学水平了解其背后的本质则十分有趣，且颇具启发性。

胆固醇是一种蜡状物质[29]，在血液中循环并附着在血液中的蛋白质上。人体需要胆固醇来形成健康的细胞，包括脑细胞，但部分胆固醇达到高水平会增加患心脏病的风险。胆固醇与蛋白质结合产生的分子称为脂蛋白。低密度脂蛋白将胆固醇颗粒输送至全身。它会在动脉壁中积聚，使其变硬变窄，并导致动脉硬化。

高密度脂蛋白（HDL，即"好"胆固醇）会吸收多余的胆固醇，并将其带回肝脏，接着肝脏将多余的胆固醇从体内清除。

饮食习惯不健康和肥胖问题会提高有害胆固醇的水平，而缺乏体育锻炼会降低有益胆固醇的水平。吸烟会破坏血管壁，使其更容易积聚低密度脂蛋白沉积物，从而增加有害胆固醇的水平，同时降低有益胆固醇的水平，对女性而言尤为如此。 随着年龄的增长，低密度脂蛋白水平会自然上升，因此养成健康的生活习惯变得越发重要，尤其是在 50 岁之后。这其中还涉及遗传因素——有害胆固醇水平上升的速度和体育锻炼增加有益胆固醇的能力在一定程度上受遗传的影响。如果健康的生活习惯（体育锻炼、饮食改善）无法优化胆固醇水平，那么可用药物（他汀类药物；在极端情况下，可采取脂蛋白分离术，使用过滤机从血液中去除低密度脂蛋白）降低低密度脂蛋白水平。

然而，一如我们所见，善意的干预措施并不总能产生预期的效果。目前尚不清楚使用他汀类药物降低低密度脂蛋白能否降低患心脏病的风险——他汀类药物可能只是减少了与疾病相关的标志物的水平，而没有抑制真正的病因。即使他汀类药物能减少标志物水平，其作用也很有限：在某项研究中，一年内有 300 人服用他汀类药物[30]，而药物只延迟或预防了一人的心脏病发作。

美国等许多国家和地区的食品标签上都会列出胆固醇含量，但食用富含胆固醇的食物能否改变血液中的胆固醇水平，尚未有科学共识达成。许多富含胆固醇的食物都富含必需营养素。

脂肪也是饮食中必不可少的元素：脂肪是能量的主要来源，是在神经元周围生成髓鞘、维持细胞健康及韧性必不可少的元素。而脂肪分为不同的类型[31]，主要有：

1. 饱和脂肪，常见于肉类、鸡蛋和全脂乳制品中；
2. 单不饱和脂肪，常见于橄榄油和菜籽油中；
3. 多不饱和脂肪，常见于种子、坚果、鱼和植物油中；
4. 反式脂肪，常见于油炸食品、微波炉爆米花和部分售卖的烘焙产品中。

饱和脂肪一直被认为是心脏健康的大敌，但一项针对 72 项研究

（追踪了 18 个国家、60 万人）的元分析指出，饱和脂肪的摄入与心脏病之间没有任何关系[32]。请注意，上述实验并非对照实验——也许研究中摄入饱和脂肪的参与者更频繁地锻炼身体；也许他们代谢饱和脂肪的方式存在遗传差异。但该分析表明，罪魁祸首应当是反式脂肪，常见于油炸食品、薯片等垃圾食品中。

富含可溶性纤维的饮食有益身体健康[33]，因为纤维会与消化系统中的低密度脂蛋白胆固醇分子相结合，并将其排出体外，避免其进入循环系统。富含可溶性纤维的食物包括燕麦［燕麦片、晶磨（Cheerios）和缺德舅（Trader Joe's）牌麦片］、大麦等全谷物，以及豆类（包括大豆和豆奶）、高纤维水果（苹果、草莓、柑橘，其中含有的果胶是一种可溶性纤维）、茄子、秋葵、富含脂肪的鱼类、液体植物油和坚果［每天只需摄入 2 盎司（1 盎司 ≈ 28.3 克）的坚果就能使低密度脂蛋白降低 5%］。此外，富含 omega-3 脂肪酸的食物也能降低低密度脂蛋白，并使患心脏病的风险降低 7%[34]，如富含脂肪的鱼类、籽类（尤其是奇亚籽、亚麻籽和大麻籽）、坚果（尤其是核桃），以及橄榄油和菜籽油。不溶性纤维（麦麸、蔬菜和全谷物）可预防便秘和憩室炎①，也有益健康。

实际上，脂肪（即便是饱和脂肪）的摄入不是造成心脏病的原因[35]，罪魁祸首应当是导致胆固醇在动脉壁中积聚的发炎过程。而坚果中的 α–亚麻酸、多酚和 omega-3 脂肪酸，以及特级初榨橄榄油、蔬菜和油性鱼可迅速缓解炎症和冠状动脉血栓的形成。

---

① 憩室本身并不会造成任何问题，但若其开口被阻塞，则会形成憩室炎。

热量限制

本杰明·富兰克林在《穷理查年鉴》(*Poor Richard's Almanack*)中建议道："要延年益寿，请少吃食物。"十几年前人们便知道，限制热量摄入后，小鼠和大鼠[36]的寿命可延长30%至40%。如果你能轻松满足食物和营养需求，而且生理压力水平较低，那么基因便会促进你的细胞生长和繁殖。相反，在恶劣条件下，基因活动会转向维持和保护细胞。许多压力源会促成后一种反应[37]，热量限制便是一种最能活跃该反应的方法，对许多物种（从酵母到秀丽隐杆线虫，从小鼠到灵长类动物）来说都是如此。多年来，人们认为热量限制只能减慢生物体的新陈代谢，从而减缓细胞损伤的累积。现在人们普遍认为，热量限制会引发代谢反应的变化[38]，特别是胰岛素和胰岛素样生长因子（IGF-1）①，以及AMP活化蛋白激酶②和去乙酰化酶③的下调。分子生物学家辛西娅·凯尼恩（Cynthia Kenyon）解释了这背后的意义[39]：

> 减缓衰老似乎是一项艰巨的挑战，因为衰老是所有人都无法避免的。因此，值得注意的是，在实验室延长动物的寿命时，我们不必逐个解决所有的衰老问题，例如肌肉萎缩、皱纹和线粒体突变。相反，我们只需调整一个调控基因，然后观察动物的情况。换言之，实验室动物因此有可能活得比一般动物要久。

---

① 一组具有促生长作用的多肽类物质，其分泌细胞广泛分布在人体肝、肾、肺、心、脑和肠等组织中。
② 调控能量代谢的重要枢纽，并且能够通过增加葡萄糖摄取、促进自噬、抑制凋亡来减轻缺血心肌的损伤。
③ 存在于所有动物细胞核中的酶蛋白，能提高DNA的稳定性、修复及防卫功能等，具有抑制身体老化的作用。

对哺乳动物而言，高葡萄糖水平会导致胰岛素水平升高，而这可能会缩短寿命。当凯尼恩改变胰岛素/IGF-1通路中的PI3K酶时，实验中蠕虫的寿命延长了10倍。此处体现了有关糖和胰岛素的重要信息。胰岛素是在胰腺中产生的激素。当血糖水平较高时，胰腺β细胞将胰岛素分泌到血液中；当血糖水平较低时，胰岛素分泌被抑制。胰岛素是正常代谢必需的激素，它能帮助血液中的葡萄糖进入肌肉、肝脏细胞，使其变为这些细胞的能量。如果胰岛素水平升高（高胰岛素血症），且一直处于这种状态，人便会面临许多健康问题，包括胰岛素抵抗（和2型糖尿病）、肥胖[40]、免疫系统抑制[41]以及心律失常[42]。

由于与胰岛素信号系统的相互作用，热量限制似乎对大脑有益。禁食和剧烈运动都对神经系统有益，两种情况的神经化学变化是相似的：两者都刺激了脑源性神经营养因子（BDNF）的产生。禁食会刺激酮的产生，而酮是神经元的能量源；禁食会增加神经元中线粒体的数量，帮助神经元产生更多的能量。

凯尼恩推测，如果能够抑制胰岛素受体，同时采取低碳水化合物的饮食方式，人类的寿命就有可能延长。或者，还可以改变受热量限制影响的基因和信号通路，这样人们就可以随心所欲地进食。

越来越多的证据表明，胰岛素可能在阿尔茨海默病的发展中发挥作用[43]。这启发了部分有前瞻性意识的医生，他们主动为有阿尔茨海默病和痴呆症家族史等危险因素的糖尿病患者开糖尿病药二甲双胍（一种降血糖药）。尽管这一方面的证据不足，但从现有的证据来看，前景可观。一项针对三项研究的元分析表明，服用二甲双胍的人发生认知障碍的概率明显较低，在六项研究中，服用二甲双胍能显著降低痴呆症的发病率。而且，科学家发现二甲双胍[44]具有神经保护作用。

以上所有结果都针对糖尿病患者,尚未找到证据证明二甲双胍作为预防药物的有效性。2016 年,研究员公布了检验该假设的方案[45],一项相关研究也刚在英国开展。

目前,延长寿命、抑制衰老害处的最佳选择似乎就是吃少点。有很多方法能帮助我们节食,虽然尚不清楚哪种方法最有效。比如,全天的饮食都要减少热量的摄入;一周禁食(几乎不吃)一天或两天;每隔一天禁食;每年禁食两周;不吃晚餐;每年有一个月只喝果汁;等等。一开始尝试这些方法可能并不好受,但许多人最终都能逐渐适应并习惯这些方式。我认识的许多研究员已经开始尝试了。杰弗里·莫吉尔每周禁食一天。辛西娅·凯尼恩不吃碳水化合物。如果不饿,我不会进食,而且每周有几天不吃晚餐。马克·马特森(Mark Mattson)会间歇性禁食[46]——减少进食的频率。当然,突然限制热量的摄入也有一定风险,包括营养不良、胃肠道问题和饮食失调。建议不要自作主张——最好与医生讨论后制订计划。而从长期来看,现存的纵向研究还不足以证明间歇性禁食(或其他禁食形式)弊大于利。

研究表明,在必须进食的情况下,许多食物都对健康有益,包括富含单不饱和脂肪(有益脂肪)的初榨橄榄油。食用橄榄油[47](每天约三汤匙)能缓解细胞氧化应激,调节胆固醇和抗炎症活性。

经证明,十字花科蔬菜[48]能预防多种癌症,甚至可以抑制部分癌症的发展,包括抱子甘蓝、西蓝花、花椰菜、羽衣甘蓝、卷心菜和白菜。它们通过启动细胞防御机制,以及改变癌症相关基因来发挥作用。芥子油苷和 3-甲醇是十字花科蔬菜中含有的健康促进剂。

此外,地中海饮食方式还包括食用油性鱼类,如沙丁鱼和凤尾鱼。这类油性鱼含有 omega-3 脂肪酸，对大脑和视网膜组织的发育和维稳，以及髓鞘的形成至关重要，也有人表示油性鱼可降低患心脏病和癌症的风险。于是，omega-3 补充剂风靡全球[49]，从而产生了一个价值 330 亿美元的全球产业——大约相当于全球音乐市场的规模。许多虽然出发点很好但未经证实的干预手段便被推广开来，而与这些手段一样，omega-3 补充剂似乎不起作用。2018 年，科克伦系统评价（Cochrane systematic review，元分析的黄金标准）[50] 聚焦了 79 项涉及 12000 多人的独立试验的结果，发现服用 omega-3 补充剂对心血管疾病发作、冠心病发作、因冠心病死亡、中风或心律失常问题的风险几乎没有影响，甚至可能增加部分癌症的发病率。

研究发现 omega-3 补充剂有副作用，那么食物中天然的 omega-3 脂肪酸呢？越来越多的证据表明，天然 omega-3 脂肪酸有助于减少炎症，提高胰岛素敏感性。除此之外，尚无法证明该脂肪酸在其他方面的健康效用——有些研究显示，天然 omega-3 脂肪酸可以预防癌症和心脏病，而部分研究并未得出这一结论。美国国立卫生研究院最近的一份报告[51]指出，omega-3 补充剂无法降低患心脏病的风险，但每周吃一次至四次海鲜的人死于心脏病的概率较小。omega-3 脂肪酸等抗氧化剂的最佳摄入剂量也许遵循工程师所说的阶跃函数：超出某个数值后便没有效果，反而会造成伤害。《哈佛健康》（Harvard Health）报告指出[52]：

食用鱼等海鲜仍然不失为一种健康策略。要是能绝对肯定地说吃海鲜的好处完全仰赖于 omega-3 脂肪酸，那么便该直接吃鱼油丸，不用吃鱼了。但实际上，这种好处也许得益于鱼类脂肪、维生素、矿物质和支持性分子的整体组合，而非单独的 EPA 或 DHA（omega-3 脂肪酸的类型）。其他食物也是如此。摄入再多补充剂也无法替代水果、蔬菜和全谷物带来的丰富营养。

饮食的一大禁忌是过量：食用过多的鱼肉会增加汞等毒素的摄入。此外，过度捕捞的现象太严重，很快我们的孙辈就没有足够的鱼肉可吃了。

地中海饮食中最受关注的建议是，用餐时搭配适量的红酒能促进身体健康。在此，我们必须区分红酒本身的影响与其酒精含量的影响。一项相关的系统研究并未发现红酒对健康的影响[53]与适度饮用其他酒精产品有何不同。许多研究表明，适度饮酒[54]能降低血压，从而减少冠状动脉的风险。但是，这个问题很复杂。毕竟饮酒会增加口腔、咽、喉、食道、肝脏、乳腺、结肠和直肠原发性肿瘤的风险[55]；增加乳腺癌幸存者[56]和其他癌症患者的死亡率；干扰睡眠和做梦的周期，正如第 8 章提到的，饮酒会打乱生物钟；而且饮酒可能使人上瘾。

同鱼油一样，研究初步发现红酒对健康也许存在有益的影响，这也催生了与红酒有关的补充剂产业。研究员在红酒中发现了白藜芦醇，也许你曾读到过这种化学物质。白藜芦醇具有抗氧化性，该成分在动物体内可降低高血压、减少心力衰竭和缺血性心脏病的概率，并提高胰岛素敏感性，而且能减少高血糖水平和高脂肪饮食引起的肥胖问题。然而，相关系统评价的结论是，尚无足够的证据表明白藜芦醇补充剂[57]可以预防人类疾病，或延长人类的寿命。尽管如此，另一项综合评价却向人们推荐了白藜芦醇补充剂[58]。

据称，得舒饮食①（DASH）、健脑饮食②（MIND）和地中海饮食等多种饮食方式对认知水平的提高和身体都有诸多益处[59]，但几乎不存在支持这些观点的证据。认知能力下降和阿尔茨海默病的公认诱因是氧化应激、神经组织炎症，以及循环系统中有害物质积聚引起的血管问题。从逻辑上来看，采取降低胆固醇和炎症的健康饮食方式[60]是对抗上述两种问题的合理方法。然而，医学史上有许多合理但缺乏证据的治疗手段和建议，而且证据与"合理"的建议背道而驰。问题在于身体（和大脑）很复杂，涉及许多相互作用的因素，在了解干预治疗（即便是最简单的干预）的所有影响的道路上，我们才刚迈出一小步。

蛋白质

老年人吸收蛋白质的效率较低[61]，每人每天每磅体重需要 0.54 克蛋白质。如果体重为 68 千克，则需要摄入蛋白质 81 克，换算一下大约 3 盎司。这看起来也许不多，但试比较，鸡的琵琶腿重 104 克，但不是纯蛋白质；事实上，这样的鸡腿可能只含 24.9 克的蛋白质。请参考以下数据[62]：

一杯脱脂牛奶 ≈ 8.4 克蛋白质

两汤匙花生酱 ≈ 5.8 克蛋白质

---

① 一种用于预防、治疗高血压和降低心脏病风险的饮食方式，主要由水果、蔬菜、全麦谷物和精瘦肉组成。
② 目标是降低认知障碍（如阿尔茨海默病和痴呆症）的风险。更加偏好蔬菜（如深色绿叶蔬菜），限制乳制品的摄入。

两个中等大小的鸡蛋 ≈ 12.5 克蛋白质

0.5 磅鲑鱼 ≈ 43.1 克蛋白质

即便摄入上述所有食物，这个量仍然比日常需求少 11.2 克。

对老年人最优质的蛋白质[63]是富含亮氨酸[64]的蛋白质——常见于牛奶、奶酪、牛肉、金枪鱼、鸡肉、花生、大豆和鸡蛋中。亮氨酸是人体通过饮食摄取的 9 种必需氨基酸（蛋白质的组成部分）之一，主要存在于动物蛋白中。

这里存在一些矛盾点——奶酪和牛肉含有不益于健康的饱和脂肪，金枪鱼可能含有有害健康的汞，鸡肉可能含有抗生素，但它们同时也是有益的蛋白质来源。（对某些人而言，98% 的瘦牛肉是很好的替代品，每 100 克瘦牛肉的脂肪含量低于 2 克。）缺乏蛋白质会导致大脑、肌肉和免疫系统出现严重的问题。

但是，亮氨酸的例子说明了两个误区：一次只关注一种饮食成分，以及认为必需元素总是多多益善。人体需要亮氨酸进行蛋白质合成，发挥多种代谢功能。亮氨酸有助于调节血糖水平、肌肉和骨骼组织的生长与修复，以及伤口愈合。它从血液进入大脑的速度比其他任何氨基酸都要快。但是亮氨酸水平过高时，会出现亮氨酸毒性[65]，还可能引发神经回路退化、谵妄、认知障碍、5-羟色胺水平下降，导致血液中氨水平过高，同时阻止其他氨基酸的吸收。亮氨酸是人体必需成分，但不能过量，同理，前文列出的食物也要适量食用。因此，不建议每天午餐都吃金枪鱼三明治。

植物蛋白也是均衡饮食不可缺少的部分。也许你读到过相关报道，称大豆产品会干扰性激素、降低男性睾酮，并导致更年期女性雌激素问题。上述报道的结果是根据错误数据得出的,现在的主流观点是,除了对大豆过敏的人之外,大豆对所有人都有益[66]。

补 水

亚里士多德曾写道:"生物潮湿而温暖……而老年人和老年动物却干燥而寒冷。"帕加马的希腊古典医生盖伦(Galen of Pergamon)曾说过:"衰老伴随着体内热量和水分的下降。"盖伦进一步感叹称,脱水很难诊断出来。现在仍然如此,这一问题对70多岁的老年人和儿童影响最大。

补水被大多数人忽略,但这对细胞和大脑健康都至关重要。很多时候,感到疲倦是脱水的第一个迹象。脱水的其他症状还包括头痛和恶心。脱水是一种医学问题——不同于口渴。口渴只是有可能伴随脱水出现的症状。

脱水可致命。脱水是全球4岁以下儿童的第二大杀手[67],也是70岁以上老年人的第八大死因[68],脱水还可能造成肾结石。脱水的常见原因是过热或运动过量(因为出汗会导致盐分流失)、海拔较高,以及疾病。酒精也是脱水的罪魁祸首[69]:酒精会抑制帮助吸收水分的激素的分泌,因此人体会失去比平时更多的水分。

即便能喝到水,老年人脱水的风险也会增加,因为他们大脑中的口渴检测器会退化。脱水风险最大的病况有[70]:发烧或感染、认知状态受损或肾功能受损,以及服用的药物影响体液和电解质平衡。

脱水由血液中的水、盐和电解质不平衡造成。电解质包括钠、氯、钾和镁。补水不只是简单地意味着多喝水,因为一旦处于脱水状态，人体便无法保留喝进去的水，而且水无法代替耗尽的盐分和电解质。

补液需要饮用口服补液盐（ORS）溶液，这是水、盐和糖的混合物；小肠能吸收该溶液，并补充脱水时失去的水和电解质。如果脱水时伴有腹泻，锌补充剂可将腹泻发作持续的时间减少25%。严重脱水的病例需要[71]静脉输液。

要保持人体水分充足，需要限制酒精的摄入量，或每喝一杯酒精饮料至少喝一杯8盎司（约236.6毫升）的水。富含营养的食物有助于维持电解质和盐的适当平衡。脱水时，应避免吃面包或干果[72]——食用这两种食物需要身体从血管系统中吸收水分，会导致身体进一步脱水。市面上有几种口服补液[73]可供选择。购买后可将其放在钱包或公文包中，也可放在工作场合的办公桌和家里的桌上，如果容易脱水，请每周服用两次。如果患感冒或流感，请每天喝两支。如果有昏睡感，刚熬过特别炎热的一天，或者剧烈运动、饮酒了，都可以服用这些口服补液。

便　秘

如希波克拉底所说："肠道随着年龄的增长变得迟缓是一个普遍规律。"便秘是一个衰老过程中最常见且最恼人的问题[74]，50%的老年人受其影响。随着年龄的增长，移动食物的肠道肌肉会衰弱，收缩性也变差。老年人服用的许多药物通常都会导致便秘这一副作用。许多老年人的身体活动减少，也会加剧便秘。女性、非白种人群、社会经济地位较低者，以及患有抑郁症的人群更容易受便秘的影响。

那么究竟为何这本关于大脑的书要提到便秘的话题？

临床观察发现，便秘会干扰认知水平。只有少数研究针对这一方面展开了探索，虽然只得出了初步的研究结果，但结果表明两者确实存在关联。便秘使大鼠基因表达出现变化[75]，进而影响血红蛋白的含量和质量，以及血液为海马神经元输送氧气的能力，导致大脑胆碱能系统改变。已经确定的是，人体的慢性便秘与认知障碍[76]之间存在关联。

便秘对非认知方面造成的影响也很严重。排便用力过猛会致人晕倒，或使大脑血管破裂。由于许多人在与医生等医护工作者讨论自身排便情况时感到不自在或尴尬，慢性便秘往往得不到治疗。

便秘指两个不同的问题：排便困难、排便频率降低。通常可以通过以下方式治疗：增加不溶性纤维的摄入、补液（每天 2 升）和运动——特别是帮助轻扭或弯曲腹部区域的运动。或者，只需好好散一个步，就可以让肠道蠕动起来。如果以上都不奏效，就需要服用泻药，有两种类型：散装泻药和渗透性泻药。去药店购买泻药前，请务必了解两者的区别。

散装泻药不能被消化[77]，其含有的纤维反而会让人体保留更多的液体——因此在服用散装泻药时，要确保液体摄入的增加。吸水后，粪便会更柔软、更有重量。粪便尺寸变大会刺激肠道肌肉的收缩，加快肠道蠕动，从而促进排便。散装泻药可能需要 12 小时至 36 小时才能产生效果，因此无法立即缓解便秘，而最适合用于维持消化系统的长期健康。散装泻药包括车前子壳（Metamucil）、亚麻籽粉、小麦糊精（Benefiber）、甲基纤维素（Citrucel）和聚卡波非（FiberCon）。

渗透性泻药能帮助肠道吸收水分，软化大便，但会消耗电解质，导致脱水，因此在服用时需保持水分的摄入。渗透性泻药可在 6 小时内发挥效用，其主要有效成分是聚乙二醇（LaxA-Day、MiraLAX、PegaLAX 和 RestoraLAX）。渗透性泻药为短期用药，不同于散装泻药，因此不适合长期服用，连续服用时间不应超过 7 天，并且可能致人成瘾。诺曼·李尔（Norman Lear）是电视界先驱［喜剧《全家福》（*All in the Family*）、《杰斐逊一家》（*The Jeffersons*），以及《桑福德和儿子》（*Sanford and Son*）的制作人］，也是政治活动家［非营利组织"为美国之路奋斗"（People for the American Way）的创始人］，97 岁的他仍然十分活跃，富有创造力。当被问及如何保持高度思维敏捷性和专注力，以及他的动力何在时，他回答了一个词："MiraLAX。"

要在短期内立即缓解便秘，可在药店购买甘油栓剂和灌肠剂。也许你曾在新纪元的健康杂志或网络上读到过有关结肠灌洗的内容，请记住，这种方法无效且缺乏科学依据。

若要减少或消除对泻药的依赖，可以选择益生菌来缓解便秘。抗生素、饮食和运动习惯的改变、正常的衰老过程，以及许多尚未确定的因素都会对肠道中的细菌平衡产生不利影响。

肠道细菌和益生菌

人体的消化系统——肠道——自带计算系统，称为"肠道神经系统"，含有 5 亿个神经元，大约 100 万亿个细菌（包含有益和有害细菌），统称为"肠道微生物群"，通常也称"微生物组"。（更容易让人混淆的是，这些细菌曾被称为"微生物群"。）

大肠内壁有一层黏液，可形成生物膜，为微生物组提供潮湿、温暖的环境。在这一环境下，数千种不同种类的细菌各司其职，维持整个肠道群落的健康。这些细菌调控整个身体有关细胞持家管理和健康的诸多方面。每个人肠道中含有的细菌种类都各不相同，就像指纹一样独一无二。这受基因、文化和机会的影响，例如你的父母吃过什么、你在婴儿期和童年期吃过什么，以及各种疾病和压力源对你一生产生的影响。

微生物组对营养、消化和免疫系统功能都很重要。胃和大肠的内部是具有高度酸性的环境。细菌必须进化出适应性才能生存下来，但作为回报，它们能轻松获得胃和大肠中的食物，而且不用为此过度竞争。细菌与胃和大肠形成了互惠互利的关系。

越来越多的证据表明，肠道微生物群也会影响认知水平、行为和脑部健康。这一方面是仍需深入探讨的最前沿领域。我们已知 5-羟色胺是有关情绪、记忆和焦虑的重要神经调节剂。事实证明，人体内 90% 的 5-羟色胺都存在于肠道中[78]，由念珠菌、链球菌、埃希氏菌和肠球菌等细菌分泌产生。

人体的肠道微生物也会分泌其他重要的神经递质。第 2 章提到过 γ-氨基丁酸，它由乳杆菌和双歧杆菌分泌，是一种重要的抑制性化学物质。芽孢杆菌和沙雷氏菌会分泌多巴胺。婴儿双歧杆菌会增加色氨酸的水平，色氨酸是 5-羟色胺、褪黑素和维生素 B_3 的重要前体。嗜酸乳杆菌能促进大脑中天然大麻素[79]和阿片受体的表达，影响食欲、疼痛和记忆。

肠道细菌与心理健康[80]和抑郁症有关。缺乏粪球菌属和小杆菌属细菌的人更容易患抑郁症，而体内这两种细菌水平正常的人总体生活质量更高。粪球菌与多巴胺信号有关，还能分泌重要的抗炎剂丁酸盐，炎症的增加与抑郁症症状有关。第三种细菌普拉梭菌也能分泌丁酸盐，且生活质量较高的人群体内含有普拉梭菌。神经科学家约翰·克莱恩（John Cryan）称这些细菌为[81]"忧郁微生物"。（谁说科学无趣？）

肠道微生物组可能会失衡，导致肠道菌群失调。菌群失调最常见的原因是服用处方抗生素治疗感染，抗生素不仅能杀死引起疾病的细菌，还能杀死肠道的有益细菌。生活方式不健康（如不规律的饮食时间和高脂肪饮食）也可能导致菌群失调。人年轻时，这些方面的影响极难察觉。而衰老时，这些影响可能会使人身体衰弱。有人怀疑微生物组失衡与肥胖和许多疾病有关，包括癌症和阿尔茨海默病。

前文提到，迈克尔·梅尼早期的研究表明，人在生命早期阶段的压力源——例如婴儿与母亲分开——会对婴儿大脑的压力反应产生终生的影响。早期生活压力源也会影响肠道微生物组的组成[82]，它的成分受母亲的饮食和压力水平，以及是否顺产的影响。通过剖宫产分娩的儿童的肠道微生物组多样性较低。在实验动物中，恒河猴与母猴分开造成的压力改变了其微生物群，降低了双歧杆菌和乳杆菌的水平。与母鼠分开的大鼠[83]的粪便乳杆菌水平也出现了降低。

虽然肠-脑相互作用的程度[84]仍然未知，但人们在多种精神疾病（自闭症、精神分裂症、注意力缺陷/多动症、双相情感障碍①）和多发性硬化症中发现了肠-脑相互作用与微生物组失调[85]之间的联系。现在有一个合理但仍未被证实的观点，即婴儿期和童年期的微生物组失调会导致其今后患以上疾病，但这并不意味着我们对此束手无策。

食物和补充剂中含有的益生菌可为肠道带来或重新带来有益细

---

① 一类既有躁狂发作或者轻躁狂发作，又有抑郁发作（典型特征）的常见精神障碍。

菌。益生菌会影响身体功能，包括增加铁的摄入[86]、防止农药吸收[87]，以及影响脂肪在身体周围的分布[88]。经证明，益生菌对折磨大部分老年人的肠易激综合征[89]特别有效。

但真正有趣的是，益生菌可能对认知、情绪和行为产生影响。有小规模试验表明，仅婴儿双歧杆菌便能缓解抑郁症[90]和焦虑症，瑞士乳杆菌和长双歧杆菌的混合物可以降低压力指标皮质醇水平[91]。初步报告指出，含有乳酸双歧杆菌[92]、保加利亚乳杆菌、嗜热链球菌和乳酸乳杆菌的益生菌混合物能大幅改变中脑岛和后脑岛的活动，这些区域与焦虑症和注意力集中有关。研究证明，开菲尔①、酸奶等益生菌发酵乳制品[93]对情绪和大脑的情感中心有积极的影响。近期证据表明，多吃纤维有助于肠道健康[94]和微生物平衡。

长期以来，人们一直认为，老年人经过数十年才构成的微生物组既稳定，又能抵抗环境的影响。然而，最近的研究表明事实并非如此。老年人独特的微生物组[95]应对各种压力源的能力明显下降，还伴随着全身的进行性炎症。饮食的短期变化也会突然打乱微生物平衡[96]。

上述问题会影响需要长期居住在护理机构的老年人。研究表明，与一直居住在城镇和农场环境中的老年人相比，生活在护理机构的老年人的肠道微生物组多样性要低得多。与许多不同的人（及农场动物）互动可以维持微生物组的多样性。长期护理设施有极强的防腐性，而且接触的居民有限（主要是老年人），微生物组可能会锐减，其多样性也会减少。目前为止许多研究表明，微生物组多样性的丧失[97]会加重身体虚弱、炎症甚至引发死亡。因此，老年学一个重要的

---

① 以牛乳、羊乳或山羊乳为原料，添加含有乳酸菌和酵母菌的开菲尔粒发酵剂，经发酵酿制而成的一种传统酒精发酵乳饮料。

新前沿领域将会是，通过促进健康老化的饮食干预来调控个人的微生物组。为此，爱尔兰老年人基因组学计划（ElderMet）的科研团队已经在爱尔兰科克大学展开了这方面的研究。研究结果清楚地指出，肠道微生物组干预是维持老年人身心健康的必要手段。

关于这一方面的研究才刚刚起步[98]。目前还不存在相关的临床指南，而医学科学的验证需要数年的时间。与此同时，你可能也不想等待。建议向医生咨询肠道健康问题，推荐咨询老年病学家，或者最好是胃肠病学家。

你也可以自行服用益生菌，哈佛医学院认为这并没有看起来那样疯狂。在美国、英国和欧洲大陆出售的益生菌产品种类十分广泛，只可惜，这些产品含有的细菌培养物的类型和数量的差异很大。在美国，益生菌产品不受食品药品监督管理局的监管，因此质量很有可能良莠不齐。少量证据表明，相较于药丸或胶囊，在用餐的同时服用益生菌（或饮用液体悬浮液）能发挥其最佳效用[99]。但一大问题是，大多数益生菌制剂无法在胃的酸性环境中存活，即便存活，也无法在胃肠道内繁殖。由于产品不同的配方和剂量会产生不同的效果，除非对特定产品进行测试，否则无法提出具体建议。所有益生菌产品的功效都由多种因素决定，包括特定的微生物种类、剂量、配方、货架上和肠道内益生菌的活性、在肠道中的停留时间以及摄入方式。因此，我们不能认为某一益生菌产品或菌株的科学发现能够适用于另一种益生菌。而在益生菌产品上市前，很少有人会测试上述因素，因此消费者很难掌握全面的信息[100]。

由于不受监管，益生菌产品的市场乱象丛生，却无从根治。一项已发表的同行评审研究测试并证实了 VSL#3 制剂①的有效性，VSL#3 的发明者将其出售给一家制药公司，而该公司却莫名其妙地改变了制剂成分，令其失去效用。对此，陪审团对该制药公司做出 1800 万美元的罚款裁决。[101] 百事可乐宣称旗下的饮料 KeVita 康普茶（Kombucha）[102] 含有"活益生菌"，但 2017 年提起的一次诉讼辩称，百事可乐使用的巴氏杀菌过程杀死了活细菌（2018 年提起的第二次诉讼称，经测试，该饮料的糖含量比标签上注明的高出 6 倍）。2009 年，达能公司[103] 因虚假宣传其 Activia 益生菌酸奶系列的功效被起诉，最终赔款 3500 万美元，其产品的价格比普通酸奶的高 30%，但实际上两者没有任何不同的效果。书后注释中列出了在撰写本书时已知的两种有效益生菌产品[104]，可用于重建健康的肠道微生物组。读者也可以向医生或营养师咨询，获取最新信息。

我们对益生元的认识便更匮乏了[105]，益生元可以促进肠道中有益细菌的生长。已知食物分子可以保护益生菌[106]，因此通常建议同时服用益生菌与含有益生元的膳食。益生元是一种特殊的植物纤维，常见于多种水果和蔬菜中，尤其是含有复杂碳水化合物的水果和蔬菜。这些碳水化合物不易消化，因此通过消化系统成为细菌等微生物的食物。有数十种食物（苹果、芦笋、香蕉、菊苣根、大蒜、蜂蜜、蘑菇、海藻、麦麸、山药和酸奶）具有益生元的作用[107]，读者可向医生或营养师咨询最适合自己的食物。

现在我们从另一角度来看待这个问题。也许你了解过粪便微生物群移植（细菌疗法），即将含有有益细菌的健康人士的粪便材料移植到患者体内，以恢复其肠道细菌群的正常平衡。借此，科学家们发现

---

① 一种商品化的复合益生菌产品。——编者注

其治疗多种疾病[108]的潜力,包括癌症、糖尿病,甚至阿尔茨海默病。这项技术的效果有好有坏[109],目前仍处于试验阶段。因此,不要在家中尝试。(如果你非要尝试,千万切记不要闹得人尽皆知,不要适得其反。)

现　状

总体而言,心血管疾病、中风、癌症和糖尿病[110]所致的死亡约占美国所有死亡事件的2/3,导致每年直接和间接损失超过7000亿美元。如果改变饮食方式真的能够减少上述疾病的发病率,那么这对世界健康着实是巨大的贡献。代表相关领域的研究员和临床医生的三大专业组织——美国心脏协会、美国癌症协会和美国糖尿病协会联合发表了一份饮食建议声明。得出的结论很简单,摄入更多新鲜水果及蔬菜、全谷物和鱼能降低上述所有疾病的发病率。

杜克大学(Duke University)的进化人类学家赫尔曼·庞策(Herman Pontzer)研究了生活方式与人类祖先相似的狩猎采集人群的健康状况[111]。结果发现,虽然这一人群的饮食范围很广,但是他们的健康状况通常较为理想。重点不在于他们是从碳水化合物、动物脂肪还是坚果和浆果中获取80%的热量——几乎所有狩猎采集人群都比普通美国人摄入更多的纤维,而这几乎是二者唯一的区别。(和古饮食方式有异曲同工之妙。)有趣的是,狩猎采集人群不回避糖,会摄入蜂蜜。但值得注意的是,这一人群无法获得加工食品或油炸食品。凯文·霍尔做了一个短期对照实验。实验参与者由美国国立卫生研究院临床中心挑选(因此他们不能作弊),凯文让参与者分别食用两周的超加工食品[112]①和两周的未加工食品，如鱼和新鲜蔬菜（顺序随机）。他仔细地匹配了膳食中热量、糖、脂肪和营养素的含量，但参与者可以自行选择食用的量。结果发现，参与者吃超加工食品的速度更快，每天会多摄入 500 卡路里的热量，与食用未加工食品时相比，每周增重约 1 磅（约 453.6 克）。

庞策的研究结果与其他许多科学家的一致，即没有所谓最好的饮食，而且人们"可通过多种饮食方式保持健康"。庞策指出，狩猎采集人群肥胖率低的一个原因是其饮食方式都缺乏多样性。当食物选择有很多时，人们往往会过量食用，因为食物的各色口味都很诱人。庞策表示："这就是为何即使你在餐厅里吃饱了，也总是觉得还能来些甜点。"即便已经吃饱了，"而且一口牛排也吃不下了，你还是想尝点芝士蛋糕，因为蛋糕很甜，而且甜食仍然能够刺激你的大脑。"

在这方面，有一种饮食方式称为直觉饮食法[113]，该方法由注册营养师伊芙琳·特里弗雷（Evelyn Tribole）开创，能降低体重指数、胆固醇、血压，并改善心理健康。我在麦吉尔大学指导的博士生马洛里·弗赖恩（Mallory Frayn）研究了人们尝试大多数饮食的经历和遭遇的挫折[114]。她写道：

> 为什么各种饮食方式都收效甚微？首先，现在仍然存在价值数十亿美元的饮食行业，这表明，人们看待食物和饮食的方式存在根本问题。"专家"建议人们应该如何对待自己的身体，于是人们开始尝试，不可避免地走向失败后，继续尝试下一个"最佳"

---

① 在已经加工过的食品基础上再加工的食品，这类食品通常含有 5 种以上工业制剂，并且是高糖、高脂、高热量的食品，长期食用会增加患癌风险。

的方式，与此同时，在人们共同为健康饮食奋斗时，相关领域的幕后大佬们又开始大幅改变其有关健康的建议……

饮食方式不起作用，因为这些方式受到了限制。你被禁止摄入人体最基本的能量来源——碳水化合物，以免加大自己的腰围。这种限制会加剧你的匮乏感，最终，你只会垂涎所有被禁止食用的食物……

想尝试各色美食，是人之常情。

但从饮食中你无法得知……最终，你会崩溃。你还是想要吃一根巧克力棒，或点一份薯条（因为人类完全可以吃这两种食物）。但是，一旦这样做，你会因破坏自己"保持健康"的记录而痛苦。另外，你不会把自身的"失败"归咎于饮食方式，而会责怪自己是一个糟糕的人。

陷入反复节食又不断失败的恶性循环[115]会对身体和心理都造成伤害。直觉饮食法的一个重要理念是，身体知道你需要何种食物——通过直觉，身体能驱动你摄入可靠的蛋白质、碳水化合物和脂肪。或者，也许是肠道中数万亿的微生物向大脑发送信号，使其产生直觉驱动力。也许你的身体知道它想吃什么。

直觉饮食法的另外四大原则[116]：

1. 感到饥饿时才进食；
2. 不饿就不吃；
3. 除了饮食，尝试用其他方式来处理情绪；
4. 除非医疗要求，否则不要限制食用的食物种类。

你可能同我一样，对身体"知道"你需要什么食物这一点持怀疑态度，这听起来不科学。如何区分直觉饮食法和明显不合理的饮食渴望，比如每晚都想吃 1 品脱（约 568.3 毫升）的冰激凌？首先，出现暴饮暴食[117]通常是因为人们渴望寻求情绪安慰——尝试通过食用传统意义上的垃圾食品（比如高脂肪、高糖食物）来缓解压力和焦虑。这会使人感到十分羞耻和后悔，更别提会增重，让微生物组失衡，并加剧恶性循环了。

相较之下，直觉饮食法意味着基于身体的需求而非情感或社会因素来重新定义饮食。因此可以认为，如果了解了可以选择的食物种类，暴饮暴食的概率就会下降。直觉饮食法的支持者马洛里·弗赖恩谈道，要与食物构建一种非强迫性的、更健康的关系，让身体体验各种能吃到的健康的食物——要适量。食用这些食物时应当保持理智，并且要明白，虽然偶尔食用巧克力蛋糕和洋葱圈并无大碍，但长期食用绝不是最有益于健康的好策略。

大众媒体对食物的大部分关注点都集中在所谓的"超级食品"上，例如蓝莓、巴西莓、羽衣甘蓝和红薯。但是这种方式忽略了营养学家所说的矩阵效应，即现实生活中食物与最佳饮食相互作用的方式。很多情况下，媒体只关注一个问题，而忽略其造成的另一个问题，这是营养领域新闻报道的主要问题：通常只关注营养的一个方面，或某个健康结果，而忽略了另一个方面。

饮食的关键似乎不在于吃什么，而在于不吃什么。在美国人的饮食中，加工食品、糖、盐和红肉的含量都过高。垃圾食品会致人成瘾，过度刺激大脑的奖赏系统，该系统在脂肪和甜食都难以获得的时代进化而来。除此之外，我们对营养的了解还不足以帮助我们确定哪种才是最佳的饮食方式。斯坦福大学关于营养建议现状的一份报告[118]指出:"营养科学史上不乏具划时代意义的重大假设,最终它们却成了遗留问题。"

目前,似乎很清楚的一点是,大量摄入精制糖、油炸食品和高度加工食品有害健康。而且,适量食用不同种类的食物,吃比目前美国人的平均摄入量更多的蔬菜,似乎都有助于延年益寿。还应少抽烟,少饮酒。在查阅了数百篇论文后,我发现对老年人最有益的饮食建议是迈克尔·波伦(Michael Pollan)于2008年出版的《为食物辩护》(*In Defense of Food*)一书中经常引用的一句话:"要吃,但不要吃太多。主要多吃蔬菜和水果。"

而且,偶尔可以取悦一下自己。尝点冰激凌,吃点巧克力。

第 10 章
运动：运动很重要

我的一位 70 多岁的同事从圣地亚哥前往蒙特利尔之后，在那里的黑冰上滑倒摔断了臀部。他接连数月卧床不起，而他的身体一直都没有真正地恢复过来，虽然自那以后他又活了 7 年，但那些年让他和所有认识他的人都倍感痛苦和沮丧。为什么呢？你也许认为某些身体问题，比如臀部受伤，不会影响他的精神状态。但久坐不动违背了人的天性。人类在环境中探索、运动，从而进化。没有运动刺激，大脑便无法充分发挥其功能……并且很容易陷入混乱。

加利福尼亚大学圣塔芭芭拉分校（UC Santa Barbara）的神经科学家兼执业神经学家斯科特·格拉夫顿在他的新书《身体智力：一生中身体和心灵如何相互引导的科学》（Physical Intelligence: The Science of How the Body and the Mind Guide Each Other Through Life）中提出，人类大脑构造的巨大复杂性主要在于组织运动和行动。当人类停止运动，不再探索环境；当我们不再使用大脑组织身体进行动作时，大脑会不会变得迟缓、萎缩，思绪会不会变得杂乱无章？如果是这样，该如何解释像斯蒂芬·霍金（Stephen Hawking）和让·多米尼克·鲍比〔Jean Dominique Bauby，他仅靠眨眼指示便完成了一整本书——《潜水钟与蝴蝶》（*The Diving Bell and the Butterfly*）〕这样的人呢？他们是例外吗？

我向格拉夫顿博士提出这个问题后，他解释道：

这两位天才有足够的人力帮助他们存活更久，对此，我没有发言权[1]。只要付出足够多的努力，你甚至能在莫哈韦沙漠种出玫瑰丛。我也认为身体行动不便不会导致智力下降，大脑萎缩。

而我们应该探讨的问题是，如何最大限度地保证人类的整体健康与福祉？

首先要消除大脑/身体的二元论①。不能仅因为直觉上认为精神生活和心灵的某些方面与大脑是分离的，就认为大脑（在这个语境下，可以指心灵）真的不受身体的影响。

其次，要明白哪一项单一因素对心理健康和身体构造（包括大脑构造）都有益，且在多个方面发挥功能，并助人长寿。答案是体力活动（或俗称的"锻炼"）。我们已经对数千名受试者进行了数百次试验。

最后，为什么身体运动对我们有益处？原因有很多。我的书只从运动科学的角度解释了部分原因：自然界中的技能、适应性和知觉保真度。但还有很多其他的原因——解决问题、丰富社交、协调身心和呼吸新鲜空气。

---

① 认为多样性世界有两个不分先后、彼此独立、平行存在和发展的本原的哲学学说。

格拉夫顿的研究发现的基础观点是，从本质而言，大脑是一个解决问题的巨大装置[2]。而且，其中许多解决问题的能力会通过不断发展，使我们能够适应各种环境。1万年前，人类加上其拥有的宠物和牲畜总共约占地球上陆地脊椎动物生物总量的0.1%；现在，这个数字高达98%。人类生存的成功在很大程度上要归功于大脑能够解决问题，能适应、探索环境。

大脑存在的目的是让我们接近食物和配偶，并远离捕食者。锻炼的重要性体现在以下两方面。一个显而易见的方面是，运动给血液输送氧气。大脑的运行需要血液中血红蛋白携带的含氧葡萄糖，因此新鲜的氧气供应很有益处。另一个不太明显的方面在于，大脑的本质功能是帮助我们探索陌生的环境，因此，如果无法解决有挑战性的问题，那么大脑便无法得到很好的锻炼。你在跑步机或椭圆机上迈出的每一步都在帮助完成第一个必要任务——给血液输送氧气——但无法锻炼大脑的探索和记忆能力。相较之下，在未铺砌的小径上行走的每一分钟（无论是在公园还是在野外），都需要你对足部压力、角度和步速进行数百次微调。这些调整正是按照相关神经回路进化后的用途来刺激大脑。受刺激程度最大的区域是海马，这种海马状结构对记忆的形成和检索至关重要。这也解释了为何如此多研究表明体力活动可以增强记忆力[3]。

这种看待事物的方式称为具身认知（embodied cognition）[4]，即人体的身体特性（尤其是感知和运动系统）在认知（思考、问题解决、行动计划和记忆）中发挥着重要作用。在这种思维方式下，运动的感觉与知识密不可分[5]。具身认知与本书提到的发展认知神经科学的方法一致，即将人类视为受生态和基因影响的具身性的社会构成[6]，人类塑造环境，也被环境塑造。身体影响大脑[7]，大脑也能影响身体。具身认知理论认为大脑能控制身体。这方面最佳的例子是人足弓中的弹簧韧带。这个易让人忽视的小弹簧韧带让大脑无须大量形成反馈控制回路，只需在人走路时轻推脚趾。

如果将高中同学比喻成形象各异的卡通角色——书呆子型与运动员型——你可能会认为这两类角色很好地诠释了两种相反的生活方式：书呆子会回避体育活动，追求深思带来的学习回报；而运动员总是更喧闹、活跃，会避开阅读、写作和算术这种书呆子式的沉闷与节奏缓慢的活动。虽然确实存在这两类人，但最成功的知识分子往往都是热衷体育锻炼的人，而最成功的运动员都是乐于学习的人。在我的大学同事中，积极锻炼的人工作效率最高，例如我的合作伙伴吉姆·拉姆齐（他在近70岁时骑自行车穿越加拿大落基山脉，我的妻子希瑟是一名长跑运动员和攀岩者。我最近刚与顶级大学和职业橄榄球大联盟（NFL）的球员见面，其中包括五次超级碗①冠军得主（想与他们讨论头部多次受伤对今后认知水平的影响），我认为他们与我在大学里遇到的人一样聪明，充满好奇心，知识渊博。

与加利福尼亚州熊队前右后卫尧格尔·威廉姆斯（Yauger Williams）的交谈令人振奋，谈话结束后，他往后一靠，说道："这实在太棒了。这是我离真正的神经科学家最近的一次。"我回应："确实挺棒的。这是我离美式橄榄球运动员最近的一次，而且我的头没有被按到马桶里②！"（他笑了，马上就会意了。）

一项系统的元分析表明，对于患有轻度认知障碍的成年人来说，

---

① 职业橄榄球大联盟的年度冠军赛。
② 暗讽校园霸凌风气。——编者注

运动对记忆力有显著的积极影响[8]。一般人认为患有轻度认知障碍会大幅增加成年人患痴呆症的风险，而海马萎缩会加速恶化过程[9]。体力活动在改善和维持记忆力与整体认知水平，以及延缓痴呆症等神经系统疾病（如阿尔茨海默病和帕金森病）的发作方面可能与药物一样有效。

衰老是一个不可逆转[10]且无法避免的过程。但在某些情况下，衰老的影响是可逆的，如果无法完全避免，至少可以延缓衰老的影响。可控的因素有许多——饮食、肠道微生物群、社交情况、睡眠、定期就医。但与身心健康最密切相关的因素是体力活动。并不是说其他相关因素（饮食和睡眠）不重要——它们很重要——也不是说只需要足够多的运动即可，其他健康的生活习惯便不用遵循了。所以我的意思是需要认真对待运动这件事——特别是如果你与许多人一样，对运动的态度是"好的，好的——我明天就动起来"。

如斯科特·格拉夫顿所说，体力活动与锻炼身体不同。体力活动指四处走动，与环境互动。也正如西塞罗①（Cicero）所知，体力活动是"支撑内心，振奋精神"的互动，但跑步有好处，走路也有益处，即便是拄着拐杖或靠助行器走路。并非必须像20岁或35岁的年轻人那样锻炼。尊重身体的极限，考虑自身年龄的限制。老年人应该通过咨询医生或专业教练，确定正确的和自己适合的运动项目。如果你能像92岁的哈里特·汤普森（Harriette Thompson）那样跑马拉松，那再好不过——但你也许会发现，只需在卧室里举起5磅（约2.3千克）的自由重量②，或者以比令自身舒适的步速稍快的速度绕街区走一圈，

---

① 罗马共和国晚期的哲人、政治家、律师、作家、雄辩家。
② 自由重量训练是重量训练的基础之一，是使用杠铃、哑铃、壶铃等直接发挥负重作用的重物来锻炼肌肉的训练。

就大有益处。

将记忆、运动和具身认知联系起来有助于解释人类记忆最大的谜团之一：婴儿与童年失忆症。一般而言，我们不记得两岁前的任何事情，只保有 6 岁之前的少部分记忆。（称自己还清楚地记得早期童年时光的人往往是误解了，他们的记忆来源于父母或兄弟姐妹告诉他们的故事，他们也可能把照片里的内容当成了自己的记忆。）如果说记忆的进化在于帮助我们探索空间，那么年幼的孩子之所以没有记忆，是因为他们很少四处走动，很少与环境互动。虽然孩子们早在学会走路之前便渴望探索自身的空间，而开始学走路时，海马中的神经化学活动似乎会被激活[11]，这促使海马的空间细胞和网格细胞开始在大脑中形成对周围环境的一一映射。空间细胞对特定的位置进行编码，网格细胞解码这些位置之间的关系。虽然大多数儿童在 6 岁前已经开始四处走动、探索环境，但海马的空间系统可能需要一段时间才能发育成熟，才能像成年人一样准确地编码空间记忆。因此，我们没有婴儿时期和童年的记忆。

关于记忆与运动，随着老年人的运动及对外界的探索频率低于年轻人或中年人的，以海马为基础的记忆系统可能会萎缩——正如专业运动员所说，不锻炼就会废掉。海马不仅对空间记忆至关重要[12]，对认知的其他方面也很关键，因此海马的萎缩也能解释运动量少的老年人中常见的其他认知障碍——包括推理、手眼协调、解决问题能力的下降，以及整体认知水平的减退。

具身认知理论进一步指出，人类的认知和感知能力不是恒定不变的天赋[13]，而是会通过与环境进行高效积极的交流而不断发展。在孩童时代，我们通过与环境的互动而获得对环境的掌控感——在沙盒中玩耍，在攀登架上嬉戏。如果减少与环境的互动，我们便会失去对环境的控制感，进而丢失应对环境的动力与信心，引发恶性循环。而这一问题对已经经历三种身体变化[14]的老年人而言尤为严重，这些身体变化可能会让老年人减少与环境互动的频率。第一种是变得迟缓，原因是神经传递速度普遍减慢，神经传导性丧失，以及眼手协调性下降。第二种是动力不足，这可能由孤立感和孤独感导致。第三种是无法因为帮助某人而感到快乐，原因之一是大脑的化学–奖赏信号渠道——多巴胺分泌和吸收的缩水。

以上三种变化使得老年人减少不必要的运动——换言之，并非出于健康或安全原因而减少运动。放弃一项特定的活动（例如行走在不平坦的道路上或切菜），会让人认为自己"不会再采取这类行为"，并日益加强这种掌控感缺失的自我印象。这也许是衰老最糟糕的影响之一。

我并不是建议老年人要进行危险的活动。如果你或所爱之人有身体平衡的问题，或者你发现自己无法再安全地使用锋利的刀具，那么就应该慎重考虑这些活动。但是，必须对自身情况做出诚实而公平的评估。"上了年纪"不是你恐惧自己热爱了一辈子的活动的正当理由——这实际上可能会真正地加速衰老。我认识的 6 位女性在过去一年中接受了膝关节置换手术，年龄从 52 岁到 84 岁不等。第 4 章提到的研究九点连线谜题的斯坦福机械工程教授詹姆斯·亚当斯 85 岁，最近我去拜访他时，他正在院子里修理一辆古董拖拉机的引擎，这是他最喜欢的消遣活动。米克·贾格尔（Mick Jagger，75 岁）请了私人教练[15]。简·方达（81 岁）说："我每周训练五六天……我过着健身房到舞蹈室两点一线的生活，我还短跑。我在训练耐力。"她每天通过长距离步行和举重锻炼身体[16]。正如狄兰·托马斯所写,他们不会温和地走入那个良夜。

与外界互动也能增强创造力[17]。这种互动不需要特别复杂,当然也不一定非要超越极限或冒高风险。与在矩形道路上行走的老年人相比,能在户外自由走动的老年人在一系列创造力测试(包括发散思维测试)中明显获得了更高的分数——第4章已提过这些老年人在解决问题上的能力。在一项研究中,研究员要求参与者尽可能多地想出日常物品(如筷子)的用途。体现参与者具有发散思维的标准答案包括将筷子用作鼓槌、指挥棒、儿童魔杖、咖啡搅拌器或用于烤棉花糖,以此类推。研究员发现,仅仅让参与者在外多走动便能帮助他们想出更多的答案。

也许你已经注意到,行文至此,我一直小心翼翼地避免框定"老年人"的定义。因为这个概念是相对的,受许多因素(包括疾病史、体重、压力和遗传)的影响。有人年仅50岁却不健康,有的人95岁高龄,但是其行为表现更像60岁。"老年人"在我看来,是指在身体和精神上明显变得迟缓的人,他们无法完成许多原本能做的事情,而且逐渐发现想完成的事情越来越受身体和精神上的限制。

不考虑实际年龄,许多人在老年时之所以能保持年轻活跃,主要得益于突触可塑性——大脑建立和形成新神经元连接的能力。我们知道,突触可塑性受基因构成、人生经历以及文化的影响。这种可塑性也受日常生活的影响,随着年龄的增长,这一点尤为明显。突触之间的信息传递以及新突触连接的形成需要消耗大脑大量的能量。星形胶质细胞正是提供能量的一种脑细胞。越来越多的证据表明,体育锻炼可提高星形胶质细胞的效用[18],从而增强突触可塑性、记忆力和整体认知水平。

除了突触可塑性之外，还能通过神经发生来维持并增强认知水平。前文关于记忆的章节提过，成年人的海马平均每天会生长700个新神经元[19]，而且正常的衰老似乎不会抑制这种生长。经证明，体育活动可促进啮齿动物的海马神经发生[20]。虽然无法在人类身上观察到任何类似的变化，但研究发现，有氧运动有助于改善成年人的记忆力[21]。学习新知识最有效的方法是在学习前先进行有氧运动。在进行脑力任务前提高心率能增加大脑的血流量[22]，从而为脑力活动创造一个高效的环境。

不同种类的体育活动能带来各种益处。体力活动（运动）可分为有氧运动[23]和无氧运动。美国运动医学学会（ACSM）将有氧运动定义为"需要使用大肌肉群，在本质上有节奏的、可持续进行的所有活动"，包括游泳、骑自行车、跑步、跳舞和步行。顾名思义，之所以称为"有氧"（aerobic），是因为"有氧"指在"有氧的环境中生存"，通过有氧运动，身体能利用氧气从碳水化合物、氨基酸和脂肪中获取能量。美国运动医学学会将无氧运动定义为"持续时间非常短，运动的能量源自肌肉的收缩，并且不需要通过吸入氧气提供能量的活动"，包括力量（重量）训练和短跑等。（请注意，81岁的简·方达的训练类型兼而有之。）

有氧运动可降低患心脏病的风险，并促进（本书目前讨论过的所有）认知功能。无氧运动可帮助锻炼肌肉[24]，增强耐力和抗疲劳能力，减少体脂，在一定程度上可降低心血管疾病风险，改善血脂状况。

肌少症指肌肉组织的流失[25]——可类比骨质疏松症对骨骼的影响，是导致老年人功能衰退、失去独立性的主要原因。好在肌少症能够改善。在一项研究中，12 名 60 岁至 72 岁的久坐男性进行了每周 3 次、为期 12 周的力量训练计划，其腿部力量和肌肉质量得到了显著改善[26]。在另一项研究中，8 周的阻力训练显著改善了养老院中 90 岁至 96 岁的体弱老人的状况[27]，他们的力量增加了 174%，步行速度提高了近 50%。因此，除了耐力和血氧结合——保持肌肉的力量也很关键。

当然，肌肉并非总能与环境互动——世界上大部分地区冬天恶劣的天气条件造成了出行难度，而且如我那在蒙特利尔的黑冰上滑倒的同事所见，冬天出行有时还很危险。因此，我们可以选择室内健身，虽然具身认知理论认为最好与环境互动，避免久坐很重要。研究表明，60 岁至 79 岁的成年人坚持在室内进行有氧运动[28]后，其额叶和颞叶皮层的容量以及白质束都会增大。该发现的重大意义在于，即便这些原本久坐不动的老年人在晚年才开始首次尝试有氧运动，他们的大脑指标也能变得更健康。

少量运动：高强度间歇训练

随着年龄的增长，人们确实有不运动的倾向。有些人大约在 50 岁便开始久坐不动的生活方式，有些人在 70 岁左右开始，而有些人一直在运动。但如我们所见，缺乏运动可能是造成许多问题的根源。

乌尔里克·韦斯洛夫（Ulrik Wisløff）是挪威科技大学心脏运动研究小组的负责人，也是美国心脏协会统计委员会的成员。他在约 15 年前发表的研究表明，仅需少量运动便能改善大脑的健康，使人长寿，该发现引发了一场革命。韦斯洛夫制订了一种高强度[29]、时间间隔短的锻炼计划，只需每周3天，每次约20分钟便能带来许多传统锻炼方式拥有的诸多益处。尽管我们身处过度摄入咖啡因的时代，每个人都十分忙碌，但每周抽出一个小时锻炼还是可行的。韦斯洛夫的锻炼计划效果显著，可将心脏病发作或心绞痛的风险降低[30]逾50%。

对于不希望过度运动，只想稍稍活动的人而言，韦斯洛夫等人的研究表明，即便是持续时间短、结构性欠佳的锻炼方式仍然十分有益。高强度间歇训练（HIIT）是一种持续时间非常短的锻炼方式——先进行30秒到1分钟的跑步、爬楼梯或骑自行车运动——接着是一两分钟的放松活动，如步行或缓慢踩跑步机、踩踏板，重复这一循环10分钟后便完成了一次高强度间歇训练。密歇根大学（University of Michigan）研究员陈蔚云（Weiyun Chen）表示："虽然少量的高强度间歇训练就能带来益处，但是多做一点或许会更好[31]。"

加利福尼亚州立大学圣马科斯分校运动机能学（kinesiology at California State University San Marcos）教授托德·阿斯托里诺（Todd Astorino）发表了20多篇关于高强度间歇训练的论文，他解释道："过去10多年的数据表明，高强度间歇训练与长期有氧运动带来的健康及健身益处几乎一致，在某些群体中，高强度间歇训练的效果比传统有氧运动更好。"多数健身计划的问题在于，需要这些计划的人并不享受锻炼过程，因此难以坚持。如高强度间歇训练的省时锻炼[32]是传统锻炼计划的替代方案，避免了传统运动的单调乏味，大多数参与者都认为省时锻炼更有趣。在另一项研究中，阿斯托里诺揭穿了2000年前出现的误解：在竞技比赛开始前发生性关系[33]会影响运动员的发挥（事实并非如此）。

高强度间歇训练的强度为多大？答案是需要在高强度的短时锻炼

中通过运动，尝试达到个人最大心率的90%到95%。读者可借助网络工具，根据年龄计算出最大心率。（一个众所周知的经验法是用220减去年龄来计算，但这对于超重人群和老年人而言是一种误导，因此最好咨询医生，或借助将体重因素考虑在内的网络计算工具。）如果是第一次接触高强度间歇训练，可在体育用品商店或网上购买心率监测器，将其戴在手腕上或胸前。如果还未确定是否喜欢高强度间歇训练，暂且没有购买监测器的打算，也可以自测：假如在跑步或骑自行车时难以开口说话，便达到了理想的心率强度。此时仍能继续跑步或骑自行车，只是没法说话。

韦斯洛夫的研究小组还开发了一个在线工具，可以通过输入身体测量指标和简要的生活方式信息来计算"健康年龄"[34]。结果有两种：健康年龄小于实际年龄（表明锻炼效果不错，应再接再厉）；健康年龄大于实际年龄（表明是时候认真考虑增加运动量了）。

无论健康年龄多大，若要从久坐的生活方式开始改变，都应该循序渐进开始新的锻炼计划，并在熟悉老年人身体的医生或私人教练的建议下运动。60岁以后，意外自伤的风险以10年为单位增加，肩袖撕裂、肌腱受损、跌倒和骨折等都是过度活跃的老年人常见的问题。在童年时期，我们会不假思索地探索各种新的活动，随心所欲地舒展身体，通常完全不会受伤。到老年时，我们仍然认为自己是当初那个柔软、灵活的孩子。我们忘记了自己三四十岁时的一次经历，很容易就扭伤了脚踝或伤到了背部。老年人的身体也许仍然有能力完成许多事情，但尤其需要慢慢来，要学会在活动开始前后伸展身体，并及时补水。

小小改变即可,无须成为健身房会员

运动的力量不止于此。即便是微不可察的最微小的运动量[35]也能改善大脑的功能——虽然效果不如前文提及的高强度间歇训练的,但少量的运动也很重要。能大幅降低心血管疾病和糖尿病风险、提高记忆力的人群不是运动方式更系统、强度更大的适度活跃人群,而是那些运动量很小的久坐不动的人——哪怕只是起身走走,就能带来巨大改变。

图 22 显示的是针对 6000 多名英国男性的研究结果。曲线为其死亡率(y 轴表示各种原因导致的死亡的死亡率)与体力活动的函数。如图所示,曲线最陡峭的位置——最显著地展现运动的好处——处

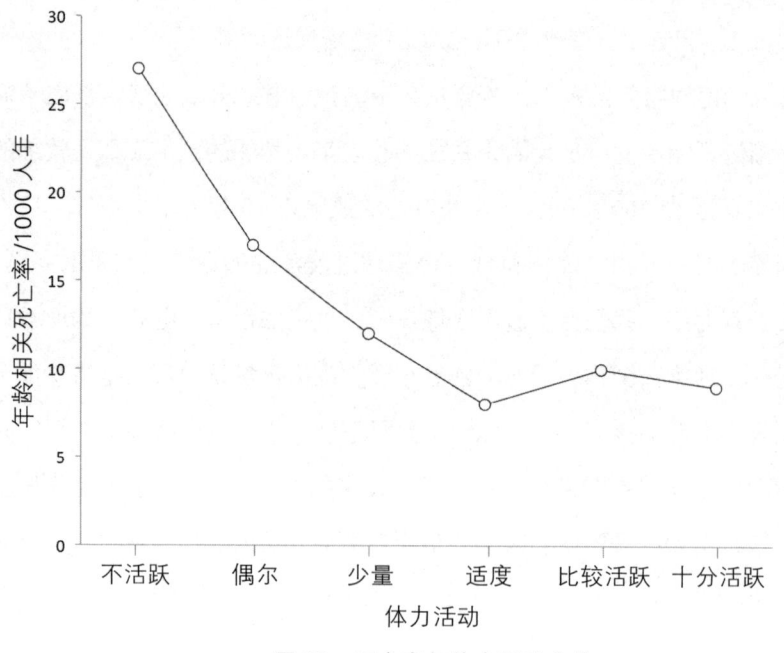

图 22　死亡率与体力活动曲线

在不活跃的男性以及仅"偶尔"锻炼的男性之间。至少在这项研究中，运动量大的益处并不多于适度运动的。该研究追踪的最年长的参与者是 84 岁的成年人。

日本筑波大学（University of Tsukuba）的诹访部一哉（Kazuya Suwabe）和加利福尼亚大学欧文分校（University of California，Irvine）的迈克尔·亚萨（Michael Yassa）领导的国际研究小组在 2018 年发表了相关论文，使得少量运动的概念引起了一阵轰动。在他们的实验中，参与者进行了一次轻微强度的运动[36]，只在固定的自行车上轻踩踏板 10 分钟，这几乎没有提高他们的心率；而对照组坐在自行车上，不踩踏板。随后，研究员对每个人进行了标准记忆测试。在测试的记忆阶段，参与者快速地浏览了一系列日常物品的照片，比如沙发或树。在测试阶段，参与者再观看在记忆阶段看过的照片，或者与这些照片不同但相似的照片。这项测试并不简单，因为需要参与者记清楚细微的差异。而这正是我们每天在回忆事情时要做的区分，比如，记清楚自己把车停在停车场的二楼还是三楼、刚认识的人叫艾伦而不是伊莱恩，或者确认自己在午餐时间吃过心脏病药了。

在记忆测试中，即便是强度最小的锻炼也让参与者比"沙发土豆"①（应该是"固定自行车土豆"）的表现要好得多。研究员再次进行了实验，但这一次，在展示照片之余，他们使用了大脑扫描仪（fMRI），测量了海马的活跃度和连接性，以及与学习和记忆相关的其他皮层区域的连接性。结果发现，仅仅需要轻微的运动量，这些大脑区域便能迅速增强，连接性也得到了改善。轻踩自行车踏板组的大脑

---

① 形容那些拿着遥控器、蜷在沙发上、跟着电视节目转的人，他们什么事都不干，只会在沙发上看电视。

与对照组的大脑的工作方式大不相同——前者的基础记忆回路中出现了更多的协调活动；而且记忆任务越困难，协调活动就越多。此外，研究还发现，只有参与学习和记忆的脑部区域出现了神经性增强——其他大脑区域，如杏仁核、周围皮层和颞极，则没有明显差异，这一点可以证明运动不能使大脑处于全面唤醒状态。

这项研究之前，人们普遍认为运动之所以有益，在某种程度上是因为其使身体开启了压力反应，进而释放皮质醇。但是诹访部一哉与亚萨测量了参与者的皮质醇水平，却没有发现差异——即便没有压力反应，运动组的海马的活跃度和连接性也有所增强。除此以外，你不必非要长期运动才能改善健康状况。短期的运动就能迅速提升认知水平[37]——仅12周后脑部血流情况便有明显改善。

运动对于代谢综合征（血压升高、血糖高、腰部脂肪过多、胆固醇或甘油三酯水平异常）患者尤其见效，甚至必不可少，代谢综合征会大大增加患心脏病、中风和糖尿病的风险。

正如节食，开始运动面临的一大挑战是，人们一开始制订计划时往往高估自己，最后发现难以坚持。大多数人半途而废的原因在于，他们失去了兴趣，或者认为这些运动计划很无聊，难以将其融入日常生活中。去健身房可能会令身材走样的人群感到畏惧。健身房行业存在一个现象，很大一部分办理了健身房会员卡的人最终都没有去过健身房——这也是许多健身房要求人们提前一年付款的原因之一！

佐治亚州立大学（Georgia State University）运动机能学教授沃尔特·汤普森（Walter Thompson）[38]总结道：

> 我们不能一味地告诉人们需要多锻炼；这没用。我们的研究

工作清楚地表明，我们应该向大多数人提供他们可接受的转变生活方式方面的建议，而不是劝他们去健身房。只需要稍稍改变自身行为，举两个例子：把车停在杂货店停车区域的最后一排而不是第一排，选择爬楼梯上楼而不是乘坐电梯。

威尔康奈尔医学院的理查德·弗里德曼（Richard Friedman）十分肯定步行对神经认知健康的益处[39]："也许是因为在四处走动时会不断受到新的刺激，收到新的信息输入，这有助于打破线性思维，触发更相关的、发散的思维过程。"

2019年8月，我拜访了我的朋友希瑟和莱恩，他们69岁了，身心仍然十分活跃。我们在魁北克乡村中他们家附近的森林里徒步旅行，他们常常这样，而我此前从未尝试过。实际上，说是徒步旅行有些夸张了。我们只是在大自然中漫步，在泥土小路上散步。那一次散步经历令人心旷神怡，其间，我的脑海里全是关于具身认知的想法，以及斯科特·格拉夫顿的话。图23是我在路上用手机拍的照片。

照片里有一堆树枝、树根和石头，需要注意避免被绊倒。在散步的过程中，时刻需要做出数百次微小的决定：应该把脚放在哪里，踩下脚步和抬起脚时该用多大的力，如何保持平衡，如何抬脚迈出下一步。地形崎岖只是徒步过程中的挑战之一。我还需要注意避免被低垂的树枝刮到脸。路上到处都是小鸟和小动物，我不担心它们会攻击我，但必须扫开蜘蛛、苍蝇和蚊子，偶尔还有一个3岁小孩在路上跑来跑去，疯狂地挥舞着棍子。路途中会遇到无数的变数——可能发生在你身上的事情。你可能会遇见此前从未遇到的人或事，或从未以当下的方式遇见过这些人或事，这样的可能性为旅途增添了乐趣。这种

图 23　森林徒步旅行照片

户外探索正是人类大脑最初进化的目的，这是一种增强突触，重新激活海马记忆系统、运动-动作规划系统和眼-体协调的具身认知。在户外，一切皆有可能。户外散步是迄今为止发现的保持大脑的灵活性和活跃度的最有效方法。于熙攘的城市街道散步在一定程度上可以带来相同的效果，不过少了自然景观隐藏的、古老的力量，这种力量既能让人放松，又能让大脑活跃。

在苏格兰，"散步和赏鸟"[40]已然成为治疗手段。正如记者贾斯汀·豪斯曼（Justin Housman）所说，这些方法已用于治疗多种疾病：

> 赏鸟、划皮划艇、在海滩上找贝壳，甚至在缓缓的河流边丢

鹅卵石等活动都可用于治疗多种疾病，如高血压[41]、糖尿病、焦虑症和抑郁症等。

在魁北克，医生建议受多种身心问题折磨的患者免费参观蒙特利尔美术博物馆（Musée des Beaux-Arts Montreal），享受艺术对健康的助益。在室内参观博物馆（甚至逛商场）很可能会让你遇到此前从未见过的人和事，而且你走过的路程和步数也许会令你惊喜。

在跑步机上锻炼不错。在社区附近走走更好。在大自然中散步最佳。同事在黑冰上滑倒后的那个冬天，我出门买了远足冰爪——步行牵引夹板——如此一来，当蒙特利尔漫长的冬天到来时，我便没有借口不出门走走了。我不会温和地走入那个良夜。

第 11 章

睡眠：记忆巩固、DNA 修复、睡眠激素

睡眠具有修复作用。当你还未意识到周围发生的一切，也许沉浸在各种梦境和奇怪想法中时，整个身体和大脑的化学反应就发生变化了。此时，身体的细胞修复和净化机制开始"加班"。伤口愈合速度加快，对细菌和病毒感染的抵抗力增强。直到最近，学界才开始意识到睡眠期间出现的大量认知处理过程。在睡眠过程中，记忆会得到巩固，同时解决问题、分类的能力以及情绪处理会得到加强。

从神经学及细胞学角度而言，对睡眠的需求称为睡眠驱动力。神经科学家仍不清楚这种驱动力从何而来，但从概念上来讲，它指在人清醒时逐渐积累，而在睡眠中消散的稳态压力。我们目前已知的是，大脑的部分化学物质（褪黑素和腺苷等催眠物质）会让人感到困倦[1]，这些物质逐渐积累后会产生稳态压力。

正如第 1 章提到的各种个体差异，人们对睡眠的看法也各不相同。有些人期待睡眠；有些人则持中立态度，认为睡眠是必做之事，和刷

牙一样，并且不会以某种方式赋予其过多的情感内涵；还有一些人认为要不惜一切代价、尽可能长时间地避免睡眠。

在"期待睡眠"阵营中，有些人就是享受睡眠，因为睡眠带给他们愉悦。还有一些人，比如词曲作者比利·乔尔（Billy Joel）发现，睡眠是灵感和创造力的重要来源。他的专辑《梦之河》（*River of Dreams*）证明了他的许多歌曲的灵感都源自睡梦中[2]。他表示："我每天早上醒来，起床后，脑子里就会冒出有关一首歌的灵感，不一定是歌曲创意，有时候是某段旋律或交响乐片段。我有时还会梦到交响乐。"保罗·麦卡特尼在睡梦中写下了披头士乐队最畅销的歌曲之一《昨日》（*Yesterday*）。基思·理查兹（Keith Richards）则在睡梦中写下了滚石乐队《满足感》[（*I Can't Get No*）*Satisfaction*]的即兴演奏主段，他醒来后将吉他部分录在磁带上，再继续睡觉。而史蒂芬·史提尔斯（Stephen Stills）在睡梦中写下了其最受喜爱的歌曲之一——《为什么，漂亮女孩》（*Pretty Girl Why*）。

在"尽可能避免睡眠"阵营中，托马斯·爱迪生（Thomas Edison）认为睡眠[3]和黄昏都是"需要克服的麻烦"。爱迪生是个工作狂，他发明的白炽灯泡增加了他一天的工作时间。（有人认为爱迪生"发明"了白炽灯泡——但在此之前至少出现过20种同类灯泡，爱迪生主要改进了白炽灯泡的前身[4]。）作家大卫·坎普（David Kamp）认为，改进灯泡"既是一项重大的科技进步，也是对自然规律的巨大颠覆，更是我们走向当下时代——当今这个对电子产品成瘾、工作时间过长和睡眠不足的时代的第一步"。对灯泡的改进也是许多问题的始作俑者：让大脑的松果体误以为夜晚是白昼；打乱人体的生物钟；并且导致几代人都患有人造光诱发的失眠症。

乔尼·米切尔也是回避睡眠阵营中的一员，在成年后的大部分时间里，她每天会喝 10 杯咖啡，抽 3 包烟以推迟睡眠。她在半夜完成自己质量最高的部分工作，那时，她不会分心，没有电话铃声叨扰，也没有户外的人声、噪声。（她与我一同工作的时间通常在午夜至凌晨 4 点。）

虽然推迟睡眠[5]可能会有助于几个晚上的工作，但从长远来看十分不可取。加利福尼亚大学伯克利分校的神经科学家马修·沃克在其新书《我们为什么要睡觉？》（*Why We Sleep?*）中警告称，我们正处于"睡眠不足流行病的大灾难时期"，这是"人类在 21 世纪面临的最大的公共健康挑战"。虽然许多人认为气候变化、肥胖以及能否获取洁净水源是对公共健康更大的威胁，但即便仅排在第 4 位，睡眠不足的严重性也不可忽视——而且我们每个人都可以直接采取行动来改善睡眠。

也许你曾读到过：每个人需要的睡眠时长不一样，从每晚只需要几小时到 10 小时至 12 小时不等。尽管这在理论上是正确的，但是每晚睡眠时间少于 5 小时[6]却不出现重大身体损伤的人少之又少——不到 0.5%。你也许是其中之一，但也极有可能不是。认为老年人需要的睡眠时间较少是一个误解。老年人的睡眠时间往往较少[7]，但仍然需要睡够一般人都需要的 8 小时。

如今，约一半的成年人每晚的睡眠时间不足 7 小时[8]。为什么？沃克如是说：

> 首先，我们的夜晚灯火通明。光严重阻碍了我们的睡眠。其次，还有工作问题：不仅工作时长增加，通勤时间也更长。没有

人愿意放弃与家人共处或娱乐的时间，因此人们放弃了睡眠。再次，焦虑也是一个作用因素。如今的社会更加孤独、更加阴郁。最后，饮酒和喝咖啡越发普遍。以上所有都是睡眠的敌人。

沃克还提到影响睡眠的另一大因素：发展科学的三大因素之一——文化。

> 我们给睡眠贴上了懒惰的标签。我们想让自己看起来很忙，表示忙碌的一种方式是告诉别人自己的睡眠时间有多短。这是一枚荣誉勋章。我在课上讲关于睡眠的内容时，多数人会等到旁边没人的时候悄悄告诉我："我似乎也需要八九个小时的睡眠。"在公共场合谈论这件事很尴尬……人类是唯一一个莫名剥夺自身睡眠时间的物种。

睡眠不足有两种主要情况——睡眠时间不足和睡眠质量欠佳。换言之，也许你每晚能睡 8 个小时，但出于各种原因，你没有经过所有必要的睡眠阶段，或无法在每个阶段都停留最佳的时长。你可能以为自己睡着了，但其实没有。或者，如果患有睡眠呼吸暂停①，你可能会在夜间醒来数百次而自己却完全没有意识到。

健康高效的睡眠可以让身体参与细胞的修复机制——正常的细胞持家和免疫系统反应——并帮助我们处理复杂的情绪，补充能量。

早在 2000 多年前，罗马诗人奥维德（Ovid）[9]便对睡眠的相关功能有所了解：

---

① 睡眠中上气道反复出现完全或部分阻塞，气道阻塞发作通常伴有血氧饱和度下降和觉醒。

> 安眠，你让万物安息；诸神中最温柔的你；你是心灵的平静，带走忧愁；你抚慰了因白天辛勤劳作而疲惫不堪的人，让他们重新投入劳作。

睡眠其中一项功能是处理前一天中情绪最强烈的经历，区分事实与感受，帮助我们客观看待事物。而且，睡眠能帮助储存有关情绪的记忆。这一方面的意义在于，我们不仅能够基于特定时间或特定地点（谁都可以做到）检索记忆，而且会因特定情绪而勾起回忆。例如，情绪记忆能够将所有被羞辱的经历联系在一起，帮助你总结规律，并改变今后自身的行为（希望如此）。当睡眠不足的人[10]清醒时，其杏仁核的活跃度比睡眠充足的人的高60%。杏仁核是恐惧感官回路的一部分，这一区域使人产生攻击性、感到愤怒或暴怒，因此，上述发现强调了睡眠不足与情绪调节之间的关系。当你母亲说，你睡眠不足时脾气会很暴躁，她也许是对的。

我们清醒时的生活与工作会使血液和大脑积累毒素。脑脊液在整个大脑和脊髓中循环[11]，通过一系列在睡眠期间扩张的通路（如水循环）来清除毒素。清醒时，几乎没有任何毒素能被清除干净。睡眠期间的完全排毒效果优于清醒时的，其原因尚不清楚。睡眠不足，或者——也许违反直觉——睡眠过多，都会损害解决问题的能力、对细节的注意力、记忆力、动力和推理能力。

研究总结出了睡眠U形分布图[12]，发现每晚睡眠时间少于7小时或超过10小时的人患高血压的风险会增加。睡眠时间少于6小时[13]或超过7小时与糖尿病和糖耐量受损①的患病率增加有关。睡眠时间

---

① 一种由正常血糖向糖尿病过渡的异常糖代谢状态，主要表现为餐后血糖升高。

不足或质量不佳[14]，以及睡眠过多，也会增加压力和适应负荷——这些都是压力长期累积带来的影响。

阅读至此，你可能认为睡眠不足并不算可怕，也还未认真对待睡眠，那么请注意，研究发现，睡眠不足与阿尔茨海默病密切相关。阿尔茨海默病的发病原理是，一种特定的蛋白质——淀粉样蛋白在大脑中积聚，形成聚集在神经元之间的团块，进而破坏细胞功能。在适当的睡眠修复期间，脑脊液能够从大脑中清除淀粉样蛋白沉积物。当睡眠不足时——无论是睡眠时间不足还是睡眠质量欠佳——淀粉样蛋白沉积物都无法被清除，其往往会选择性地攻击大脑中负责睡眠的区域，让人更难以入眠，因此淀粉样蛋白更难清除。这是一个严重损害记忆、致人失眠的恶性循环。而且不只是长期睡眠不足会带来这一恶性循环——在我刚写下这段内容的那一周，有一项研究发表了，其中的正电子发射断层扫描（PET）证据显示，仅失眠一晚也会使淀粉样蛋白斑块在大脑中积聚。（在实验协议下，部分参与者在夜间偷偷小睡，但实验中的护士们十分警惕，整夜每小时检查一次，在必要时叫醒睡着的参与者。）受睡眠剥夺影响最大的区域[15]是海马（控制记忆力）和丘脑（控制睡眠–觉醒周期）。越来越多的证据明示，睡眠不足，尤其是长期睡眠不足，会导致阿尔茨海默病。如果想长命百岁，还是向奥维德学习，爱迪生不是一个好榜样。

重置睡眠周期

人类的睡眠周期大约是 90 分钟[16]，包括具有不同神经化学和电生理学特点的各个阶段。你也许听说过这两种睡眠类型：快速眼动期

(REM)和非快速眼动期(non-REM)睡眠。快速眼动期指做梦的时间。非快速眼动期先于快速眼动期出现,分为4个阶段,随着深度睡眠逐渐加深,脑电波频率减慢。

谈及精神病院及其中的患者时,查尔斯·狄更斯(Charles Dickens)在他的文章《伦敦夜行记》("Night Walks")中探索梦是不是[17]一种精神错乱:

> 正常人和精神错乱者在夜间做梦时难道不是一样的吗?我们这些不在精神病院的人,在生命中的无数个夜晚,做的梦或多或少和医院里的人的一样,不是吗?

梦境能帮助我们解决问题——让过于危险、疯狂或令人痛苦的想法在脑海中寻得一处避风港,与此同时我们的身体暂时无法动弹,这样能防止我们在危险的现实世界中实现梦境。[小部分人在做梦时仍然可以活动。有时是药物引起的现象:安眠药安必恩[18]与梦游、梦中进食、梦中驾驶等多种恶性事故和犯罪(包括引起两起以上的谋杀事件)有关。]

快速眼动期睡眠可帮助保持情绪平衡。在此期间,大脑在很多情况下只是进行没有特别意义的随机神经放电。而在非快速眼动期[19],我们前一天的记忆得到巩固,大脑会将其与之前的经历联系起来。如果你在派对上刚认识一个名叫玛丽的人,你的大脑——在未经你指示、你无意识的情况下——会记住玛丽的脸和手势,并将其与玛丽所说的话和她的名字联系起来。这可能会让你联想到其他让你想起玛丽的人,以及你认识的其他名为玛丽的人。在非快速眼动期,大脑会反复思考前一天（如果你熬夜，就是前两天的经历）的经历，将这些经历与过去类似的经历联系起来。

对于程序性学习或运动学习而言尤其如此。如果学习演奏乐器、玩魔方或跳萨尔萨舞①，其相关动作需要在记忆中编码。但是，如果你每节课都从头开始学习，学习效果便几乎为零——因为学习需要积累。要达到学习效果，今天所做的精细运动和肌肉运动需要在神经层面上与前几天做的运动练习相结合。对于终身技能而言，数十年的神经痕迹需与新的神经痕迹相关联。而这一过程便会在睡眠中完成。

在沃克的笔下，非快速眼动期的大脑会进入一种"有节奏的同步吟唱模式"。他写道：

> 研究人员曾错误地认为这种状态类似于昏迷。但事实并非如此。此时大量的记忆处理工作正在进行。要产生这一阶段的脑电波，数十万个细胞需一起"吟唱"，然后沉默，如此循环往复。同时，身体会进入完美的低能量状态，这是最好的降压药。

乙酰胆碱水平在非快速眼动期下降[20]，随后在快速眼动期达到峰值，有助于防止外部信息输入干扰做梦。乙酰胆碱也是调控记忆巩固的重要化学物质。如果大脑中的乙酰胆碱水平降低或延迟分泌，记忆力可能会受损数天[21]。在睡眠期间，褪黑素和乙酰胆碱水平与去甲肾上腺素水平相互制约——前两者在就寝时达到峰值，而后者（控制行动和清醒状态的神经递质）则下降了。

经过非快速眼动期和快速眼动期后便完成了一个睡眠周期。大脑

---

① 一种拉丁风格的舞蹈，其热情奔放的舞风不逊于伦巴、恰恰，但更容易入门。

在一个睡眠周期能完成许多工作，而我们需要完成五六个睡眠周期才能完全恢复睡眠质量。如何判断是否获得了充足的睡眠？在没有患病或服用致疲药物的情况下，判断睡眠是否充足的一个简单经验法则是，如果早上没有闹钟就无法醒来，并且在午餐前感到困倦，那么这要么是睡眠不足，要么是生物钟紊乱（见第8章）。要确定个人所需的睡眠时间，可在没有任何压力或工作截止日期，且晚上空闲（没有深夜饭局）的情况下抽两周时间进行实验。尽量避免摄入酒精和咖啡因，如果必须摄入咖啡因，请尝试控制在每天只喝两三杯，并且睡前7小时内不要饮用咖啡。保证睡觉的房间视线阴暗，确保早上的光线不会影响你的睡眠。另外，如果感觉困了就去睡觉，不要用闹钟，想醒来时才醒来。记录自己入睡和醒来的时间。如果同大多数人一样，你已经有一段时间睡眠不足了，那么需要偿还"睡眠债"。然而，在两周实验期快结束时，你的身体应该已经适应了睡眠节律，应该能够在没有闹钟提醒的情况下醒来，且感觉精神焕发。

睡眠与衰老的大脑

研究已表明，与衰老相关的问题通常有：适应环境变化的能力下降、感知能力及正常的生理功能受损、免疫力下降从而增加患病率。每个人身体出现上述问题的年龄段不同，但很少有人超过80岁却没有发现这些问题，而且很多人在55岁之后便注意到了睡眠导致的身体问题。

因此，睡眠在生物层面的变化也伴随着衰老便不足为奇了。老年人睡眠质量不佳的原因包括：视交叉上核产生的昼夜节律振幅降低、衰老大脑中神经信号的退化，以及褪黑素分泌不足。在 65 岁以上的人群中，超过 40% 的人 [22] 称自己有睡眠问题。他们在夜间睡眠中途经常频繁醒来（睡眠碎片化）；清晨这种突然醒来的现象变得更加频繁，并且越来越难以重新入睡。

随着年龄的增长，基本的慢波睡眠阶段 [23]（非快速眼动期的一个阶段）减少，而刚入眠时的夜间快速眼动期睡眠则增加。不宁腿综合征（在睡觉时有移动双腿的冲动）在老年人中很常见，这会加剧睡眠的碎片化。呼吸紊乱（包括睡眠呼吸暂停）在老年人中也很常见，与肺活量下降、肥胖、肺功能失控和甲状腺功能减退有关。睡眠障碍会导致记忆力减退 [24] 以及身体和精神疾病，包括抑郁症，还会增加神经退行性病变和死亡的风险。

问题在于，尽管随着年龄的增长，我们的睡眠需求保持不变 [25]，但我们能满足睡眠需求的能力却下降了。老年人更有可能通过小睡来弥补夜间睡眠质量不佳造成的问题。小睡可以弥补夜间的睡眠不足，但最好限制在 20 分钟，否则可能会出现睡眠惯性——身体可能会一直昏昏欲睡，并且长时间小睡也许会使人更加昏昏沉沉。你也许读过相关新闻报道，称小睡可降低心血管疾病的风险 [26]，但这一观点还存在相互矛盾的证据，还需要更多的研究才能证明。问题在于，大多数研究并未控制小睡的持续时间，也没有控制夜间睡眠时间。因此，这些研究结合了不同的行为群体，很难得出任何确切的结论。

失眠有多种形式——无法入睡、无法保持睡眠状态、睡眠质量差且睡眠效率低下，及其恼人的类似症状——白天感到疲倦。如沃克指出，过去 100 年的工业化 [27] 已经干扰了世界各地人们的睡眠，人造光使用时长的增加，以及最近电脑、平板电脑和手机产生的蓝光，严重扰乱了大脑的褪黑素分泌系统。如果想按照传统的民间智慧通过读书助眠，请不要使用会发出蓝光的电子设备——这种设备会减少我们体内高达50%的褪黑素。

嗜睡症（睡眠过多）与失眠症相反。部分不幸的人可能同时遭遇两种状况——某一两天睡得太多，随后的一两个晚上十分清醒，循环往复。这种恶性循环不利于健康，而且药物、酒精和咖啡因往往会使之恶化。

嗜睡症可能是神经退行性疾病或抑郁症的结果，也可能是老年人睡眠碎片化程度增加这种偏器质性的原因造成：夜间多次醒来会降低睡眠质量，使人无法恢复睡眠-觉醒周期的稳态平衡，因此身体会渴望更多的睡眠。同样地，阻塞性睡眠呼吸暂停[28]会导致睡眠碎片化，也可能导致睡眠过多。导致嗜睡症的一个常见因素是药物使用，特别是对苯二氮䓬类药物①（如安定或阿提凡）、抗焦虑药、抗精神病药、抗组胺药和抗癫痫药的使用。

嗜睡症与抑郁症[29]之间的关系颇为复杂。抑郁症会影响大脑的化学物质，可能强化对睡眠的渴望。然而，即使没有抑郁症，睡眠过多也会改变"唤醒"化学物质（身体的"兴奋剂"）的平衡，从而可能导致抑郁症。而且抗抑郁药物的作用往往适得其反。许多服药的人往往不想起来，而更想躺下睡觉……一直睡觉。请记住大卫·安德森的警告：大脑不仅仅是一袋化学物质。对大脑化学物质构成做出理论上似乎有益的改变，例如增加5-羟色胺或去甲肾上腺素，可能会产生意想不到的严重后果。

嗜睡症的治疗手段包括[30]：逐渐放弃任何可能导致过度嗜睡的处

---

① 常作为镇静催眠药使用，也用作抗癫痫药和抗焦虑药。

方药，避免饮酒，重置睡眠周期。如果上述方法不起作用，在醒来时服用莫达非尼或阿莫达非尼（Armodafinil）通常是安全可靠的，它们耐受性良好，有助于白天保持清醒，不会引起夜间紧张或睡眠困难。

女性特有的问题

更年期症状平均持续 7 年半的时间[31]，而对于一些女性来说，更年期症状持续的时间要长得多。比较突出的更年期症状是血管舒缩症状，包括盗汗、潮热、潮红和阴道干涩。上述血管舒缩症状可能是导致睡眠障碍的直接原因[32]，而即便没有上述因素，女性也可能面临睡眠障碍。一项对超过 15000 名女性的元分析[33]表明，更年期激素疗法（MHT，也称为 HRT，或简称 HT）可改善有血管舒缩症状女性的睡眠，但对于基于其他原因出现睡眠障碍的女性，则无法改善其睡眠质量。激素疗法包括单独施用雌激素或将其与黄体酮一起施用。根据不同的剂量、配方和给药途径，疗效各不相同。

激素疗法仍然存在争议：一方面，如果这种疗法确实有助于改善睡眠质量，那么可用其治疗与睡眠障碍相关的一系列疾病。另一方面，有可信但不确定的研究表明激素治疗有一定风险，包括增加患乳腺癌的风险。我发现相关文献很混乱，因此联系了蒙特利尔大学激素替代疗法专家索尼娅·卢比安[34]。我们一同去当地我最喜欢的咖啡馆（这家店自烤咖啡豆），我向她请教该如何看待这一问题。

> 我真的很想给你一个明确的答案……但我们目前所处的情况正是如此——进展不大！一方面，妇女健康倡议（WHI）研究[35]表

明，使用激素治疗的女性患乳腺癌的风险会增加；但另一方面，还有其他研究表明情况其实并没有那么糟糕，如果只在后期开始激素治疗（而不像过去部分人从 40 岁就开始进行治疗），应该没有问题。对此，公众陷入两难的境地。

哥伦比亚大学医学中心罗杰里奥·洛博（Rogerio Lobo）在《临床内分泌与代谢杂志》(*Journal of Clinical Endocrinology and Metabolism*) 上发表的一篇论文[36]说明了激素治疗的现状。

在妇女健康倡议之后的 10 年里，许多女性拒绝接受激素治疗，包括症状严重的女性，这使得一代妇女处于十分不利的地位。一些报告还表明，自妇女健康倡议以来，骨质疏松性骨折的发生率有所增加。因此问题在于，现在我们对年轻女性使用激素疗法的理解是否完全回到了原点。

洛博继续指出了相关研究以及媒体报道方式的缺陷和问题。虽然激素治疗确实增加了患乳腺癌的风险，但患乳腺癌的可能性仍然极低，而这一点却被忽略了。最初的研究报告中也没有透露，开始接受激素治疗的 50 多岁女性的死亡率降低了 30%。洛博总结道：

目前的数据，特别是单独施用雌激素相关的数据，都有力地证明了在接近更年期接受激素治疗，能有效预防并降低年轻女性的骨折和冠心病发病率，降低死亡率……需要对有更年期症状的女性进行个性化治疗，我们对年轻健康女性的认识可能已经回到了原点，至少我们要认识到，激素治疗可以起到预防作用。

男性特有的问题

随着年龄的增长，男性会经历男性更年期，睾酮水平也随之下降。这会导致潮热、盗汗、乳房增大（男性乳房发育症）、无力、记忆障碍、抑郁、认知减退、性功能改变和睡眠中断。女性更年期意味着生育能力的结束，而男性则不然，虽然更年期时睾酮会减少[37]，但男性在八九十岁时仍有生育能力。男性激素替代疗法包括施用睾酮[38]。只要睾酮水平保持在正常生理范围内，副作用就很小。对于患有前列腺癌的男性，激素疗法的相关研究得出了矛盾的结果，目前仍令人困惑：有研究表明激素疗法会恶化前列腺癌；而其他研究表明激素治疗能预防前列腺癌。让问题更复杂的是，现在存在一个猜想，大多数75岁以上的男性[39]都患有某种形式的前列腺癌（即使没有症状、未确诊）。此时确实不知如何是好。有些男性最恐惧癌症；有些则担心男性更年期症状会严重影响他们的生活，必须对此采取应对措施。上述生活质量问题因人而异，没有专业指导就很难解决。正如解决女性激素疗法的困惑一样，对男性最好的建议是搜集相关信息，并咨询可信任的医生。

睡前摄入的物质

咖啡因会扰乱睡眠，但不是每个人都受其困扰。我的朋友马克斯·马修斯（Max Mathews）是计算机音乐先驱，过去每天喝8杯浓咖啡，而且睡前还会喝一杯。他享年85岁，在今天看来不算高寿，但对于1926年出生的人而言，这已经十分了不起了。如果在睡前喝一杯咖啡，我会彻夜难眠。很明显咖啡因的影响因人而异，大无畏的遗传学家们已经确定，遗传因素会影响咖啡因代谢[40]和耐受性，他们开始通过双胞胎研究来确定相关基因。

咖啡因在体内会分解[41]为副黄嘌呤①（80%）、茶碱和可可碱②（16%）。茶也含有茶碱，巧克力含有可可碱。

腺苷是一种催眠原——人体内促进睡眠的化学物质。咖啡因及其代谢物（茶碱和可可碱）能带来兴奋作用，因为其阻断了大脑中的腺苷受体[42]，从而引发失眠。顺便提一下，虽然大麻中有其他成分可以让部分人保持清醒，但大麻的主要化学物质delta-9-THC会增加基底前脑中的腺苷水平，使人困倦。这完全取决于每个人的腺苷和大麻素受体的相互作用。吸食大麻往往最终会让人入睡。

咖啡因一般会增加睡眠潜伏期，即躺下并决定要睡觉后所需的入睡时间。咖啡因还会减少总睡眠时间和降低睡眠质量[43]。咖啡因可将褪黑素的分泌水平降低30%[44]，还会缩短第三阶段和第四阶段（最具修复作用的阶段）的睡眠[45]，并降低慢波δ（delta）波段大脑活动的幅度。δ波段活动是睡眠量需求的可靠指标。由于咖啡因会阻断腺苷受体，减弱δ波[46]，所以睡眠稳态可能会受到影响，这意味着身体用于入睡和保持睡眠的常用信号[47]在分子水平上受损了。

第8章提到了褪黑素——接下来再详细说明。褪黑素是体内自然分泌的激素，在夜间，通常是在睡前几个小时，松果体会分泌褪黑

---

① 一组通常用作温和的兴奋剂和支气管扩张剂，特别用于治疗哮喘症状。

② 都有兴奋中枢神经的作用。

素。身体的其他部位也能分泌褪黑素。人们认为，在视网膜中[48]，褪黑素能保护光感受器。在骨髓中[49]，它能清除自由基并增强免疫力，减少氧化损伤，防止骨髓细胞（高度脆弱细胞）的铁过载①和退化。在胃肠道中[50]，褪黑素可以治愈并预防疾病，并在实验中用于治疗胃癌、反流性食管炎、消化性溃疡[51]、溃疡性结肠炎和肠缺血/再灌注。

许多植物也含有褪黑素，可调节昼夜生物循环，清除自由基。例如，褪黑素有助于保护番茄中用于光合作用的成分[52]。对于生长在受铜污染的土壤中的豌豆和红甘蓝，褪黑素提高了其耐受性和存活率。因此，褪黑素是一种非常古老的化合物，通过漫长的进化后，它在哺乳动物中发挥着越来越多的功能。

美国睡眠医学会建议定期服用褪黑素补充剂[53]，以帮助在新时区倒时差，或缓解其他原因导致的睡眠困难（例如衰老导致的睡眠-觉醒周期紊乱）。午后服用褪黑素（同时避免蓝光）可调前生物钟，使身体认为夜晚提前到来了。褪黑素的药效较为温和，肯定不如安眠药的药效强，但对许多人而言，这种药效足以促进睡眠。如约翰·霍普金斯大学（Johns Hopkins University）睡眠研究员路易斯·布埃纳弗（Luis Buenaver）[54]所说："身体会自发分泌褪黑素，这不会让你入睡，但是，随着夜晚褪黑素水平的升高，你会进入一种有助于睡眠的、安静的觉醒状态。"

年轻人血液中的褪黑素水平最高[55]（55 pg/ml 至 75 pg/ml），在 40 岁后褪黑素水平开始下降，60 岁以后下降最快，在老年时期降到很低的水平（18 pg/ml 至 40 pg/ml）。最新研究表明，褪黑素也许能

---

① 体内铁的供给超过了铁的需要，引起体内总铁量过多，铁在体内过度沉积，并导致重要脏器和组织（尤其是心脏、肝脏、垂体、胰腺和关节）的结构损害和功能障碍。

够预防多种癌症 [56]，这可能是老年人更容易患癌的原因：随着年龄的增长，褪黑素水平下降。

睡眠卫生

鉴于被生物钟控制的激素释放由时间主导，那么睡眠最重要的是什么？那就是每天晚上在同一时间上床睡觉，每天早上在同一时间醒来，即便周末也要保持这一作息。如果你是早起的鸟儿，也许需要你放弃深夜派对；如果你是夜猫子，则可能会错过清晨举行的活动。虽然二三十岁的年轻人很难养成这样的睡眠习惯，但在 65 岁左右，人们可能会开始注意到睡眠时间紊乱带来的更为严重的消极影响。即便作息时间只是稍有改变——例如比平时晚起 1 个小时——都会持续数天地影响记忆力、警觉性和免疫力。阿德里安·德·格鲁特（Adriaan de Groot）是荷兰国际象棋大师兼心理学家，享年 92 岁，他对国际象棋选手的大脑进行了一系列著名实验。在他生命最后的 25 年里，为了保持大脑的敏锐，他每天都在同一时间睡觉和起床。

请按照以下步骤养成健康的睡眠习惯。以下建议适用于所有年龄段的人群，但随着年龄的增长，更应该严格遵循。

1. 入睡前两小时左右开始做睡眠准备。不要看电视，不要使用电脑、平板电脑、智能手机，或接触其他蓝光光源（日光波长），这些蓝光可能会成为松果体的"授时因子"，导致大脑分泌"唤醒"激素。在睡前做一些帮助放松的事情——洗一个热水澡、读书、听音乐等。

2. 确保睡觉的房间完全黑暗。如果有时钟、充电器等发出蓝光的设备，请盖好。确保窗帘能挡住日光和可能照进卧室的任何人造光。

3. 睡觉的房间尽可能凉爽。

4. 保持睡眠和觉醒周期适当同步。通过在早上接触太阳光（即使在阴天也要这样做）获得所需的波长来激活松果体。早上接触15分钟至30分钟的黎明模拟（蓝光）灯会有所帮助。

5. 睡前写日志。最近的研究表明，睡前写日志可使人放松，并提高记忆力。如果快速写一个明日待办事项清单[57]会特别有效。毕竟，对未完成任务的担忧是入睡困难的重要原因。

6. 不要连续服用安眠药超过一晚。与自然睡眠相比，安眠药诱导的睡眠效率更低，修复功能也会受损。

7. 每晚按时睡觉。每天早上在同一时间醒来。如果不得不熬夜，那么第二天早上仍然应该在固定时间起床——短期来看，保持睡眠周期的一致性比睡眠时间更为重要。

第三部分

新时代的长寿

第二部分的内容为成功老去提供了相对简单的建议。第三部分的主题则更为复杂。我们应对关于长寿、生活质量和认知提升的大部分信息持怀疑态度，但是前景中也有光明。诚然，我们无法长生不老，但我们可以活得比以往任何时候都要久。年至耄耋时我们也能保持活跃，能为世界做出宝贵的贡献。而且，玩电脑游戏无法治愈阿尔茨海默病，但是，保持阅读习惯，做一个聪明的读者则大有裨益。

第 12 章

活得更久：端粒、缓步动物、胰岛素和僵尸细胞

经认证，有史以来最长寿的人是法国人珍妮·卡尔芒（Jeanne Calment）[1]，她享年逾 122 岁，于 1997 年去世。珍妮的饮食、日常锻炼等生活方式的细节看似没有特别之处，至少尚未找到她能比一般人长寿的线索。她喜欢甜点，从 21 岁到 117 岁每天抽两支烟。（尚不清楚为何她在 117 岁时戒烟。当然，戒烟也许并非易事——可能事实只是，她花了这么长的时间才成功戒烟。）

珍妮长寿的秘诀是什么？也许正如美国电影明星格劳乔·马克斯（Groucho Marx）的老话一样简单："任何人都会变老。你只要尽力活得够久便足够了。"当然，或许这也不是答案。由于有多种衰老的方式，科学家所谓的衰老不是指实际年龄。学界真正感兴趣的是身体问题导致的累积影响。在这一方面，神经科学家使用"senescence"这个词（只是一个花哨的拉丁词根，意思是衰老）。我们无法逆转自己的实际年龄，但可以通过简单的方法来减少衰老的可能性。

几十年来，一个普遍的观点认为，人类的寿命仅限于115岁左右，只有少数例外不时出现。对此已出现多种解释，但未经证实：例如，细胞时钟会对死亡预编程（这不禁使人思考，为何死亡会被预编程）。而有一个事实亘古不变：人固有一死。正如我们一直希望减少收入不平等，一直幻想人类是理性的。宠物也会死。室内植物也会凋亡。小说家恰克·帕拉尼克［Chuck Palahniuk,《搏击俱乐部》(*Fight Club*) 的作者］写道："在足够长的时间线上，每个人的存活率都将降为零。"或正如经济学家约翰·梅纳德·凯恩斯（John Maynard Keynes）的一句名言所说："从长远来看，我们都已死去。"由于死亡的普遍性，有人认为从细胞水平乃至遗传水平而言，死亡是注定的。

且慢。在野外，许多动物死在捕食动物手下。而在远古时期，掠食者的爪子或感染问题往往可以取人性命。在现代，90%的死亡由癌症和心血管疾病造成。如果没有受伤和疾病，人类可能永生吗？

不死动物

我8岁的时候，有个邻居朋友叫芭芭拉。一般来说，作为一个有自尊的8岁男孩，我不会和女孩一起玩，但芭芭拉有三个哥哥，还有一把BB枪①。她会爬树，她还喜欢在家后面的小溪里玩泥巴，我们会在那里捉蝾螈，玩上几个小时。她有一把侦察刀，有一天，她把一条蚯蚓切成两半。"它是杀不死的，"芭芭拉笃定地说，"这两半都会各自长成一条新蚯蚓。"当时，我惊讶地看着蚯蚓的两半身体都在蠕动滑行，最终一路回到水中。（好在我不是弗洛伊德主义者，否则在性

---

① 发射塑胶子弹的仿真玩具枪。——编者注

发育前，我便不得不面对一个将蚯蚓切成两半的女性原型。）

数年后在大学的科学课上，有一项作业是收集8种不同种类的蝴蝶，将其钉在软木板上。我不忍心这样做，于是我的成绩不及格。我的大学教授没有容忍我的多愁善感，于是在大二的时候，我在实验室里做猴子实验。

事实证明，芭芭拉对蚯蚓的判断是错误的。如果那条蚯蚓还活着，包含头部的部分会长出一条新尾巴，而只剩尾巴的部分会继续扭动一段时间，直至死去。但是，部分蠕虫物种确实可以从一小块组织中再生[2]出全新的自我。生物学家曼西·斯利瓦斯塔瓦（Mansi Srivastava）发现了 *EGR* 基因[3]，*EGR* 基因使得蠕虫等动物能通过受损四肢和组织再生，再生部分可开启或停止相关再生过程。其他动物和人类中也存在 *EGR* 基因。在一项芭芭拉会喜欢的实验中，塔夫茨大学（Tufts University）的迈克尔·莱文（Michael Levin）和塔尔·肖姆拉特（Tal Shomrat）切下真涡虫属扁虫的头部，发现没有脑组织残留的尾巴部分能再生一个新的大脑[4]。令人惊讶的是，尾部生成的新虫保留了原虫的长时记忆。人们尚不清楚背后的作用机制。

生物学家已经确定了数个理论上可以永生的物种——只要这些物种能够避开捕食者，免遭事故，不被爱管闲事的科学家盯上；永生物种似乎不会变老或因为衰老而死亡。灯塔水母是一种不死动物。当它遇到危及生命的压力源时，可以回复到更年轻的状态，一切重新开始。另一个是水螅，它的几个淡水品种长约1/3英寸。水螅的细胞不会随着时间的推移逐渐老化，而是在不断更新，永葆年轻，科学家认为，这是由于大量 *FOXO* 基因编码 FOXO 蛋白。（但原因肯定不止于此，因为在其他动物中人为地过度表达 *FOXO* 基因似乎并没有增加它们的寿命。）

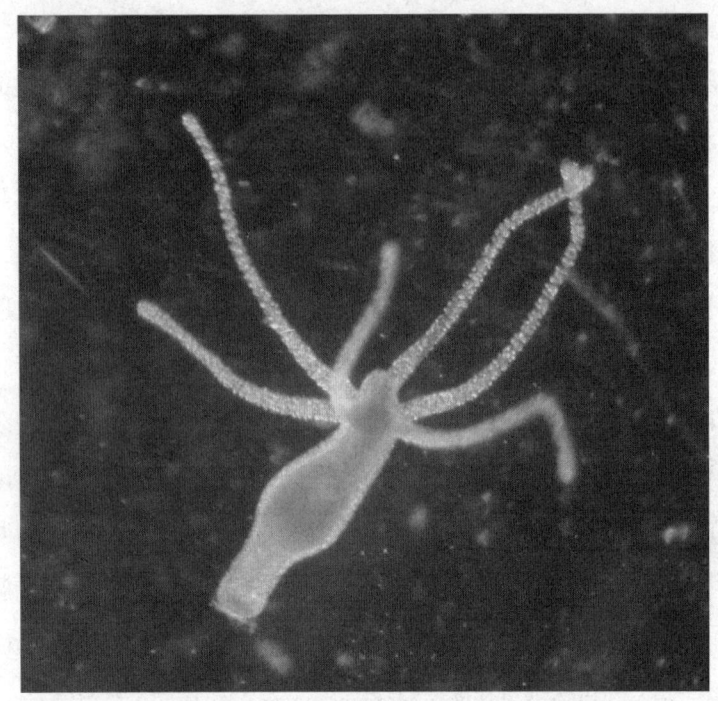

图 24　淡水中的褐水螅

龙虾不是永生物种,但不会因衰老和疾病而死亡,因为它们能够再生["regenerate(再生)"这个词中含有"gene(基因)"并非巧合]缺失的部分,且具有令细胞连续增殖的能力——龙虾能够不断地生成细胞。科学家认为,龙虾通过端粒酶作用来完成细胞的连续增殖。也许你还记得"感知"(第 3 章)中提到的端粒,端粒是 DNA 序列末端的"保护帽",随着每次 DNA 复制而变短,而端粒酶的作用是重建"保护帽"。龙虾身体的各个部位都含有大量的端粒酶。人类胚胎中也含有丰富的端粒酶,但在出生后,端粒酶数量急剧减少,仅剩的端粒酶数量不足以进行延长寿命所需的所有端粒修复。但这也许是一件好事,因为端粒酶还会修复癌细胞[5],且优先于正常细胞,会让癌细胞无限复制。你也许认为，就像龙虾一样，端粒酶疗法能抵抗衰老给人类带来的影响，但这需要端粒酶进行相关调整，以区分癌细胞和正常细胞，目前我们尚不清楚如何实现这一点。

我最喜欢的长寿且可能不朽的物种是缓步动物，这是一种微小（约半毫米长）的八足动物，像从科幻电影中走出来、身体包裹在粗麻布袋中的生物。图 25 是一张放大了约 250 倍的缓步动物的照片：

图 25　缓步动物

缓步动物是已知的最能抵抗恶劣条件并生存下来[6]的物种，这些恶劣条件包括极端压力、辐射、缺氧、脱水、饥饿，甚至极端温度：缓步动物被冷冻、被加热至温度超过水沸点也不会死亡。它们甚至可以在外太空生存。（美国国家航空航天局已经对此进行了测试！）受到不利条件带来的压力时，缓步动物会进入一种超冬眠状态，此时它们会中止自身 99% 的代谢活动。缓步动物之所以能够存活，是因为其含有的无稳定构型蛋白质（IDP）[7]取代了细胞中的水，这使它们在变干时转变为玻璃状（玻璃化）。另外，缓步动物的损伤抑制（Dsup）蛋白质可以抵抗辐射的影响。

人的寿命

对人类长寿问题的研究一直以来充斥着各种争议和研究方向的分歧——一种方向是，一次性对数千人进行集中统计研究；另一种方向是，集中在单个细胞和细胞群组的研究上。在两种研究方向上，科学家们都会研究基因与环境（在某种程度上是基因与培养环境）之间的相互作用。流行病学家和其他人口科学家对整个人群（例如地中海人，以及其著名的饮食方式）进行了研究，以确定生活方式选择的趋势，并开展基因研究以更好地了解遗传对长寿的影响——毫无疑问，遗传对长寿有影响，但需要探讨的问题是，遗传差异在多大程度上决定了衰老的差异。细胞生物学家和遗传学家在尝试了解细胞通信[①]、修复过程、基因表达等细节。人口研究一直苦于缺乏对照实验。几乎所有相关数据都源自自然主义、机会主义实验。细胞水平的研究主要在蠕虫、苍蝇等非人类生物体中进行，尽管这些生物体属于人类的模型系统——所有细胞生物都以同样的方式运作，但是将从生物体身上得出的知识运用到人类寿命干预措施上远不够简单明了。

以第一种研究方向，人口分析为例，2016年发表在《自然》杂志上的一项研究认为，人类的寿命是有限的。分析全球人口数据之后，分子遗传学家扬·维格（Jan Vijg）及其同事认为，随着年龄的增长，人的存活率在100岁之后趋于平稳，不会过度升高，而世界上最长寿

---

① 一个细胞发出的信息通过介质传递到另一个细胞，使后者产生相应的反应。细胞有三种通信方式。

的人的死亡年龄自20世纪90年代以来并没有增长。他们由此推测，人类的最长寿命是固定的[8]，并受自然的约束。我读到这一结论时感到很奇怪。维格并未从生物学或遗传学的角度得出结论。维格没有尝试证实"被预编程的细胞死亡"猜想，也没有论证"当损伤积累到一定程度时，再生过程会在某个时刻结束"，他仅仅通过人口统计数据得出结论。他观察了几十年来世界各地的死亡年龄，发现预期寿命和最长的人类寿命都在稳步增加，然后达到一个稳定的水平。于是他便推断，如果存在平稳期，那一定证明了人类寿命是有限的。

许多科学家都质疑维格的数据收集方法和论点；维格及其论文的合著者都不是人口学家或统计学家。马克斯·普朗克人口研究所所长吉姆·沃佩尔（Jim Vaupel）指出："他们只是将数据一股脑儿地输进计算机[9]，就像将食物一股脑儿地喂给一头牛一样。"另外，还存在一个很大的漏洞：科学推理的一个基石在于，尚未发现不等同于不存在。如果你研究1850年至1950年男子1英里（1英里≈1.6千米）赛跑的时间，鉴于没有人能在不到4分钟的时间内跑完1英里，你得出的结论会是，没有男性能在4分钟以内跑完1英里。虽然在此期间，相关世界纪录不断刷新，从4分28秒减少到4分1.4秒，但在许多人看来，4分钟代表了身体的极限，是一个瓶颈。后来，罗杰·班尼斯特（Roger Bannister）首次打破4分钟的纪录。自那以后，又有18项新纪录诞生，最新的纪录是希查姆·埃尔·盖鲁伊（Hicham El Guerrouj）在1999年创下的3分43.13秒[10]。我们不知道人类的寿命是否有限，但如果有人在115岁和120岁时死于疾病，也许这些疾病最终会得到根除；如果这些人的死因是身体老化，也许药物或技术能够延长寿命，就像如今的人造心脏和心脏起搏器已经做到的那样。现今的难点在于大脑——尚不清楚该如何修复老化的大脑，但这也许能改变。

麦吉尔大学的两位生物学家布莱恩·休斯（Bryan Hughes）和齐格弗里德·赫基米（Siegfried Hekimi）[11]对前文中《自然》杂志的论文提出疑问，表明维格的数学假设存在缺陷。根据两位生物学家对死亡记录的分析，他们得出了相反的结论：无法证实人类寿命有限；如果人类寿命确实有限，那么结论便是，我们尚未达到或确认这一极限。赫基米表示[12]尚不清楚人的寿命极限，并认为"最高寿命和平均寿命……在可预见的未来可能会继续增加……目前还无法得知人类寿命的极限"。他还迅速指出，长寿（比如活到150岁）并不代表老年人定会在额外的晚年生活中疾病缠身。赫基米表示："长寿的人总是健康的。他们没有心脏病或糖尿病。"因此，长寿往往意味着更长的健康寿命。伊利诺伊大学（University of Illinois）公共卫生学院的社会学家杰伊·奥尔尚斯基（Jay Olshansky）则持反对观点[13]，他表示："赫基米应该在疗养院或阿尔茨海默病病房待一段时间，好好认清现实。"（学术界充满竞争。）

在争论开始不久后，罗马大学（University of Rome）的意大利统计学家伊丽莎白·巴尔比（Elisabetta Barbi）对数千名享年105岁或以上的意大利人进行了彻底的分析[14]。一般而言，死亡风险会随着年龄的增长而增加——80岁的人在未来5年内死亡的可能性明显高于40岁的人。但是巴尔比的团队发现，在105岁之后，死亡风险趋于平稳，即在105岁之后，死亡风险将保持在50%。没有参与这项研究的赫基米[15]认同了这一结论。该结论表明人的寿命也许没有极限，特别是在我们能够控制影响80岁到104岁人群的疾病的前提下，这一点尤其能站住脚。从统计学角度而言，如果能活到104岁，那以后的生活便能一帆风顺。正如一个研究小组所说:"目前对衰老的生物学认识[16]与'基因预编程死亡论'完全不同。"

在图 26 的百岁大关处可见死亡风险的小幅下降,这似乎表明,接近百岁的人希望活着体验自己的 100 岁生日。如果我能,我知道我肯定会好好活着。

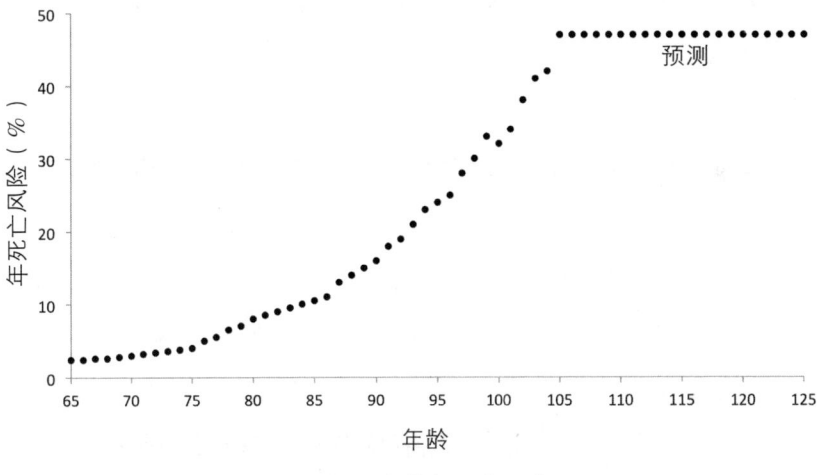

图 26　年龄与死亡风险

蓝色宝地

2008 年,"蓝色宝地"(blue zones)成为新闻头条,当时人口统计学家发现了世界上拥有最多百岁以上人口的四大区域:哥斯达黎加尼科亚半岛、意大利撒丁岛、希腊伊卡里亚岛和日本冲绳岛(部分统计还包括美国加利福尼亚州罗马琳达)。大多数生活在蓝色宝地的人[17]有以下共同点:

1. 身体活跃，他们不通过体重训练和耐力训练来锻炼身体，而家务、园艺和步行是他们生活的一部分——他们经常运动；
2. 做自己认为有意义的事情，生活有盼头；
3. 压力较小，步伐较慢；
4. 家庭关系和谐，邻里关系良好；
5. 饮食方式较多样，适量摄入热量，膳食以植物和优质食品为基础。

目前看来上述共同点十分引人入胜，因为这与我们对健康生活方式的认识是一致的。但是蓝色宝地的存在并不能证明这些生活方式有助于长寿，因为这方面的统计工作存在诸多缺陷。学界很少有人认真看待蓝色宝地——同行评审期刊中相关的论文不到 10 篇，顶级期刊中 1 篇也没有。

首先，生活在蓝色宝地的人往往都有上述积极的生活方式，但仍然只有极少数的人能活到百岁以上。上述生活方式无法保证长寿。此外，尚不清楚活到百岁以上的个体是否在实践这些生活方式，或者与普通人相比，他们的践行程度如何。

最重要的是众所周知的统计原理：变异性和样本大小。与大样本相比，小样本（小数据集）中更经常出现偏离平均值（均值）的观察结果。举例而言，已知出生的男婴和女婴的数量大致相等。在一家小医院中只有 6 个新生儿，也许是 4 个女孩和 2 个男孩——67% 是女孩；而在一家有 60 个新生儿的大医院里，也许有 34 个女孩和 26 个男孩——57% 是女孩。随着样本量的增加，结果将更趋近于真实的数据分布。衰老问题也同理。与世界人口相比，百岁以上的人数量非常少——数量根本不够,因此统计数据不可靠。(此处涉及另一个方法论的争议。)

基因与环境

有句老话说:"如果你只有一把锤子,那么一切事物在你眼中都像钉子。"① 遗传学家的工作是寻找家族模式中重现的基因,这些基因似乎决定特定的行为或身体倾向。然而问题在于,并非所有家族共同点都是遗传的。比如讲法语,确实可以视为一个家族的共同习惯。有人认为存在一个决定说法语的基因,但这并不正确。事实上,父母讲法语的孩子比父母不讲法语的孩子更有可能接受法语教育。相比语言不同的夫妻,说同一种语言的夫妻更有可能会一起抚养孩子。

生物信息科学家格雷厄姆·鲁比(Graham Ruby)仔细研究了4亿人的寿命数据[18]。事实证明,基因对寿命真正的影响只有7%左右,远低于此前的假设。一个家族确实有可能存在长寿基因,但鲁比的研究表明,在一个家族中,非血缘亲属(如姻亲)和血缘亲属有着几乎相同的长寿概率。背后的原因称为同型交配(assortative mating)。在选择配偶时,大多数人往往最青睐外表、智力、社交能力和其他特征方面与自己相近的人。那意味着我们选择的另一半往往拥有部分与我们自身相似的基因,即便没有血缘关系。这表明文化和环境——追求健康生活方式所做的改变——比预测寿命的基因更为重要。(显然,基因引发致命疾病的情况除外。)让一个家族的寿命看起来像受遗传影响的[19],反而是除基因外家族所共有的因素——共同的房屋、

---

① 为了让自己现有的工具派上用场而忽视问题本身的需求。

社区、教育和医疗保健、文化和饮食。APOE 基因的一种有益保护性变体[20]确实在百岁老人中不断出现,蓝色宝地和类蓝色宝地的居民也确实具有这种基因变体。但基因似乎对寿命的影响并不大,因此我们应该关注决定寿命的其他因素。

线虫、FOXO 和胰岛素

但遗传学不只研究哪些特征可遗传。基因每天都在编码蛋白质序列,蛋白质序列指导身体所有的运作以保持健康和活力。任何干扰基因表达或复制的因素都会影响寿命。前文提到了 FOXO 蛋白质,这种蛋白质似乎有助于水螅的细胞更新。当 FOXO 蛋白质无法发挥作用时,水螅就会开始老化。我们才刚刚认识到 FOXO 蛋白质对人类[21]的作用。我们都有 FOXO 基因;事实上,FOXO 基因有几种不同的类型,在不同的生命阶段,它们的作用方式可能因人而异。事实证明,活到 90 岁或 100 岁的人有着他人没有的 FOXO 基因种类。

辛西娅·凯尼恩通过调控 FOXO 基因,将秀丽隐杆线虫的寿命延长了一倍[22],FOXO 基因还能激活许多通常因衰老而退化的细胞修复及强化机制——就好像 FOXO 基因修复了细胞中的一个坏时钟。凯尼恩如此解释道[23]:

> 可以将 FOXO 视作建筑总监……也许他有点懒惰,但他一直在监管这座建筑。然而情况正在恶化,突然间,他得知将会有一场飓风。而后他自己实际上并没有做任何事情。他只是四处拨打电话——就像 FOXO 与 DNA 的联系一样——他打给屋顶工、窗

工、油漆工和地板工。大家都来了，一起加固了这座建筑。随后飓风来袭，建筑的状况比平时坚固得多。不仅如此，即便没有飓风，建筑的稳固性也能持续更长时间。以上就是我们对为何寿命得以延长的理解。

但是请注意：在压力条件下，*FOXO* 基因会发出信号，开始激活提高细胞保护能力和自我修复能力的机制。而在秀丽隐杆线虫的细菌饮食中添加2%的葡萄糖会完全逆转寿命的延长，这突出了胰岛素对长寿的重要影响。发现这一点后，凯尼恩立即转而进行低血糖饮食。她解释道："我尝试过限制热量摄入[24]，但我不喜欢一直饿着肚子，于是两天后我就放弃了！"对读者而言一样——必须遵循适合自己的饮食方式，否则难以坚持。经过几年的低血糖饮食后，凯尼恩转而进行间歇性禁食，现在她仍在坚持，她每周有几天都不吃晚餐。

凯尼恩还发现，去除线虫的部分性腺系统[25]可以显著延长其寿命。这与另一项发现相似：在其他因素都相似的情况下，被阉割男性的平均寿命比未阉割男性的长14年[26]——而且阉割时间越早，增加的寿命越长（在某些情况下可达20年）。意大利阉人也有寿命更长的名声。尚不清楚性腺与衰老之间的关系。显然这其中涉及的不仅仅是睾酮[27]——可能是更基本的因素——因为线虫没有睾酮（不过让线虫接触睾酮会导致有害的神经变化）。

有关人类分娩的生物学或许也能帮助理解衰老。有了孩子以后，我们就不再是孩子了，此时对大多数人而言，衰老的迹象十分明显。然而，我们生下的婴儿却是年轻、没有皱纹、没有衰老迹象的人类。衰老的身体如何生出年轻的身体？凯尼恩研究秀丽隐杆线虫以探讨这一问题,发现在秀丽隐杆线虫的卵子受精之前,似乎会进行大扫除[28],将卵子内受损变形的老化蛋白质清除干净。凯尼恩随后证实,青蛙也有这种现象。尚不清楚人类是否也有这种现象,但如果存在,那么大扫除的触发因素可能有助于防止衰老。

海弗里克极限和端粒

也许你会认为,长寿不过意味着更有可能患上阿尔茨海默病或癌症,意味着活得更久但并不痛快。科学家们曾经也这样认为。但我们现在知道,许多延长寿命的基因突变手段等干预措施[29]也能延迟衰老疾病的出现。

1961年,费城威斯塔研究所的解剖学家伦纳德·海弗里克(Leonard Hayflick)在进行实验时遇到了问题。几十年来的普遍观点是,人类细胞肯定会无限复制。但是海弗里克无法做到这一点。对此他考虑了多种可能性——或许实验室的温度或湿度有误,样品被污染,他制备细胞的方式有问题。而当他仔细查看实验日志后,才发现只有最老的细胞停止了分裂,而年轻的细胞会继续分裂。

为排除污染的可能性,他将衰老细胞和年轻细胞放在同一个玻璃瓶中——只有衰老细胞停止了分裂。他随后记录的数据显示,人类细胞分裂和复制的极限为40次至60次(海弗里克极限[30]通常是50次)。海弗里克不知道导致这一极限的原因何在,但他推测细胞拥有"复制记录仪",它会跟踪复制发生的次数,然后在超出预定极限前停止进一步的复制。还有一项令人吃惊的发现:海弗里克先将样本冷冻长达5年,解冻后,样本会像冷冻前那样开始复制,且仍然在达到40次至

60 次的极限之后停止复制。

海弗里克（90 岁）回忆道[31]：

> 我认为正常的人体细胞内部具有一个计数机制，并且人体细胞终会死去。这一发现让我得以首次证明，与正常人体细胞不同，癌细胞是不死的。
>
> 我还得出结论，上述结果让我们了解了部分关于人类衰老的信息。首次有证据表明，衰老可能是由细胞内活动引起的。在我的发现之前，科学家们认为衰老是由细胞外因素（细胞外事件，如辐射、宇宙射线、压力等）引起的。
>
> 我的结论清楚地表明，细胞分裂的停止与细胞分裂次数有关，或者更准确地说，与细胞中 DNA 的自我复制有关。DNA 在正常细胞中的复制次数有限，而癌细胞必然通过某种渠道规避了这种限制。

研究员后来发现，海弗里克极限由端粒缩短造成，端粒是每条染色体末端的一次性"保护帽"。端粒被比作鞋带末端的塑料尖端，用于防止鞋带散开，但端粒的本质要更复杂。例如，如果你的工作是录制音乐表演，需要从第一个音符开始录音，但你不清楚第一个音符何时出现。你需要缓冲——通过计数（一到四）等信号提醒自己第一个音符即将出现。这便是端粒所扮演的角色[32]——向复制 DNA 的转录因子释放开始转录的信号。但此时，数到三乐队便开始演奏了，于是你漏录了一个音符。后来，一个朋友想转录你的录音，但他不够警觉，漏录了你录制的第一个音符，这意味着他的录音一共少了两个音符。这便是端粒缩短的情况——每次复制时转录因子都会丢失部分序列,因此端粒每次都变短一些。对于前 50 次左右的复制这不是大问题,因为端粒包含的是不携带重要信息的填充 DNA 序列。但在那之后,端粒便完全消耗殆尽,无法再保护基因了。如果此时复制继续进行(实际上不会),那么部分重要的遗传物质链将无法被转录,后果也不堪设想。因此,当端粒过短时,细胞分裂——以及细胞修复和更新——就会停止。

细胞 DNA 停止分裂时,人不会立即死亡——人体有大约 10 万亿个细胞,每个细胞都含有 DNA——尽管众所周知的是,端粒短的人比端粒长的人去世得更早[33]。有一个主流假设是,当端粒缩短、细胞停止复制时,端粒和细胞就会进入衰老状态,开始破坏身体的运作。但仍不能确定端粒缩短是身体恶化的原因,抑或仅是恶化的标志。

端粒长度受多种因素影响。还记得责任心的概念吗?即做事有计划、可靠、勤奋、遵守社会规范,以及能延迟满足的倾向。莎拉·汉普森及其同事的研究表明,童年时期显示的责任心可以预测 40 年后端粒的长度[34]。锻炼有助于增加端粒的长度[35],消除压力的负面影响。全食饮食[36]① 能增加端粒长度,而加工食品,尤其是热狗、熏肉和含糖饮料,与端粒长度的缩短有关。

社会和文化因素对端粒的影响也很重要:无论处于何种收入水平,在社会凝聚力低的社区[37],人们都互不认识,互不信任,这不利于端粒长度的增加。从端粒长度而言,无论你是住在大城市的简陋地段,还是住在郊区山丘上的豪宅中,只要你与邻居的关系不友好或根本不喜欢与他们交谈,你的端粒就可能会一天天变短。进化使人类成为社交

---

① 坚持吃完整的食物,避免防腐剂等添加剂。

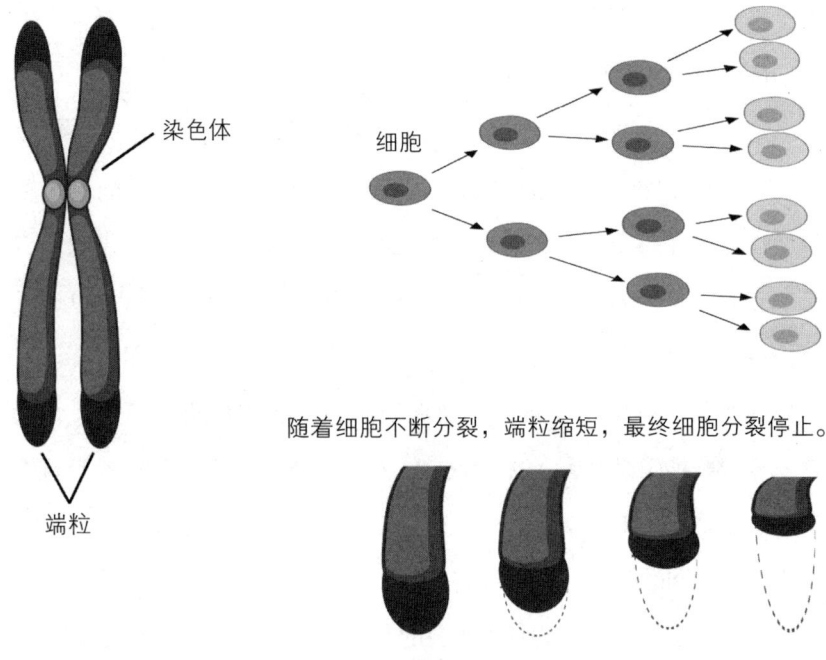

图 27　端粒缩短示意图

物种，良性的人际互动可以减轻压力——甚至在基因层面缓解压力。

并非所有压力都会缩短端粒。短期可控的压力实际上有益处，在适当的压力下，人们能迎接挑战，掌握一系列应对压力的技巧，通过毒物兴奋效应（hormesis）[38]——毒物兴奋效应可以囊括所有剂量低时有益、剂量高时有毒的物质——强化细胞。其他能引起毒物兴奋效应的例子还包括紫外线（紫外线可以刺激松果体，合成维生素 D，但过度接触紫外线会导致皮肤癌和白内障）、维生素 A（少量维生素 A 可维持正常的发育和眼部功能，但量过多会导致厌食、头痛、嗜睡和精神状态改变）。缩短端粒的是长期的慢性压力[39]，特别是长期照顾家人、工作感到倦怠以及受困于强奸、虐待、家庭暴力和霸凌等造成的严重创伤。总的来说，经受很长时间的压力才会缩短端粒——一个月的工作问题也许还不至于。但是当压力成为生活中一个持久且挥之不去的部分时，端粒便会变短。

站在本书主题的角度，调节压力与端粒长度之间关系的一个重要因素是如何应对压力。如果你已经找到不错的应对方法，能保持冷静，让自己保持乐观，那么你的端粒可能根本不会受压力的影响。面对困难，有些人秉持着"我能行"的态度、"放马过来吧"的心态，将困难视为挑战和学习的机会；而有些人则陷入了绝望。面对突如其来的压力，人体的肾上腺会释放皮质醇。短暂的皮质醇释放大有益处，是一种能增加能量的激素反应。在比赛中能出现这种有益反应[40]的运动员获胜的概率更高；奥运会运动员及许多领域的成功人士往往将生活中的问题视为需要克服的挑战。

正念冥想[41]能增加端粒酶的活性并延长端粒，尚不清楚正念冥想对癌症风险的影响。而且，正如膳食补充剂无法替代提供抗氧化剂等有益分子的食物来源，事实证明，给人体注射端粒酶，以及通过冥想和锻炼等有益健康的方式使端粒酶自然生长可能会得到完全不同的生理效果。

慢性疼痛是一种压力源，压力会缩短端粒长度。杰弗里·莫吉尔最新收集的数据表明，疼痛和端粒之间的关系可能是双向的——端粒功能障碍会导致痛感。"我们认为端粒功能障碍引发疼痛[42]的原因在于，在4个月后而非之前，我们开始观察到小鼠脊髓出现的细胞衰老与其疼痛程度密切相关。"

我听很多病人提到自己"可以忍受"所遭受的痛苦，不知这是否为了体现自身的坚韧。如果他们知道生活在痛苦中会缩短寿命，他们还会避开也许能缓解疼痛的物理疗法和药物吗？

端粒酶

令人惊讶的是,端粒过长也不是好事。一项涉及 26000 多人的大型研究[43]显示,端粒长度增加一倍,则整体的患癌风险增加 37%。而且端粒过长对不同癌症的影响各不相同。就端粒最长的人而言,其患肺癌的风险会增加 90%,患乳腺癌的风险会增加 48%,患前列腺癌的风险会增加 32%,患结直肠癌的风险会增加 35%。最骇人的是,其患胰腺癌的风险增加了一倍之多。端粒长度与癌症之间的关系十分复杂,这体现在端粒最短的人患某些癌症的风险也会增加:其患胃癌的风险会增加 63%,患肝癌的风险会增加 41%。一项针对 9127 名患者和 31 种癌症类型的研究[44]发现,肿瘤中的端粒较短,而肉瘤和胶质瘤中的端粒较长。[肉瘤指结缔组织(如骨骼、肌腱、软骨、肌肉和脂肪)患癌;胶质瘤是源于大脑或脊柱中神经胶质细胞的肿瘤。]而该研究尚未明确得出端粒长度与端粒酶活性之间的关系。

在《端粒效应》(*The Telomere Effect*)[45]一书中,精神病学家艾丽莎·伊帕尔(Elissa Epel)和分子生物学家伊丽莎白·布莱克本(Elizabeth Blackburn,因发现端粒酶荣获诺贝尔奖)对此是这样描述的:

> 人体需要有益的"杰基尔博士人格"①端粒酶来保持健康,但如果在错误的时间、错误的细胞中拥有太多端粒酶,端粒酶会切换到邪恶的"海德先生人格"来加剧不受控的细胞生长,而这是

---

① 源自《化身博士》(*Strange Case of Dr. Jekyll and Mr. Hyde*),讲述了绅士亨利·杰基尔(Henry Jekyll)博士喝了自己配制的药剂分裂出邪恶的海德先生人格的故事。

癌症的标志。癌症的本质在于细胞分裂不会停止；人们通常将其定义为"细胞更新失控"。

往细胞中过多地注入人工端粒酶，会让细胞走向癌变之路。除非能在大型长期临床试验中更全面地证明端粒酶补充剂的安全性，否则，我们认为应该避免任何据称会增加端粒酶的药丸、乳膏或注射剂。

赫基米对此表示同意[46]，并补充道，显然，尚未有相关实验证据，因此最好避免"任何声称可以延长寿命的措施与药物"。相关研究才刚结束不久，我们尚无法判断药水、酊剂、油、香精和补充剂的长期影响，这些产品很容易迷惑消费者。

伊丽莎白·帕里什（Elizabeth Parrish）是 BioViva 生物技术公司①的首席执行官[47]，她一定没有读过伊帕尔和布莱克本的书，也没有与赫基米交流过。她以自己为实验对象，在哥伦比亚找到一位愿意给她静脉注射端粒酶的医生（这在美国是违法的）。到目前为止，即 4 年后，她称自己的端粒增长了。但是，端粒长度的测量出了名地不精确——她声称的长度变化完全在测量误差范围内。注射端粒酶很可能会诱发癌症，实际上会缩短她的寿命，尚不清楚端粒酶对其造成的影响，因为她才 48 岁，还很年轻。据推测，端粒缩短是一种抗癌的适应性进化行为[48]。科学家认为帕里什的自我实验是"伪科学"，且不道德。帕里什公司董事会的一位病理学教授在了解她的行为后辞职了。《麻省理工科技评论》（*MIT Technology Review*）称其"刷新了医疗骗术的下限"[49]。

---

① 致力于研究干扰人类衰老过程的疗法。

也许帕里什应该阅读由伦纳德·海弗里克、杰伊·奥尔尚斯基和布鲁斯·卡恩斯（Bruce Carnes）合著的论文[50]，他们在其中明确指出：

> 令人担忧的是，许多企业家正想方设法将各个年龄段容易上当的绝望人士引诱到"长寿"诊所，声称他们推荐、（在多数情况下会）销售的抗衰老产品具有科学依据。与此同时，借助互联网，从所谓的抗衰老产品中获利的人能够轻松接触到新的消费者。
>
> 震惊于这些趋势，研究衰老的科学家们（包括我们三个在内）发表了一份立场声明，做出以下警告：目前市场上没有任何干预措施被证明可以减缓、阻止或逆转人类的衰老过程，有些措施可能是危险透顶的。

得益于许多积极的环境因素（例如医疗进步、有获取清洁水源的渠道等），而非长寿产品，人类的平均寿命越来越长。奥尔尚斯基在其2017年的一篇论文中一再强调，现在最具希望的做法是增加健康寿命，而人为地延长寿命仍然遥不可及[51]。

即便如此，许多人仍然在尝试，价值数十亿美元的抗衰老产业似乎也会继续发展。我读到了罗伯特·阿特金斯（Robert Atkins）去世的消息，这位医生推广了以其名字命名的低碳水化合物、高脂肪和高蛋白的饮食方式。他活得并不算长，享年72岁，他在纽约市的冰路上滑倒后撞到头，而后离世。在我的实验室中流传着一个黑色幽默：虽然阿特金斯饮食对心脏有益处，但还是会让人滑倒在冰上。而实际上，即使在阿特金斯自身的案例中[52]，这种饮食方式也没有改善他的心脏健康，因为其死后公布的医疗记录显示，他患有高血压；曾心脏病发作，出现充血性心力衰竭——阿特金斯饮食告诉我们，有以上问题不能过度摄入动物脂肪。（如果不得不选择，那么相比从糖中获取热量，似乎从脂肪中获取更好。）罗伊·沃尔福德（Roy Walford）开创并实践了热量限制的做法，其在 79 岁死于肌萎缩侧索硬化症——这已经算很长寿了，但并不能作为长寿广告。

记者帕甘·肯尼迪（Pagan Kennedy）追踪报道了部分著名的尝试永生方法的案例[53]，这些人使用各种营利性计划、饮食方式、配制物和养生法。记者的目的在于了解他们的实际寿命以及死亡原因。他们中没有一个人特别长寿，大多数人去世时都很年轻——他们死亡的直接原因不是生前对自己做的长寿实验，但谁知道背后的关系呢？较讽刺的一个案例是《预防》（*Prevention*）杂志的创始人杰罗姆·罗代尔（Jerome Rodale）[54]。1971 年，72 岁的他在录制《迪克·卡维特脱口秀》（*The Dick Cavett Show*）的一期节目时吹嘘道："我做好决定了，我要活到 100 岁……我这辈子从来没有感觉这样好过！"而他正好死在舞台的采访椅上。

尚不清楚如果这些人没有采取自己最喜欢的长寿养生法，他们的寿命将有多长，而且因为没有足够的人能在受控条件下采取相同的养生法，我们无法真正跟踪背后的情况。到目前为止，我们只能依据直觉判断何种方式能延长寿命。

细胞垃圾问题

端粒缩短使得原本健康的细胞衰老。衰老细胞是一把双刃剑。一方面，衰老细胞不能分裂，因此不会癌变；细胞衰老是一种防止肿瘤形成的方式。另一方面，它们会产生衰老相关分泌表型（SASP）——毒素和炎症介质引发了与衰老和死亡有关的大部分损害。你可能会想："服用布洛芬或萘普生钠，以及 NSAIDs 不就能解决这个问题吗？"但是上述炎症对这些药物没有反应。这便是所谓的隐形炎症（在显微镜下检查组织时，无法观察到炎症的标准标志物，但细胞因子、趋化因子和有毒的炎症化学物质还是会释放）。

通常，细胞死亡后，会被细胞持家过程清除掉。但是就像恐怖电影中的僵尸一样，衰老细胞本质上是不死的。所以基本来说，除非细胞不受控地繁殖，让我们死于癌症，否则衰老细胞制造的成堆垃圾会夺去我们的生命。（给自己的忠告：放轻松，享受生活。）

生物化学家扬·范德乌森（Jan van Deursen）和其同事发现了一种能区分衰老细胞与健康细胞的化学标记物，然后使用 AP20187 药诱导衰老细胞的死亡。这类药物被称为衰老细胞裂解剂，直译为"摧毁衰老药"［senolytics，即"衰老（senescence）"的前半部分与"摧毁（词根 lytic）"的合成词］，相关治疗方法称为衰老疗法（senotherapy）。扬·范德乌森发现清除幼鼠体内的僵尸细胞[55]（衰老细胞）会延缓衰老。对于已经衰老的老鼠，清除衰老细胞能减缓与衰老相关疾病的发展。去除衰老细胞[56]似乎能自然启动部分组织的修复机制。后续针对小鼠的研究[57]表明，以这种方式去除僵尸细胞能修复肺部疾病和受损软骨造成的损伤，并且可以将寿命延长 25%，还可以防止记忆力减退[58]。

目前已经鉴定并测试了 14 种不同的摧毁衰老药[59]，而每一种都适用于不同类型的衰老细胞。分子生物学家纳撒尼尔·大卫（Nathaniel

David）⁶⁰ 表示："毫无疑问，针对不同的适应证，需要开发不同类型的药物。如果身处完美的世界，不必这样做。但遗憾的是，生物学还不完美。"在撰写本书时，大卫的公司 Unity 正在进行一项临床试验，将摧毁衰老药直接注射到受损组织中，例如患关节炎的关节细胞，这种药物专门针对积聚在膝盖中的衰老细胞⁶¹。

然而，问题的复杂之处在于，细胞衰老是有益的——受损细胞可能会不受控地分裂并引发癌症。使用摧毁衰老药的一个风险是，如果消灭的是可能变成僵尸细胞或癌细胞的衰老前细胞，摧毁衰老药也许会干扰原本能抑制癌症的过程。还存在其他问题。在大鼠中，摧毁衰老药会减缓伤口愈合的过程。尚未发现对人类而言安全的摧毁衰老药。正如一位研究员所说："在老鼠身上实验时还好好的⁶²，一轮到人体，问题便出现了。"但是，即使能证明摧毁衰老药在其他方面的安全性，我们仍然面临着这种药可能加剧癌症的风险。解决办法是在癌症一发不可收拾之前跟踪其发展病程。

免疫学家吉姆·艾利森和本庶佑（Tasuku Honjo）因在免疫疗法治疗癌症方面的贡献而获得 2018 年诺贝尔奖。（再次强调，癌症指不受控的细胞分裂。）艾利森一直致力于研究其所谓的"免疫检查点封锁"。（第 5 章"情绪"提到了他的研究。）免疫检查点封锁的目标是利用自身免疫系统来攻击癌细胞，这是免疫系统一直在做，而我们却不自知的工作。艾利森表示：

> 免疫系统不清楚⁶³身体患有哪种癌症，只知道有些细胞不应该存在。我想，我们可以忽略癌症的类型，只是封锁抑制身体自然免疫反应的因素。

T细胞在整个身体系统中循环，寻找异物。1982年，我明确了T细胞的结构，即TCR受体。可惜，肿瘤细胞无法启动T细胞，而来自抗原呈递细胞的第二个信号才能激活T细胞。具体来说是CD28蛋白质发送信号，以产生大量的免疫反应。CTLA-4分子是一个抑制系统，会阻碍发送信号的过程。而缺乏CTLA-4分子会导致死亡，因为免疫系统会无差别地随意攻击，其对象包括健康细胞和健康组织。另一个T细胞控制开关是PD-1分子。

癌细胞不会发出免疫系统需要的第二个信号，即抗原呈递细胞的信号，因此获得了先机。对此，在一个窗口期内，通过在数周内关闭CTLA-4或PD-1分子的抑制作用（像踩刹车一样），可以杀死癌细胞。从理论上讲，这种检查点封锁应该能消灭任何种类的癌细胞。

基于艾利森在黑色素瘤治疗方面的研究，美国食品药品监督管理局批准了CTLA-4的靶点药物易普利姆玛（Ipilimumab）和PD-1的靶点药物纳武单抗（nivolumab）；在某些情况下会同时施用两种药物。通常一个疗程包括：每隔大约3周的时间分别静脉注射4次药物（针对部分黑色素瘤还需要辅助其他治疗手段）。这是市场上众多免疫疗法中的首批疗法，由于其潜在的严重副作用，这些疗法的价值有限。在仅使用易普利姆玛的案例中，60%的患者的不良反应包括结肠炎、肝炎或严重的垂体炎症；1%的患者患上糖尿病。尚未在孕妇身上进行易普利姆玛的测试，但科学家推测其可能对胎儿有毒性。对此，艾利森只能苦笑地轻描淡写："释放免疫系统[64]可能会产生非常严重的后果，因此需要谨慎。"

一项分析显示，在上述治疗后的前3年内，80%的患者死亡[65]。但对于熬过前3年的20%的患者，其10年生存率十分接近100%。但弄清上述数字背后的含义十分必要。晚期黑色素瘤患者的存活率历来非常低，中位总生存期约为8个月，5年生存率仅为10%左右，而免疫疗法能使其5年生存率翻倍。上述药物等现已被批准用于治疗多种癌症，包括黑色素瘤、肾细胞癌、霍奇金淋巴瘤、膀胱癌、头颈癌、默克尔细胞癌、结直肠癌、胃癌和肝细胞癌。对于某些前列腺癌，可瑞达（参前文提到的与吉米·卡特有关的内容）检查点抑制剂在2019年刚获得美国食品药品监督管理局的批准。以一名前列腺癌患者为例，在接受治疗后的短短几周内，其PSA水平便从超过100降至不到1，而且癌症最终得以根除。

前言提到了朊病毒，这是一种非正常折叠的蛋白质，能将正常蛋白质转变为非正常折叠蛋白质，像感染病毒一样传播。斯坦·普鲁西纳因发现朊病毒而获得诺贝尔奖；其首次证明疾病不仅能通过感染（例如通过细菌或病毒）传播，还可以通过传染性蛋白质传播。普鲁西纳一直认为朊病毒与阿尔茨海默病有关，但鲜有人认真对待他的观点。请回想一下，阿尔茨海默病的定义是大脑中出现淀粉样蛋白斑块和tau蛋白缠结，并伴有认知能力下降。

2019年，普鲁西纳和他在加利福尼亚大学旧金山分校的同事［比尔·德格拉多（Bill DeGrado）、卡洛·康德罗（Carlo Condello）］等人发表了一项振奋人心的新研究，该研究针对75名阿尔茨海默病患者进行尸检分析，发现了一种自我繁殖的β-淀粉样蛋白和tau蛋白的朊病毒形式[66]。患者体内较高的朊病毒水平与早发性阿尔茨海默病及过早死亡高度相关。借鉴这一新发现，科学家能探索直接针对朊病毒的新疗法。普鲁西纳告诉我[67]："这表明，β-淀粉样蛋白和tau蛋白肯定都是朊病毒，阿尔茨海默病是一种双朊病毒疾病，这两种'捣蛋鬼'蛋白质会损坏大脑。"德格拉多补充道[68]："我们现在知道，与阿尔茨海默病相关的是朊病毒活性，而不是尸检时蛋白质斑块和缠结的数量。"多年来，科学家们一直在探索清除斑块和缠结的药物，但没有取得任何进展。现在，他们可以聚焦研究针对活跃的朊病毒形式的疗法。

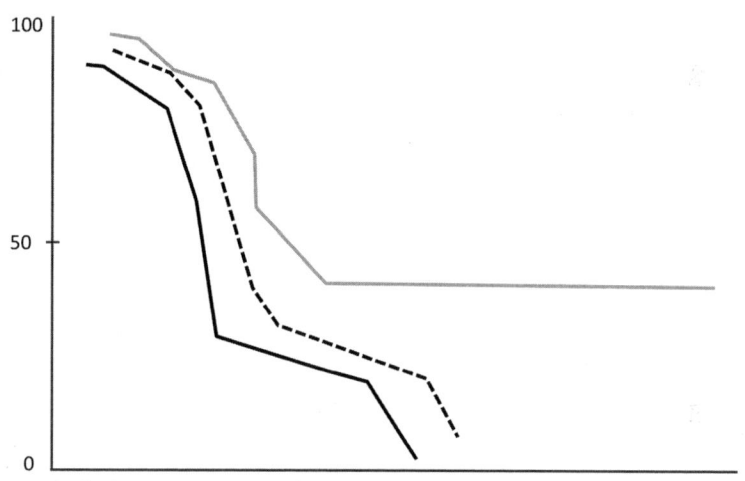

黑色实线：控制组的存活率曲线。
虚线：传统癌症疗法的存活率曲线。
灰线：免疫疗法的存活率曲线。

图28　三种实验组的存活率曲线

接下来10年面临的挑战是，找到减轻副作用的方法，可以通过靶定癌细胞的控制开关，不让药物影响其他系统。需要更深入地研究药物与其他系统的相互作用。例如，如果癌症患者肠道中的微生物组发育不全，其可能被患者经常服用的抗生素或进行的化疗所破坏，那么这些治疗手段便根本不起作用。肠道生物组越多样化，免疫疗法便越有效，只是背后的原因尚不清楚。

现在已经出现越来越多的与癌症免疫治疗相关的实验室实验。随着未来 5 年至 10 年技术的不断发展，预计这一疗法对长寿的意义将更加重大，能有助于消灭阻止人类长寿的一个最大元凶。如图 28 所示，传统癌症疗法的存活率接近于零，而免疫疗法的存活率曲线能趋于平稳。

以上提到的都是好消息，但并不是实现长寿的最终答案。据计算，即使能根除癌症，人类的平均寿命也只能延长 7 年——因为即便能逃过癌症，人也会死于其他疾病，比如心血管疾病或神经元变性。本章开头提出了一个假设性问题：如果能够消除所有疾病，人类是否可以永生？答案也许是肯定的，但要根除所有疾病，仍然十分任重而道远。大多数疾病由衰老的基本生物过程引起。要消除现有的疾病，可能会引发一系列新的疾病——就像打地鼠游戏一样。而且我们可能也不会喜欢这些新的疾病。

永生（再探衰老）

奥布里·德·格雷（Aubrey de Gray）是"掌控可忽略衰老（SENS）研究基金会"的首席科学官。在接受《金融时报》（*Financial Times*）采访时，德·格雷扬起了眉毛，他表示在理论上人类可以活到 1000 岁[69]。他认为自己已经确定了可修复的 7 种分子及细胞损伤[70]：细胞丢失、细胞死亡抵抗、细胞过度增殖、细胞内"垃圾"、细胞外"垃圾"、组织硬化和线粒体缺陷。如果属实，修复上述损伤不仅能减缓衰老的影响，还能逆转衰老。伦理学家和社会学家已经开始思考这对婚姻誓言等意味着什么；（我们会和同一个人保持 800 年的婚姻关系吗？或者每隔200年就换一个伴侣是否可以接受？）或者，夫妻之间年龄差异的问题。（一个500岁的男人和一个350岁的女人交往是不是一件为大众所耻的事情？）如果我活到1000岁，并且有十多代后代，我将需要为感恩节晚餐准备一张更大的桌子。

从实际的科学角度出发，德·格雷的观点站不住脚。这让我想起了掌上电脑（Palm Pilot）的发明者杰夫·霍金斯（Jeff Hawkins）在蒙特利尔神经学研究所发表的演讲，他提到将使用技术来提高记忆力。走上台后，他说自己小心翼翼地不去阅读任何关于记忆和大脑的文献，以免被其他正在进行或已有的研究所束缚。这是典型的、自以为是的硅谷方式或创业方式：颠覆者想要颠覆现状。问题在于，霍金斯提出的所有观点都与成百上千篇关于记忆在大脑中实际运作方式的论文直接相悖。刻意避开已经查明的事实，无异于浪费时间寻求不可能的结果，或是为了几乎不可能行得通的事情而蛮干。

在多数生物学家、免疫学家、老年学家和神经科学家看来，德·格雷也是如此。但对于行外人，他的观点听起来确实都非常令人印象深刻。为解决各种衰老问题[71]，需要使用"衰老标记毒素……端粒酶整体去除加细胞疗法……白细胞介素-7介导的胸腺生成……异位（线粒体）编码的蛋白质……干细胞疗法和生长因子……基因工程肌肉……定期接触苯甲酰基二甲基噻唑氯铵（phenacyldimethylthiazolium chloride）"。这些词语听起来都很高端，很容易让人眼花缭乱。也许读者不知道这些词的意思，但似乎德·格雷知道自己在做什么。而需要敲响警钟的是，他没有提出任何一个可供检验的假设，也没有设置任何实验来推动自己的研究。

我曾收到这样的电子邮件内容："可以通过外科手术重新改变大脑

的连接方式,让一部分人成为更优秀的音乐家。我不明白为什么没有人这样尝试。"

首先,我们不知道该如何"重新连接"大脑——重新改变大脑的连接方式和重新连接房子里的电源插座不一样。即使能够将一对神经元之间的连接转移到另一对神经元上,那么也必须对数万或数十万个神经元进行转移才有意义。即使能做到这一点——例如,使用人类尚未掌握的纳米机器人技术实现转移自动化——我们也不清楚要重新连接哪些神经元。更不用说,脑部手术风险很高,而且恢复时间长达数月。针对无数的猜想,科学家的工作是挑选出与可证事实一致,并且具有可行性的想法。这是研究生教学的一大难点,而且许多学生从未涉及。能顺利在实验室开展实验的人会根据自己认为可行的理论,选择相关实验和研究方向;即便如此,一般而言,出于各种原因,在实验室进行的 50% 至 75% 的实验都会失败。

2011 年发表的一篇论文指出,德·格雷的一个观点与科学界对线粒体的了解[线粒体提供细胞中的能量(至今这一结论仍然成立)]完全不一致[72]。此外,2014 年发表的一篇论文质疑了德·格雷提出的修复方法,认为它忽略了细胞中大量的未知变量[73]。

其他论文也发现了德·格雷观点的缺陷。但真正击溃他观点的是我在科学界几乎从未见过的壮举。来自世界各地不同的大学和研究中心的 28 位科学家组成一个联盟[74],联合发表了一篇论文,全面驳斥了德·格雷的观点。他们首先援引了亨利·路易斯·门肯①(H. L. Mencken)的话:"对于每个复杂的问题,都有一个简单但是错误的解决方案。"经测试,德·格雷提出的许多解决方案从未在动物身上奏效,更不用说

---

① 美国著名报人、评论家与语言学家,美国当代最有名的散文家之一。

对人类起作用。根据对人体生理学的了解，他提出的其他解决方案可能会产生有害的副作用，因而不能使用。德·格雷所谓的"衰老标记毒素"并不存在。该科学家联盟的观点振聋发聩：有一点是所有科学工作者都清楚，但记者和公众往往忽略的事情——"大多数治疗猜想，即使是最合理的想法，最终都落空了——在临床前研究或临床研究中，发现提议的干预措施会产生毒性或引起有害副作用……或者，在大多数情况下，根本没有作用。"而要实现这些猜想需要数十载的时间，而不是几年。也许是为了浇灭媒体围绕在德·格雷的SENS研究基金会的狂热，这28位科学家严肃地做出如下结论：

> 德·格雷认为，SENS研究基金会发起的研究计划能够延缓并且逆转衰老——让老年人重获青春——并且在我们的有生之年可以实现这一点。这种想法完全是天方夜谭，因此，这种观点在全球理性科学界得不到丝毫尊重。

他们进一步表示，他们完全不相信德·格雷所谓的"可以无限期防止衰老，或让老年人重获青春"的计划有丝毫成功的概率。

> 我们能够而且务必区分基于证据的推测与仅基于期盼的推测……用与衰老有关的流行语代替精心挑选后具有检验可行性的假设……这也许是聪明的营销手段，但却是科学观点的劣质替代品。

德·格雷的研究是伪科学的教科书，是一种骗术。好在，还有许多经证据证实的研究为我们带来希望。

前 景[75]

在不必节食的情况下,白藜芦醇和氯霉素等可以模拟热量限制带来的效果。在 20 世纪 80 年代进行了两项针对猴子的相关大型研究,但其结果相互矛盾。原因可能是实验的控制条件不同;具体原因尚不得知。

西罗莫司用于防止冠状动脉移植的排斥反应,其新用途也许也能模仿热量限制的效果。西罗莫司是一种免疫抑制剂,因此用于人体可能产生诸多副作用,但它可以延长小鼠 25% 的寿命[76]。研究人员已经在其他哺乳动物中进行了西罗莫司测试;要判断其能否延长犬类的寿命还为时过早,但它确实可以改善心脏功能,而且在人类和小鼠的细胞培养物中,人们发现西罗莫司似乎具有抗肿瘤特性。诺华制药公司(Novartis)的一项研究发现,有悖常理(毕竟它是一种免疫抑制剂)的是,每周服用西罗莫司可增强老年人的免疫功能[77]。

另一种实验性治疗方法是使用糖尿病药二甲双胍(第 9 章"饮食:健脑食品、益生菌和自由基"提及的药物)对抗衰老[78]。研究员尚不确定其作用原理,但在没有糖尿病的小鼠和人类中,它似乎能够模仿热量限制的作用,缓解炎症和氧化应激,并且使用二甲双胍能降低患糖尿病、心脏病,甚至癌症的风险,且减少认知能力下降的可能性。美国食品药品监督管理局刚刚批准了一项测试二甲双胍的研究[名为"用二甲双胍靶向衰老"(TAME)[79]],需要再等待几年才能判断其是否如预期一般能延长健康寿命。有人猜想,二甲双胍之所以具有抗衰老作用,是因为它增强了磷酸腺苷活化蛋白激酶(AMPK)。AMPK 有助于模拟热量限制的有益作用,还可以减少促进肿瘤形成的蛋白质——IGF-1。不仅如此，二甲双胍似乎可以减少衰老细胞的有毒炎症产物。由于二甲双胍是使用最早、最广泛的药物之一（在20世纪50年代发现），许多医生认为，在仿单标示外使用①二甲双胍来延缓衰老是安全的做法。

或许市场上最有名的新抗衰老产品是烟酰胺腺嘌呤二核苷酸（NAD+）。NAD+由大脑分泌，虽然节食能增加大脑分泌的NAD+水平，但其水平会随着年龄的增长而下降。NAD+补充剂也许能够模仿热量限制的效果，其因刊登在《时代》(*Time*)、《男性月刊》(*Men's Journal*)、《好管家》(*Good Housekeeping*)等杂志的文章而闻名。NAD+能调节细胞代谢[80]、细胞信号、DNA修复和昼夜节律，并维持线粒体的正常功能。有多种化合物可以提高血液中的NAD+水平，包括烟酰胺核苷（NR）、紫檀芪（PT）和烟酰胺单核苷酸（NMN）。

NAD+的前三个音节"烟酰胺"（nicotinamide）的英语发音像"尼古丁"（nicotine），这并非巧合。NAD+是维生素B_3的一种，是最早发现的维生素之一。尼古丁是存在于烟草中的成瘾物质，由于烟酰胺和B_3分子之间的相似性，尼古丁会干扰身体对烟酰胺和B_3的吸收[81]。你也许听说过，吸烟会降低免疫力，以上便是其中一个原因。

哈佛大学的遗传学家大卫·辛克莱（David Sinclair）是NAD+研究领域的一位领军人物。他的多项小鼠实验研究都表明，NAD+具有抗衰老特性。对老鼠补充NAD+仅一周后[82]，他的团队便无法分辨出24个月大的老鼠和两个月大的老鼠之间的区别——就好比一个年过六旬的人看起来像一个20岁的年轻人[83]。（对此赫基米打趣道："显然，过多地研究NAD+会让你忽略自己需要眼镜的事实。"）

---

① 超适应证使用。——编者注

麻省理工学院生物学家伦纳德·瓜伦特（Leonard Guarente）发起了一项随机对照实验，研究了服用两种 NAD+ 前体（烟酰胺核苷和紫檀芪）[84]对人体的影响。参与者被随机分为三组，在 8 周内分别施予安慰剂、单剂量 NAD+ 补充剂、双剂量 NAD+ 补充剂。单剂量组的 NAD+ 水平增加了 40%；而双剂量组的 NAD+ 水平显著增加了 90%，且未出现严重的不良事件。（该研究的标准单剂量为每天 250 毫克烟酰胺核苷和 50 毫克紫檀芪，部分参与者服用双倍剂量。）

而问题的复杂之处在于，瓜伦特是"极乐世界健康"（Elysium Health）生物制药公司的联合创始人，该公司正好在销售他所测试的补充剂化合物，这当然不得不让人怀疑研究结果是否公正。除非有一个没有盈利动机的研究员重新进行此项实验，否则鲜有科学家会认真对待这一发现。特拉华大学（University of Delaware）的生理学家克里斯托弗·马滕斯（Christopher Martens）进行了一项小型研究，同样地，他发现每天使用 1000 毫克烟酰胺核苷[85]能显著增加 60% 的 NAD+ 水平。但是，这是一个非常小型的探索式研究，每个实验组只有 15 名参与者——数量还不足以构成任何概括性结论。

另一个难题在于：这两项研究只是表明，上述补充剂会增加血液中的 NAD+ 水平——尚不清楚其能否降低患心血管疾病、糖尿病或癌症的风险，能否奇迹般地抹平皱纹，让头发变得更有光泽。哈佛医学院前院长杰弗里·弗莱尔（Jeffrey Flier）公开反对"极乐世界健康"公司出售 NAD+ 增强剂——"没有任何证据显示，'极乐世界健康'公司销售的药物[86]对人体有效"，这一指控似乎同样适用于所有销售 NAD+ 补充剂（或抗氧化剂补充剂）的公司。要在人体进行针对动物的 NAD+ 研究并非易事，而且有数百种在老鼠身上奏效的药物从未在人类身上发挥过作用[87]。美国国家老龄化研究所（NIA）的费利佩·塞拉（Felipe Sierra）当然也希望健康长寿，但他表示：

> 该领域的一切都尚未准备就绪。我的底线是，我不尝试这方面的任何药物。为什么呢？因为我不是老鼠。

大卫·辛克莱对所有销售NAD+补充剂的公司都持反对意见，他告诉我："我已经测试了市面上的烟酰胺单核苷酸[88]或烟酰胺核苷产品，而我选择远离这些产品。"辛克莱对这些产品的纯度和含量表示怀疑，但与费利佩·塞拉不同的是，他相信提高NAD+水平带来的益处。事实上，相关研究成果已说服辛克莱每天服用NAD+补充剂，即1000毫克尚未上市的烟酰胺单核苷酸配方。顺便提一下，他还每晚服用1000毫克二甲双胍，每早服用500毫克白藜芦醇。根据我从文献和辛克莱本人那里总结的经验，我的建议是，等到NAD+相关研究尘埃落定后再采取措施。如果美国食品药品监督管理局批准NAD+作为药物，而非补充剂，那么其纯度将受到严格监管，但现在时机还未成熟——而且要证明其对人类，而不仅仅是对老鼠有效。

正在研究中的另一个猜想是，是否可能利用部分两栖动物的再生能力。墨西哥蝾螈[89]长约9英寸，具有惊人的再生能力，可以再生断肢、受损脑组织，甚至是被压碎的脊髓。最近刚刚对其基因组测序，可以肯定的一点是，衰老领域的研究员将探索基因疗法如何促进衰老人体组织的再生。有趣的是，蝾螈的寿命并不算特别长，不像水螅，但在经历对大多数物种而言致命的事故后，它们能逃过一劫，这的确是衰老研究一个有前景的方向。

图 29　墨西哥蝾螈

还有其他大量药物的抗衰老特性正在检测当中。受到极大关注的是化学物质硫黄素 T（thioflavin T），其能显著延长多种蠕虫的寿命，也许与非科研人员的认知相反的是，其对不同种类蠕虫寿命的影响在基因层面上的差异可能大于小鼠与人类之间的差异。硫黄素 T 将一种蠕虫的寿命延长了一倍[90]。但是，（用费利佩·塞拉的话来说）人类当然有别于蠕虫。

从前几页的内容中，也许你已经意识到，还有一个棘手的难题是，并非所有具有理论基础的事物都能在实践中起作用；即使确实起了作用，在实验室环境中奏效也不等同于能在现实世界中奏效。正如肿瘤免疫治疗公司 Lyell Immunopharma 的首席执行官理查德·克劳斯纳（Richard Klausner）所说[91]：

> 在业界尝试落地为药物或疗法的科学发现中，有七八成都是行不通的。它们只能对实验室内的特定细胞系，或一组特定的人

群起作用。我们已经目睹了不少失败的尝试。例如，有人曾高呼"要低脂肪饮食！"，这曾是食品行业的一大福音；减少脂肪和热量的摄入，消费者在总体上便会摄入更多的食物。当下的肥胖问题正是科学观点错误落地的直接结果。

现状如何

如今，八旬老人可以预期自己仍有 8 年可活，比 20 世纪 90 年代的八旬老人多活 4 年；百岁老人在 100 岁以后的余生，比过去百岁老人的都长[92]。随着健康寿命的显著增加，为家庭、社区和世界做出巨大贡献的 80 岁以上老年人越来越多。在我们所处的时代中，老去意味着前所未有的健康和更多的机遇。六旬老人在做以往 40 岁青壮年才能做的事情。八旬老人仍在坚持工作，这早已司空见惯。在美国，每百名参议员中便有 8 名"八旬老将"。众议院通常聚集更年轻的群体，而每百名众议员中也有 9 名议员年过八旬。在《财富》(Fortune) 500 强的 CEO 中，有 5 位超过 77 岁。81 岁的简·方达还在主演前文提及的热门电视剧《同妻俱乐部》，94 岁的小野二郎（Jiro Ono）被评为世界上最伟大的寿司厨师，现仍在他的世界级东京餐厅中工作。88 岁的丽塔·莫雷诺（Rita Moreno）刚刚在另一部热门电视剧《活在当下》(One Day at a Time) 中完成了为期 3 年的演出。

目前为止，的确无法确定如何延长健康寿命或寿命。你可以选择不吸烟，远离战争，避免头部被反复击中。你也可以认真地做好疫苗接种，注意卫生，适当运动，不过度劳累，保证冬暖夏凉，常年食用无公害的新鲜农产品……

或者你可以效仿前文提到的珍妮·卡尔芒，抽烟抽到 117 岁；或者像理查德·奥弗顿（Richard Overton）[93]，他是第二次世界大战中最年长的幸存者（截至理查德去世时），享年 112 岁，他长寿的秘诀是抽雪茄（一天 12 支），喝威士忌和咖啡（加 3 茶匙糖）。命运就是如此变幻莫测。

第 13 章

活得更聪明：认知提升

"不用工作就有钱!!! 想吃什么就吃什么，不会耽误减肥!!! 每周玩 4 次填字游戏或数独游戏就能变得更聪明!!!"（高喊将实现这些承诺的企业似乎与制造感叹号的公司有勾结。）我们都爱听这样的承诺，美国人尤其会被这些宣传口号所吸引。美国人构成了一种自相矛盾的文化，一方面，我们推崇"自己动手，丰衣足食"，我们有不少白手起家的百万富翁；而另一方面，仍然有人认为自己可以不劳而获。

媒体十分关注"脑力游戏能活跃大脑"的观点。除了填字游戏、贤贤游戏（KenKen）[①] 和数独等早已存在的备用游戏之外，最近还出现基于互联网或计算机的脑力训练游戏。关于上述新旧谜题和游戏，我们需要思考以下重要的问题：如果我玩脑力游戏，我会不会不那么容易弄丢自己的眼镜？我是否能更安全地驾驶？我的记忆力会提高吗？换言之，我从某项活动的练习中获得的技能是否能运用在其他活动中？可惜，对于以上大多数问题，答案都是否定的。几乎没有证据

---

① 意思是聪明方格，被认为是继数独之后，最具人气的一种算术游戏。

表明，花时间玩数独游戏¹会改善你在其他方面的技能——你只能提升玩数独游戏的能力。数篇系统的评述和元分析论文得出的结论是，关于脑力游戏能增强游戏领域之外的认知水平，尚不存在令人信服的证据²，脑力游戏也无法防止痴呆症。

为什么我们认为这些游戏能提升认知水平呢？其中一个原因是"鲁莫斯实验室"（Lumos Labs）的大肆宣传，该公司制作了一款名为"光度"（Lumosity）的脑力训练游戏，而后因虚假广告罪被罚款5000万美元³。但这家公司并不是"唯一元凶"。

由美国教育部部长贝茜·德沃斯（Betsy DeVos）注资的"神经核"（Neurocore）公司⁴因其广告中未经证实的言论，受到国家广告审查委员会的警告。总体而言，"脑力训练"游戏实际上可能会使脑部功能退化，因为人们会花时间玩游戏，而不是做真正能锻炼大脑的活动，比如户外运动或与他人交流。（此外，"脑力训练"游戏制造商所谓的"脑力训练"具有误导性，因为在相关训练中的脑部反应如何变化方面⁵，鲜有研究关注。）

心理科学协会（APS）于2016年发表了一篇论文，该论文由伊利诺伊大学实验心理学家丹尼尔·西蒙斯（Daniel Simons）带领的专家团队合著。该专家团队分析了营利性脑力训练公司所引用的132篇论文⁶，他们撰写的论文经过了仔细推敲、记录，读来像联邦检察官的起诉书。在132篇论文中，有21篇是综述论文，由于没有提供任何新数据，所以我们不再赘述；有15篇只报告了一项研究的数据；36篇的对照组数量不足；其中6篇论文中的对照组没有随机分配；另外5篇论文鉴于类似的原因也不做考虑。在剩下的49篇论文中，有25篇研究的是相同的6个实验。这49篇论文中多数是由所测试产品的公司员工单独或共同撰写的，因此没有对产品进行独立评估。如果你是非专业人士，会很容易被这些公司引用的大量论文所迷惑。但好在你现在更清楚隐情了。与许多研究员已经发现的一致，西蒙斯的团队发现，脑力训练游戏锻炼的是一组特定的、受限的技能，这些游戏能提高特定技能，但无法使人举一反三，即便是其他看似相关的技能也无法提高。西蒙斯和其同事得出如下结论[7]：

> 关于执行脑力训练产品中的认知任务会对现实世界中的认知带来持久的益处，我们几乎没有发现任何令人信服的证据……如果你希望避免伴随衰老而不时出现的认知损失，或者提高自己在学校或职场中的表现，那么对这些产品的效用你应该持怀疑态度。
>
> 消费者还应权衡脑力训练产品的成本和效益。使用脑力训练软件的时间本可以分配给其他活动，甚至是其他形式的"脑力训练活动"（例如体育锻炼），这些活动也许更有益健康，更能提升幸福感。

脑力训练活动确实很有趣。它们带来了挑战，也为我们提供改善技能的机会。我每天都玩填字游戏和贤贤游戏，但是，我的写作能力，以及计算餐厅小费的能力并没有因此而提升——这些游戏有自己的一套法则，我享受玩游戏的过程，我也认为这个爱好对我有益。我玩游戏是因为这能让我快乐，能锻炼我的大脑，而非因为这样能提升我在其他方面的能力。

阿特·岛村建议道[8]：

最好是做与自身爱好或希望改善的脑力活动更相似的事情。想从阅读中获取更多知识吗？那就加入读书俱乐部，与他人讨论自己的看法。想在日常生活中变得更加专注吗？那就进行需要相关脑力过程的特定活动。想变得更有创造力吗？那就学习新的音乐作品、舞蹈或食谱。去社区周围探索你从未涉足的地点。

道德问题

想象一下，在今后 25 年的某个时间点，生物工程师和基因工程师研究出增强肺部和肌肉的方法，让更多人能够更为轻松地跑马拉松。而这其实不是工程师们的主要目标，至少一开始不是。这些敢为人先的研究员（其中部分人现在可能正在实验室的工作台上忙碌）试图找到治疗肺癌或肌少症的方法（第 10 章"运动：运动很重要"中提过，肌少症对肌肉而言相当于骨质疏松症对骨骼的影响）。在这个过程中，有研究员会意识到自己开发的技术可用于改善正常的功能，赋予人们超出一般水平的能力。

如果一名患有肺癌的运动员接受治疗后痊愈，且能恢复到正常的生理机能，你会同意他参加奥运会吗？为什么不同意呢？毕竟这似乎与国际奥委会允许的其他措施并无差异：例如，服用阿司匹林治疗头痛，去除脚上的拇囊炎，或在高海拔、空气稀薄的场所训练。但是，如果同样的肺部治疗会赋予没有癌症的人一种优势呢？许多人认为这是不道德的，等同于使用类固醇。出于医疗需要，运动员可以服用类固醇，但如果纯粹只是为了增强体质，则是不允许的。许多人都认为体育比赛应该遵循明确的规则以确保公平。当然，"公平竞争"（level the playing field）[①]是体育界的一个隐喻。

再想象一下，在不久的将来，神经化学家找到各种方法来改造人类大脑，增强认知能力，这些方法统称为药理学认知增强剂（PCE）。开发这些药剂的初衷也许是治愈疾病或受伤导致的认知功能缺失。但是，人们可能会过早获悉信息，因而背离药物使用的初衷。让健康人士服用增强剂是否公平？许多人认为这不公平。那么，如果你的竞争对手也在使用增强剂——公司的同事与你一同争夺晋升的名额，其他公司的员工也在密谋如何超越你所在企业的市场地位——你是否也应该服用增强剂，以免落后挨打？再来思考一个更复杂的道德难题：如果科学家服用认知增强剂后能更快找到治愈癌症的方法，如果谈判者服用后可以解决巴以冲突——这样是否足以左右道德的天平？

如果你仍然排斥认知增强这个概念，我需要提醒你的是，许多人已经通过摄入咖啡因和酒精（更不用说百优解）改变了自己的神经化学机制。相比上述物质和药物，神经植入物能更有效地刺激前额叶皮层和脑干，且精度更高。药理学认知增强剂或植入物有助于提高记忆力[9]，能让人们记住重要的细节，例如，向谁求助、如何使用电话，以及自己的住址。你同意为阿尔茨海默病患者植入记忆恢复剂吗？那么小学生呢？神经科学家迈克尔·加扎尼加想象了[10]一个可能出现的对话："亲爱的，我知道这笔钱本来是存起来用作度假资金的，但也许现在应该用来给双胞胎植入神经芯片。学校里那么多孩子都有芯片，如果我们的孩子没有，他们会落后的。"若认为植入芯片与前几代人购买眼镜、助听器，或服用哌甲酯大不相同，那么其区别在于眼镜、

---

① 该谚语的起源：部分球类运动场地有坡度，这会给某一队带来优势，因此，为保证比赛公平，比赛进行到一半双方会交换场地。此处"level"指"使……水平"。

助听器和哌甲酯（至少对于被诊断患有多动症等相关疾病的人而言）有治疗的效用。然而，如果健康的学生和企业高管服用哌甲酯，人们会认为这是作弊，钻空子。

然而，为什么要在大众认可的成瘾物质（如咖啡因）和药品（如哌甲酯）之间人为地划定界限？这个问题很难回答，且伦理学家在如何划定界限的问题上意见不一。

对老年人而言，划定这一界限要求我们具备尚不具备的医学知识和细致的区分能力。60岁以上的成年人中有1/6患有轻度认知障碍，这是一种自然合理的身体状况。医生为该年龄段的人治疗各种疾病，如高血压、胆固醇偏高和关节炎。那么为什么不治疗轻度认知障碍呢？我们是否污名化了脑部疾病，而没有展开治疗？这种观点使人类医学倒退一百年，回到了那个精神分裂症、唐氏综合征和自闭症患者被关在疗养院里的时代。进而再思考，如果余下5/6的老年人虽未被诊断出轻度认知障碍，但有这个趋势呢？如果有尚未发现的病例呢？又或者，假设你只是感到自己的记忆力和精力不如从前，在一点一点消退了，那么为什么你不能使用认知增强剂呢？

伦理学家已经开始尝试解决上述难题[11]，迄今提出的思考包括：①认知增强药物和植入物存在长期未知的影响和副作用；②获取相关技术的渠道不平等；③部分军事或商业组织可能强迫个人使用增强药物和植入物；④在竞争情形（学术、商业、军事行动、外交谈判、体育）中使用相关药物是否构成作弊行为。

美国生物伦理委员会（US Bioethics Commission）发布的一份报告[12]描述了这些药物的不同用途，将其作为伦理探究的一种方式。

神经修饰药物至少能发挥3个作用：①在典型或统计学正常范围内维持或改善神经健康状态和认知功能；②治疗疾病、缺陷、损伤或障碍（称为"神经障碍"），以发挥或恢复典型的或统计学意义上正常的功能；③将功能增强至高于典型或统计学正常范围的水平。在划定神经修饰药物实现的功能时，生物伦理委员会注意到各功能之间的区别并不总是很明显。

上述第①点探讨的是老年人和轻度认知障碍：老年人也许只是希望尽力维持年轻时的神经健康状态和认知功能。为此用药是否合乎道德，尚不清楚。美国生物伦理委员会对此没有任何立场，但其对一点十分肯定：如果部分人可以使用相关药物增强身体功能，那么所有人都应该能平等地使用这些药物。"我们呼吁政策制定者确保所有人都能公平地获取有益的神经增强剂。在当今社会，个人或群体所获得的服务和机会（例如教育和营养）各不相同。"委员会认为，这些神经增强剂不应该为最富有和最成功的人所独享，因为这只会扩大机遇的差距，这是一个跨社会问题。毕竟富人本就拥有更好的医疗资源、法务代表，以及社会流动性。

兴奋剂——阿德拉、莫达非尼、皮托利桑、哌甲酯、尼古丁

美国生物伦理委员会的成员写道[13]：

> 希望通过延长工作时间、提高注意力、减少睡眠来提高竞争

优势的人会在仿单标示外使用阿德拉等兴奋剂。我们总能看到新闻头条,提到希望在标准化考试中拿高分的优秀学生会滥用苯丙胺,造成苯丙胺的"流行"。

在委员会发布上述声明后,尚无证据显示这种"流行"已经淡去。正在经历衰老的成年人也许会发现,谨慎地使用(最好在医生的监督下使用)兴奋剂能让自己感觉更年轻、更有活力、更机敏。只不过尚不确定此类药物是否会带来持久的危害。

阿德拉是一种安非他命①(amphetamines),人们通常在"仿单标示外"使用,以增强认知能力。关于阿德拉等安非他命能否增强认知水平,研究尚未得出定论[14];而众所周知的是,这类药物会增加人的动力,这是一个不容小觑的效用。然而,部分研究称这些药物会削弱创造力[15]。

前文提到过莫达非尼,这是一种用于调整时差或改变昼夜节律的药物。虽然莫达非尼不能刺激多巴胺的分泌,但它能与大脑中的多巴胺受体结合,并抑制身体对多巴胺的再摄取,让已分泌的多巴胺在身体停留更长的时间;和咖啡、茶与咖啡因一样,莫达非尼也是一种腺苷受体拮抗剂[16]。与阿德拉一样,莫达非尼(最初以"Provigil"和"Alertec"为商品名出售)可以增加人的动力,使人更有精神[17]。部分需要倒班的健康人士已经开始使用莫达非尼来增强认知能力。一项系统的综述发现,莫达非尼能持续增强注意力[18]、执行力和学习能力,几乎没有副作用。然而,其他综述论文则得出不同结论,即服用莫达非尼会出现创造力被削弱[19]等损害;另一项研究发现,服用莫达

---

① 为中枢神经刺激剂。

非尼会使人认知减慢[20]，且无法提高认知的准确性。有些人在从事重复、无聊的工作时会服用莫达非尼，毕竟这些工作不需要创造力。还有研究表明，服用这种药确实能让人专注于一项任务，但关注的范围可能十分狭窄，以至于无法专注于其他事情，导致心不在焉、放错物品，或者在需要转移注意力时无法适当转移注意力。（该药物的最新配方为阿莫达非尼，以"Nuvigil"为商品名出售；两种版本的药效基本相同。）

皮托利桑（Pitolisant）目前仅在英国和欧洲有售（但或将获得美国食品药品监督管理局的批准），是一种H3（组胺）受体拮抗剂，可提神，增强人的机敏度。专为发作性睡病患者研制，也在仿单标示外使用，以增强认知能力、缓解抑郁症。

哌甲酯是市面上数种多巴胺促进剂之一，可提高去甲肾上腺素水平。我们已经了解到，衰老的常见迹象是大脑的多巴胺受体神经元丧失[21]，学界认为这在一定程度上造成了我们观察到的认知能力下降：例如，研究发现，老年人尤其不擅长快速高效地处理新情况。50年来，大学生们一直在服用哌甲酯来促进学习、在总体上提高认知能力——在调查中，5%至35%的学生称其在过去一年中服用过哌甲酯[22]。这并不代表其他神经递质（如5-羟色胺、乙酰胆碱或去甲肾上腺素）的水平变化不会影响认知能力，只是多巴胺似乎会影响认知能力，且哌甲酯等多巴胺促进剂是十分有效的神经增强剂。

在神经科学家眼中，尼古丁是各种意义上能增强认知能力的完美药物。它能提高警觉性、注意力、专注力、记忆力和创造力，还能提升运动技能，并且前提是不会导致兴奋剂通常引发的紧张或压力——事实上，尼古丁往往能缓解压力[23]。尤其是尼古丁会通过抑制默认模式网络脑区[24]（例如后扣带）来增强注意力。科学家认为尼古丁可用于治疗晚年抑郁症[25]、帕金森病和阿尔茨海默病，认为其能保护神经系统[26]。《科学美国人》将尼古丁誉为下一代"聪明药"[27]。

尼古丁的问题在于，其最常见的使用方式，如吸烟和咀嚼烟草，会导致癌症。即便是其他的吸食方式（如尼古丁口香糖、贴片和新型口腔喷雾剂）也很容易使人上瘾。它会增加心率、血压，使炎症恶化，引起恶心，并且诱发啮齿动物的癌症。大剂量尼古丁是一种毒药，这是烟草叶子防昆虫的进化适应。然而，人类可以承受小剂量的尼古丁，如果剂量适当，可规避风险，获得益处。为尽量减少成瘾的可能性，最好在需要集中精力时吸食尼古丁，不要连续数天使用，而且要低剂量使用。如果想尝试，可从尽可能小的剂量开始尝试口香糖或口腔喷雾剂。但谨记，买者自负。截至撰写本书时，研究发现，电子烟不一定优于香烟，实际上可能带来更严重的后果。

还有数十种药物与认知增强有关。如托卡朋（tolcapone），这是一种非刺激性多巴胺促进剂[28]，在少数研究中已被证明可以显著改善信息处理能力、注意力和记忆力。但问题是托卡朋对肝脏有剧烈的毒性。欧洲曾有3名患者死于托卡朋引起的肝损伤[29]，于是该药被撤出市场。恩他卡朋（entacapone）是化学性质与托卡朋相似的药，其对肝脏不会造成过重的负担，但也无法穿过血脑屏障，因此不能在同等程度上提高认知水平。还有普拉克索（pramipexole，商品名为Mirapex、Mirapexin、Sifrol）[30]，是另一种研究员认为能增强认知能力的多巴胺促进剂，但实际上会使健康人士嗜睡，导致学习障碍。提及以上药物意在说明，药物能增强一种生理系统，也有可能严重破坏另一种生理系统。本节中提到了相对安全的药物（至少在短中期使用较安全），请将其与数十种已经退出市场的，或对其他生理系统有危害的药区别开来。

The Mac Observer[①]的联合创始人戴夫·汉密尔顿（Dave Hamilton）最近参加了在西南偏南电影节（SXSW）上举办的"大麻与育儿"集会。一位女士口头分享了一个医生让十几岁少女服用大麻来治病的故事。医生对女孩的指示[31]是重点，它适用于任何药物或治疗：谨慎用药。

> 服药后，如果你的成绩开始下滑，或工作表现变差，那么需要更换治疗计划。同样地，你需要保持社交参与。如果你发现自己排斥他人的陪伴，只想躲在房间里，那么也需要改变你的治疗计划。

戴夫指出："这位医生提出的睿智建议启发我们将其借鉴在其他任何药物及治疗计划中。关于医生和网医[②]（WebMD）的'正确'医嘱对今后整个人生的影响，我们需要保持充分的自我意识。"

记忆力与注意力提升

卡巴拉汀和美金刚

早期有不完整的证据表明[32]，卡巴拉汀（rivastigmine，商品名为Exelon）可以改善部分认知能力下降的症状，包括记忆困难和定向障

---

① 有关苹果产品信息、评价等的消息平台。
② 美国互联网医疗健康信息服务平台。

碍。卡巴拉汀能增加大脑中乙酰胆碱（一种胆碱能激动剂）的水平，但尚不清楚其确切的作用机制，或为何其具有治疗作用。可能你还记得乙酰胆碱与睡眠有关，因此卡巴拉汀也许能改善患者的睡眠质量，这点很重要。然而，神经递质往往会参与大量生理活动，而乙酰胆碱也与负责注意力、记忆力和认知控制的大脑区域之间的神经传递有关。卡巴拉汀有很多副作用，大约 2/3 的人服用后都受到了副作用的影响，且许多人会停用该药。但其副作用似乎是可逆的，因此，如果你深受失眠困扰，并且你的特质五（经验开放性）较明显，你可以要求医生给你开药，再做决定。

同样，早期不完整的证据表明，美金刚（memantine，商品名 Namenda）也许能缓解、逆转轻度认知障碍和轻度神经认知障碍的症状。美金刚是一种谷氨酸能拮抗剂，能阻断谷氨酸，而谷氨酸与神经信号的激发有关。与卡巴拉汀一样，我们尚不了解美金刚的作用机制。其作用原理或许是抑制海马的过度兴奋，如果释放过多的谷氨酸，或者没有足够快地吸收谷氨酸，海马会过度兴奋；以上任意一种情况都有可能出现，因为在衰老过程中，大脑的细胞集团普遍老化。当海马吸收过多的谷氨酸盐（此时会出现谷氨酸盐诱导的兴奋性毒性[33]）时，经观察，这会减少神经元再生和树突分支，以及损害记忆力和学习能力。

关于卡巴拉汀和美金刚之间的区别[34]，旧金山一名经认证的神经病学家卡洛斯·金塔纳（Carlos Quintana）用汽车广播电台的调谐做出了类比。他表示："卡巴拉汀像是更精确地调谐频率，而美金刚是调高增益。两种药物能很好地协同作用[35]，医生经常两药并开。"确实，最近一项元分析得出结论，有一定证据表明，联合使用卡巴拉汀和美金刚能小幅改善人的认知、情绪和行为。但请注意,"小幅改善"指"改善较大""没有改善"和"情况反而恶化"等群体的统计平均值。你的症状很可能会得到大幅改善(也很有可能不会)。与前文提到的一致,如果你愿意承担风险,并且医生未诊断出你患有相关禁忌证,你可以尝试服药,做个实验。

再探激素

前文提过激素在身心健康中的作用,特别是激素替代疗法如何帮助恢复睡眠周期。有些人对体内的激素平衡非常敏感,即便是衰老导致的睾酮、雌激素或黄体酮的少量下降也会导致认知(特别是记忆力和注意力)问题。

回忆一下,衰老指随着时间的推移,身体遭受的损害以及不便逐渐累积。细胞衰老特指细胞失去自我修复和复制的能力。这导致了衰老的许多不良影响——出现皱纹、记忆力减退和免疫系统的反应迟缓。与此同时,大多数器官修复损伤和抵御疾病的能力逐渐下降。许多老年人患有慢性低度炎症,免疫力下降。大多数研究表明,这种炎症由激素(雌激素和睾酮)的缺乏导致[36]。

为什么有些人能成功老去?这显然不是一个容易回答的问题。如果衰老仅仅是由低度炎症导致的,那么所有人都可以通过服用消炎药来停止衰老。如果衰老的原因只有激素的缺乏,那么激素替代疗法可以解决衰老问题——但事实并非如此。我认识的许多年过七旬仍然能自我驱动的成功人士都在服用处方激素补充剂,但也有很多人没有这样做。同样地,这个问题存在巨大的个体差异。然而,对许多人而言，睾酮和雌激素可以分别提高男性和女性的思维清晰度、注意力和记忆力。

认知刺激疗法

记录显示，在非药物治疗中，认知刺激疗法（CST）[37]的疗效最好。认知刺激疗法由治疗师或协调员主导，其目的在于使人寻回自身的记忆，聚焦当前的生活，并促进身体活动和社交活动。由于缺乏严格对照的研究，这方面数据的说服力不强，但初步的情况显示，虽然认知刺激疗法对患者的自理能力没有明显的影响，但其可显著改善患者的认知功能，治疗后患者称生活质量得到了显著提高。

其他疗法

本节将提到的药物和疗法还只在初步的研究阶段。它们都不是严格意义上的"药物"或"疗法"，因为仍然需要搜集更多相关的证据。许多药物研究基于动物模型得出结论，尚未在人类身上得到验证。据我所知，还未有证据证明以下药物或疗法有害，应将其视为正在取得进展的手段。要列举制药商所谓的具有抗老特性的补充剂[38]，可能会占用100多页。若有些药物未列出，是因为据我所知这些药物的有效性未经证实，其中包括脱氢表雄酮①（DHEA）、β-胡萝卜素、维生素E、硒、人参、肌酸、银杏、西洋参和吡拉西坦②（Piracetam）。

---

① 肾上腺产生的一种类固醇激素，可转变成性激素，效用与睾丸激素相似。
② 一种新型促思维记忆药。对脑缺氧损伤具有保护作用，能促进受损大脑的恢复。

维生素 B_{12}

肉类、家禽、鸡蛋、牛奶和鱼类中都含有维生素 B_{12}（钴胺素）[39]。维生素 B_{12} 是大脑生成髓鞘的必需元素[40]，还参与体内所有细胞的新陈代谢。纯素食者容易缺乏维生素 B_{12}，建议这一群体服用维生素 B_{12} 补充剂。随着年龄的增长，胃部分泌的胃酸变少，身体吸收膳食维生素 B_{12} 的能力下降，因此 B_{12} 缺乏症在老年人中更为常见。

同型半胱氨酸假说（homocysteine hypothesis）[41]推动了许多对维生素 B_{12} 的研究。同型半胱氨酸是潜在的有毒氨基酸，其水平的升高与认知障碍、阿尔茨海默病、痴呆症和心血管疾病有关。学界认为同型半胱氨酸会加强氧化应激，恶化对 DNA 的损伤，而且其神经毒性会导致细胞死亡。维生素 B_{12}（连同维生素 B_6 和叶酸）负责回收同型半胱氨酸，从而将其控制在合理水平；因此，维生素 B_{12} 不足是同型半胱氨酸毒性累积的原因。

缺乏维生素 B_{12}[42]与认知能力的下降有关，维生素 B_{12} 水平较高的老年人通常在认知测试中有更好的表现。维生素 B_{12} 水平不足会导致认知缺陷，但是这并不代表补充维生素 B_{12} 能改善这一问题。事实上，科克伦 2003 年的一份评述显示，补充维生素 B_{12} 与认知功能改善之间没有关联[43]。尽管 2017 年的一项综述表明，维生素 B_{12} 确实能有效降低同型半胱氨酸水平[44]，但仅凭这一点并不能证明它会带来显著的认知改善。

另外，还有一项元分析发现补充维生素 B_{12} 可显著改善记忆力[45]，另一项分析发现其能减缓与痴呆症和轻度认知障碍相关的脑萎缩，其作用对起初同型半胱氨酸水平较高的人最为明显[46]。

许多医生和患者称补充维生素 B_{12} 可以增加活力，改善抑郁情绪。据目前所知，服用维生素 B_{12} 补充剂不会造成任何伤害[47]，前提是血浆的维生素 B_{12} 水平不超过推荐的最大值；而且，随着年龄的增长，维生素 B_{12} 可能会促进髓鞘的生成，从而保护神经。

神经菇

鲍勃·威尔（Bob Weir）是摇滚乐队"感恩至死"的创始成员（72 岁），他一直在服用市面上的一种叫"神经菇"（Neuroshroom）[48]的干蘑菇提取物制剂。谈及服用神经菇的原因，他表示："一个住在米尔谷附近的医生朋友兼萨满巫师建议我尝试一下。神经菇含有神经营养生长因子，效果不算显著，但我觉得它让我的每一天都变得更轻松，我的注意力也更集中了。"

蘑菇是蛋白质、不饱和脂肪酸、碳水化合物和多种微量元素的混合物[49]。神经菇混合物含有的一种活性成分是猴头菇多糖（HEP），它会提升大脑中乙酰胆碱的水平[50]（与卡巴拉汀影响的系统相同）。在第四阶段睡眠期，大脑通常会分泌大量的乙酰胆碱（见第 11 章"睡眠：记忆巩固、DNA 修复、睡眠激素"）。猴头菇多糖是一种能调节睡眠质量或改变睡眠状态的神经化学物质，它能迅速增加海马中神经生长因子的基因表达（海马是储存记忆的脑部区域）；可同时改善新记忆的储存和旧记忆的检索——甚至是你认为自己早已丢失的陈旧记忆。

猴头菇多糖还有助于对神经的保护、令其再生[51]，可以修复受损神经，促进新神经的生长。一项研究发现，它能改善整体的认知能力，甚至对 80 岁高龄的轻度认知障碍患者也有效。还有证据表明它能改善免疫系统的功能，并可形成对癌症的天然抵抗力。另有研究表明它可以缓解抑郁和焦虑[52]。

威尔服用的神经菇中的第二种成分是蛹虫草，经证明能消除疲劳，提升能量。第三种成分是灵芝[53]，经证明可以缓解乳腺癌患者的疲劳，其对海马似乎具有神经保护作用[54]，且能改善患阿尔茨海默病小鼠的认知功能[55]；灵芝还具有抗炎特性[56]，可减少氧化应激[57]。2019年的一项研究调查了新加坡近700名60岁及以上的人[58]，发现每周食用两份以上蘑菇的参与者患轻度认知障碍的概率会降低50%——无论其年龄、性别、教育程度如何，是否吸烟、饮酒，是否患有高血压、糖尿病、心脏病、中风，这与体育活动和社交活动也无关。

假马齿苋

假马齿苋（*Bacopa monnieri*）[59]，又名水牛膝草，是一种广布于全世界温带和热带地区的植物。越来越多的证据表明，其能改善高阶认知①过程[60]，例如学习和记忆，尤其有助于记住新信息[61]，即便在老年人中也有这般显著的效果。假马齿苋似乎是通过调节色氨酸羟化酶和5-羟色胺转运蛋白的表达来发挥以上作用的[62]。假马齿苋提取物的配方胶囊在市面上有售，而传统的印度烹饪将其用作食材。假马齿苋是脂溶性的，因此应随餐服用。此外需要服用一段时间才见效——服用后12周内一般不会有明显的效果。

当然，本节中提到的疗法，例如神经菇和假马齿苋，以及第9章"饮食：健脑食品、益生菌和自由基"中提到的omega-3脂肪酸都是

---

① 以语言为基础、以思维和文化为特征的认知形式。

食物，而非"药物"。鉴于食物也会通过与药物类似的方式影响我们的健康，那么食物和药物之间究竟有何区别？尚不清楚。在某种程度上，对饮食的选择也是一种药物治疗方式。（也许我祖母对鸡汤的看法是正确的。）

重返20世纪70年代

微量给药

自1974年我刚就读斯坦福大学以来，我便一直待在硅谷地区。至今我仍然定期回校做演讲，与谷歌的同事见面，或拜访朋友。我发现一个一直以来都很奇怪、最近更甚的现象：在20世纪70年代，硅谷还存在随意悠闲的氛围，而现在已经演变成所有人都渴望在各个领域超过其他人的风气。这种现象随处可见，人们驾车时你追我赶，在餐馆吃饭的技术人员同时操作两三部智能手机。如今的硅谷到处都是二三十岁的人，他们正在竭尽所能获得竞争优势。

因此，我对《福布斯》在2015年发表的文章［跟进《滚石》（Rolling Stone）杂志的报道］并不感到惊讶：硅谷20多岁的年轻人已经开始服用微剂量迷幻药[63]来提高自身的创造力和生产力。（在美剧《傲骨之战》（The Good Fight）中，克里斯汀·巴兰斯基（Christine Baranski）饰演的黛安·洛克哈特（Diane Lockhart）便尝试了微剂量的裸盖菇素。）

微剂量指仅服用少量药物，例如服用微量LSD，微量即低于带来显著效果的阈值，通常是正常剂量的5%到10%。理想的剂量[64]会让你"感觉良好，工作效率变高，忘记自己服用过任何药物"。许多报道中提到的常规剂量致幻剂带来的益处指的便是微剂量致幻剂，当然是以更可控且更缓和的方式使用。微剂量使用致幻剂的人称自己的创造力得到加强，且恐惧和焦虑感减少，情绪得到改善。在指标考核方面，使用少量致幻剂的人在反常态度和消极情绪方面的得分较低[65]，而在智慧、思想开放度和创造力方面的得分较高，且自杀率也较低。经发现，定期低剂量使用大麻酚[66]（大麻的活性成分）可以逆转老年小鼠的记忆缺陷，并恢复其认知功能，有望在未来用于人体实验。

设 备

前文提到了神经植入物，尽管这听起来十分未来主义，也很疯狂，但确实已经存在。人工耳蜗[67]便是通过外科手术植入先天失聪的患者耳中，他们的听力缺陷由内耳耳蜗的问题造成。当声音进入耳朵时，耳膜会随着声音的频率而摆动。耳蜗将摆动转化为电信号后传送到听觉皮层。自1964年在斯坦福大学首次成功植入以来，人们至今仍在使用人工耳蜗，如今全世界估计有60万人在使用[68]。

还有的神经植入物已用于控制癫痫，治疗帕金森病[69]和抑郁症[70]。这些神经植入物的缺点是涉及侵入性手术——打开颅骨，将物体植入大脑（确实，还有比这更具侵入性的手段吗？）。但是，随着机器人手术变得越发精细与普遍，可能很快就会出现曾经看似很奇特的植入物——通过以下方式增强记忆力：刺激海马通路（或者更有趣的是，通过刺激促进记忆存储和检索的情感通路来提高记忆力），或刺激前额叶皮层、岛叶皮层和前扣带回的注意力网络。

撰写本书时，宾夕法尼亚大学（University of Pennsylvania）的迈克尔·卡哈纳（Michael Kahana）带领的团队最近在《自然-通信》（*Nature Communications*）杂志上发表了一篇论文。他的团队开发了一种神经植入物，可以增强记忆编码能力[71]，以及对新呈现信息的记忆能力，这或许是缓解阿尔茨海默病和痴呆症最具危害性症状的第一步。该植入物的一个创新点在于其不会一直处于激活状态——植入物会研究被植入者大脑中的神经放电模式，只有当大脑无法编码新信息时才会发送电信号，其余时间则保持休眠状态。（从这个角度而言，该植入物类似于心脏起搏器。）

卡哈纳表示："我们的记忆能力时好时坏，有记不清的时候，也有脑子很清醒的时候。我们发现，推动处于低功能状态的记忆系统[72]，可将其提升到高功能状态。"卡哈纳认为未来的研究[73]也可优先针对如何检索被遗忘的旧记忆。

仿生学

仿生产品可以增强感官受体，提供我们原本无法接收到的信息，让我们的身体得以做到原本无法完成的事情，并且可通过具身认知改善人的精神状态。仿生学的研究越发精细，人们对其的态度也在发生变化。这项技术的一大用途是帮助截肢的退伍军人。如今在奥运会上，已经有运动员使用假肢。一位安装了上肢假肢的患者能够跳伞、切菜，甚至可以使用筷子。而另一位安装了实验性"感官"手[74]的截肢者自截肢以来第一次感受到了物体的形状和构成。

假肢公司 Open Bionics 的首席运营官萨曼莎·佩恩（Samantha

Payne)[75]认为，将这项技术投入市场指日可待。"现在只需要研发出体形更小的电机、质量更好的电池；一旦组件的技术进步到一定程度，这类产品就能进入市场……我认为对此人们的心态已经出现巨大的转变。我们发现年轻的截肢者和40岁及以上的截肢者之间存在非常明显的差异。年长的人想要尽可能接近真实皮肤的仿生手。年轻一代则都渴望高度个性化的双手。社会已然从重视一致性过渡到崇尚个性。人们变得更愿意拿自己的身体做实验，迈出了十分开放前沿的一步。"

脑部植入物用于帮助四肢瘫痪者打字，也可协助他们用大脑控制瘫痪四肢的移动。一位24岁的年轻人在一次事故中摔断了脖子，有6年时间都无法动弹。植入神经植入物后，他能够移动瘫痪的右臂[76]，可以玩电子游戏。如果神经外科医生[77]由于手太抖而无法进行手术，那么手术机器人可以协助他完成手术。

佐尔坦·伊斯特万（Zoltan Istvan）是一个有争议性的人物[78]，他自称投身超人类主义运动，超人类主义指通过植入物来强化人的身心，以此极大地提高人类智力、成就和生理机能；有些人认为这是一条通往长生不老的道路。到目前为止，超人类主义者安装的植入物无外乎以下几类：能开门和启动汽车的射频芯片植入物，实现无线收听音乐的头骨植入物［作家桑迪·珀尔曼（Sandy Pearlman）将其称为"神经插孔"］，以及赋予人类第六感以检测附近金属的磁性植入物。另一位超人类主义狂热人士尼尔·哈比森（Neil Harbisson）通过在头上安装天线[79]来听色波，以感知他一般体验不到的颜色，例如红外线和紫外线。他的脑内还有一个蓝牙植入物。他表示："我能连接到附近的设备，我也可以连接到互联网，因此我实际上可以连接到世界上任何一个地方。"

而在这些看似遥不可及的设备普遍推广开来以前,另一场真正的诊断革命已经展开。许多人已经随身携带、佩戴能跟踪记录运动情况和心率的设备,这些设备能连接智能手机,生成运动记录。在未来 5 年内,其他可穿戴设备——贴片、带传感器衬里的衬衫、手镯,以及微型植入物——能够收集数据,提醒人们血糖水平是否下降,是否脱水,或者是否可能癫痫发作或出现偏头痛。上述技术已经存在[80]。塞雷娜·威廉姆斯在运动饮料制造商佳得乐(Gatorade)的广告[81]中佩戴贴片,该贴片能检测汗液中氯化物的含量,显示脱水指标——电解质流失的整体情况。

冥 想

冥想是个热门话题,你如果不冥想,就可能会认为冥想追随者过分推崇冥想了。冥想无法治愈癌症,无法逆转阿尔茨海默病或帕金森病。冥想不会给你带来你做梦都想不到的名气。但冥想确实是构成健康生活方式的一部分,它可以使大脑的运作更高效。

冥想有助于人们只专注于当下正在做的事情,控制前文提到的默认模式网络。冥想减少了默认模式网络内的活动[82],增加了其与参与认知控制(控制思想)的脑部区域(背侧前扣带回和背外侧前额叶皮层)之间的连接。于是,冥想减少了默认模式网络对注意力的影响,同时简化、改善了默认模式网络。另外,通过减少细胞因子,前额叶区域和默认区域之间增加的连接具有抗炎作用[83]。

威斯康星大学麦迪逊分校(University of Wisconsin–Madison)的

神经科学家理查德·戴维森（Richard Davidson）发现，僧侣的大脑在慈悲冥想①时出现了强大的γ波。γ波是神经元活动的标志，神经元活动将相距较远的大脑回路联系在一起。γ波代表的是更高层次的心理活动（如意识）。作用机制是γ波使得神经元同步活动，由此产生的神经元统一放电使得意识达到统一。试想这样一个美妙而神秘的对称性：能让人感觉与宇宙合为一体的，便是让数十亿个神经元整体放电的活动。

长期进行冥想练习，人的大脑结构也会变化[84]，包括皮层厚度、海马灰质密度和海马体积的增加。另外，冥想练习会增大有助于集中注意力和提高自我意识的岛叶、躯体运动区、眶额皮层、前额叶皮层部分区域，负责自我调节和保持专注力的扣带皮层区域也会扩大。

即便是短暂的冥想练习也能缓解疲劳[85]和焦虑，改善视觉空间处理能力和执行功能，巩固工作记忆，而且在多数情况下，这些益处在冥想练习停止后不会消失[86]。在冥想期间及日常生活中，冥想者在完成高压任务、炎症得到缓解后表现出了较低的皮质醇水平[87]，而且在短短4个星期（或30个小时）的练习后，冥想的好处就会显现[88]。

戴维森还表示，冥想也许能带来基因层面的益处。研究发现，经过一天8小时的练习，一组长期冥想者（一生中练习时长约6000个小时）的炎症基因表达显著下调[89]。如果这种基因表达下调能在一生中持续下去，则可能有助于抵御以慢性低度炎症为特征的疾病——心血管疾病、关节炎、糖尿病、阿尔茨海默病和癌症。其他少数的试点

---

① 慈悲冥想的支持者认为，在冥想时怀有同理心可以增强冥想，提高个人的整体健康水平，为他人和社区谋福祉。

研究发现，冥想似乎具有表观遗传学效应[90]。孤独感会增强促炎基因的表达；冥想既可以减弱促炎基因的表达，也可以减少孤独感[91]。此外，冥想也与端粒酶的增加有关[92]。经证明，对于轻度认知障碍和早期阿尔茨海默病患者[93]，冥想能减缓或逆转认知能力的下降，缓解压力，提高生活质量，并带来前文描述的神经可塑性变化。

❖

我可以预见：在未来，我们可以提前计划，抵御部分衰老的不良影响；在未来，我们可以基于对神经可塑性的了解，编写理想未来的新篇章；在未来，医疗发展和健康生活方式的结合，能够缓解或逆转认知能力的下降和抑郁症，改善人的精神状态，而长期以来我们一直认为这是衰老不可避免的一部分。对于愿意做出以上尝试的人，这个未来也许已然到来。

---

① 在不改变 DNA 序列的前提下，通过某些机制（如 DNA 甲基化、组蛋白乙酰化等）引起可遗传的基因表达或细胞表型的变化。

第 14 章

活得更精彩：人生中最美妙的日子

> 如果我知道自己能活这么久，我会把自己照顾得更好。
> ——心理学家埃莉诺·麦科比（Eleanor Maccoby），即将 100 岁

> 在我这个年纪，我能做的最丢脸的事情可能是自己曾做过的事情。
> ——77 岁的演员大卫·布拉德利（David Bradley）[1]，曾出演《哈利·波特》（Harry Potter）、《权力的游戏》（Game of Thrones）

有一个古老的希腊神话故事讲的是长寿和生活质量之间的冲突。厄俄斯是黎明女神。每天早晨，她都会穿着藏红花色的长袍，骑着由两匹骏马拉着的紫色战车，迎接白天的到来。她深深地爱上了特洛伊王子提托诺斯，他是个凡人。女神厄俄斯是不死不朽之身，她无法接受提托诺斯最终将死去，不敢想象自己要如何在没有他的情况下熬过永生不老的岁月。于是她恳求宙斯赐予提托诺斯永生的权利，宙斯同意了，但女神没有考虑到还应帮爱人求取自己和其他众神都享有的青

春永驻。厄俄斯永葆青春,而提托诺斯逐渐变成了一个年老体衰的人,最后甚至连活动双腿的力气都没有。他不断衰老,最终神志不清。厄俄斯把提托诺斯从家中赶出来,关在一间房里,留他在那里虚弱地继续他浑浑噩噩的生活。不死不代表青春永驻。

哲学家大卫·维勒曼(David Velleman)假设了[2]代表两种极端情况的人生。

一种人生始于泥潭,但有一个向上的趋势:一个人童年时贫穷,青年时期陷入困境,刚成年时不断挣扎,饱受挫折,而中年时终于迎来了成功,备感满足,最终拥有平静的退休生活。另一种人生的起点很高,却逐渐走下坡路:童年和青年期幸福,成年早期赢得许多胜利,备受褒奖,随之而来的却是波折不断的中年生活,最终导致晚年的痛苦。

假设能以某种方式量化贫穷、困境、挣扎、胜利、褒奖、成功和满足,那么我们可以将问题简化为,给上述不同的人生体验分配数值,再汇总起来。(可以选择你想要的时间精度:例如、今年、这周、今天,抑或这一分钟过得还顺利吗?)接下来,对整个生命周期都进行上述操作,并比较持续时间完全相同,但顺境逆境分布各异的两段人生,正如哲学家维勒曼假设的那样。从数学角度而言,这两段人生可能是相同的——换言之,两段人生的顺境或逆境的数量相等。如果顺境指顺心的日子在一定程度上多于忧心的日子,如果幸福感只是附加值,那么这两种人生应该都令人向往,并无差异。但大多数人并不这样认为。如果能选择,多数人会青睐中后段转好的人生[3],认为拥有这种人生的人更幸运。

丹尼尔·卡尼曼有关愉悦和疼痛的研究结论——如果结局相对美好，人们愿意忍受更长时间的痛苦——是在范围狭窄的疼痛医疗程序中发现的，例如结肠镜检查。该原则是否也适用于生活？心理学家埃德·迪纳（Ed Diener）发现确实如此。迪纳更是直接提出一个问题：生活质量较低的时间[4]会提高还是降低老年人认为的整体生活质量？具体而言，迪纳调查了人们是更青睐较短但老年时精彩的人生，抑或虽长寿，但晚年病痛缠身的人生。他还认为，人离自己生命尽头的远近可能会影响其对上述问题的判断。

相比多出5年"还不错，但是幸福程度不如从前"的生活，人们更愿意接受突然结束的幸福人生。相反，延长痛苦的生活是可以被接受的，前提是多出来的5年虽然仍然不愉快，但不像以前那么痛苦。人们在老年和年轻群体中都观察到了上述现象，这表明即便生命逐渐走到尽头，人们仍然没有把长寿当作唯一的目标。该研究证实了卡尼曼发现的"终点"效应。（从严格的统计角度来看，上述研究的发现是不合理的，因为从数学角度而言，寿命较长的人实际上比寿命较短的人体验到了生活中更多的乐趣。）演员詹姆斯·迪恩（James Dean）曾红极一时，却在24岁时突然离世，此后，迪纳将上述现象称为詹姆斯·迪恩效应。

关于人们为何更喜欢不断提升的生活质量，维勒曼认为这并非因为人们更看重结尾发生的事情，而是后期的事件会改变早期事件的意义。这可能因为我们都渴望赋予生活意义。我们更愿意看到一个成长的故事：从年轻时的错误中吸取教训，而后成为更好的人。相较于完全相反的人生，这是一个更令人满意的人生轨迹，一个更鼓舞人心和更有抱负的人生主题。生活一帆风顺时，别忘记逆境也很重要。我们对事件发生的时间点很敏感[5]，因为我们会在周围的世界中寻找规律和模式——包括在其中的人生。取得某次成功可能意味着一个人的逆境终于告一段落了，但也可能预示着不为人知的低谷时期，这取决于这次成功事件发生的时间点。而我们赋予该成功事件的意义，在很大程度上取决于之前和之后发生的事件。

总而言之，上述研究表明，除了长寿，生活质量也很重要，而且从长寿研究中抽取部分资源用于研究生活质量甚至可能是值得的。这令我想起了全球疾病负担图表（Global Burden of Disease charts），它表明人的死因（心脏病、癌症）往往不是影响生活质量的因素（残疾、疼痛、听力损失、视力丧失）。此外，医学界倾向于注重"救死扶伤"，对疾病的后遗症——关于"接下来怎么办"的问题——却关注较少。该问题的严重性得到了《自然》杂志的重视，其发表了一篇社论，敦促研究员关注被视为理所当然的疗法的长期影响[6]。该社论讲述了格雷戈里·奥恩（Gregory Aune）的故事，为治疗霍奇金淋巴瘤，他在16岁时接受了药物和放射治疗。当时，他眼睁睁地看着病房里的许多病人死去。46岁的他病痛缠身：甲状腺功能减退症、糖尿病、皮肤癌和中风，还要接受心脏直视手术，这些都与他之前接受的治疗有关。奥恩现在是一名儿科肿瘤学家，他致力于呼吁人们提高对后遗症严重性的意识，他表示："治疗带来的毒性一直困扰着我。"

朝着这个方向，世界卫生组织引入一种名为"健康调整预期寿命"（HALE）[7]的评价指标，通过工作、步行、穿衣、交谈及记忆能力等客观标准来定义一个人在没有明显损伤的情况下会拥有多长寿命。

并非所有人都同意我对长寿和生活质量的价值权衡——有些人无论如何都想活下去。但我仍然认为生命的结尾应该充满正能量和积极的记忆，应该尽可能地摆脱身心的痛苦。我的祖父母有幸能快速摆脱晚年的痛苦——他们走得很快，甚至没意识到痛苦。他们享受晚年生活。我的祖母在医院里去世，她迫不及待地想要逃离死亡前的枷锁。每次护士给她扎针时，她都会说："我觉得这儿就像一个针垫。"她的日子一度过得很黯淡，因为她无法再享受用餐的时间，也没有精力和孙辈共享天伦之乐。我不确定药物是否对她有用。然而，我内心充满感激，因为我能多陪她几个月，增进对她的了解，但我能从中获得快乐不是重点——她的幸福才是关键所在。

幸福感

我们可以改变整个社会对老年人的看法。过去，我们常常把晚年时期看作一个有局限的、虚弱的和悲伤的时期。诚然，随着年龄的增长，我们确实有许多事情做得不如年轻时好。但这并不一定意味着所有老年人都会感到悲伤或沮丧。有些老年人确实如此，但从群体的角度来看，老年人实际上比年轻人更快乐。人的幸福感从 30 岁后期开始下降（中年危机，有处于这个阶段的读者吗？），在 54 岁之后，幸福感开始快速回升。这一规律适用于从阿尔巴尼亚到津巴布韦的 72 个国家。[8]

你可能会自顾自地想，上述幸福感的变化是社会因素引起的，正如丹尼尔·平克（Daniel Pink）在谈到"中年失意"[9]时所说：

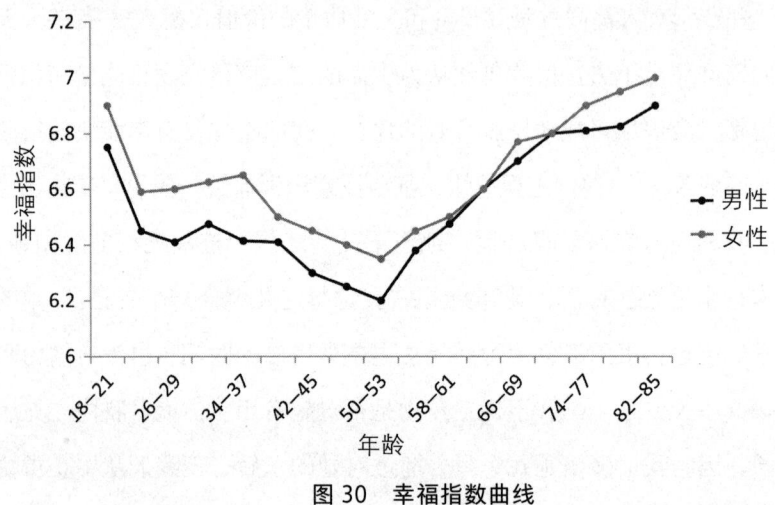

图30 幸福指数曲线

一种可能性是因为期望未实现而感到失望。在天真的二三十岁，我们的期望值很高，我们的憧憬很美好。然后现实的打击像屋顶慢慢漏水一样不断袭来。只有一个人能成为首席执行官——而且不会是你。有些人的婚姻破裂了——可悲的是，你的婚姻刚好就破裂了……然而，这种情感的低谷时期不会持续太久，因为随着时间的推移，我们会调整自己的抱负和期待，而后才意识到生活其实很美好。简而言之，我们之所以会在中年时感到失意，是因为年轻时，我们的期望值过高，无法很好地预测未来。

或者这也能用维勒曼的观点解释：人类是一个被驱使着去理解生活的物种。回首往事，看到自己曾经历过的不可避免的挣扎，这让我们感到欣慰。即便境况变糟，我们还是很庆幸自己仍然活着，并感恩所拥有的一切美好经历。诚然，我们都希望生活越变越好，但我们也能以积极的方式重新审视并重塑自己的生活。这与卡斯滕森的社会情绪选择理论（见第6章"社会因素：与他人相处的生活"）预测的一致：老年人更为积极。他们的生活方式与年轻人的不同，会花更多的空闲时间做自己喜欢的事情。难怪老年人比40岁的中年人更快乐，中年人为了取得成功必须做不喜欢的事情，以为最终便可以用痛苦的劳动换来成功的硕果。除此之外，老年人的观点更为积极——他们更有可能关注并记住积极的刺激和经历。人们在许多不同背景下发现了他们的积极性偏差[10]，这些背景包括短时记忆、自传体记忆、对积极面部表情的关注及回忆、对健康信息的记忆，以及在不确定情绪色彩时会做出积极阐释。

如何从脑科学的角度理解上述积极性偏差？卡斯滕森认为，这由自上而下（自愿）的动机认知变化引起，即优先关注在情感上令人满意的目标。事实上，与选择性注意力和这类动机认知相关的两个大脑区域[11]是腹内侧前额叶皮层和相邻的前扣带皮层。经证明，老年人的这两个区域特别活跃，这也许可以解释他们所呈现的积极性和幸福感。

第6章中提到了桑尼·罗林斯[12]，他是在世最伟大的爵士乐音乐家之一。几年前，由于肺纤维化，他再也无法演奏乐器。在长达70年的职业生涯中，他曾与伟大的音乐界泰斗——迈尔斯·戴维斯、迪兹·吉莱斯皮（Dizzy Gillespie）①、塞隆尼斯·蒙克（Thelonious Monk）②、巴德·鲍威尔（Bud Powell）③和马克斯·罗奇（Max Roach）④一起演奏过。他录制了60多张专辑，是备受赞誉的乐队领队。现在他已经89岁高龄，你可能认为他的健康问题会让他沮丧，但是当我们拜访他

---

① 对波普爵士乐有最大贡献的人物之一。
② 美国爵士乐作曲家、钢琴家，擅长即兴表演。
③ 美国爵士乐钢琴家和作曲家。
④ 美国爵士乐鼓手和作曲家。

时，我发现他非常知足，为人豁达开朗，他看中的是生命的质量而非长短。他表示：

> 佛教徒等有类似想法的人认为，生活的意义在于学习。我们不断学习。即便我能活到 144 岁，这对我而言也没有任何意义。时间长短不是重点。重要的是我能领略奥义，能逐渐成为一个悟性更高的人……这就是生命的意义……获得一个顿悟的灵魂。谁能预测自己的寿命？我不清楚自己能活多久。我不想去考虑这个。这不是我能解决的问题。别人总和我说，哦，桑尼，你老是思考这些事情——那天堂是什么样的？我告诉他们，不要浪费我的时间。我不知道天堂是什么样子。但我知道我要专注地球上发生的事情。努力成为一个更好的人，努力做能让别人快乐的事情，正如我常说的，让别人快乐，我便能快乐。这便是意义所在。其他的事情都不重要。至少我是这么想的。这就是东方哲学的意义所在。我认为自己现在更快乐……我对人生有了更多的理解。

与他人比较会影响满足感

我的一个学生是定居加拿大的罗马尼亚难民，他与我分享了这个故事：

> 我第一次了解到"生活质量"这个话题是在童年的早期阶段。我在罗马尼亚的一个小村庄和一群当地的孩子玩耍时，一群北美传教士走向我们，把我拉到一边，问起我和朋友们的生活，

在他们眼中我们的生活既悲惨又贫困。他们怜悯地看着我们这些肮脏、赤脚的孩子，而我和朋友们则困惑地看着他们——我们不明白为什么这些外国人看起来如此忧心。我们没觉得有任何问题。由此可以证明，个人认为的生活质量高低对个人幸福感的重要程度要高于生活质量的客观衡量标准。

社会比较理论指出，影响生活满意度的往往不是我们拥有什么，而是拥有的事物与他人的比较情况。换言之，我们会观察其他人的生活如何，例如他们是否有好鞋子，是否病痛较少——接着我们会通过比较来判断自己的情况。人类是社交物种，我们需要公平。如果意识到其他人拥有了自己没有的东西，例如好鞋子或健康的身体，我们会感到不公平。而如果认识的人都没有好鞋子，身体都不健康，我们便会暗示自己："这就是生活啊。"89岁的桑尼·罗林斯过得比几乎所有同时代的爵士乐手都好。大多数同辈人都离世了，且其生前的健康问题比桑尼的要严重许多。

衡量生活质量和幸福感

幸福感是一种个人感知，其决定因素因文化而异。大多数生活质量指标的制定[13]结合了客观衡量标准［例如健康状况、独立性、生活水平和安全性（如不被犯罪活动影响的自由）］与主观衡量标准（例如对部分关键生活因素——自由选择权、社会关系、恋爱关系、工作意义和心情的个人满意度）。

你可能认为每个人都渴望获得更多的幸福感——如果能选择，人们会希望美好的事物多多益善。但这种观点缺乏一定的客观性,生活在欧洲和北美等崇尚个人主义的社会的人群普遍持有这种观点。集体主义和整体性社会[14]强调矛盾、变化和社会背景,相比其他文化,这类文化对自我存在的理想状态抱有更适度的期望。这种心态也许是所谓的"适度原则",在该原则下,人们对其在完美世界中渴望的美好事物设定了上限。虽然桑尼·罗林斯住在纽约,但他的观点实际上也是佛教、儒教、印度教、耆那教和道教等东方哲学和宗教所持的观点。也许你会发现"适度原则"与亚里士多德的"中庸之道"(不多不少刚刚好)有异曲同工之妙。

西方人普遍将幸福和痛苦视为对立面,认为人生是一场历练,要尽量减少负面影响,并强化积极因素。东方人认为幸福和痛苦是相互关联且互为必要的,就像中国哲学中的阴阳两极。事实上,针对上万人的研究发现,与个人主义文化相比,在注重整体的社会中,人们对幸福、快乐、自由、健康、自尊和长寿的渴望更少,尽管他们对整个社会的目标一致。俄罗斯在社会历史上介于个人主义和集体主义之间,在上述研究中被纳入东方文化。

根据《全球幸福指数报告》(*The World Happiness Report*)[15],过去几年,美国人的幸福感排名一直在下降。在2019年对156个国家和地区所做的排名中,美国下降一位排至第19位,这是自该报告开始发布以来美国排名最低的一次。为此,喜剧演员吉米·金梅尔(Jimmy Kimmel)[16]打趣道:"我们排第19,在比利时后面,这些觉得有必要在炸薯条上放蛋黄酱的人都比我们更快乐。大家开心点啊,加油!"

该报告着眼于6个变量:国内生产总值、社会支持、健康寿命(不是一般寿命!)、在生活中做选择的自由、慷慨程度和不被腐败侵扰。《全球幸福指数报告》的作者之一让·特温格（Jean Twenge）[17]表示："从大多数角度而言，美国人现在理应比以往任何时候都更幸福。毕竟暴力犯罪率很低，失业率也很低。"作者推测，美国的幸福指数排名之所以逐年下跌，是出于以下因素[18]：对阿片类药物的普遍成瘾问题、赌博、社交媒体和危险的性行为，以及肥胖症和重度抑郁症患者的增加。

作者还将美国人的幸福指数降低归咎于过度使用电子设备[19]。截至2017年，除了花在学业上的时间，十七八岁的青少年每天花在互联网、社交媒体和发短信上的闲暇时间超过6个小时，这些活动会增加患抑郁症的风险。随着使用电子设备的时间越来越多，人们进行面对面互动（例如与朋友见面或参加聚会）的可能性下降。而其他与电子设备使用无关的单独活动（例如阅读和睡觉）时间也有所减少。尽管有人认为社交媒体有利于拉近人与人之间的距离，让世界变得更小，但电子设备削弱了实际的社交，却强化了形式不定的、零星的虚拟接触。

另一个原因可能是2018年和2019年美国企业高管及政府高级官员因腐败被定罪的案例激增，而不被腐败侵扰是生活质量的指标之一。

史上时间跨度最长的健康和幸福研究是哈佛大学的格兰特研究（现在是成人发展研究的一部分）。从1938年开始，格兰特研究追踪了波士顿268名哈佛大学男学生和456名对照组男性长达75年，研究员不知道参与者的人生会如何发展。[其中一位被研究者是总统约翰·肯尼迪（John Kennedy）。]最初一批参与者中有59人还在参与研究，大部分已经年过九旬，研究员正在研究他们的子孙，而且自21

世纪初开始从参与者的妻子处收集数据。这项研究的现任主导人是精神病学家罗伯特·沃尔丁格（Robert Waldinger）[20]，他对研究结果做出了如下总结：

> 从这项长达75年的研究中，我们得到的最明确的结论是，良好的人际关系确实有利于维持幸福感和健康水平……社交联系对我们大有裨益……而孤独感危害极大。与家人、朋友和社区有更多联系的人会更快乐、更健康，其寿命也会更长。事实证明，孤独感害人不浅……冲突不断，没有太多感情的婚姻对健康十分不利，甚至比离婚更糟糕。

相较于胆固醇水平，更能在50岁时预测80岁时健康水平的指标[21]是人际关系质量。良好的人际关系对大脑有保护作用。尤其是在年过八旬的时候，如果一个人感到自己正处于一段稳定的关系中，在需要的时候可以依靠对方，那么这个人会保留更清晰的记忆，从而长期保持健康状态。披头士乐队在这一方面（在其他方面也体现真理）的观点是正确的："爱是最重要的。"[22] 幸福感的第二大支柱是，努力以一种不排斥爱的方式来应对生活。

格兰特研究最重要的发现是人际关系对幸福感产生的巨大影响，且远比我们以往意识到的要大。即便一个人事业有成、家财万贯、身体健康，如果没有他人的支持和充满善意的人际关系[23]，他也无法感到快乐。研究员发现，除了应对挫折的能力（研究员所谓的"防御机制"），男性47岁时的人际关系质量最能预测其对晚年生活的适应情况。兄弟姐妹关系良好显得尤为重要：65岁时仍活力满满的男性中，有93％的人在年轻时与兄弟姐妹的关系很密切。指导这项研究长达30载的乔治·威兰特（George Vaillant）[24]写道："成功老去的秘诀是社交才能，不是智力水平或父母的社会阶层。"当被问及他参与研究30年后有何收获时，威兰特的答案很清楚："生活中唯一真正重要的，是你与他人的关系。"

研究中有一位85岁的男性拥有一段长达30年的二婚，他是这样描述[25]这段婚姻带来的幸福的："真的就只是待在一起。我们分享彼此的生活和我们孩子的生活。在寒冷的夜晚依偎在一起。"一位女性在婚后50年时说，幸福的秘密就在于她与丈夫是最好的朋友。她表示："我们还有性生活，现在已经和我们年轻时不太一样了，但最重要的是，我很喜欢他，比以往任何时候都要喜欢他。我们总是一起欢笑，我们也会笑自己，不会太把自己当回事。我不知道我们是怎样坚持到今天的，但这真的太棒了。还有一点也很重要，我们拥抱彼此，但不会过多约束对方。"（爱一个人，就应当给他/她自由。）

这项研究有一个有趣的发现：拥有第二次婚姻的人通常与维持第一次婚姻的人一样幸福。换言之，离婚人士并不是无法解决问题、对现实不满的群体。在二十世纪六七十年代，许多研究员认为，导致离婚的因素有人格障碍、应对方式不佳、被动攻击、过分任性、攻击和酗酒。但这一猜想并未得到研究的证实。婚姻失败的原因有很多，而最简单的解释往往是最准确的：彼此不适合，而很多人直到后来才意识到这一点。对许多人而言，他们的婚姻在老年时会渐入佳境。正如威兰特所说[26]："随着时间的推移，激素会使男性变得女性化，女性变得男性化，从而使两性竞争变得更加公平。"哈佛大学的这项研究表明，政治似乎也与晚年幸福感有关，至少就性而言是这样：老年自由党人士拥有更多的性生活。最保守的男性平均在 68 岁时停止性生活，而心态最开放自由的男性在 80 岁之前还拥有活跃的性生活。

格兰特研究的部分工作是针对波士顿市中心男性对照组的格鲁克研究。父母的社会阶层、智商和收入并不能预测格鲁克研究或格兰特研究中男性的长寿和幸福。但是，教育很重要，并不一定是精英教育——在 70 岁时，从非精英大学毕业的波士顿男性和从哈佛大学毕业的男性一样健康。有趣的是，虽然格鲁克研究中的男性依赖酒精的可能性比哈佛大学男学生的高 50% [27]，但他们酒后清醒的可能性是后者的两倍多。威兰特表示："决定两者差异的因素不在于治疗水平、智力、自我照顾或得失问题。这确实与喝醉的临界点有关。喝醉后睡在高架铁轨下的人有时会承认自己是个酒鬼，而深夜在私人酒吧买醉的人也许不会。"关于喝酒，还有一个值得思考的问题：离婚人士常说他们买醉是因为配偶离开了自己。但这只是自欺欺人罢了：在绝大多数情况下，配偶选择离开他们，是因为他们酗酒。

决定幸福感等生活满意度的衡量标准的不仅仅是晚年时期的社交关系。人际关系确实重要，但其影响在一定社会关系的背景下才会出现。相比童年时母亲对自己漠不关心的男性，与母亲有良好关系的男性平均每年的收入多 87000 美元。（哇！谢谢，妈妈！）而童年时与母亲关系不佳的男性在老年时更容易患上痴呆症。在男性职业生涯的后期，其童年时与母亲的关系——而非与父亲的关系——和工作效率有关。另外，与童年时和父亲建立良好关系相关的结果有：成年期焦虑的可能性降低、更享受假期，以及在 75 岁时"对生活的满意度"增加——而童年时与母亲建立的良好关系对男性 75 岁时的生活满意度没有显著影响。

由于事业和孩子逐渐只占据生活的一小部分，老年夫妻常常在彼此身上找到解决孤独感的方法。这可能需要想办法重新认识彼此。如果不这样做，那么对陈年往事的抱怨或"得不到的永远在骚动"的态度会使老年夫妇彼此疏远，甚至导致离婚。事实上，根据美国人口普查的结果，在过去25年间，65岁以上夫妇的离婚率增加了两倍。但对于能重新认识彼此的夫妇而言，好处是很明显的：对伴侣更满意的夫妇的寿命延长了[28]足足25%。因此，良性的情感关系可谓一箭双雕，既能延年益寿，又能提高生活质量。这是科学研究的结果。请爱你身边的人。让伴侣快乐也会让你的生活更加美好。

工作与退休

理想的退休年龄是多少岁？最好是永不退休。即便身体有缺陷，也最好保持工作状态——无论是作为在职员工还是作为志愿者。昆西·琼斯与轮椅为伴，但即便到了86岁高龄，他仍然参与音乐制作、发掘人才、发表演讲，并公开强调艺术在社会中的重要性，为艺术发声。

拉蒙特·多齐尔（Lamont Dozier）[29]是《热浪》（*Heat Wave*）、《停！以爱之名》（*Stop! In the Name of Love*）和《伸出手来，我会在那里》（*Reach Out, I'll Be There*）（以及14首公告牌金曲排行榜榜首歌曲）的作曲家之一，他已经78岁高龄，仍在坚持创作。他表示："我每天早上起床都会创作一两个小时，这便是上帝创造我的意义所在。"漫无目的地浪费太多时间[30]让人低落。保持忙碌的状态！不是埋头苦干，抑或纠结琐事，而是进行有意义的活动。

经济学家创造了"重返工作"（unretirement）这个词来描述一群退休后发现自己闲不下来，然后重返工作岗位的人群。有25％到40％的退休人员重新返回职场[31]。哈佛大学经济学家妮可·梅斯塔斯（Nicole Maestas）表示[32]："关于这个现象的原因，你也许会听到一个共同的主题：使命感。以及为了活跃大脑。还有一个关键原因是社会参与。"弗洛伊德曾说，生命中最重要的两件事是拥有爱情以及有意义的工作。（尽管他的许多观点都不正确，但是这一点他似乎说对了。）

为撰写本书，我采访了一些年龄在70岁至98岁的人，以便更好地了解促成生活满意度的因素是什么。他们每一个人都还在坚持工作。有些人还增加了自己的工作量，例如前斯迪利·丹乐队（Steely Dan）成员唐纳德·费根（Donald Fagen，71岁）和朱迪·柯林斯（80岁）。而其他人则调整工作时间以适应衰老导致的迟缓，但在工作的时间里，他们完成的工作比大多数年轻同辈人的都要多，其中的典型是乔治·舒尔茨（99岁）。

要在老年时期投身有意义的事业，需要一定的策略，需要重新调整事情的轻重缓急。作家芭芭拉·埃伦瑞奇（Barbara Ehrenreich，78岁）[33]拒绝了医生安排的许多检查，她不想在医生的办公室浪费时间做一些可能只会延长她3周寿命的事情。为什么？

因为我还有其他事情要做。在某种程度上，这一开始对我而言似乎是做出权衡的问题：我是想坐在没有窗户的候诊室，还是想在生命终结之前，去散散步？我发现得出的答案总是后者。

许多企业和机构将允许老年员工调整时间表以继续工作。在美国，企业和机构必须做出合理安排，例如明确上下班时间、安排休息室，甚至是可以躺下小睡的小床，而年龄歧视[34]是违法的。在加拿大、墨西哥和芬兰，年龄歧视同样违法。世界各地的法律各不相同。一般而言，欧盟允许在达到可领养老金的退休年龄时退休（例如，在德国，退休年龄目前为 65 岁，将延长至 67 岁）。在韩国，强制退休年龄是 60 岁。在其他国家，如澳大利亚，相关法律和法律解读正在不断演变。[例如，澳大利亚法院曾判决澳洲航空公司胜诉。该航空公司解雇了一名 60 岁的飞行员，虽然这违反了澳大利亚 2004 年的《年龄歧视条例》（Age Discrimination Act），但高等法院判定，根据《国际民用航空公约》（Convention on International Civil Aviation）的要求，禁止 60 岁或以上的机长飞部分航线，因此解雇这名 60 岁的飞行员是合法的。]

最重要的是，我认为我们需要共同努力，争取改变社会对老年人的看法，特别是改变对职场中老年人的看法。美国的企业文化有年龄歧视的偏向。老年人很难找到工作或取得升职的机会。2/3 的美国员工表示曾在职场中目睹或经历过年龄歧视。企业和机构应该认识到，为年长员工提供工作机会是明智之举，这不仅仅是一种让人自我感觉良好的慈善举动。拥有年长成员的跨代团队往往更有效率；老年人提高了其他成员的生产力，这样的团队胜过只有一代人组成的团队。德意志银行[35]一直站在实践这种方法的最前沿，于是其工作出现的错误更少，年轻人和老年人之间的积极反馈也不断增加。

许多国家和地区已颁布法律［例如，美国 1990 年的《美国残疾人法案》（Americans with Disabilities Act）和英国 2010 年的平等法

（Equality Act）]禁止在职场中歧视残疾人，其中包括阿尔茨海默病患者。非营利组织 BrightFocus 基金会列出了以下对阿尔茨海默病员工可能有帮助的职场调整方案[36]：

1. 每天对他们进行书面或口头提醒；
2. 将一项大任务分成许多小任务；
3. 有职场变化时提供额外培训；
4. 保持工作空间的整洁；
5. 减少每天或每周的工作时间；
6. 改变工作时间。

伦敦希思罗机场意识到了上述问题，于是成为世界上第一个"痴呆症友好型"机场[37]，它安排了1000名员工负责满足认知障碍患者的特殊需求，并为其总共76000名机场员工提供特殊培训。位于俄亥俄州大学高地（University Heights）的私立耶稣会大学——约翰·卡罗尔大学（John Carroll University）的研究员组建了一个代际合唱团[38]，将年轻人和痴呆症老年患者聚在一起。该合唱团改变了学生们的看法，他们表示在合唱团中感受到了亲密度以及代际友谊的建立。通过一起唱歌，患有痴呆症的老年人感到被包容、受欢迎、被重视、被尊重。

已故田纳西州女子篮球教练帕特·萨米特（Pat Summitt）[39] 是1976年夏季奥运会的银牌得主，她于2011年8月被诊断患有阿尔茨海默病，但仍然坚持工作，一直到2012年整个赛季结束。她表示："不需要任何人同情我，我会确保这一点。"

如果在某个年龄之后你无法继续原本的工作，如果新的企业和机构不愿意雇用年长的员工，那么仍然有很多方式能帮助你积极从事有意义的工作。前文提到过启蒙计划——通过该组织，我的祖母能为贫困儿童读书。AARP 基金会有一项 Experience Corps 计划，为有经济困难的儿童在公立学校分配老年人，作为导师。如料想一般，该计划对孩子们产生了积极的影响——提高了识字率、考试成绩，并改善了课堂表现和社交行为。这同样对志愿者产生了积极影响。在一项研究中，与脑容量减少的对照组相比，实验组的海马和皮层容量增加，并且更有成就感[40]。男性志愿者尤其如此，两年的志愿者服务将他们的衰老延缓了三年。正如美国知名作家阿内丝·尼恩（Anaïs Nin）所领悟的那样[41]："生命的长短与一个人的勇气成正比。"而脑容量也是如此。

要获得这种勇气，要丰富生命，不同的人有不同的方式：比如参与在线课堂，在 Coursera 或可汗学院等慕课平台学习（但一定要与真人互动，讨论学习内容；独自学习只能达到保持头脑活跃的效果）；加入（或主持）读书俱乐部或时事讨论组；在医院或教堂做志愿者；为当地基督教青年会或教会排忧解难；在施膳处工作；等等。帮助他人能极大地改变自我。诺贝尔文学奖得主、南非作家 J. M. 库切（J. M. Coetzee）[42] 在他的小说《耻》（Disgrace）中写道：

> 他继续教书，因为……教书让他学会谦卑，让他明白自己在这个世界上存在的意义。他仍然没有逃脱这种讽刺：教授者学到了最有意义的知识，而学习者却一无所获。

我在生活中亲眼见证了这一点，尽管我愿意相信我的学生尽力避免了学习却毫无收获的情况。而且我可能不像库切(或者至少是他小说中的角色)那样愤世嫉俗。我认为好老师会适当地相信年轻或年长的学生,可以为学生的生活带来平衡,帮助他们克服重重障碍,走向康庄大道,这将引导他们成功地步入老年生活……这便是我的老师为我做到的事情。

持续护理及生活质量

随着医学界自动化的深入以及诊断技术越发复杂,治疗的人情味越来越少,有人呼吁弱化数个世纪以来医生和患者之间的私人关系,如此一来,患者在短时间内可以找任何有空的医生就诊。《新英格兰医学杂志》(*New England Journal of Medicine*)建议人情味淡薄的护理方式[43]应该成为医学界的默认选项。出于必要性,这种方式已经在许多地方被采用(有些是计划如此),例如蒙特利尔,在2016年,该地的医生已经严重不足。我在蒙特利尔生活了近20年,我从未有过家庭医生,因为家庭医生不会收治任何新的病人。我很少两次都看同一位医生——甚至连专科医生都不会看两次,而且就诊时间也很少超过12分钟。

另一种治疗选择是我在余生中了解到的体系:我逐渐与医生建立了良好的工作关系。《英国医学杂志》的一项系统述评回顾了跨越不同文化和国家的研究,证实了这种方法的优越性:持续接受护理[44]可以延长寿命。

关于持续护理,我与耳鼻喉专家迈耶·辛德勒(Meyer Schindler)[45]医生的关系可以作为一个不错的案例。他给我的祖父和父亲都看过病，这意味着他对我们的家族病史有直接的了解，而家族病史是一系列症状和疾病的重要预测指标。我第一次找他看诊时，他年事已高，但他的两个孩子已经子承父业，他们有时会一同帮我做检查。迈耶坚持工作，直到离开人世，而后他的儿子大卫和布赖恩继续给我提供医疗服务。大约在6年前，我找到了一位新的家庭医生，他是我见过最细心的医生。他鼓励我有问题就给他打电话（他的个人手机）或发电子邮件。我有生以来第一次拥有比我年轻的医生，所以我希望他能为我提供长时间的服务。随着我们相互了解的程度加深，我相信自己会得到越来越好的医疗护理。如果我需要住院，或出现重大疾病，他会与专家协调我的医疗方案，担任护理"管弦乐队"的"总指挥"。

爱德华多·多伦（Eduardo Dolhun）医生曾在梅奥医学中心接受过培训，同时也是旧金山多伦诊所的负责人，他对理想的医患关系[46]是这样描述的：

> 患者希望有一位了解自己和其家人的医生，这位医生不仅清楚自己的病史，还了解自己的个性、习惯和爱好——了解自己的生活方式和时间。以上所有因素都为医疗判断和鉴别诊断提供了线索。而没有掌握上述信息的医生可以说是"巧妇难为无米之炊"。
>
> 人们生活的背景很重要。如果说环境可以改变基因表达——表观遗传学，那么一个人生活的环境不仅很重要，而且是人们必须要了解的一点。医患关系是随着时间推移而发展的辩证关系，这使得医生能够更充分地了解行为和生理的微妙差别，这些细微差别可能预示着疾病或健康欠佳。建立医患关系使得医生能够发现病理情况并进行早期干预，以重新引导患者摆脱疾病，恢复健康。

这一点对于心血管疾病等尤其重要，因为相关疾病的患者通常需要数年或数十年的时间才会表现出心脏病发作或中风的症状。

越来越多有条件的患者选择看专科医生，而放弃初级保健或家庭医生。然而，分科问诊的体系倾向于将患者分配到[47]不同的医疗部门。这不仅增加了治疗成本，而且可能导致不同领域的专家交叉重复工作。

克利夫兰诊所的家庭医学医师大卫·布里尔（David Brill）[48]表示："我不能高估患者与其初级保健医生之间关系的重要性。我们在美国重新发现了一点，在1910年至1970年使用的药物是疗效最好、最具成本效益的，那时患者常常接受家庭医生的服务。"

现在，有人发起"以患者为中心"的医疗之家[49]运动，让家庭医生提供更加个人化的护理。医疗之家运动旨在：

1. 集中提供医疗保健服务，保留医疗记录；
2. 以患者为中心，强调整体的护理；
3. 除医生外，还设有一组护理人员，包括护理团队、医生助理和办公室工作人员，他们为连续护理保驾护航。

以患者为中心的医疗之家通常会在正常工作时间之外（比如晚上和周末）提供临床医生的治疗服务：例如，患者在医生办公室就诊结束后，护士和护士长会持续跟进患者的情况，以确保他们正确拿药，并清楚服用方法；他们还会就患者何时需要安排就诊，何时需要再续药进行跟踪，并监控他们是否正常住院接受治疗。

做医生是一项艰巨的工作，医生很容易受到信息过载的困扰，尤其是在尝试为陷入困境的新患者提供服务时。因此，在这一方面，清楚地了解个人和个人病史的医生具有明显的优势。以戈登·考德威尔（Gordon Caldwell）医生[50]为例，他是苏格兰奥本（优质"单一麦芽苏格兰威士忌"的产地）的一名咨询医师。每天早上在医院查房时，医生可以利用这一短暂的时间了解患者的情况。一天早上查房时，他见到一位似乎患有肺炎和糖尿病，且血糖水平非常高的女患者，他向我分享了他当时的心理活动。

我在观察那位女患者时，我的心理活动是这样的："哇，她看起来很瘦，手指发乌，不知道她是不是也得了肺癌？我应该清楚地介绍自己了吧？也应该和她建立了不错的医患关系吧？这场问诊可能会很棘手。哦，她说她头疼，可能是脑转移或颞动脉炎，我们是否测过红细胞沉降率①（erythrocyte sedimentation rate，ESR），有没有看过胸部 X 光片？她说她已经 6 个月没有出门了，所以她可能缺乏维生素 D。我们要测量维生素 D 水平还是只开一些处方药就可以了？也许她已经在服用维生素 D 了，她可能在服用很多药。为什么我的学生看起来感觉很无聊，我让他看看药物清单吧，让在培的二年级研究生去准备一下 ESR。

"接下来该继续解决高血糖的问题还是接着看肺炎？哦，她的丈夫来了，他看起来很生气，护士去哪里了？我需要她在场听到整个问诊过程，如果过程很困难，她需要了解情况，才能在我

---

① 简称血沉，指血红细胞在 1 小时内沉降的速率。红细胞沉降率是一个非常常见的血液学测试，是炎症反应的非特异性测量指标。

离开后让病人和她丈夫冷静下来。哦,要记住医疗主任说我们在静脉血栓栓塞症和痴呆症的治疗方面做得很差,有压力风险,而且第四目标的完成情况很不理想,我可以让这位患者出院,让她以门诊病人的身份完成所有检查吗?该死的亨利·胡佛吸尘器来了,研究生跑去应答患者的呼叫了,图片存档和通信系统(PACS)已经关闭,所以无法看胸片了,好吧,该问她'你抽烟抽了多少年了?'"。

不论我表面看起来有多么平静,我的心理活动就是这么复杂。这使得我没有任何空间能推理患者体重减轻的原因——"是由于甲状腺过度活跃,还是因为假牙不合适或有抑郁症,抑或只是因为她酗酒却不吃东西?"

上述思维过程十分典型,因为医生在很多时候都必须扮演侦探的角色,而且面临的变数实在太多。要减少外界的干扰,也许可以准备一张纸,在上面写满所有药物,甚至包括补充剂和非处方药,例如抗组胺药和止痛药。前文提过,即便部分药物是非处方药,也不代表它们不会与患者正在服用的其他药物相互作用而产生负面影响。例如,姜黄和银杏是抗凝血剂,而如果患者正在服用处方抗凝血剂,那么抗凝血效果可能会被放大,一旦患者割伤自己、患溃疡、出现任何内出血问题,或者医生需要对其进行紧急手术或活检,情况将会变得十分严重……

艰难的对话

在人生的某个阶段,如果活得足够长,你或你所爱之人在身心方面的某种能力会显著下降，这可能需要改变生活方式。此处指的不是出门要花更长的时间，或者必须使用药物收纳箱来避免重复给药或漏药——此处指无法开车、做家务、准备饭菜或记住重要的约会和人。我听过父母抱怨孩子嘱咐自己能做什么和不能做什么，还有孩子表示很害怕让父母开车。亲子之间要进行这方面的对话并非易事。许多老年人确实丧失了一些能力和功能，他们需要帮助。有些老年人更愿意寻求帮助，而有些老年人认为寻求帮助便等同于被拒绝。而且没有人愿意承认自己无能或患有认知障碍。

要认真规划老年生活，很有必要提前准备这样的亲子对话。尽早进行对话意味着当时机成熟时，这一切不会显得很突然。如此一来你便可以在头脑清醒、情绪稍稳定时，提前考虑选择并制订计划。请让医生也参与对话。总而言之，未雨绸缪。诺亚何时建造方舟的？在大洪水袭来之前。

关于老年时的生活质量问题，麻省理工学院衰老实验室（MIT AgeLab）的主任约瑟夫·F. 考夫林（Joseph F. Coughlin）提出了3个我们和年长的家庭成员都应该思考的问题[51]。虽然以下问题可能看起来很肤浅，甚至异想天开，但它们确实能很好地反映生活质量。

1. 谁能帮我换电灯泡？

这个问题的引申义是，让谁来做大多数人年轻时能做的家务活？你真的希望自己90岁高龄的伴侣爬梯子更换天花板上的嵌入式灯泡吗？让谁在收垃圾日把垃圾桶拖出家门，让谁去拖沉重的真空吸尘器？当你的视力下降，双手（可能）颤抖时，谁来切菜？你还要提前考虑可以向谁求助，还要考虑是否需要付钱给照顾自己的人，以及需要为此预留的金钱数目。还需要了解所在地区提供的社会服务类型。

2. 如果我想要一个冰激凌蛋筒怎么办？

自主感，是认为自己能掌控生活的关键所在。如果你想出去吃冰激凌蛋筒，谁能带你去？你要去的店是否步行便可抵达？如果天气过于炎热，出门的潜在风险要怎么解决？有能开车送你去的人吗？考夫林提出了一个更广义的问题："我的老年生活能在这样一个地方度过吗？那里有充足的活动和好邻居能调动我的社交参与感，让我保持活跃、乐在其中吗？"生活质量高指能够轻松地、定期地享受到让人大笑的欢乐体验。

3. 我会和谁共进午餐？

正如我们所见，社会孤立是老年人最大的风险因素之一。一个活跃的社交区（比如可以偶尔打电话给附近的某个人共进午餐）能发挥重要的作用。考夫林表示："计划在哪里退休、和谁一起退休，可能与这要花多少钱同样重要。例如，即将退休时，你可能会认为山上的房子很诱人，但缺点可能是社交圈太小，或者在晚年时你会完全与世隔绝。婴儿潮一代的退休生活不同于父母辈的。他们更有可能独自生活，孩子更少，并且会选择住在郊区和农村地区，不过这些地区可能难以提供丰富的社区活动，宜居性可能较低。"

在度过晚年层面，现在的老年人拥有更多的选择，他们可以借此获得一定的日常生活方面的帮助。几代同堂的家庭越来越多，要么是年长的父母搬进孩子的家里一起住，要么是孩子带着自己的小家庭搬去他们从小待到大的父母家里。

尽管 20 世纪 50 年代的电影中阴暗潮湿的疗养院依旧存在，但现在世界范围内兴起的趋势是使用促进老年人独立的设施。第 6 章提到的辅助生活（也被称为记忆护理）是这一趋势的部分内容。正如倡导该趋势的一个领先组织 Argentum 所说：

> 辅助生活[52]旨在为老年人提供一种以家庭和社区为基础的环境，根据需要将其住房、支持性服务和医疗保健的需求结合起来。选择辅助生活的个人能享受独立的生活，通过定制个性化的辅助方案来满足自身需求，丰富生活。辅助生活促进每位居民的独立性，让他们的生活更有目标，活得更有尊严，并鼓励居民的家人和朋友参与其中。工作人员可为老年人满足计划内和计划外的需求。社区通常提供餐饮、社交和健身活动，以及个人护理服务。目前美国有 28585 个社区，超过 835200 名居民寻求辅助生活之家的服务。

随着辅助生活社区变得越发舒适和方便，许多老年人愿意尽可能长时间地待在家中。可以采取措施来帮助人们舒适地待在家中。

建立体系：为应对阿尔茨海默病和轻度认知障碍做准备

阿尔茨海默病和轻度认知障碍患者面临的最大的难题之一是，习惯新事物。那么我们可以现在就开始计划，熟悉新的体系。这背后的逻辑是，当你需要相关体系时，你便会对其感到十分熟悉。如果等到自己或爱人出现症状时才行动，那便为时已晚。尽早为应对这些变化做出改变，逐渐适应，最终让它们来得简单而规律。

在手机里记录自己的地址，并把地址写在卡片上，放进钱包里。在卡片上加上医生、伴侣和紧急联系人（其他家人或朋友）的电话号码。如果你遭遇事故而无法做出回应，紧急救援人员可能需要给这些人打电话。

如果你需要服药，请开始使用药物收纳箱，以便在今后真正需要时能养成使用习惯。CVS连锁等药店实际上会准备一个附赠的每日药包[53]，而且会寄送到家里。如果你在早中晚都要服药，那么请根据每个时段对应的单独包装，清楚地标记好时间。

将钥匙和钱包放在指定地方。可以考虑找一家能送食物上门的本地商店或在线商城，定期订购主要食材。在自动转账系统autopay上处理所有账单。建立能追踪账户密码的系统，并找到清楚如何访问密码信息的人。与当地警察或亲近的人沟通，学习如何防止上当受骗。

现在能做的就是提高对自己生活方式的意识。保持好奇心，在精神上积极投入生活。对新体验持开放态度。保持社交联系。努力做到认真负责。遵循前文描述的有关饮食、锻炼和睡眠卫生的健康生活方式。

在需要住院前选择恰当的医院

与任何事物一样，医院有好也有坏。有些医院在部分领域有优势，在某些方面却表现欠佳；而有些医院则一无是处。医院比较网站

"Medicare's Hospital Compare"[54] 展示了各大医院的手术并发症和感染率,并列出6种身体状况(心脏病、心力衰竭、肺炎、中风、冠状动脉搭桥手术和慢性阻塞性肺病)相关死亡率低于平均水平的医院。网站还显示了再入院(患者因为病情未好转而不得不再次入院)率高于平均水平的医院。还有 HospitalInspections.org 网站[55],其功能好比一个城市的餐厅检查员,用于展示存在严重问题的医院。有一些网站可供找到最近的医院[56]或急诊室,并会展示平均等待时间。现在就请开始了解良心医院和最近急诊室的分布情况,以及等待时间。列出清单,并每年更新一次。将上述信息写在家里固话的附近,如果有智能手机,也将信息存入。

预先医疗指示

在某种令人毛骨悚然的程度上来说,人类已经来到史上一个尴尬的时刻:可以或多或少地选择自己的死因。经研究,部分干预措施能降低心脏病发作的概率,但会增加患癌的概率。一些治疗手段降低了死于癌症的风险,却增加了死于感染的风险。尤其是对于年满85岁的患者,部分手术的成功率不到50%,而且延长的寿命不会超过恢复时间。

为降低死于心脏病的风险,已开展了多方面的科学研究工作,而经常锻炼、均衡饮食、不抽烟以及适度饮酒的人更是在努力减少可能患心脏病的风险。如果你有幸逃过心脏病,你的寿命会更长,接着面临的最大风险就是死于癌症、中风和痴呆症,这些都是相对令人难受的死因。医师亚历克斯·利克曼(Alex Lickerman)如此描述[57]这个令人不安的悖论：

　　降低死于某种疾病的风险却增加了死于其他更严重疾病的风险。

在还比较年轻时、在必须做出选择之前考虑上述问题，并与所爱之人分享自己的感受，这会大有裨益。在危机时刻，你的情绪必然会发生波动，但这没关系。关键是要学会思考这些问题，考虑各种情况和后果。以下是部分需要考虑的问题（我知道下述问题令人难受，但把握对此的发言权，胜过一群医生在你失去知觉时为你做决定）：

　　1. 如果我已经无法辨别周围的环境，我该何去何从？在家里，与亲人在一起，还是在疗养院或辅助护理机构里？

　　2. 要如何权衡生活质量与寿命长短？我无论如何都想活下去吗——即使靠医疗机器活下来，即使每天只有30分钟的时间有意识？如果我一直昏迷，不太可能醒来该怎么办？

　　3. 如果医生需要给我提供紧急救生程序，那么治疗的限度在哪里？我愿意承受多大的附带性损害？如果医疗程序对我的声音造成永久性损坏怎么办？如果我能活下来，但是会有永久性记忆障碍或出现瘫痪怎么办？

　　4. 我想在哪里离开人世？在家里？还是在医院里？

　　5. 如果我无法做决定，或者如果出现意料之外的事情，是否需要指定一个我信任的人来为我做决定？

要冷静地思考上述问题。正如哈佛大学心理学家丹·吉尔伯特

（Dan Gilbert）所说，人们通常会低估自己的适应能力及韧性。我们往往认为某些挫折会让自己痛苦，但我们时常会惊讶地发现，如果挫折出现，我们能克服，其实挫折也不是那么糟糕。例如，针对截肢者和四肢瘫痪者的研究表明，他们比人们想象的要更快乐，他们甚至比自己想象的更快乐。生活奇妙而美好，诚然，有时也充满了挑战和烦恼，甚至是令人窒息的压抑；但是在适应了逆境之后，许多人最终还是会发现自己喜欢活着。

预先医疗指示是一份正式文件，也称为预先健康指示或生前遗嘱，其允许患者提前回答上述问题，以便在患者无法对医护人员做出回应的各种情况下获悉其希望采取的医疗措施。预先医疗指示在部分国家（例如美国和英国）和地区具有法律约束力，而在其他国家和地区则作为不具法律约束力的指导方针。可以在线查找相关表格，或者，如果你格外谨慎，可以寻求律师的帮助。获得预先医疗指示文件以后，应确保你的家庭成员和授权决策者知道原始文件的位置，并且你应该为他们以及你的所有医生提供副本。（部分司法管辖区的医疗机构或政府当局不接受副本，因此应该要清楚原件保存的位置。）

华盛顿大学（University of Washington）医学院教授巴拉克·加斯特（Barak Gaster）设计了痴呆症预先医疗指示[58]。加斯特教授在他为《美国医学会杂志》撰写的一篇文章中强调了痴呆症在预先医疗指示背景下的独特性[59]：

> 标准的预先医疗指示通常对痴呆症患者没有帮助。从预先医疗指示的角度来看，痴呆症很独特。在长达数年的时间里，痴呆症的病程都很缓慢，并且会让患者在很长一段时间内出现认知功

能下降，并且无法自理。预先医疗指示通常用以解决即将到来的绝症或永久性昏迷等情况，但不针对更常见的进行性痴呆症。

加斯特的痴呆症指示针对3种情况（轻度、中度或重度痴呆症）提出了四大医疗目标。可自行选择适合自己的目标。当然，如果改变主意，你可以撤回先前的指示，替换新的。痴呆症医疗指示的主体内容如下所示：

如果我患有（轻度/中度/重度）痴呆症，那么我希望我的医疗目标是：

1. 尽可能地活下去。我想尽一切努力延长寿命，包括在我的心脏停止跳动时使其重新跳动。

2. 接受治疗以延长寿命，但如果我的心脏停止跳动或我无法自主呼吸，则不要让我的心脏重新跳动（不施行心肺复苏术，DNR），也不要给我戴呼吸机。如果出现以上任何一种情况，请让我平静地死去。原因：如果我的病情急转直下，那么即便我活下来，我的痴呆症可能也会恶化，我无法接受这样的生活质量。

3. 只在我居住的地方接受护理。即使我病重，我也不想去医院，我也不接受心肺复苏术。如果某种治疗（例如抗生素）能让我活得更久，并且可以在我居住的地方进行，那么我愿意接受这样的护理。但如果我的病情继续恶化，我并不想去急诊室或医院，而希望能平静地离开。原因：我不接受住院可能带来的风险和创伤。

4. 只接受以舒适为主的治疗，专注于减轻我的痛苦，例如疼痛、焦虑或呼吸困难。我不接受任何能延长我的寿命但是只会增加痛苦的治疗。

与其他预先医疗指示一样，上述内容只是指导方针。你可以按照自己的想法重新措辞或修改内容。

生命的尽头

与生命的其他环节一样，如果花时间去了解生命的终结，我们便会发现其实这个阶段带来的压迫感更小，而且可能会更让人平静。我们也许下定决心不要温和地走入那个良夜，但夜晚终将来临，如果能清楚会发生什么，我们将应对得更好，并且能面对自己选择的、而非他人决定的局面。女权主义者格洛丽亚·斯泰纳姆（Gloria Steinem）曾说[60]："人不应该对死亡的临近感到意外。"

我想在家中离开人世[61]，如此一来，我周围便都是熟悉的景象和声音，要是有亲人在侧更佳，大自然的声音会从窗户慢慢钻进来，也许是白天的鸣禽，抑或夜晚的蟋蟀和猫头鹰。其他人则希望在医院里，哪怕能争取多一个小时或一两天的时间——可能多几个月。有些人不想给家人带来负担，宁愿住在各种类型的疗养院里。

身患绝症时[62]，人所经历的大部分事情——注射、检查、各种诊断和治疗过程——都是痛苦和焦虑的。此类痛苦的治疗体验会削弱患者接受或继续治疗的意愿，但这可以通过让病人沉浸在大自然中缓解[63]。虚拟现实环境的运用在医疗保健领域被逐渐推广开来，并且已被证实对急性疼痛管理有效。（具体而言，这本质上就像看一部3D电影；在某些虚拟现实环境中，你可以通过控制自己看到的视图来模拟行走或与环境互动。）与体验城市虚拟现实场景和未体验过虚拟现实场景的患者相比，体验自然虚拟现实场景的患者[64]在治疗过程中及治疗一周后回忆时称，自己感受到的痛感更少，会出现这一结果不仅仅因为虚拟现实场景能分散注意力，重点也在于对大自然的沉浸。其他研究表明，大自然的声音[65]，如鸟鸣和海浪，甚至可以加快恢复速度，减轻患者压力。

在此背景下，医院和临终关怀机构开始注意到大自然的修复作用，并在寻找方法让患者更多地接触自然景观[66]。美国景观设计师协会（American Society of Landscape Architects）表示，在20世纪的大部分时间里，园林建设并不是医疗保健领域的重点内容，但现在园林建设又重新流行起来[67]，并融入大多数新医院的设计中。

以俄亥俄州康科德的TriPoint医疗中心[68]为例。该医疗中心被茂密的森林、湿地和原始淡水溪流环绕。穿过一个风景秀丽的池塘，再经过一个瀑布，便能进入医疗中心。自然的主题贯穿整个中心的建设，营造出了宁静和治愈心灵的基调，当地艺术家的大自然场景画作进一步渲染了这一氛围。密歇根州的亨利·福特西布卢姆菲尔德医院（Henry Ford West Bloomfield Hospital）周围环绕着80英亩（约32.4公顷）的自然景观，内部植满了乔木和灌木；这里还有1500平方英尺（约139.4平方米）的温室面积。中国香港明德国际医院坐落在历史悠久的太平山山顶上，在这里可将中国南海尽收眼底。格洛特巴德诊所（Glotterbad Clinic）则位于德国黑森林的中心。

英国国家健康体系（National Health Service）的医生雷切尔·克拉克（Rachel Clarke）[69]亲眼见证了大自然如何为许多身患绝症的人带去有力的慰藉。她讲述了一位年过八旬的患者的故事。他患有舌癌，导致无法说话——至少他的话还不足以让医院的工作人员理解。他坐在椅子上，情绪变得越发激动——他四处乱拍，挥舞手臂，做鬼脸，摇头晃脑。没有人明白他到底想要什么，除了一位年轻的医生，这位医生只是把病人的椅子朝病房外转动，面向花园。克拉克说[70]："他平静地坐着，呆呆地望着树木和天空，他不过想要看看风景罢了。"

另一位患者在 51 岁时患上转移性乳腺癌，因而被转移到临终关怀医院。这位病人说："我脑子里的第一个想法，我的渴望，就是起床找一块空地。我要呼吸新鲜的空气，去听远离医院和治疗室的自然噪音……不知怎的，当我在花园里听到一只黑鸟鸣叫时，我感受到难以置信的平静。这似乎缓解了我对一切都会消失的恐惧。"关于她的病人，克拉克回忆道："每当她坐在花园外面或某个有树木和野生动物的地方时，她会感到平静，从而摆脱诊断出患癌后的所有恐惧和失落。"

在与自然抗衡的生存之战中，自然总是胜利的一方。剧作家丹尼斯·波特（Dennis Potter）[71]描述了在他患胰腺癌后，沉浸在大自然中对他生命的最后时光产生的深远影响，以及他如何重新聚焦当下即时的感受，无不透露出一股禅意：

你唯一能确定的只有当下。

我此刻能深刻体会到"活在当下"的含义——以一种近乎反常的方式，我几乎面对一切时都是平静的，我能欣赏、感恩生活的美。例如，在我的窗户下面，梅花挂满了一棵梅树的枝丫。这花虽然看起来像苹果花，但却是白色的。我在写书时能透过窗户看到花，此时我不会说"哇，那是一朵漂亮的花"，而我会认为这是有史以来最白、最簇拥、开得最盛的花。

生活变得比以往任何时候都要琐碎，也比以往任何时候都更重要，似乎不必分清琐碎和重要的区别——万物的当下绝对是美妙的。

如果你能体会到当下——这只可意会不可言传——你会感受到当下的美妙，抑或它带来的舒适，它带来的心安……请注意，我并不是有意安抚你。如果你能活在当下，请你感恩生活！

关键因素汇总

决定能否成功老去的最重要的一个因素是，是否拥有责任心这一人格特质。富有责任心能在生活中促成许多积极的效应。正如第1章所说，精神病学和临床心理学研究的前提是人可以改变自我；你可以转移自己的意志，或训练自己变得更加尽责，而这样做的好处会逐渐累积，并在老年时期显现出来。最新的科学研究似乎印证了数千年来各种宗教主义的争论——人格是可塑的，即便年过八旬，人们也能学会以新的方式与世界互动。

江山易改本性难移，对于习惯固定生活方式的老年人而言尤为如此——这是较通俗的说法，从专业角度而言，老年人的大脑已经出现生物学的固定性。选择新的生活方式很困难。但如果你能谨记改变生活方式的重要性，即便做出改变的动机并不强烈，你也更有可能坚持做出改变。

还有三个决定能否成功老去的重要因素。第一个是童年经历，特别是与父母的感情好坏，以及头部是否受过伤。现在要改变这些因素为时已晚,但你可以保护和培养生活中出现的年轻人,你可以通过思考童年经历的影响来预测自己的结果。如果父母与孩子的关系疏远,对孩子的照顾和关注断断续续,那么孩子长大成人以后会发现自己难以建立长期的亲密关系。

如果童年时曾有脑震荡,那么在晚年患痴呆症的概率会增加 2 至 4 倍。如果曾有多次脑震荡,患痴呆症的风险不会相加 —— 换言之,每多出一次脑震荡不会累加风险,而是会加快显现脑震荡对老年时期的不良影响。在运动中,将儿童的头部用作撞锤,或者用孩子的头部与物体或人进行其他形式的接触,都对人的心理健康有害。

帮助老年人保持精气神的第二个重要因素是在不同的自然环境中锻炼。不需要跑马拉松。老年人的目标是在公园或森林中快走,行走速度要能使心率加快,并使含氧血液充盈大脑。不同的环境会刺激大脑,尤其是记忆的储存区域海马。散步时,需要对步态、脚的角度进行数千次微调,还需要注意保持平衡和步速,这将锻炼大脑中为适应环境而进化的神经回路。适应新事物(尤其在现实世界中),并加强大脑中的视觉-运动-动觉回路,能十分有效地抵御认知能力的下降。即便每天只是慢走 10 分钟,也能对身心健康带来长期的益处。如果你没办法散步,那就尽己所能来锻炼。演员贝蒂·怀特(97 岁)表示[72]:"我的房子有两层楼,而我的记性很差,所以我的锻炼就是一直在楼梯上走来走去。"

第三大重要因素是社交互动。与他人互动是我们能用大脑做的最复杂的事情之一。可以是一起演奏乐器,打桥牌或打高尔夫球,在社区剧院表演,一起追忆似水年华,或在读书小组中讨论文学。与他人进行面对面的实时互动,可以激活几乎所有的大脑区域。(抱歉,

Skype 通信软件。）与他人互动时需要我们解读对方的肢体语言、脸上的表情和讲话的语音语调。互动时，我们必须跟随对方的逻辑，尝试在不破坏对话的情况下做出自己的贡献。在对话中，我们需要抱有同理心、同情心，要运用逻辑，要你来我往——需要一切相对高级的认知操作。社会孤立与缺乏社交联系是预测疾病和死亡率的有力指标。卡罗林斯卡学院的一项研究[73]表明，社交网络丰富的人患痴呆症的可能性会降低60%。阿特·岛村表示："大脑发育的目的就是进行社会参与。"阻碍社会参与的是我们一生中累积的诸多愤懑，有时针对个人，有时仅针对某个政党、团体或阶级。在任何年龄阶段，生活的智慧永远是忘却委屈，无论是小事还是大事。不要把一生的时间都倾注在仇恨和愤怒上。正如美国前参议员艾伦·辛普森（Alan Simpson，88岁）所说："仇恨会腐蚀人的心灵。"

孩子天生便需要与父母建立身体和情感上的联系，即使是那些看似并不需要的孩子。数个世纪以来，我们认为自闭症群体是社交恐惧症患者中的孤独人士——他们不会直视他人，似乎喜欢独自活动。我们现在才知道，表面的孤独实则掩盖了他们深深的社交焦虑，他们大多数人其实十分需要与他人建立联系。（人们常常认为科学家们有社交尴尬症，的确，科学界有许多人确实如此。那么要如何在聚会上认出一个外向的数学家？请找找谁在盯着你的鞋子看。）

一谈到衰老，我们往往会认为，随着年龄的增长，大脑会变得迟缓。虽然这在一定程度上是正确的，但我们的抽象推理能力和实用智力会随着年龄的增长而提升。阅历越丰富，便越擅长发现其中的规律和模式，并预测未来的结果。虽然要老年人掌握一项新技能并非易事，但正如著名的声学和音频工程师乔治·奥格斯珀格和众议院金融服务委员会主席玛克辛·沃特斯（Maxine Waters）所证明的那样，老年人其实比以往任何时候都更擅长自己的专业领域。

请记住，世界正在不断变化，而这些变化与你已经积累的经验会产生冲突。请敦促自己更新经验，适应世界的变化。例如，跳出舒适圈，做一些你通常不会做的事情，比如学习使用一个新的手机应用程序，或者在当地的咖啡馆预订和预付咖啡。做这些事情可能很烦人，但它们确实有助于防止衰老可能导致的思维僵化、老化。

还要记住，痛感是生理反应，感官会感知痛感，但情感因素和文化因素也会影响痛感。消极的情绪会加剧疼痛，而部分痛感可以解读为积极的感受，例如运动后的酸痛。正如第5章"从情绪到动机：蛇、摇摆桥、《广告狂人》和压力"中所写，我们会错误地认为是肉体上的吸引力使我们的心率增加，同理，我们也可能对痛苦的来源判断错误。身体会呈现虚假的"现实"，会误导我们。

学会感恩[74]自己已经拥有的事物。这是激励练习，能将大脑的化学机制往更积极的情绪方向引导，还能刺激大脑控制快乐的神经回路。学会感恩生活，只需要像回味早晨咖啡的味道，或欣赏透过窗户的阳光那样简单。感恩是一种强大的内心力量。正如诗人沃尔特·惠特曼（Walt Whitman）所写：

幸福……不在别处……就在此处，不在彼时，就在此时。

继续挤奶

2018年，普拉西多·多明戈（Placido Domingo，当时77岁）[75]

为他的第 150 个角色献唱，这是歌剧界一个卓越的里程碑。大都会歌剧院前总经理表示："回看歌剧歌手的历史，你会发现这是前无古人的成就。"这还不是全部。多明戈已经录制了 100 多张专辑和 CD，并完成了近 4000 次演出。在多明戈 41 岁时，女高音歌唱家玛丽亚·卡拉斯（Maria Callas）提醒他注意嗓子使用过度的问题，他没有在意。2018 年，他接受《纽约时报》采访时说道："我一停下来，技艺就会退步。"正如尼尔·杨（Neil Young）所唱："与其无所事事，不如工作至死……摇滚乐不死。"尼尔在 34 岁时完成这首歌的创作，但他 73 岁时仍然还在唱。BP 资本管理公司董事长兼替代能源活动家 T. 布恩·皮肯斯（T. Boone Pickens）[76]在 86 岁时说："我将在办公室外的一个箱子里退休。"此后他一直在工作，直到 5 年后去世。

一位朋友告诉我她那享年 113 岁的祖母是如何去世的。她祖母在挤牛奶时离开人世。每天她都会走到牛棚，用自己的手眼协调能力，以及手和腕部的肌肉来挤奶。这让她有一种责任感和使命感。对个人成就以及事业的追求[77]，对社区的持续奉献，是的，也包括照料家养动物，都能带来十分巨大的健康益处。

截至 2030 年，美国 65 岁以上的人群数量将超过 15 岁以下的人群。据估计，有史以来能活到 65 岁以上的人中有 2/3[78]至今还在世，而活到 75 岁以上的人中有 3/4[79]还在世。社会需要改变对老年人的看法。老年人和年轻人相互尊重能极大地改善所有人的生活质量。

在本书开篇，我让读者问自己一个核心问题：如何看待今后的老龄化问题。对所有人来说，将老年人视为资源而非负担，将衰老视为人生的高光时刻而非结束，这意味着什么？本书的目的在于表明，这将意味着要利用老年人这一未被充分利用的人力资源；这将意味着在被边缘化的人群最需要时，帮助他们找回尊严。这将会促进所有家庭关系的和谐，巩固友谊。这将意味着它从个人事务转变为国家之间的国际协议，每个领域的重要决定都将基于经验和理性，以及老年人的观点而产生。这进而可能意味着我们会拥抱一个更富有同情心的世界。

如果愿意做出努力，我们可以拥抱这个未来。我们需要让自己和家人了解衰老的好处——更有智慧，更积极乐观，更有同情心。作为个人，作为社区成员，作为社会一员，共同构建能妥善利用老年人天赋的文化氛围，将代际互动融入日常生活的体验中，这符合我们所有人的利益。通过学习脑科学，我们能极大地改变对衰老过程及其对人类的影响的理解，并在过程中丰富生活，提高生活质量。这是关于衰老的新真理。

2018年，有人问84岁的格洛丽亚·斯泰纳姆[80]："你准备把（女权事业的）火炬传给谁？"她笑着答道："不传给谁。我会自己高举火炬。我会让其他人从我这里点燃他们的火炬。"请高举你的火炬向前奔跑，不要温和地走入那个良夜。并且不要忘记保持笑容。不管你的周围发生了什么，请记得微笑。

附录　让大脑重焕新生

1. 不要彻底"退休"。不要停止做有意义的工作。

2. 向前看,不要走回头路。(缅怀过去对健康无益。)

3. 锻炼。保持一定的心率。最好沉浸在大自然中。

4. 以健康的实践去拥抱适度的生活方式。

5. 和能振奋人心的人相处,让你的社交圈充满新鲜感。

6. 花时间和比你年轻的人相处。

7. 定期看医生,但不要过度。

8. 不要认为自己已经老了(除了需要采取谨慎的医疗预防措施时)。

9. 欣赏你的认知优势——模式/规律识别能力、晶体智力、智慧、积累的知识。

10. 通过体验式学习促进认知健康:去旅行,与孙辈共享天伦之乐,让自己沉浸在新的活动和新的环境中。尝试新事物。

致　谢

感谢以下人员阅读且改进了本书的全部或部分初稿：希瑟·博特菲尔德（Heather Bortfeld）、霍华德·加德纳、迈克尔·加扎尼加、刘易斯·戈德堡、莎拉·汉普森、齐格弗里德·赫基米、迈克·兰克·福特（Mike Lank Ford）、索尼娅·卢比安、杰伊·奥尔尚斯基和罗伯特·斯腾伯格；以及感谢以下为我解答写书时的问题的人员：尼尔·查尼斯（Neil Charness）、丹尼尔·丹尼特（Daniel Dennett）、爱德华多·多伦、马洛里·弗赖恩、德里克·韩（Derek Han）、珍妮特·金（Janet King）、斯坦·库博（Stan Kubow）、乔·勒杜（Joe LeDoux）、贾斯伯·林尔（Jasper Rine）、史蒂芬妮·施（Stephanie Shih）、丹尼尔·西蒙斯和大卫·辛克莱。

斯蒂芬·莫罗（Stephen Morrow）、杰弗里·莫吉尔、林赛·弗莱明（Lindsay Fleming）、莎拉·查尔方特（Sarah Chalfant）和丽贝卡·内格尔（Rebecca Nagel）非常仔细地阅读了所有内容，并做批注、给建议，这给我提供了深刻的洞察视角，助我更清晰地看待问题。林赛担任研究助理和编辑，书中出现的大部分图表由她绘制。伦·布鲁姆（Len Blum）将他的幽默感和精湛的编辑技巧融入本书的制作中，极大地改进了本书的质量。汉娜·菲尼（Hannah Feeney）以其极高的效率和熟练的技巧监督了本书编辑和制作过程中的无数个细节。我也十分感谢许多同我分享其70多岁时经历的人：朱迪·柯林斯、拉蒙特·多齐尔、唐纳德·费根、简·方达、比森特·福克斯总统、查尔斯·科赫、蒂姆·拉迪什、我的母亲与父亲［索尼娅和劳埃德·列维廷（Lloyd Levitin）］、乔尼·米切尔、桑尼·罗林斯、乔治·舒尔茨秘书、保罗·西蒙、杰克·韦恩斯坦以及鲍勃·威尔。在我刚开始读博的时候，著名认知神经科学家迈克尔·波斯纳开始与著名发展心理学家玛丽·罗斯巴特（Mary Rothbart）开展合作，合作成果颇丰。(这种合作并不如你想象那般时常发生。)迈克尔成了我的博士生导师，我开始学习认知神经科学和心理学这两个不同的领域。迈克尔一直很关心我，还建议发育认知神经科学家海伦·内维尔（Helen Neville）和生物学家特里·高桥（Terry Takahashi）一起加入我的博士生委员会。与此同时，我在俄勒冈州研究所有一个办公室，当时我是刘易斯·戈德堡领导的研究小组的成员，刘易斯·戈德堡是心理测量（心理因素的测量）学家及现代人格心理学之父。在研究小组里，我从杰克·迪格曼（Jack Digman）和莎拉·汉普森处获得了巨大的启发。在此过程中，我也有幸从专业领域之外的许多前沿思想家处收获启发和知识，例如苏珊·诺伦-霍克西玛（Susan Nolen-Hoeksema，可惜她在50岁出头时不幸去世）、李·罗斯（Lee Ross）、艾伦·马克曼（Ellen Markman）、苏珊·凯莉和劳拉·卡斯滕森。我很感激上述各位对我的教育和指导。

图表版权

图 3　Photo used under Creative Commons license.

图 4　Photo used under Creative Commons license.

图 5　Figure drawn by Dan Piraro, based on S. L. Armstrong, L. R. Gleitman, and H. Gleitman, "What Some Concepts Might Not Be," *Cognition* 13, no. 3 (1983): 263–208.

图 12　Image courtesy of James Adams.

图 13　Figure adapted from A. Fiske, J. L. Wetherell, and M. Gatz, "Depression in Older Adults," *Annual Review of Clinical Psychology* 5 (2009): 363–389.

图 16　Photos used under Creative Commons license.

图 17　Figure redrawn by Lindsay Fleming, from M. C. Bushnell, M. Čeko, and L. A. Low, "Cognitive and Emotional Control of Pain and Its Disruption in Chronic Pain," *Nature Reviews Neuroscience* 14, no. 7 (2013): 502.

图 20　Photos used under Creative Commons license.

图 21　Figure drawn by Lindsay Fleming, based on S. Hood and S. Amir, "The Aging Clock: Circadian Rhythms and Later Life," *Journal of*

Clinical Investigation 127, no. 2 (2017): 437–446.

图 22　Figure redrawn by Lindsay Fleming, from S. G. Wannamethee, A. G. Shaper, and M. Walker, "Changes in Physical Activity, Mortality, and Incidence of Coronary Heart Disease in Older Men," *Lancet* 351, no. 9116 (1998): 1603–1608.

图 26　Figure redrawn by Lindsay Fleming, from E. Dolgin, "There's No Limit to Longevity, Says Study That Revives Human Lifespan Debate," *Nature* (2018), https://www.nature.com/articles/d41586-018-055823.

图 30　Figure redrawn by Lindsay Fleming, from A. A. Stone et al., "A Snapshot of the Age Distribution of Psychological Well-Being in the United States," *Proceedings of the National Academy of Sciences* 107, no. 22 (2010): 9985–9990.

其他所有图表均取自公共平台，或由丹尼尔·列维廷和林赛·弗莱明绘制。

注　释

我从同行评议的科学文献中查阅了大约 4000 篇论文，以便为本书收集材料。在撰写科学论文时，我会在文中一一标注引用情况，然后在参考文献部分加以说明。但本书是非虚构类书籍，依我的阅读经验，正文中每一个带括号的人名都会让我分心，让我脱离作者所编织的故事。我编纂这些注释的目的是为事实性的断言（例如，关于某种疾病流行率的统计数据）和实验的描述（如倒置护目镜）提供后备支持，以便感兴趣的读者深入了解。针对每条注释，我都尽力去引用一些有代表性的东西——往往是一个本身涵盖了数百篇文章的元分析或评论，而不是支撑该评论的一串经验性论文。要想了解更完整的内容，读者可在我的网站 DanielLevitin.org 找到一份完整的（以 APA 的格式整理的）参考文献，这里列出的参考文献本身也包含着很多参考文献。

前　言

1　**It has been tied to diabetes in pregnancy:** N. Bakalar, "Lack of Sleep Tied to Diabetes in Pregnancy," *The New York Times,* October 18, 2017, http://www.nytimes.com.

2　**postpartum depression in new fathers:** D. Quenqua, "Can Fathers Have Postpartum Depression?," *The New York Times,* October 17, 2017, http://www.nytimes.com.

3   **Alzheimer's disease (AD) is now the third leading cause of death:** B. James et al., "Contribution of Alzheimer Disease to Mortality in the United States," *Neurology* 82, no. 12 (2014): 1045–1050.

4   **two-thirds of the overall risk that you'll get Alzheimer's:** This may be a confusing way to look at it, but standing at the beginning of your life, as a newborn, that's how the risk ratios work out. Obviously if you experience a number of environmental factors—toxins, repeated blows to the head—that end up causing Alzheimer's, your personal risk of environmental causes rises to 100 percent; Klodian Dhana, Denis A. Evans, Kumar B. Rajan, David Bennett, and Martha Clare Morns, *Impact of Healthy Lifestyle Factors on the Risk of Alzheimer's Dementia: Findings from Two Prospective Cohort Studies*, Alzheimer's Association International Conference, Los Angeles, July 14, 2019; I. E. Jansen et al., "Genome-wide Meta-analysis Identifies New Loci and Functional Pathways Influencing Alzheimer's Disease Risk," *Nature Genetics* 5, no. 3 (2019): 404–413.

5   **chronic inflammatory process precedes the onset of Alzheimer's:** P. Eikelenboom et al., "Whether, When and How Chronic Inflammation Increases the Risk of Developing Late-Onset Alzheimer's Disease," *Alzheimer's Research and Therapy* 4, no. 3 (2012): 15, http://dx.doi.org/10.1186/alzrt118.

6   **Another cutting-edge treatment being investigated:** Eikelenboom et al., "Whether, When and How Chronic Inflammation"; D. J. Marciani, "Development of an Effective Alzheimer's Vaccine," in *Immunology*, vol. 1, *Immunotoxicology, Immunopathology, and Immunotherapy,* ed. M. A. Hayat, pp. 149–169 (London: Elsevier, 2018).

7   **baby rats that received a great deal of licking:** M. J. Meaney and M. Szyf, Environmental Programming of Stress Responses through DNA Methylation: Life at the Interface between a Dynamic Environment and a Fixed Genome," *Dialogues in Clinical Neuroscience* 7, no. 2 (2005): 103–123.

8   **"Women's health is critical":** Direct or near direct quotes from L. Warwick, "Dr. Michael Meaney: More Cuddles, Less Stress!," *Bulletin of the Excellence for Early Childhood Development,* October 2005, http://www.excellence earlychildhood.ca/documents/Page2Vol-4No2Oct05ANG.pdf.

第 1 章　个体差异和人格：寻找魔力数字

1   **If they survived these increased risks:** S. E. Hampson, "Personality Development and Health," in *The Handbook of Personality Development,* ed. D. McAdams, R. Shiner, and J. Tackett, pp. 489–502 (New York: Guilford Press, 2019).

2   **"Lack of self-control may result in behaviors":** Hampson, "Personality Development and Health."

3   **Childhood personality traits:** S. E. Hampson et al., "Lifetime Trauma, Personality Traits, and Health: A Pathway to Midlife Health Status," *Psychological Trauma: Theory, Research,*

Practice, and policy 8, no. 4 (2016): 447–454, http://dx.doi.org/10.1037/tra0000137.

4   **The same childhood traits even predict life span:** H. S. Friedman et al., "Does Childhood Personality Predict Longevity?," *Journal of Personality and Social Psychology* 65, no.1(1993): 176–185, http://dx.doi.org/10.1037/0022-3514.65.1.176.

5   **people, even older adults, can meaningfully change:** W. Bleidorn, "What Accounts Personality Maturation in Early Adulthood?," *Current Directions in Psychological Science* 24, no. 3 (2015): 245–252; G. W. Edmonds et al., "Personality Stability from Childhood to Midlife: Relating Teachers' Assessments in Elementary School to Observer- and Self-Ratings 40 Years Later," *Journal of Research in Personality* 47, no. 5 (2013): 505–513; N. W. Hudson and R. C. Fraley, "Volitional Personality Trait Change: Can People Choose to Change Their Personality Traits?," *Journal of Personality and Social Psychology* 109, no. 3 (2015): 490–507.

6   **people retain the capacity to change throughout their life span:** N. Bayley, "The Life Span as a Frame of Reference in Psychological Research," *Vita Humana* 6, no. 3 (1963): 125–139.

7   **"Most developmental researchers":** P. B. Baltes and K. W. Schaie, "On Life-Span Developmental Research Paradigms: Retrospects and Prospects," in *Life-Span Developmental Psychology* (Cambridge, MA: Academic Press, 1973), pp. 365–395.

8   **the idea that people can change is the entire basis of modern psychotherapy:** B. P. Chapman, S. Hampson, and J. Clarkin, "Personality-Informed Interventions for Healthy Aging: Conclusions from a National Institute on Aging Workgroup," *Developmental Psychology* 50, no. 5 (2014): 1426–1441.

9   **Someone who is described as high on one trait:** C. DeYoung, "Personality Neuroscience and the Biology of Traits," *Social and Personality Psychology Compass* 4, no. 12 (2010): 1165–1180, http://dx.doi.org/10.1111/j.1751-9004.2010.00327.

10 **One way to think about gene expression:** "A Super Brief and Basic Explanation of Epigenetics for Total Beginners," WhatIsEpigenetics, July 30, 2018, www.whatisepigenetics.com/what-is-epigenetics/.

11 **Jason Alexander:** R. Gajewski, "Jason Alexander: 'Seinfeld' Killed Off Susan Because Actress Was 'F—ing Impossible' to Work With," *Hollywood Reporter,* June 2015, https://www.hollywoodreporter.com/live-feed/jason-alexander-Seinfeld-killed-susan-800031.

12 **Skin color, weight, and attractiveness:** L. A. Zebrowitz and J. M. Montepare, Social and Psychological Face Perception: Why Appearance Matters," *Social Personality Psychology Compass* 2, no. 3 (2008): 1497–1517; P. Belluck, "Yes, Looks Do Matter," *The New York Times,* April 24, 2009, p.ST1.

13 **male, nonwhite, poor, and younger suspects:** W. Terrill and S. D. Mastrofski, "Situational and Officer-Based Determinants of Police Coercion," *Justice Quarterly* 19, no. 2 (2002): 215–248.

14 **actress Kristen Stewart:** C. Gibson, "Scientists Have Discovered What Causes Resting Bitch Face," *The Washington Post,* February 2, 2006, https://www.washingtonpost.com.

15 **"individual differences that are of the most significance":** L. R. Goldberg, personal communication, 1994; see also L. R. Goldberg, "Language and Individual Differences: The Search for Universals Personality Lexicons," *Review of Personality and Social Psychology* 2, no.1 (1981):141–165.
16 **"The more important an individual difference is":** Goldberg, "Language and Individual Differences."
17 **very little that is distinctive culturally:** J. M. Murphy, "Psychiatric Labeling in Cross-Cultural Perspective," *Science* 191, no.4231 (1976): 1019–1028.
18 **in English, there are 4,500 of them:** G. W. Allport and H. S. Odbert, " Trait-Names: A Psycho-Lexical Study," *Psychological Monographs* 47, no. 1 (1936): 1–171; J. S. Wiggins, *Paradigms of Personality Assessment* (New York: Guilford Press, 2003); L. R. Goldberg, personal communication, August 8, 2018.
19 **One prominent scientist argued for twenty:** L. R. Goldberg, "What the Hell Took So Long? Donald Fiske and the Big-Five Factor Structure," in *Personality Research,Methods, and Theory: A Festschrift Honoring Donald W. Fiske,* ed. P. E. Shrout and S. K. Fiske, pp. 29–43 (Hillsdale, NJ: Erlbaum, 1995).
20 **several others for two:** L. R Goldberg, "The Structure of Phenotypic Personality Traits," *American Psychologist* 48, no. 1 (1993): 26–34.
21 **Openness to Experience + Intellect:** G. Saucier, "Openness versus Intellect: Much Ado about Nothing?," *European Journal of Personality* 6 (1992): 381–386.
22 **Extraversion includes:** L. R. Goldberg, "The Development of Markers for the Big-Five Factor Structure," *Psychological Assessment* 4, no. 1 (1992): 26.
23 **People who score high on the Extraversion dimension:** L. R. Goldberg, "A Broad-Bandwidth, Public Domain, Personality Inventory Measuring the Lower-Level Facets of Several Five-Factor Models," in *Personality Psychology in Europe,* vol. 7, ed. I. Mervielde et al., pp. 7–28 (Tilburg, The Netherlands: Tilburg University Press, 1999); L. R. Goldberg et al., "The International Personality Item Pool and the Future of Public-Domain Personality Measures," *Journal of Research in Personality* 40 (2006): 84–96.
24 **People who score high on this dimension are quick to understand:** Lew Goldberg notes that few if any large-scale lexical studies have found an "Openness" factor. Indeed, personality psychologist Robert McCrae wrote a classic article asserting that there were very few "openness" terms in the English lexicon. However, it is the case that many personality scientists prefer the label "openness" to "intellect," on the grounds that the former seems more a personality trait, while the latter seems more like intelligence as measured by an intelligence test.
25 **If you want to sound like a personality researcher:** You may have seen these in other books presented as the OCEAN or CANOE model, which simply put the factors in a different order and renamed Emotional Stability as its opposite, Neuroticism.
26 **all personality differences are biological:** DeYoung, "Personality Neuroscience."
27 **Higher levels lead us toward aggressive behaviors:** DeYoung, "Personality Neurosci-

ence."

28 **such as a successful hunt:** B. C. Trumble et al., "Successful Hunting Increases Testosterone and Cortisol in a Subsistence Population," *Proceedings of the Royal Society of London B: Biological Sciences* 281, no. 1776 (2014): 20132876.

29 **driving a fast car:** G. Saad and J. G. Vongas, "The Effect of Conspicuous Consumption on Men's Testosterone Levels," *Organizational Behavior and Human Decision Processes* 110, no. 2 (2009): 80–92.

30 **being in charge of a large number of people:** S. M. Van Anders, J. Steiger, and K. L. Goldey, "Effects of Gendered Behavior on Testosterone in Women and Men," *Proceedings of the National Academy of Sciences* 112, no.45(2015): 13805–13810.

31 **Low levels of serotonin are associated with:** DeYoung, "Personality Neuroscience."

32 **Alterations to the gene known as** SLC6A4: X. Gonda et al., "Association of the S Allele of the 5-HTTLPR with Neuroticism-Related Traits and Temperaments in a Psychiatrically Healthy Population," *European Archives of Psychiatry and Clinical Neuroscience* 259, no. 2 (2009): 106–113.

33 **Babies are born with certain predispositions:** J. T. Nigg, "Temperament and Developmental Psychopathology," *Journal of Child Psychology and Psychiatry* 47, nos. 3–4 (2006): 395–422.

34 **Temperament and the young child's early life experiences:** M. K. Rothbart, "Temperament, Development, and Personality," *Psychological Science* 16, no. 4 (2007): 20–26.

35 **it is biologically based:** M. I. Posner, M. K. Rothbart, and B. E. Sheese, "Attention Genes," *Developmental Science* 10 (2007): 24–29.

36 **Temperament typically measured:** H. E. Fisher et al., "Four Broad Temperament Dimensions: Description, Convergent Validation Correlations, and Comparison with the Big Five," *Frontiers in Psychology* 6 (2015): 1098.

37 **meta-analysis of ninety-two research papers:** B. W. Roberts, K. E. Walton, and W. Viechtbauer, "Patterns of Mean-Level Change in Personality Traits across the Life Course: A Meta-Analysis of Longitudinal Studies," *Psychological Bulletin* 132, no. 1 (2006): 1–25; Sarah Hampson adds this caveat after reading Chapter 1: "I like the upbeat message that personality changes and we can change. I believe this, but I also have to acknowledge that our findings on the Hawaii project (childhood personality influences health outcomes 40 years later, independent of adult personality influences) are a challenge for this position. What can we do as adults if we were poorly controlled, unconscientious kids? Our long-term health may have been damaged by these early influences. At least, as adults, we can strive to be more conscientious and use this trait to take steps to address the health issues that may have originated in childhood (e.g., compensate by living a healthier lifestyle). . . The Hawaii project's current phase is looking at personality and cognitive impairment, and past research indicates that personality is an important influence on cognitive resilience. We are hoping to predict mild cognitive decline from prior personality and perhaps from prior personality change."

38 **Older adults tend to be better at controlling impulses:** B. W. Roberts and D. Mroczek, "Personality Trait Change in Adulthood," *Current Directions in Psychological Science* 17, no. 1 (2008): 31–35.

39 **men typically show increased emotional sensitivity:** R. Helson, C. Jones, and V. S. Kwan, "Personality Change over 40 Years of Adulthood: Hierarchical Linear Modeling Analyses of Two Longitudinal Samples," *Journal of Personality and Social Psychology* 83, no. 3 (2002): 752.

40 **Openness increases around adolescence:** Roberts, Walton, and Viechtbauer, "Patterns of Mean-Level Change."

41 **Agreeableness increases substantially:** Helson, Jones, and Kwan, "Personality Change over 40 Years"; Roberts, Walton, and Viechtbauer, "Patterns of Mean-Level Change."

42 **They show increased Emotional Stability:** Roberts and Mroczek, "Personality Trait Change in Adulthood"; W. Bleidorn, "What Accounts for Personality Maturation?"

43 **a study of nearly 1 million individuals:** Bleidorn, "What Accounts for Personality Maturation?"

44 **Individuals appear to become more self-content in old age:** Roberts, Walton, and Viechtbauer, "Patterns of Mean-Level Change in Personality Traits."

45 **Older adults are less likely to engage in risky:** R. R. McCrae et al., "Age Differences in Personality across the Adult Life Span: Parallels in Five Cultures," *Developmental Psychology* 35, no. 2(1999):466.

46 **we can become our own autobiographers:** D. P. McAdams, "The Psychological Self as Actor, Agent, and Author," *Perspectives on Psychological Science* 8, no. 3 (2013): 272–295.

47 **Julia "Hurricane" Hawkins:** K. Peveto, "101-Year-Old Baton Rouge Runner Earns World Record, and a New Nickname, at National Senior Games," *The Advocate*, July 2, 2017, https://www.theadvocate.com.

48 **"Keep in good shape":** J. McCoy, "Meet Julia Hawkins, the 101-Year-Old Who Has Recently Taken Up Competitive Running," *Runner's World*, March 24, 2017, https://www.runnersworld.com/runners-stories/a20851266/meet-julia-hawkins-the-101-year-old-who-has-recently-taken-up-competitive-running/.

49 **What Lily and I hear very often:** L. Bonos, "Jane Fonda and Lily Tomlin on Grace and Frankie,' Aging in Hollywood and Female Sexuality," *The Washington Post* March 28, 2017, https://www.washingtonpost.com/news/soloish/wp/201703/28/jane-fonda-and-lily-tomlin-on-grace-and-frankie-aging-in-hollywood-and-female-sexuality/?utm_term=.77d6c3821fc8.

50 **a man who was born poor in Indiana in 1890:** David Emery, "The Life of Colonel Sanders," Snopes, December 2, 2016, https://www.snopes.com/fact-check/colonel-sanders/.

51 **At age eighty-nine, Colonel Sanders was asked:** "Jim Bakker PTL Club with Colonel Sanders 1979," posted by PTL Club TV, November 20, 2011, https://www.youtube.com/watch?v=ttdTGPQer-o.

52 **Conscientiousness has been linked to lower all-cause mortality:** S. E. Hampson et al.,

"Childhood Conscientiousness Relates to Objectively Measured Adult Physical Health Four Decades Later," *Health Psychology* 32, no. 8 (2013): 925.

第 2 章 记忆力及自我意识：记忆力衰退的原因

1. **George Martin, the Beatles' producer:** G. Martin, personal communication, September 17, 1993.
2. **The recognition that memory is not one thing:** A. J. O. Dede and C. N. Smith, "The Functional and Structural Neuroanatomy of Systems Consolidation for Autobiographical and Semantic Memory," in *Behavioral Neuroscience of Learning and Memory,Current Topics in Behavioral Neurosciences*, vol. 37, ed. R. E. Clark and S. Martin (Cham, Switzerland: Springer, 2016); M. Moscovitch et al., "Functional Neuroanatomy Remote Episodic, Semantic and Spatial Memory: A Unified Account Based on Multiple Trace Theory," *Journal of Anatomy* 207, no. 1 (2005): 35–66; B. Milner, S. Corkin, and H. L. Teuber, "Further Analysis of the Hippocampal Amnesic Syndrome: 14-Year Follow-Up Study of HM," *Neuropsychologia* 6, no. 3 (1968): 215–234.
3. **different parts of the brain hold semantic memories versus episodic ones:** Dede and Smith, "Functional and Structural Neuroanatomy"; Moscovitch et al., "Functional Neuroanatomy."
4. **television images of an airplane crashing into the first tower:** I wrote about this previously in D. J. Levitin, *The Organized Mind* (New York: Dutton, 2014).
5. **Gazzaniga tells the story of a patient:** M. S. Gazzaniga, *Who's in Charge: Free Will and the Science of the Brain* (New York: Ecco, 2012).
6. **conducted an experiment in 1991:** D. J. Levitin, "Absolute Memory for Musical Pitch: Evidence from the Production of Learned Melodies," *Perception & Psychophysics* 56, no. 4 (1994): 414–23.
7. **contemporary version of the residue theory—multiple-trace theory:** See, for example, D. L. Hintzman and R. A. Block, "Repetition and Memory: Evidence for a Multiple-Trace Hypothesis," *Journal of Experimental Psychology* 88, no. 3 (1971): 297; D. L. Hintzman, "Judgments of Frequency and Recognition Memory in a Multiple-Trace Memory Model," *Psychological Review* 95, no. 4 (1988): 528; S. D. Goldinger, "Echoes of Echoes? An Episodic Theory of Lexical Access," *Psychological Review* 105, no. 2 (1998): 251.
8. **The creation of multiple, related traces facilitates:** D. L. Hintzman, "'Schema Abstraction' in a Multiple-Trace Memory Model," *Psychological Review* 93, no. 4 (1986): 411.
9. **this occurs in brain cells without having to involve the hippocampus:** Moscovitch et al., "Functional Neuroanatomy"; B. R. Postle, "The Hippocampus, Memory, and Consciousness," in *The Neurology of Consciousness,* 2nd ed., ed. S. Laureys, O. Gosseries, and G. Tononi (San Diego, CA: Elsevier, 2016).
10. **if we need to remember something, we should draw it:** J. D. Wammes, M. E. Meade, and M. A. Fernandes, "The Drawing Effect: Evidence for Reliable and Robust Memory

Benefits in Free Recall," *Quarterly Journal of Experimental Psychology* 69, no. 9 (2016): 1752–1776.
11 **"I keep thinking of Dr. Spock"**: J. Weinstein, personal communication, Brooklyn, NY, April 25, 2018.
12 **cognitive prostheses:** S. Kosslyn, personal communication, September 8, 2018.
13 **"I remember in** Dr. Zhivago": J. Mitchell, personal communication, September 9, 2012.
14 **"You have a routine"**: G. Shultz, personal communication, Stanford, CA, March 21, 2018.
15 **mental checklist of five things:** J. Kimball, personal communication, Los Angeles, CA, March 3, 2018.
16 **Neuroscientist Sonia Lupien:** S. Lupien, personal communication, Montreal, QC, March 13, 2019.
17 **traditional form memory testing:** S. Sindi et al., "When We Test, Do We Stress? Impact of the Testing Environment on Cortisol Secretion and Memory Performance in Older Adults," *Psychoneuroendocrinology* 38, no. 8 (2013): 1388–1396; S. Sindi et al., "Now You See It, Now You Don't: Testing Environments Modulate the Association between Hippocampal Volume and Cortisol Levels in Young and Older Adults," *Hippocampus* 24, no. 12 (2014): 1623–1632; in a more naturalistic memory context, younger and older adults did not differ in overall accuracy: D. Davis, N. Alea, and S. Bluck, "The Difference between Right and Wrong: Accuracy of Older and Younger Adults' Story Recall," *International Journal of Environmental Research and Public Health* 12, no. 9 (2015): 10861–10885; one study concluded that older adults were not more stressed by laboratory testing than younger, but they did not measure stress directly and did not collect cortisol levels: A. Ihle et al., "Adult Age Differences in Prospective Memory in the Laboratory: Are They Related to Higher Stress Levels in the Elderly?," *Frontiers in Human Neuroscience* 8 (2014): 1021.
18 **Uncorrected losses to vision and hearing:** B. M. Ben-David, G. Malkin, and H. Erel, "Ageism and Neuropsychological Tests," in *Contemporary Perspectives on Ageism,* ed. Liat Ayalon and Clemens Tesch-Römer, pp. 277–297 (Cham, Switzerland: Springer, 2018).
19 **retrieval of words...can decline with age:** M. A. Shafto et al., "On the Tip-of-the-Tongue: Neural Correlates of Increased Word-Finding Failures in Normal Aging," *Journal of Cognitive Neuroscience* 19, no. 12 (2007): 2060–2070.

第2.5章 中插章：初探大脑

1 **the Bible taught us the centrality of ethics:** S. Innes, "Review of *The Cambridge Introduction to Emmanuel Levinas* by Michael Morgan," *Religious Studies* 48, no. 4 (2012): 552–557, http://www.jstor.org/stable/23351460.
2 **Neural growth in the womb:** L. K. Jones, "Neurophysiological Development across the Lifespan," in *Neurocounseling: Brain- Based Clinical Approaches,* ed. T. A. Field, L. K. Jones, and L. A. Russell-Chapin (Alexandria, VA: John Wiley & Sons, 2017).
3 **Why are humans at the top of the food chain?** : I thank "Darpa" Dan Kaufman for this

formulation. D. Kaufman, personal communication, July 14, 2018.
4   **more than 1 million per minute at birth:** Center on the Developing Child, "Five Numbers to Remember about Early Childhood Development," brief, 2009, www.developingchild.harvard.edu.
5   **by six months, up to 2 million new connections a minute:** E. Santos and C. A. Noggle, "Synaptic Pruning," in *Encyclopedia of Child Behavior and Development,* ed. S. Goldstein and J. A. Naglieri (Boston: Springer, 2011).
6   **Humans have roughly twenty:** https://ghr.nlm.nih.gov/primer/basics/gene.
7   **Humans have 99 percent of our DNA in common with chimps:** K. Wong, "Tiny Genetic Differences between Humans and Other Primates Pervade the Genome," *Scientific American,* September 1, 2014, https://www.scientificamerican.com/article/tiny-genetic-differences-between-humans-and-other-primates-pervade-the-genome/.
8   **Some understandings appear to be hardwired:** I've been careful to use the terms *statistical inferencing* and *statistical analysis.* Just how the brain learns complex things like language is a contentious issue. There are some who believe that the brain has a modular structure and that some of these modules are "hardwired," a term you may see both in scientific articles and in popular books. Others believe that the brain has biological predispositions but that experience shapes those, and that "hardwired" is too strong claim. Reasonable scientists are disagreeing. We'll just have to wait until more experiments are conducted and more data come in.
9   **Evan Balaban describes the fetal brain:** "Entrevista a Evan Balaban. CASEIB 2010" (Interview with Evan Balaban), posted by UC3M, December 21, 2010, https://www.youtube.com/watch?v=sIqD98W9k64.
10 **blooming, buzzing confusion:** W. James, *The Principles of Psychology* (London: MacMillan, 1890).
11 **a condition called synesthesia:** B. Brogaard, "Serotonergic Hyperactivity as a Potential Factor in Developmental, Acquired and Drug-Induced Synesthesia," *Frontiers in Human Neuroscience* 7 (2013): 657.
12 **the infant brain overwires:** L. K. Low and H. J. Cheng, "Axon Pruning: An Essential Step Underlying the Developmental Plasticity of Neuronal Connections," *Philosophical Transactions of the Royal Society of London. Series B, Biological Sciences* 361 (2006): 1531–1544.
13 **axons and dendrites extend to more targets:** Low and Cheng, "Axon Pruning."
14 **Some adult, late-onset mental disorders:** Z. Petanjek et al., "Extraordinary Neoteny of Synaptic Spines in the Human Prefrontal Cortex," *Proceedings of the National Academy of Sciences* 108, no. 32 (2011): 13281–13286.
15 **twenty kilometers across:** I thank Michael Gazzaniga for this calculation.
16 **pruning forces the brain to specialize:** M. Gazzaniga, personal communication, July 15, 2018.
17 **learn any of the thousand or so sounds:** I. Maddieson and K. Precoda, UCLA Phonologi-

cal Segment Inventory Database (UPSID), n.d., http://web.phonetik.uni-frankfurt.de/upsid_info.html; S. Shih, personal communication, August 7, 2018.

18 **This skill is a precursor to mathematical ability:** O. T. Giles et al., "Hitting the Target: Mathematical Attainment in Children Is Related to Interceptive-Timing Ability," *Psychological Science* 29, no. 8 (2018): 1334–1345.

19 **Cochlear implants:** J. K. Niparko et al., "Spoken Language Development in Children following Cochlear Implantation," *Journal of the American Medical Association* 303 (2010): 1498–1506; J. G. Nicholas and A. E. Geers, "Sensitivity of Expressive Linguistic Domains to Surgery Age and Audibility of Speech in Preschoolers with Cochlear Implants," *Cochlear Implants International* 19, no. 1 (2018): 26–37.

20 **it's not sound that the brain needs to acquire the statistical underpinnings language:** M. L. Hall et al., "Auditory Access, Language Access, and Implicit Sequence Learning in Deaf Children," *Developmental Science* 21, no. 3 (2018): e12575.

21 **The term** sensitive period **refers to:** A. K. Bhatara, E. M. Quintin, and D. J. Levitin, "Musical Ability and Developmental Disorders," *The Oxford Handbook of Intellectual Disability and Development* (New York: Oxford University Press, 2012), 138.

22 **having an alcoholic father:** H. J. Lee et al., "Transgenerational Effects of Paternal Alcohol Exposure in Mouse Offspring," *Animal Cells and Systems* 17, no. 6 (2013): 429–434; J. Day et al., "Influence of Paternal Preconception Exposures on Their Offspring: Through Epigenetics to Phenotype," *American Journal of Stem Cells* 5, no. 1 (2016): 11.

23 **This applies across species:** To see a giant tortoise who wants to cuddle, go to the Animal Lovers Only Facebook page, https://www.facebook.com/AnimalLoversOnly1/videos/242545276572254/.

24 **sensory receptors in the fetus's developing tongue:** Neurons from the retina grow along a path until they find the visual cortex at the back of the brain, stopping first at a relay station, the lateral geniculate nucleus. Neurons also terminate in the superior colliculus, for the control eye movements; at the pretectum, to control the dilation and constriction of the pupils; and at the suprachiasmatic nucleus, to help control diurnal rhythms and to regulate hormones in response to time of day, as indicated by sunlight. They are guided in part by genetic instructions.

25 **Neuroplasticity provides this compensatory mechanism:** M. Bedny, H. Richardson, and R. Saxe, " 'Visual' Cortex Responds to Spoken Language in Blind Children," *Journal of Neuroscience* 35, no. 33 (2015): 11674– 11681; B. Röder et al., "Speech Processing Activates Visual Cortex in Congenitally Blind Humans," *European Journal Neuroscience* 16, no. 5 (2002): 930–936.

26 **blocked the path from the retina to the visual cortex:** M. Sur, P. E. Garraghty, and A. W. Roe, "Experimentally Induced Visual Projections into Auditory Thalamus and Cortex," *Science* 242, no. 4884 (1988): 1437–1441; S. L. Pallas, A. W. Roe, and M. Sur, "Visual Projections Induced into the Auditory Pathway of Ferrets. I. Novel Inputs to Primary Auditory Cortex (AI) from the LP/ Pulvinar Complex and the Topography of the MGN-AI Projec-

tion," *Journal of Comparative Neurology* 298, no. 1 (1990): 50–68.
27 **sensory integration can begin to fail:** A. L. de Dieuleveult et al., "Effects of Aging in Multisensory Integration: A Systematic Review," *Frontiers in Aging Neuroscience* 9 (2017): 80, http://dx.doi.org/10.3389/fnagi.2017.00080.
28 **A reduction in the ability to produce neurochemicals:** A. Shimamura, *Get SMART! Five Steps toward a Healthy Brain* (Scotts Valley, CA: CreateSpace, 2017).
29 **Dopamine levels fall about 10 percent:** R. Peters, "Ageing and the Brain," *Postgraduate Medical Journal* 82, no. 964 (2006): 84–88; R. Rutledge et al., "Risk Taking for Potential Reward Decreases across the Lifespan," *Current Biology* 26, no. 12 (2016): 1634–1639.
30 **alcohol consumption can lead to neuronal death:** M. Kubota et al., "Alcohol Consumption and Frontal Lobe Shrinkage: Study of 1432 Non-Alcoholic Subjects," *Journal of Neurology, Neurosurgery and Psychiatry* 71, no. 1 (2001): 104–106; X. Yang et al., "Cortical and Subcortical Gray Matter Shrinkage in Alcohol-Use Disorders: A Voxel-Based Meta-Analysis," *Neuroscience and Biobehavioral Reviews* 66 (2016): 92–103.
31 **5 percent per decade through age sixty:** A. M. Hedman et al., "Human Brain Changes across the Life Span: A Review of 56 Longitudinal Magnetic Resonance Imaging Studies," *Human Brain Mapping* 33, no. 8 (2012): 1987–2002.
32 **decline speeding up after age seventy:** Peters, "Ageing and the Brain."
33 **"one of the most significant problems in older adults":** Shimamura, *Get SMART!*.
34 **White-matter tracts...decay with age:** M. Balter, "The Incredible Shrinking Human Brain," *Science,* July 25, 2011, http:// www.sciencemag.org/news/2011/07/incredible-shrinking-human-brain; C. C. Sherwood et al., "Aging of the Cerebral Cortex Differs between Humans and Chimpanzees," *Proceedings of the National Academy of Sciences* 108, no. 32 (2011): 13029–13034.
35 **Disruptions of this daydreaming mode:** R. Buckner, J. Andrews-Hanna, D. Schacter, "The Brain's Default Network: Anatomy Function, and Relevance to Disease," *Annals of the New York Academy of Sciences* 1124, no. 1 (2008): 1–38.
36 **Mild cognitive impairment:** S. Gauthier et al., "Mild Cognitive Impairment," *Lancet* 367, no. 9518 (2006): 1262–1270.
37 **leads to Alzheimer's disease:** Gauthier et al., "Mild Cognitive Impairment."
38 **other times it exists independently:** R. C. Petersen, "Mild Cognitive Impairment," *Continuum: Lifelong Learning Neurology* 22, no. 2, Dementia (2016): 404.
39 **systematic changes in the brain:** C. M. Stephan et al., "The Neuropathological Profile of Mild Cognitive Impairment (MCI): A Systematic Review," *Molecular Psychiatry* 17, no. 11(2012):1056.
40 **no single neurophysiological profile:** R. C. Petersen et al., "Mild Cognitive Impairment: A Concept in Evolution," *Journal of Internal Medicine* 275, no. 3 (2014): 214–228.
41 **able to classify individuals:** L. Qian et al., "Intrinsic Frequency Specific Brain Networks for Identification of MCI Individuals Using Resting-State fMRI," *Neuroscience Letters* 664 (2018): 7–14.

42 **the concept of cognitive reserve:** Y. Stern, "Cognitive Reserve in Ageing and Alzheimer's Disease," *Lancet Neurology* 11, no. 11 (2012): 1006–1012; Y. Stern, "Cognitive Reserve: Implications for Assessment and Intervention," *Folia Phoniatrica et Logopaedica* 65, no. 2 (2013): 49–54; H. Amieva et al., "Compensatory Mechanisms in Higher-Educated Subjects with Alzheimer's Disease: A Study of 20 Years of Cognitive Decline," *Brain* 137, no. 4 (2014): 1167–1175.
43 **One particular protein, called beta-amyloid:** Shimamura, *Get SMART!*.
44 **drugs that reduce amyloid buildup:** P. Belluck, "Will We Ever Cure AD?," *The New York Times,* November 19, 2018, p. D6.
45 **chronic inflammatory processes:** P. Eikelenboom and R. Veerhuis, "The Importance of Inflammatory Mechanisms for the Development of Alzheimer's Disease," *Experimental Gerontology* 34, no. 3 (1999): 453–461.
46 **taking NSAIDs...before the expected onset of Alzheimer's:** P. L. McGeer, J. Rogers, and E. G. McGeer, "Inflammation, Antiinflammatory Agents, and Alzheimer's Disease: The Last 22 Years," *Journal of Alzheimer's Disease* 54, no. 3 (2016): 853–857.
47 **The APOE gene:** N. Brouwers, K. Sleegers, and C. Van Broeckhoven, "Molecular Genetics of Alzheimer's Disease: An Update," *Annals of Medicine* 40, no. 8 (2008): 562–583; A. Pink et al., "Neuropsychiatric Symptoms, APOE ε 4, and the Risk of Incident Dementia: A Population-Based Study," *Neurology* 84, no. 9 (2015): 935–943.
48 **the presence of the gene is protective:** Y. Y. Lim, E. C. Mormino, and Alzheimer's Disease Neuroimaging Initiative, "APOE Genotype and Early β-Amyloid Accumulation in Older Adults without Dementia," *Neurology* 89, no. 10 (2017): 1028–1034.
49 **John Zeisel:** "Dr John Zeisel: Looking at Dementia with Hope," posted by Jewish Home Life Communities, June 20, 2018, https://www.youtube.com/watch?v=Ze1WyCh_5zQ.
50 **The Lancet's expert panel:** G. Livingston et al., "Dementia Prevention Intervention, and Care," *Lancet* 390, no. 10113 (2017): 2673–2734.
51 **baby aspirin:** Associated Press, " Low-Dose Aspirin Too Risky for Most People, Studies Find," NBC News, August 27, 2018, https://www.nbcnews.com/health/heart-health/low-dose-aspirin-too-risky-most-people-studies-find-n904281.
52 **a study of twelve thousand Europeans:** European Society of Cardiology, "Jury Still Out on Aspirin a Day to Prevent Heart Attack and Stroke," *ScienceDaily,* August 26, 2018, www.sciencedaily.com/releases/2018/08/180826120759.htm.
53 **For decades, physicians and scientists assumed:** J. Rée, "The Brain's Way of Healing: Stories of Remarkable Recoveries and Discoveries by Norman Doidge—Review," *The Guardian,* January 23, 2015, https://www.theguardian.com/books/2015/jan/23/the-brains-way-healing-stories-remarkable-recoveries-norman-doidge-review; N. Doidge, *The Brain's Way of Healing: Stories of Remarkable Recoveries and Discoveries* (London: Penguin UK, 2015).
54 **As explained by physician Abigail Zuger:** A. Zuger, "The Brain: Malleable, Capable, Vulnerable," *The New York Times,* May 29, 2007, https://www.nytimes.com/2007/05/29/

health/29book.html.
55 **seven hundred new neurons per day:** S. M. Ryan and Y. M. Nolan, "Neuroinflammation Negatively Affects Adult Hippocampal Neurogenesis and Cognition: Can Exercise Compensate?," *Neuroscience and Biobehavioral Reviews* 61 (2016): 121–131.
56 **hippocampus is estimated to have around 47 million neurons:** O. Bergmann, K. L. Spalding, and J. Frisén, "Adult Neurogenesis in Humans," *Cold Spring Harbor Perspectives in Biology* 7, no. 7 (2015): a018994.
57 **hippocampal neurogenesis drops to undetectable levels in childhood:** S. F. Sorrells et al., "Human Hippocampal Neurogenesis Drops Sharply in Children to Undetectable Levels in Adults," *Nature* 555, no. 7696 (2018): 377.
58 **preserved neurogenesis:** M. Boldrini et al., "Human Hippocampal Neurogenesis Persists throughout Aging," *Cell Stem Cell* 22, no. 4 (2018): 589–599.
59 **resolve the contradiction:** S. C. Danzer, "Adult Neurogenesis in the Human Brain: Paradise Lost?," *Epilepsy Currents* 18, no. 5 (2018): 329–331; G. Kempermann et al., "Human Adult Neurogenesis: Evidence and Remaining Questions," *Cell Stem Cell* 23, no. 1 (2018): 25–30.
60 **Mari Kodama:** M. Kodama, personal communication, December 25, 2016.
61 **older adults can learn how to use computers:** R. W. Berkowsky, J. Sharit, and S. J. Czaja, "Factors Predicting Decisions about Technology Adoption among Older Adults," *Innovation in Aging* 1, no. 3 (2018): igy002; T. L. Mitzner et al., "Technology Adoption by Older Adults: Findings from the PRISM Trial," *Gerontologist* 59, no. 1 (2018): 34–44.
62 **90 percent of people over the age of fifty-five wear glasses:** Vision Council Research, "U.S. Optical Overview and Outlook," December 2015, https://www.thevisioncouncil.org/sites/default/files/Q415-Topline-Overview-Presentation-Stats-with-Notes-FINAL.PDF.
63 **one in six Americans with hearing loss wears hearing aids:** W. Chien and F. R. Lin, "Prevalence of Hearing Aid Use among Older Adults in the United States," *Archives of Internal Medicine* 172, no. 3 (2012): 292–293.
64 **not wearing hearing aids is associated:** L. Rapoport, "Hearing Aids Tied to Less Hospitalization for Older U.S. Adults," Reuters, May 9, 2018, https://www.reuters.com/article/us-health-hearing/hearing-aids-tied-to-less-hospitalization-for-older-u-s-adults-idUSKBN1IA-2ZR.

第 3 章　感知：身体对世界的感知

1 **The lens of the eye is shaped:** I. Kohler, "Experiments with Goggles," *Scientific American* 206, no. 5 (1962): 62–73.
2 **Perceptual completion emerges in infancy:** S. P. Johnson and E. E. Hannon, "Perceptual Development," *Handbook of Child Psychology Developmental Science* 2 (2015): 63–112; L. G. Craton, "The Development Perceptual Completion Abilities: Infants' Perception of Stationary, Partially Occluded Objects," *Child Development* 67, no. 3 (1996): 890–904; B. S.

Hadad and R. Kimchi, "Perceptual Completion of Partly Occluded Contours during Childhood," *Journal of Experimental Child Psychology* 167 (2018): 49–61.

3 **he studied this using distorting glasses:** H. E. F. von Helmholtz, *Treatise on Physiological Optics,* ed. and trans. J. P. C. Southall (1909; repr., New York: Dover, 1962).

4 **adaptations produce changes in the brain:** J. Luauté et al., "Dynamic Changes in Brain Activity during Prism Adaptation," *Journal of Neuroscience* 29, no. 1 (2009): 169–178; Y. Rossetti et al., "Testing Cognition and Rehabilitation in Unilateral Neglect with Wedge Prism Adaptation: Multiple Interplays between Sensorimotor Adaptation and Spatial Cognition," in *Clinical Systems Neuroscience,* ed. K. Kansaku, L. G. Cohen, and N. Birbaumer, pp. 359–381 (Tokyo: Springer, 2015).

5 **the hippocampus, the seat of spatial maps:** J. Luauté et al., "Functional Anatomy of the Therapeutic Effects of Prism Adaptation on Left Neglect," *Neurology* 66, no. 12(2006): 1859–1867; M. Lunven et al., "Anatomical Predictors of Successful Prism Adaptation in Chronic Visual Neglect," *Cortex* (2018).

6 **interactions between the visual and motor system:** R. Held, "Plasticity in Sensory-Motor Systems," *Scientific American* 213, no. 5 (1965): 84– 97; J. Fernández- Ruiz and R. Díaz, "Prism Adaptation and Aftereffect: Specifying the Properties of a Procedural Memory System," *Learning and Memory* 6, no. 1 (1999): 47–53.

7 **But as few as three interactions can bootstrap:** The system is sensitive to two separate parameters: the angle of displacement and the number of times that a motor adaptation must be made.

8 **the Innsbruck experiments included a pair of inverting goggles:** A video of the experiment can be seen here: "Erismann and Kohler inversion ' upside-down' goggles—Film 2," posted by Perceiving Acting, April 10, 2013, https://www.youtube.com/watch? v=z1HYcN-7f9N4.

9 **took the goggles off:** P. Sachse et al., " 'The World Is Upside Down'—The Innsbruck Goggle Experiments of Theodor Erismann (1883–1961) and Ivo Kohler (1915–1985)," *Cortex* 92 (2017): 222–232.

10 **Consider strokes:** Heart and Stroke Foundation of Canada, "One Quarter of Seniors over 70 Have Had Silent Strokes," *ScienceDaily,* October 5, 2011, www.sciencedaily.com/releases/2011/10/111004113739.htm.

11 **hemispatial neglect:** A. R. Riestra and A. M. Barrett, "Rehabilitation of Spatial Neglect," in *Handbook of Clinical Neurology,* vol. 110, ed. M. P. Barnes and D. C. Good, pp. 347–355 (Amsterdam: Elsevier, 2013).

12 **A reliable way to treat hemispatial neglect:** Y. Rossetti et al., "Prism Adaptation to a Rightward Optical Deviation Rehabilitates Left Hemispatial Neglect," *Nature* 395, no. 6698 (1998): 166; F. Frassinetti et al., "Long-Lasting Amelioration Visuospatial Neglect by Prism Adaptation," *Brain* 125, no. 3 (2002): 608–623; N. Vaes et al., "Rehabilitation of Visuospatial Neglect by Prism Adaptation: Effects of a Mild Treatment Regime. A Randomised Controlled Trial," *Neuropsychological Rehabilitation* 28, no. 6 (2018): 899–918.

13 **"rubber hand illusion":** M. Botvinick and J. Cohen, "Rubber Hands 'Feel' Touch That Eyes See," *Nature* 391 (1998): 756, http:// dx.doi.org/10.1038/35784; A. Kalckert and H. H. Ehrsson, "The Onset Time of the Ownership Sensation in the Moving Rubber Hand Illusion," *Frontiers in Psychology* 8(2017):344; M. Tsakiris, "My Body in the Brain: A Neurocognitive Model of Body-Ownership," *Neuropsychologia* 48 (2010): 703–712, http://dx.doi.org/10.1016/neuropsychologia.2009.09.034; M. Tsakiris and P. Haggard, "The Rubber Hand Illusion Revisited: Visuotactile Integration and Self-Attribution," *Journal Experimental Psychology: Human Perception and Performance* 31 (2005): 80–91, https://dx.doi.org/ 10.1037/ 0096- 1523.31.1.80; you can see videos of this at "The Robber Hand Illusion—Horizon: Is Seeing Believing?—BBC Two," posted by BBC, October 15, 2010, https://www.youtube.com/watch?v=sxwn1w7MJvk, and "Is That My Real Hand? Breakthrough," posted by National Geographic, November 4, 2015, https://www.youtube.com/watch?v=DphlhmtGRqI.

14 **In the enfacement illusion:** M. Tsakiris, "Looking for Myself: Current Multisensory Input Alters Self-Face Recognition," *PLoS One* 3 (2008): e4040, http://dx.doi.org/10.1371/journal.pone.0004040; M. Tsakiris, "The Multisensory Basis of the Self: From Body to Identity to Others," *Quarterly Journal of Experimental Psychology* 70, no .4(2017): 597–609; M. P. Paladino et al., "Synchronous Multisensory Stimulation Blurs Self-Other Boundaries," *Psychological Science* 21 (2010): 1202–1207, http://dx.doi.org/10.1177/0956797610379234; you can see a video of this at Demo Enfacement Illusion Tsakiris October 2011," posted by "manostsak," February 13, 2018, https://www.youtube.com/watch?v=WO1MrUX0K3c.

15 **your very sense of self is constructed:** G. Porciello et al., "The 'Enfacement' Illusion: A Window on the Plasticity of the Self," *Cortex* 104 (2018): 261–275.

16 **This is what happened to John F. Kennedy Jr.:** National Transportation Safety Board, NTSB ID: NYC99MA178: Accident occurred July 16, 1999, in Vineyard Haven, MA (Washington, DC: NTSB, 1999). The official report on the accident, by the National Transportation Safety Board, emphasizes that "illusions or false impressions occur when information provided by sensory organs is misinterpreted or inadequate...some illusions might lead to spatial disorientation or the inability to determine accurately the attitude or motion of the aircraft in relation to the earth's surface." For more information, see R. Gibb, B. Ercoline, and L. Scharff, "Spatial Disorientation: Decades of Pilot Fatalities," *Aviation, Space, and Environmental Medicine* 82, no. 7 (2011): 717–724.

17 **After pain is experienced in a localized part:** W. Magerl and R. D. Treede, "Secondary Tactile Hypoesthesia: A Novel Type of Pain- Induced Somatosensory Plasticity in Human Subjects," *Neuroscience Letters* 361, nos. 1–3 (2004): 136–139; T. Weiss, "Plasticity and Cortical Reorganization Associated with Pain," *Zeitschrift für Psychologie* (2016).

18 **phantom limb pain:** S. Aglioti, A. Bonazzi, and F. Cortese, "Phantom Lower Limb as a Perceptual Marker of Neural Plasticity in the Mature Human Brain," *Proceedings of the Royal Society of London. Series B: Biological Sciences* 255, no. 1344 (1994): 273–278; L. Nikolajsen and K. F. Christensen, "Phantom Limb Pain," in *Nerves and Nerve Injuries,* ed.

R. Tubbs et al., pp. 23–34 (New York: Elsevier, 2015).

19 **A different approach to phantom limb pain:** E. L. Altschuler et al., "Rehabilitation of Hemiparesis after Stroke with a Mirror," *Lancet* 353, no. 9169 (1999): 2035–2036; V. S. Ramachandran and D. Rogers- Ramachandran, "Phantom Limbs and Neural Plasticity," *Archives of Neurology* 57, no. 3 (2000): 317– 320; J. Barbin et al., "The Effects of Mirror Therapy on Pain and Motor Control of Phantom Limb in Amputees: A Systematic Review," *Annals of Physical and Rehabilitation Medicine* 59, no. 4 (2016): 270–275.

20 **surgical correction of presbyopia:** R. S. Davidson et al., "Surgical Correction of Presbyopia," *Journal of Cataract & Refractive Surgery* 42, no.6 (2016): 920–930.

21 **this kind of automatic categorization:** D. E. Levari "Prevalence-Induced Concept Change in Human Judgment," *Science* 360, no. 6396 (2018): 1465–1467.

22 **abstract judgments:** Levari et al., " Prevalence-Induced Concept Change."

23 **Another common visual problem is cataracts:** National Eye Institute, "Facts about Cataracts," September 2015, https://nei.nih.gov/health/cataract/cataract_facts.

24 **Cataract surgery:** National Eye Institute, "Facts about Cataracts."

25 **age-related deterioration in mitochondrial DNA:** J. O. Pickles, "Mutation in Mitochondrial DNA as a Cause Presbycusis," *Audiology and Neurotology* 9, no. 1 (2004): 23–33; Y. Shen et al., "Cognitive Decline, Dementia, Alzheimer's Disease and Presbycusis: Examination of the Possible Molecular Mechanism," *Frontiers in Neuroscience* 12 (2018): 394.

26 **This imbalance can lead to problems:** V. Lobo et al., "Free Radicals, Antioxidants and Functional Foods: Impact on Human Health," *Pharmacognosy Reviews* 4, no. 8 (2010): 118; A. Santo, H. Zhu, and Y. R. Li, "Free Radicals: From Health to Disease," *Reactive Oxygen Species* 2, no. 4 (2016): 245–263.

27 **Foods that are high in antioxidants:** Lobo et al., "Free Radicals" ; M. Serafini and I. Peluso, "Functional Foods for Health: The Interrelated Antioxidant and Anti-Inflammatory Role of Fruits, Vegetables, Herbs, Spices and Cocoa in Humans," *Current Pharmaceutical Design* 22, no. 44 (2016): 6701–6715.

28 **evidence for the effectiveness of antioxidant foods:** E. A. Decker et al., "Hurdles in Predicting Antioxidant Efficacy in Oil-in-Water Emulsions," *Trends in Food Science and Technology* 67 (2017): 183–194.

29 **the Mayo Clinic and other experts recommend:** The Mayo Clinic, "Antioxidants," February 7, 2017, https://www.mayoclinic.org/healthy-lifestyle/nutrition-and-healthy-eating/multimedia/antioxidants/sls-20076428.

30 **Hearing loss affects one-third of people:** National Institute on Deafness and Other Communication Disorders, "Age-Related Hearing Loss," March 2016, https://www.nidcd.nih.gov/health/ age-related-hearing-loss.

31 **auditory hallucinations:** T. G. Sanchez et al., "Musical Hallucination Associated with Hearing Loss," *Arquivos de Neuro-psiquiatria* 69, no. 2B (2011): 395–400; M. M. J. Linszen et al., "Auditory Hallucinations in Adults with Hearing Impairment: A Large Prevalence Study," *Psychological Medicine* 49, no. 1 (2019): 132–139.

32 **tinnitus, a ringing in the ears:** The Mayo Clinic, "Tinnitus," https://www.mayoclinic.org/diseases-conditions/tinnitus/symptoms-causes/syc-20350156.

33 **Many experience emotional distress:** J. Henry, K. Dennis, and M. Schechter, "Theoretical/ Review Article— General Review of Tinnitus: Prevalence, Mechanisms, Effects, and Management," *Journal of Speech, Language, and Hearing Research* 48, no. 5 (2005): 1204–1234; A. McCormack et al., "A Systematic Review of the Reporting of Tinnitus Prevalence and Severity," *Hearing Research* 337 (2016): 70–79.

34 **"The notion of peace and quiet":** Henry et al., "Theoretical/ Review Article—General Review of Tinnitus," p. 1207.

35 **Tinnitus does appear to be occurring in the brain:** A. L. Giraud et al., "A Selective Imaging of Tinnitus," *Neuroreport* 10, no. 1 (1999): 1–5; N. Weisz et al., "Tinnitus Perception and Distress Is Related to Abnormal Spontaneous Brain Activity as Measured by Magnetoencephalography," *PLoS Medicine* 2, no. 6(2005): e153; A. B. Elgoyhen et al., "Tinnitus: Perspectives from Human Neuroimaging," *Nature Reviews Neuroscience* 16, no. 10 (2015): 632.

36 **results from homeostatic neural plasticity:** M. Dominguez et al., "A Spiking Neuron Model of Cortical Correlates of Sensorineural Hearing Loss: Spontaneous Firing, Synchrony, and Tinnitus," *Neural Computation* 18,no.12(2006): 2942–2958; R. Schaette and R. Kempter, "Development of Tinnitus-Related Neuronal Hyperactivity through Homeostatic Plasticity after Hearing Loss: A Computational Model," *European Journal of Neuroscience* 23 (2006): 3124–3138; S. E. Shore, L. E. Roberts, and B. Langguth, "Maladaptive Plasticity in Tinnitus–Triggers, Mechanisms and Treatment," *Nature Reviews Neurology* 12, no. 3(2016): 150.

37 **An experimental therapy for tinnitus:** R. Schaette et al., "Acoustic Stimulation Treatments against Tinnitus Could Be Most Effective When Tinnitus Pitch Is within the Stimulated Frequency Range," *Hearing Research* 269, nos. 1–2 (2010): 95–101; R. Schaette, "Mechanisms Tinnitus," in *Annual Tinnitus Research Review*, ed. D. Baguley and N. Wray, pp.10–15(Sheffield, UK: British Tinnitus Association, 2016).

38 **As Atul Gawande writes:** A. Gawande, *Being Mortal: Medicine and What Matters in the End* (New York: Metropolitan Books, 2014), p. 31.

39 **Decreased sense of smell:** R. L. Doty and V. Kamath, "The Influences of Age on Olfaction:A Review," *Frontiers in Psychology* 5 (2014): 20; J. Seubert et al., "Prevalence and Correlates of Olfactory Dysfunction in Old Age: A Population-Based Study," *Journals of Gerontology Series A: Biomedical Sciences and Medical Sciences* 72, no. 8(2017): 1072–1079.

40 **detect trillion different smells:** C. Bushdid et al., "Humans Can Discriminate More Than 1 Trillion Olfactory Stimuli," *Science* 343, no. 6177 (2014): 1370–1372; S. C. P. Williams, "Human Nose Can Detect a Trillion Smells," *Science,* March 20, 2014, https://www.sciencemag.org/news/2014/ 03/human-nose-can-detect-trillionsmells.

41 **taste helps us prepare the body:** S. S. Schiffman, "Taste and Smell Losses in Normal Ag-

ing and Disease," *Journal of the American Medical Association* 278, no. 16 (1997): 1357–1362; E. McGinley, "Supporting Older Patients with Nutrition and Hydration," *Journal of Community Nursing* 31, no. 4 (2017).

42 **a fifth taste, umami:** Y. Zhang et al., "Coding of Sweet, Bitter, and Umami Tastes: Different Receptor Cells Sharing Similar Signaling Pathways," *Cell* 112, no. 3 (2003): 293–301; K. Kurihara, "Umami the Fifth Basic Taste: History of Studies on Receptor Mechanisms and Role as a Food Flavor," *BioMed Research International* (2015): article ID 189402.

43 **Many older adults complain that food lacks flavor:** J. L. Garrison and Z. A. Knight, "Linking Smell to Metabolism and Aging," *Science* 358, no. 6364(2017): 718–719; S. Nordin, "Sensory Perception of Food and Aging," in *Food for the Aging Population,* ed. M. Raats, L. De Groot, and D. van Asselt, pp. 57–82 (New York: Elsevier, 2017); G. Sergi et al., "Taste Loss in the Elderly: Possible Implications for Dietary Habits," *Critical Reviews in Food Science and Nutrition* 57, no. 17 (2017): 3684–3689; S. Schiffman and M. Pasternak, "Decreased Discrimination of Food Odors in the Elderly," *Journal of Gerontology* 34 (1979): 73–79, http:// dx.doi.org/10.1093/geronj/34.1.73; S. S. Schiffman, "Taste and Smell Losses with Age," *Boletín de la Asociación Médica de Puerto Rico* 83 (1991): 411–414; S. S. Schiffman, J. Moss, and R. P. Erickson, "Thresholds of Food Odors in the Elderly," *Experimental Aging Research* (1976): 389–398, http://dx.doi.org/10.1080/03610737608257997; S. S. Schiffman and J. Zervakis, "Taste and Smell Perception in the Elderly: Effect of Medication and Disease," *Advances in Food and Nutrition Research* 44(2002): 247–346, http:// dx.doi.org/ 10.1016/ S1043-4526(02)44006-5.

44 **The loss of flavor**: J. M. Boyce and G. R. Shone, "Effects of Ageing on Smell and Taste," *Postgraduate Medical Journal* 82, no. 966 (2006): 239–241; L. E. Spotten et al., "Subjective and Objective Taste and Smell Changes in Cancer," *Annals of Oncology* 28, no. 5 (2017): 969–984; B. N. Landis, C. G. Konnerth, and T. Hummel, "A Study on the Frequency of Olfactory Dysfunction," *Laryngoscope* 114 no. 10 (2004): 1764–1769.

45 **reduced ability of older adults to identify foods**: S. Schiffman, "Changes in Taste and Smell with Age: Psychophysical Aspects," in *Sensory Systems and Communication in the Elderly: Aging,* vol. 10, ed. J. M. Ordy and K. Brizzee, pp. 227–246 (New York: Raven Press, 1979).

46 **healing power of the outdoors**: S. Grafton, personal communication, March 29, 2018.

第 4 章 智力：解决问题的大脑

1 **Art Blakey:** A. Blakey, quoted in the liner notes for Art Blakey Quintet, *A Night at Birdland,* vol. 3, Blue Note Records, compact disc/10-inch LP, 1954.

2 **infants from African countries:** L. B. Karasik et al., "WEIRD Walking: Cross-Cultural Research on Moter Development," *Behavioral and Brain Sciences* 33, nos. 2–3 (2010): 95–96. WEIRD stands for Western, educated, industrialized, rich, and democratic because, ironically, that subpopulation accounts for about 80 percent of what behavioral scientists

know about human behavior, even though the subpopulation comprises less than 12 percent of the world population.

3 **environmental toxins impair learning:** R. D. Baker and F. R. Greer, "Diagnosis and Prevention of Iron Deficiency and Iron- Deficiency Anemia in Infants and Young Children (0–3 Years of Age)," *Pediatrics* 126, no. 5 (2010): 1040–1050; P. M. Gupta et al., "Iron, Anemia, and Iron Deficiency Anemia among Young Children in the United States," *Nutrients* 8, no. 6 (2016): 330, http://dx.doi.org/10.3390/nu8060330.

4 **Learning doesn't happen the same way:** Committee on How People Learn II, *How People Learn II: Learners, Contexts and Cultures* (Washington, DC: National Academies Press, 2018), p. 21, free download at http://nap.edu/24783.

5 **David Krakauer:** D. Krakauer, personal communication, July 19, 2019.

6 **"school failure may be partly explained":** Committee on How People Learn II, *How People Learn II.*

7 **acquisitional intelligence:** Robert Sternberg wrote about the importance of knowledge acquisition in his triarchic theory of intelligence, although he did not consider it a separate type of intelligence as I do here; R. J. Sternberg, *Beyond IQ: A Triarchic Theory of Intelligence* (Cambridge: Cambridge University Press, 1985).

8 **information overload:** I wrote about information overload in a previous book: D. J. Levitin, *The Organized Mind: Thinking Straight in the Age of Information Overload* (New York: Dutton, 2014).

9 **or "social" intelligence:** E. L. Thorndike, "The Measurement of Intelligence: Present Status," *Psychological Review* 31 (1924): 219–252.

10 **naturalistic (knowledge of nature):** H. Gardner, "Reflections on Multiple Intelligences: Myths and Messages," *Phi Delta Kappan* 77 (1995): 200–209.

11 **Sternberg studied naturalistic intelligence:** R. J. Sternberg et al., "The Relationship between Academic and Practical Intelligence: A Case Study in Kenya," *Intelligence* 29, no. 5 (2001): 408.

12 **The children performed very well:** A typical question was as follows: A small child in your family has homa. She has a sore throat, headache, and fever. She has been sick for 3 days. Which of the following five Yadh nyaluo (Luo herbal medicines) can treat homa?
i. Chamama. Take the leaf and fito (sniff medicine up the nose to sneeze out illness).
ii. Kaladali. Take the leaves, drink, and fito.
iii. Obuo. Take the leaves and fito.
iv. Ogaka. Take the roots, pound, and drink.
v. Ahundo. Take the leaves and fito.
In this item, Options 1 and 2 represent common treatments for homa, Option 3 represents a rare treatment, Option 4 represents a treatment that is not used for homa, and Option 5 represents an imaginary (nonexistent) herb. Thus Options 1–3 were scored as correct answers. Option 5 was chosen, a penalty of 3 points was applied.
To avoid ethnocentric bias, scoring was based on healers' knowledge, not on what Western-

ers might believe to be the correct answers.
13   **As Sternberg notes:** Sternberg et al., "The Relationship between Academic and Practical Intelligence," 414.
14   **Dandelions can grow:** M. Gazzaniga et al., *Psychological Science,* 3rd Canadian ed. (New York: W. W. Norton, 2010).
15   **My favorite example of this:** J. L. Adams, *Conceptual Blockbusting: A Guide to Better Ideas* (New York: W. W. Norton, 1980).
16   **The standard solution to the nine dot puzzle:**

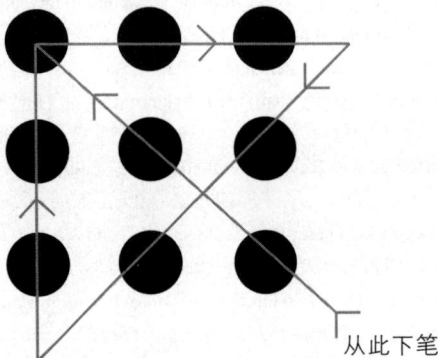

For the more mathematically inclined, my former professor George Polya wrote a book called *How to Solve It,* a great little book that has expanded the problemsolving skills of generations of students—and because of his infectious and easy writing style, he reaches even those who are math- phobic. G. Polya, *How to Solve It: A New Aspect of Mathematical Method* (Princeton, NJ: Princeton University Press, 2004).

17   **"It's just a party trick"**: J. Mogil, personal communication, July 15, 2019.
18   **The Mona Lisa**: M. Lankford, *Becoming Leonardo: An Exploded View of the Life of Leonardo da Vinci* (Brooklyn, NY: Melville House, 2017).
19   **the aging brain and reaction times**: A. P. Shimamura et al., "Memory and Cognitive Abilities in Academic Professors: Evidence for Successful Aging," *Psychological Science* 6 (1995): 271–277; A. P. Shimamura, *Get SMART! Five Steps toward a Healthy Brain* (Scotts Valley, CA: CreateSpace, 2017).
20   **age-related decreases in blood flow**: R. C. Gur et al., "Age and Regional Cerebral Blood Flow at Rest and during Cognitive Activity," *Archives of General Psychiatry* 44 (1987): 617–621.
21   **changes in the structure of cells**: R. L. Buckner, "Memory and Executive Function in Aging and AD: Multiple Factors That Cause Decline and Reserve Factors That Compensate," *Neuron* 44 (2004): 195–208.
22   **low fluid intelligence in childhood**: S. Aichele et al., "Fluid Intelligence Predicts Change in Depressive Symptoms in Later Life: The Lothian Birth Cohort 1936," *Psychological Sci-*

ence (2018): 1–12, http://dx.doi.org/10.1177/0956797618804501.

23 **Practical intelligence increases with age**: Sternberg et al., "The Relationship between Academic and Practical Intelligence."

24 **Intelligent, adaptive behavior requires abstracting**: S. L. Brincat et al., "Gradual Progression from Sensory to Task-Related Processing in Cerebral Cortex," *Proceedings of the National Academy Sciences* 115, no. 30 (2018): E7202—E7211.

25 **abstraction involves a wide range of brain regions**: Brincat et al., "Gradual Progression from Sensory Task-Related Processing in Cerebral Cortex," *Proceedings of the National Academy Sciences* 115, no. 30 (2018): E7202–E7211.

26 **tendency to form abstract representations**: A. Susac et al., "Development of Abstract Mathematical Reasoning: The Case of Algebra," *Frontiers in Human Neuroscience* 8 (2014):679.

27 **It isn't until around sixteen or seventeen**: Susac et al., "Development of Abstract Mathematical Reasoning."

28 **abstract thinking in other species**: S. R. Howard et al., "Numerical Ordering of Zero in Honey Bees," *Science* 360, no. 6393 (2018): 1124–1126; A. Nieder, "Honey Bees Zero In on the Empty Set," *Science* 360, no. 6393 (2018): 1069–1070.

29 **Diane Ackerman invented a game called Dingbats**: D. Ackerman, *One Hundred Names for Love* (New York: W. W. Norton, 2011), pp. 82–83.

30 **increased cortical thickness and gray-matter volume**: S. Kühn et al., "The Importance of the Default Mode Network in Creativity—a Structural MRI Study," *Journal of Creative Behavior* 48, no. 2 (2014): 152–163; R. E. Beaty et al., "Creativity and the Default Network: A Functional Connectivity Analysis of the Creative Brain at Rest," *Neuropsychologia* 64 (2014): 92–98.

31 **Aging is not accompanied by unavoidable cognitive decline**: T. A. Salthouse, "The Processing-Speed Theory of Adult Age Differences in Cognition," *Psychological Review* 103, no. 3 (1996): 403; T. A. Salthouse, T. M. Atkinson, and D. E. Berish, "Executive Functioning as a Potential Mediator of Age-Related Cognitive Decline in Normal Adults," *Journal of Experimental Psychology: General* 132, no. 4 (2003): 566; L. J. Whalley et al., "Cognitive Reserve and the Neurobiology of Cognitive Aging," *Ageing Research Reviews* 3, no. 4 (2004): 369–382.

32 **neuroprotective and neurorestorative capabilities**: Whalley et al., "Cognitive Reserve."

33 **biological, pathological markers for Alzheimer's disease**: P. G. Ince, "Pathological Correlates of Late- Onset Dementia in a Multicenter Community-Based Population in England and Wales," *Lancet* 357, no. 9251 (2001): 169–175.

34 **Cognitive reserve can insulate against**: Whalley et al., "Cognitive Reserve."

35 **occupational complexity**: Whalley et al., "Cognitive Reserve"; K. Fujishiro et al., "The Role of Occupation in Explaining Cognitive Functioning in Later Life: Education and Occupational Complexity in a US National Sample of Black and White Men and Women," *Journals of Gerontology: Series B* (2017): gbx112, https://doi.org/10.1093/geronb/gbx112.

36 **low educational attainment and low occupational complexity**: S. Cullum et al., "Decline

across Different Domains of Cognitive Function in Normal Ageing: Results of a Longitudinal Population- Based Study Using CAMCOG," *International Journal of Geriatric Psychiatry* 15 (2000): 853–862; M. Zhang et al., "The Prevalence of Dementia and Alzheimer's Disease in Shanghai, China: Impact of Age, Gender, and Education," *Annals of Neurology: Official Jounral of the American Neurological Association and the Child Neurology Society* 27, no. 4(1990): 428–437; Y. Stern, "Cognitive Reserve in Ageing and Alzheimer's Disease," *Lancet Neurology* 11, no. 11 (2012): 1006–1012; E. A. Boots et al., "Occupational Complexity and Cognitive Reserve in a Middle- Aged Cohort at Risk for Alzheimer's Disease," *Archives of Clinical Neuropsychology* 30, no. 7 (2015):634–642.

37 **Karl Duncker**: K. Duncker and L. S. Lees, "On Problem-Solving," *Psychological Monographs* 58, no. 5 (1945):1.

38 **Duncker then proposed a problem**: This problem has been used in several different versions and wordings, from Duncker's original conception, to papers by Gick and Holyoak and entires in cognitive psychology texts. This formulation is my own amalgamation of those. Duncker and Lees, "On Problem-Solving" ; M. L. Gick and K. J. Holyoak, "Schema Induction and Analogical Transfer," *Cognitive Psychology* 15, no.1(1983):1–38; M. L. Gick and K. J. Holyoak, "Analogical Problem Solving," *Cognitive Psychology* 12, no. 3 (1980): 306–355.

39 **What is wisdom?**: E. E. Lee and D. V. Jeste, "Neurobiology of Wisdom," in *The Cambridge Handbook of Wisdom,* ed. R. J. Sternberg and J. Glück (Cambridge, UK: Cambridge University Press, 2019).

40 **Paul Baltes defined wisdom as**: P. B. Baltes and J. Smith, "The Fascination of Wisdom: Its Nature, Ontogeny, and Function," *Perspectives on Psychological Science* 3, no. 1 (2008): 56–64.

41 **the development of wisdom**: J. Glück, S. Bluck, and N. M. Weststrate, "More on the MORE Life Experience Model: What We Have Learned (So Far)," *Journal of Value Inquiry* (2018): 1–22.

42 **King Solomon**: In the biblical account, two women present themselves to the king, who acted as judge for the kingdom, both claiming to be the mother of a small baby. Solomon proposes that the baby be cut in half. One of the women agreed to the solution and the other begged him not to, and to instead give the baby to her rival. Solomon knew that the real mother's love for the child would be borne out by his proposal and that only the real mother would object to the proposal.

43 **Older adults show higher levels of emotional regulation:** S. Brassen et al., "Don't Look Back in Anger! Responsiveness to Missed Chances in Successful and Nonsuccessful Aging," *Science* 336, no. 6081 (2012): 612–614.

44 **experience-based decision making and conflict resolution:** I. Grossmann et al., "Reasoning about Social Conflicts Improves into Old Age," *Proceedings of the National Academy of Sciences* 107, no. 16 (2010): 7246–7250; D. A. Worthy et al., "With Age Comes Wisdom," *Psychological Science* 22, no. 11 (2011): 1375–1380.

45 **prosocial behaviors:** J. N. Beadle et al., "Aging, Empathy, and Prosociality," *Journals of Gerontology, Series B: Psychological Sciences and Social Sciences* 70, no. 2 (2015): 215–224.
46 **subjective emotional well-being:** L. L. Carstensen et al., "Emotional Experience Improves with Age: Evidence Based on over 10 Years of Experience Sampling." *Psychology and Aging* 26, no. 1 (2011): 21–33.
47 **self-reflection or insight:** Brassen et al., "Don't Look Back in Anger!"
48 **favoring positive emotions:** L. L. Carstensen and M. DeLiema, "The Positivity Effect: A Negativity Bias in Youth Fades with Age," *Current Opinion in Behavioral Sciences* 19 (2018): 7–12.
49 **greater ability to maintain positive relationships:** K. S. Birditt, L. M. Jackey, and T. C. Antonucci, "Longitudinal Patterns of Negative Relationship Quality across Adulthood," *Journals of Gerontology, Series B: Psychological Sciences and Social Sciences* 64, no. 1 (2009): 55–64.
50 **Greater wisdom is also marked by:** T. W. Meeks and D. V. Jeste, "Neurobiology of Wisdom," *Archives of General Psychiatry* 66, no. 4(2009): 355–365.
51 **dopamine decreases with age:** P. S. Goldman-Rakic and R. M. Brown, "Regional Changes of Monoamines in Cerebral Cortex and Subcortical Structures of Aging Rhesus Monkeys," *Neuroscience* 6, no. 2(1981): 177–187; L. Bäckman et al., "The Correlative Triad among Aging, Dopamine, and Cognition: Current Status and Future Prospects," *Neuroscience and Biobehavioral Reviews* 30, no. 6 (2006): 791–807; V. Kaasinen et al., " Age-Related Dopamine D2/D3 Receptor Loss in Extrastriatal Regions of the Human Brain," *Neurobiology of Aging* 21, no. 5 (2000): 683–688.
52 **Precursors of wisdom:** R. J. Sternberg, "Why Schools Should Teach for Wisdom: The Balance Theory of Wisdom in Educational Settings," *Educational Psychologist* 36, no. 4 (2001):227–245.

第 5 章 从情绪到动机：蛇、摇摆桥、《广告狂人》和压力

1 **When Stevie sings:** S. Wonder, *Visions*, from *Inner Visions*, Tamla, T326L. 147.
2 **When Joni sings the single word** blue: I wrote about this previously in D. J. Levitin, "Inside the Theater of the Mind. Review of *How Emotions Are Made* by Lisa Feldman Barrett," *The Wall Street Journal,* March 4, 2017, p. B5.
3 **Emotions occur against:** R. J. Davidson, "On Emotion, Mood, and Related Affective Constructs," in *The Nature of Emotion: Fundamental Questions,* ed. P. Ekman and R. J. Davidson, pp. 51–55 (New York: Oxford University Press, 1994).
4 **Emotion, motivation, reinforcement, and arousal:** J. LeDoux, "Rethinking the Emotional Brain," *Neuron* 73 (2002): 653–676.
5 **biologist Frans de Waal:** F. de Waal, *Mama's Last Hug* (New York: W. W. Norton, 2019).
6 **a neuropeptide called nematocin:** S. W. Emmons, "The Mood of a Worm," *Science* 338,

no. 6106 (2012): 475–476; J. L. Garrison et al., "Oxytocin/Vasopressin-Related Peptides Have an Ancient Role in Reproductive Behavior," *Science* 338, no. 6106 (2012): 540–543.

7   **Survival circuits, from worms to humans:** LeDoux, "Rethinking the Emotional Brain."
8   **What we call emotions or feelings:** LeDoux, "Rethinking the Emotional Brain."
9   **the rickety bridge experiment:** D. G. Dutton and A. P. Aron, "Some Evidence for Heightened Sexual Attraction under Conditions of High Anxiety," *Journal of Personality and Social Psychology* 30, no. 4 (1974): 510.
10 **emotions can easily be misattributed:** S. Schachter and J. Singer, "Cognitive, Social, and Physiological Determinants of Emotional State," *Psychological Review* 69, no. 5 (1962): 379; G. L. White, S. Fishbein, and J. Rutsein, "Passionate Love and the Misattribution of Arousal," *Journal of Personality and Social Psychology* 41, no. 1(1981): 56.
11 **there are emotions that dogs:** I wrote about this previously in D. J. Levitin, "Brain Candy. Review of *Human: The Science behind What Makes Us Unique,* by M. Gazzaniga," *The New York Times Sunday Book Review,* August 24, 2008, 5.
12 **we should add spite to the list:** K. Jensen, J. Call, and M. Tomasello, "Chimpanzees Are Vengeful but Not Spiteful," *Proceedings of the National Academy of Sciences* 104, no. 32 (2007): 13046–13050.
13 **Tagalog, which calls it kilig:** T. Lomas, "Towards a Positive Cross- Cultural Lexicography: Enriching Our Emotional Landscape through 216 'Untranslatable' Words Pertaining to Well-Being," *Journal of Positive Psychology* 11, no. 5 (2016): 546–558, http://dx.doi.org/10.1080/17439760.2015.1127993; T. Lomas, "The Magic of Untranslatable Words," *Scientific American,* July 12, 2016, https://www.scientificamerican.com/article/the-magic-of-untranslatable-words/?print=true.
14 **As emotion researcher Lisa Feldman Barrett says:** L. F. Barrett, *How Emotions Are Made: The Secret of the Brain Life* (Boston: Houghton Mifflin Harcourt, 2017).
15 **Emotion differentiation:** E. C. Nook et al., "The Nonlinear Development of Emotion Differentiation: Granular Emotional Experience Is Low in Adolescence," *Psychological Science* 29, no. 8 (2018): 1346–1357.
16 **gene-by-environment interactions:** I've written about some of this previously in D. J. Levitin, "The Ultimate Brain Quest. Review of *Connectome: How the Brain's Wiring Makes Us Who We Are* by Sebastian Seung," *The Wall Street Journal,* February 4, 2002, C5–C6.
17 **University Montreal colleague Sonia Lupien:** S. J. Lupien et al., "Beyond the Stress Concept: Allostatic Load—A Developmental Biological and Cognitive Perspective," in *Developmental Psychopathology,* vol. 2, *Developmental Neuroscience,* ed. D. Cicchetti and D. J. Cohen, pp. 578–628 (Hoboken, NJ: John Wiley and Sons, 2015).
18 **The term stress:** OED Online, s. v. "stress," accessed February 25, 2019, www.oed.com/view/Entry/191511.
19 **some of our physiological systems...require continual adjustment:** P. Sterling, "Allostasis: A Model of Predictive Regulation," *Physiology and Behavior* 106 (2012): 5–15; G. H.

Ice and G. D. James, *Measuring Stress in Humans: A Practical Guide for the Field* (Cambridge: Cambridge University Press, 2007), p. 284.

20 **stability through change is called allostasis:** P. Sterling and J. Eyer, "Allostasis: A New Paradigm to Explain Arousal Pathology," in *Handbook of Life Stress, Cognition and Health,* ed. S. Fisher and J. Reason, pp. 629–649 (Oxford, UK: John Wiley and Sons, 1988).

21 **This in turn causes a dysregulation**: I thank Sonia Lupien for her help with the previous two paragraphs.

22 **Your allostatic load can be calculated**: A. Edes and D. E. Crews, "Allostatic Load and Biological Anthropology," *American Journal of Physical Anthropology* 162 (2017): 44–70.

23 **ways to reduce stress:** H. Frumkin et al., "Nature Contact and Human Health: A Research Agenda," *Environmental Health Perspectives* 125, no. 7 (2017): 075001; C. E. Hostinar and M. R. Gunnar, "Social Support Can Buffer against Stress and Shape Brain Activity," *AJOB Neuroscience* 6, no. 3 (2015): 34–42; A. Linnemann et al., "Music Listening as a Means of Stress Reduction in Daily Life," *Psychoneuroendocrinology* 60 (2015): 82–90.

24 **Doing this is metabolically expensive:** A. Danese and B. S. McEwen, "Adverse Childhood Experiences, Allostasis, Allostatic Load, and Age-Related Disease," *Physiology and Behavior* 106, no. 1 (2012): 29–39; B. S. McEwen, "Allostasis and Allostatic Load: Implications for Neuropsychopharmacology," *Neuropsychopharmacology* 22, no. 2 (2000): 108–124.

25 **A stable fetal and early childhood:** D. J. Barker, "Developmental Origins of Chronic Disease," *Public Health* 126, no. 3 (2012): 185–189.

26 **Increased allostatic load:** T. Booth et al., "Association of Allostatic Load with Brain Structure and Cognitive Ability in Later Life," *Neurobiology of Aging* 36 (2015): 1390–1399.

27 **linked to a number of psychiatric conditions:** G. Bizik et al., "Allostatic Load as a Tool for Monitoring Physiological Dysregulations and Comorbidities in Patients with Severe Mental Illnesses," *Harvard Review of Psychiatry* 21 (2012): 296–313; R. W. Kobrosly et al., "Depressive Symtoms Are Associated with Allostatic Load among Community-Dwelling Older Adults," *Physiology and Behavior* 123 (2014): 223–230; J. A. Stewart, "The Detrimental Effects of Allostasis: Allostatic Load as a Measure of Cumulative Stress," *Journal of Physiological Anthropology* 25 (2006): 133–145.

28 **normal age-related changes in structures that regulate allostasis:** E. Zsoldos et al., "Allostatic Load as a Predictor of Grey Matter Volume and White Matter Integrity in Old Age: The Whitehall II MRI Study," *Scientific Reports* 8, no. 1 (2018): 6411.

29 **sleep disturbances increases in load:** R. P. Juster and B. S. McEwen, "Sleep and Chronic Stress: New Directions for Allostatic Load Research," *Sleep Medicine* 16, no. 1(2015): 7–8.

30 **Reducing stress and increasing resilience:** B. L. Ganzel, P. A. Morris, and E. Wethington, "Allostasis and the Human Brain: Integrating Models of Stress from the Social and Life Sciences," *Psychological Review* 117, no. 1 (2010): 134; B. S. McEwen and P. J. Gianaros, " Stress-and Allostasis-Induced Brain Plasticity," *Annual Review of Medicine* 62 (2011): 431–445; G. Tabibnia and D. Radecki, "Resilience Training That Can Change the Brain," *Consulting Psychology Journal: Practice and Research* 70, no. 1 (2018): 59–88.

31 **the same across continents:** G. Y. Lim et al., "Prevalence of Depression in the Community from 30 Countries between 1994 and 2014," *Scientific Reports* 8, no. 1 (2018): 2861; J. Wang et al., "Prevalence of Depression and Depressive Symptoms among Outpatients: A Systematic Review and Meta-analysis," *BMJ Open* 7, no. 8 (2017): e017173, http://dx.doi.org/10.1136/BMJopen-2017-017173; D. J. Brody, L. A. Pratt, and J. P. Hughes, "Prevalence of Depression among Adults Aged 20 and Over: United States, 2013–2016" (Hyattsville, MD: NCHS Data Brief 303, National Center for Health Statistics, 2018), pp. 1–8.

32 **antidepressant drugs tend to work only 20 percent:** Institute for Quality and Efficiency in Health Care, "Depression: How Effective Are Antidepressants?," Informed Health Online, updated January 12, 2017, https://www.ncbi.nlm.nih.gov/books/NBK361016/; A. Cipriani et al., "Antidepressants Might Work for People with Major Depression: Where Do We Go from Here?," *Lancet Psychiatry* 5, no. 6 (2018): 461–463.

33 **depression is less frequent among older adults:** Centers for Disease Control and Prevention, "Depression Is Not a Normal Part of Growing Older," https://www.cdc.gov/aging/mentalhealth/depression.htm.

34 **Depression in old age is:** U. Padayachey, S. Ramlall, and J. Chipps, "Depression in Older Adults: Prevalence and Risk Factors in a Primary Health Care Sample," *South African Family Practice* 59, no. 2 (2017): 61–66.

35 **the impact of the curtailment of daily activities:** A. Fiske, J. L. Wetherell, and M. Gatz, "Depression in Older Adults," *Annual Review of Clinical Psychology* 5 (2009): 363–389.

36 **Insomnia, a hallmark of aging:** K. L. Lichstein et al., "Insomnia in the Elderly," *Sleep Medicine Clinics* 1, no. 2(2006): 221–229.

37 **understanding of the role of meaningful engagement:** H. C. Hendrie et al., "The NIH Cognitive and Emotional Health Project: Report of the Critical Evaluation Study Committee," *Alzheimer's and Dementia* 2, no. 1 (2006): 12–32.

38 **the presence of intimate others:** R. J. Davidson et al., "Neural and Behavioral Substrates of Mood and Mood Regulation," *Biological Psychiatry* 52, no. 6 (2002): 478–502; G.Gariepy, H. Honkaniemi, and A. Quesnel-Vallee, "Social Support and Protection from Depression: Systematic Review of Current Findings in Western Countries," *British Journal of Psychiatry* 209, no. 4 (2016): 284–293.

39 **"dopamine was the drunk":** J. Mogil, personal communication, July 16, 2019.

40 **SSRIs should be the first-line pharmacological:** J. Rodda, Z. Walker, and J. Carter, "Depression in Older Adults," *British Medical Journal* 343, no. 8 (2011): d5219.

41 **Low doses of methylphenidate:** H. Lavretsky et al., "Combined Citalopram and Methylphenidate Improved Treatment Response Compared to Either Drug Alone in Geriatric Depression: A Randomized Double-Blind, Placebo-Controlled Trial," *American Journal of Psychiatry* 172, no. 6 (2015): 561; T. A. Ketter et al., " Long-Term Safety and Efficacy of Armodafinil in Bipolar Depression: A 6-Month Open-Label Extension Study," *Journal of Affective Disorders* 197 (2016): 51–57.

42 **Psychotherapy can change the structure of the brain:** K. N. Mansson et al., "Neuroplas-

ticity in Response to Cognitive Behavior Therapy for Social Anxiety Disorder," *Translational Psychiatry* 6, no. 2 (2016): e727; D. Collerton, "Psychotherapy and Brain Plasticity," *Frontiers in Psychology* 4 (2013): 548.

43 **talk therapy has proven its effectiveness:** R. D. Lane et al., "Memory Reconsolidation, Emotional Arousal, and the Process of Change in Psychotherapy: New Insights from Brain Science," *Behavioral and Brain Sciences* 38 (2015).

44 **as effective as antidepressant drugs:** R. J. DeRubeis, G. J. Siegle, and S. D. Hollon, "Cognitive Therapy versus Medication for Depression: Treatment Outcomes and Neural Mechanisms," *Nature Reviews Neuroscience* 9, no. 10 (2008): 788.

45 **coping styles in depression:** Davidson et al., "Neural and Behavioral Substrates."

46 **rumination...feels good:** W. H. Frey Ⅱ, *Crying: The Mystery of Tears* (Minneapolis, MN: Winston Press, 1985); R. Turner et al., "Effects of Emotion on Oxytocin, Prolactin, and ACTH in Women," *Stress* 5, no. 4 (2002): 269–276.

47 **The more effective strategy:** S. Nolen-Hoeksema, "Responses to Depression and Their Effects on the Duration of the Depressive Episode," *Journal of Abnormal Psychology* 100, no. 4 (1991): 569–582; S. Nolen-Hoeksema and J. Morrow, "Effects of Rumination and Distraction on Naturally Occurring Depressed Mood," *Cognition and Emotion* 7, no. 6 (1993): 561–570.

48 **the time of the month when women get cabin fever:** N. M. Morris and J. R. Udry, "Variations in Pedometer Activity during the Menstrual Cycle," *Obstetrics and Gynecology* 35, no. 2 (1970): 199–201; M. Haselton, *Hormonal:The Hidden Intelligence of Hormones—How They Drive Desire, Shape Relationships, Influence Our Choices, and Make Us Wiser* (Boston: Little, Brown, 2018).

49 **Higher estrogen is:** S. J. Stanton and O. C. Schultheiss, "Basal and Dynamic Relationships between Implicit Power Motivation and Estradiol in Women," *Hormones and Behavior* 52, no. 5 (2007): 571–580; K. Lebron-Milad, B. M. Graham, and M. R. Milad, "Low Estradiol Levels: A Vulnerability Factor for the Development of Posttraumatic Stress Disorder," *Biological Psychiatry* 72, no. 1 (2012): 6–7, http://dx.doi.org/10.1016/j.biopsych.2012.04.029.

50 **The increased progesterone production:** M. Ostensen, P. M. Villiger, and F. Förger, "Interaction of Pregnancy and Autoimmune Rheumatic Disease," *Autoimmunity Reviews* 11, nos. 6–7(2012):A437–A446.

51 **Pregnant women who have had rheumatoid arthritis:** J. Greenspan et al., "Studying Sex and Gender Differences Pain and Analgesia: A Consensus Report," *Pain* 132 (2007): S26–S45.

52 **High progesterone leads women:** M. L. Smith et al., "Facial Appearance Is a Cue to Oestrogen Levels in Women," *Proceedings of the Royal Society of London B: Biological Sciences* 273, no. 1583 (2006): 135–140; D. S. Fleischman and D. M. Fessler, "Progesterone's Effects on the Psychology of Disease Avoidance: Support for the Compensatory Behavioral Prophylaxis Hypothesis," *Hormones and Behavior* 59, no. 2 (2011): 271–275.

53 **Psychological scientist Martie Haselton writes:** Haselton, *Hormonal,* p. 76.

54 **Progesterone is associated with:** O. C. Schultheiss, A. Dargel, and W. Rohde, "Implicit Motives and Gonadal Steroid Hormones: Effects of Menstrual Cycle Phase, Oral Contraceptive Use, and Relationship Status," *Hormones and Behavior* 43, no. 2(2003): 293–301.

55 **progesterone promotes calmness:** E. Timby et al., "Pharmacokinetic and Behavioral Effects of Allopregnanolone in Healthy Women," *Psychopharmacology* 186, no. 3 (2006): 414; A. Smith et al., "Cycles of Risk: Associations between Menstrual Cycle and Suicidal Ideation among Women," *Personality and Individual Differences* 74 (2015): 35–40.

56 **testosterone appears to regulate:** C. Eisenegger, J. Haushofer, and E. Fehr, "The Role of Testosterone in Social Interaction," *Trends in Cognitive Sciences* 15, no. 6 (2011): 263–271.

57 **risky activities, such as gambling:** S. J. Stanton, S. H. Liening, and O. C. Schul theiss, "Testosterone Is Positively Associated with Risk Taking in the Iowa Gambling Task," *Hormones and Behavior* 59, no. 2 (2011): 252–256; see also J. M. Coates and J. Herbert, "Endogenous Steroids and Financial Risk Taking on a London Trading Floor," *Proceedings of the National Academy of Sciences* 105, no. 16 (2008): 6167–6172.

58 **having sexual relations with multiple partners:** S. M. van Anders, L. D. Hamilton, and N. V. Watson, "Multiple Partners Are Associated with Higher Testosterone in North American Men and Women," *Hormones and Behavior* 51, no. 3 (2007): 454–459.

59 **In "the smelly T-shirt study":** S. L. Miller, and J. K. Maner, "Scent of a Woman: Men's Testosterone Responses to Olfactory Ovulation Cues," *Psychological Science* 21, no. 2 (2010): 276–283.

60 **increase after achieving public success:** O. C. Schultheiss, K. L. Campbell, and D. C. McClelland, "Implicit Power Motivation Moderates Men's Testosterone Responses to Imagined and Real Dominance Success," *Hormones and Behavior* 36, no. 3 (1999): 234–241.

61 **male finches sing more:** M. Ritschard et al., "Enhanced Testosterone Levels Affect Singing Motivation but Not Song Structure and Amplitude Bengalese Finches," *Physiology and Behavior* 102, no. 1 (2011): 30–35.

62 **aggressive behaviors increase testosterone:** Eisenegger et al., "The Role of Testosterone in Social Interaction."

63 **The compulsory education:** Committee on How People Learn Ⅱ, *How People Learn II: Learners, Contexts and Cultures* (Washington, DC: National Academies Press, 2018), p. 21, free download at http://nap.edu/24783.

64 **Take Paul Simon:** P. Simon, personal communication, New York, September 19, 2013.

65 **As Linda Ronstadt said:** R. Lewis, "No Longer Singing, Linda Ronstadt's Latest Tour Is a Conversation with the Audience," *Los Angeles Times,* October 3, 2018, http://www.latimes.com/entertainment/music/la-et-ms-linda-ronstadt-conversation-20181003-story.html.

66 **Paul Simon again:** Simon, personal communication, New York, March 4, 2009.

67 **Two knowledge domains that are:** Committee on How People Learn Ⅱ, *How People Learn II*, p.21.

68 **Prior experience is factor:** P. L. Ackerman and M. E. Beier, "Determinants of Domain Knowledge and Independent Study Learning in an Adult Sample," *Journal of Educational*

Psychology 98, no. 2 (2006): 366–381; M. E. Beier and P. L. Ackerman, "Determinants of Health Knowledge: An Investigation of Age, Gender, Abilities, Personality, and Interests," *Journal of Personality and Social Psychology* 84, no. 2 (2003): 439–448; M. E. Beier and P. L. Ackerman, "Age, Ability, and the Role of Prior Knowledge on the Acquisition of New Domain Knowledge: Promising Results in a Real-World Learning Environment," *Psychology and Aging* 20, no. 2 (2005): 341–355, http://dx.doi.org/10.1037/0882-7974.20.2.341; M. E. Beier, C. K. Young, and A. J. Villado, "Job Knowledge: Its Definition, Development and Measurement," in *The Handbook of Industrial, Work, and Organization Psychology,* ed. D. Ones et al. (Los Angeles, CA: Sage, 2018).

69 **Physicians have an easier time comprehending:** V. L. Patel, G. J. Groen, and C. H. Frederiksen, "Differences between Medical Students and Doctors in Memory for Clinical Cases," *Medical Education* 20, no. 1 (1986): 3–9; see also B. L. Anderson-Montoya et al., "Running Memory for Clinical Handoffs: A Look at Active and Passive Processing," *Human Factors* 59, no. 3 (2017): 393–406.

70 **People who focus mainly on getting recognition:** E. L. Deci and R. M. Ryan, *Intrinsic Motivation and Self-Determination in Human Behavior* (New York: Plenum Press, 1985); E. L. Deci and R. M. Ryan, "The 'What' and 'Why' of Goal Pursuits: Human Needs and the Self-Determination of Behavior," *Psychological Inquiry* 11 (2000): 227–268; R. M. Ryan and E. L. Deci, *Self-Determination Theory: Basic Psychological Needs in Motivation, Development, and Wellness* (New York: Guilford Publications, 2017).

71 **even geniuses work hard:** C. S. Dweck, "Even Geniuses Work Hard," *Educational Leadership* 68, no. 1 (2010): 16–20.

72 **Dweck describes two kinds of mind-sets:** C. S. Dweck, *Mindset: The New Psychology of Success* (New York: Penguin Random House, 2008).

73 **People with a fixed mind-set:** Some of these bullet points are from S. Levitin, *Heart and Sell* (Wayne, NJ: Career Press, 2017), p. 31.

74 **Dweck counsels the following:** C. Dweck, "Carol Dweck Revisits the Growth Mindset," *Education Week* 35, no. 5 (2015): 20–24.

75 **Older adults show increases in their motivation:** Committee on How People Learn II, *How People Learn II,* p. 21; L. L. Carstensen, D. M. Isaacowtiz, and S. T. Charles, "Taking Time Seriously: A Theory of Socioemotional Selectivity," *American Psychologist* 54, no. 3 (1999): 165–181.

76 **I let my vigilance down for just thirty seconds:** D. J. Levitin, "Severed," *The New Yorker,* October 10, 2018, https://www.newyorker.com/culture/personal-history/severed.

77 **Tim Laddish (age seventy-seven), former senior assistant attorney general:** T. Laddish, email communication, October 29, 2018.

78 **But lottery winners tend not to be happy:** Brickman, D. Coates, and R. Janoff-Bulman, "Lottery Winners and Accident Victims: Is Happiness Relative?," *Journal of Personality and Social Psychology* 36, no. 8(1978): 917.

79 **But paraplegics and quadriplegics adapt:** See also D. A. Schkade and D. Kahneman,

"Does Living in California Make People Happy? A Focusing Illusion in Judgments of Life Satisfaction," *Psychological Science* 9, no. 5 (1998): 340–346; D. Gilbert, *Stumbling on Happiness* (Toronto: Vintage Canada, 2009); S. Lyubomirsky, *The Myths of Happiness: What Should Make You Happy, but Doesn't, What Shouldn't Make You Happy, but Does* (New York: Penguin, 2014).

80 **Vicente Fox:** V. Fox, personal communication, Léon, Mexico, May 18, 2018.

第 6 章 社会因素：与他人相处的生活

1 **"L'enfer, c'est les autres":** I open with this quote because it is so well-known and rings true to many of us; we understand the desire to be free of the demands and irritating nature of others. But this is a misinterpretation of Sartre's line. He did not actually mean that one is happier hiding in isolation. What he meant is that we cannot escape the judgments of others, their watchful eyes, the shame we feel in our flaws being revealed to them. The full quote, from the play *No Exit*, is:

All those eyes intent on me. Devouring me. What? Only two of you? I thought there were more; many more. So this is hell. I'd never have believed it. You remember all we were told about the torture-chambers, the fire and brimstone, the "burning marl." Old wives' tales! There's no need for red-hot pokers. HELL IS OTHER PEOPLE!

P. Caws, "To Hell and Back: Sartre on (and in) Analysis with Freud," *Sartre Studies International* 11, no. 1 (2005): 166–176. And Sartre himself said,

"Hell is other people" has always been misunderstood. It has been thought that what I meant by that was that our relations with other people are always poisoned, that they are invariably hellish relations. But what I really mean is something totally different. I mean that if relations with someone else are twisted, vitiated, then that other person can only be hell. Why? Because...when we think about ourselves, when we try to know ourselves,...we use the knowledge of us which other people already have. We judge ourselves with the means other people have and have given us for judging ourselves. Into whatever I say about myself someone else's judgment always enters. Into whatever I feel within myself someone else's judgment enters....But that does not at all mean that one cannot have relations with other people. It simply brings out the capital importance of all other people for each one of us.

2 **Loneliness is associated with early mortality:** L. C. Hawkley and J. T. Cacioppo, "Loneliness Matters: A Theoretical and Empirical Review of Consequences and Mechanisms," *Annals of Behavioral Medicine* 40, no. 2 (2010): 218–227.

3 **It leads to inflammation:** L. M. Jaremka et al., "Loneliness Promotes Inflammation during Acute Stress," *Psychological Science* 24, no. 7 (2013):1089–1097.

4 **it negates the beneficial effects of exercise:** A. M. Stranahan, D. Khalil, and E. Gould, "Social Isolation Delays the Positive Effects of Running on Adult Neurogenesis," *Nature Neuroscience* 9, no. 4 (2006): 526.

5 **worse for your health than smoking:** J. McGregor, "This Former Surgeon General Says

There's a Loneliness Epidemic and Work Is Partly to Blame," *The Washington Post,* October 4, 2017, https://www.washingtonpost.com/news/on-leadership/wp/2017/10/04/this-former-surgeon-general-says-theres-a-loneliness-epidemic-and-work-is-partly-to-blame/.

6 **If you are chronically lonely:** J. Holt-Lunstad et al., "Loneliness and Social Isolation as Risk Factors for Mortality: Meta-Analytic Review," *Perspectives on Psychological Science* 10, no. 2(2015): 227–237.

7 **Government research in the UK:** Holt-Lunstad et al., "Loneliness and Social Isolation."

8 **Harvard political scientist Robert Putnam:** R. D. Putnam, "Bowling Alone: America's Declining Social Capital," in *Culture and Politics,* ed. L. Crothers and C. Lockhart, pp.223–234(New York: Palgrave Macmillan, 2000).

9 **Sociologist Eric Klinenberg:** E. Klinenberg, "Is Loneliness a Health Epidemic?," *The New York Times,* February 9, 2018, https://www.nytimes.com/2018/02/09/opinion/sunday/loneliness-health.html.

10 **(getting "likes" can produce an addictive hit of dopamine):** I previously wrote about this in D. J. Levitin, *The Organized Mind* (New York: Dutton, 2014).

11 **Proper brain functioning depends on:** M. Ankarcrona et al., " Glutamate-Induced Neuronal Death: A Succession of Necrosis or Apoptosis Depending on Mitochondrial Function," *Neuron* 15, no. 4 (1995): 961–973; R. Sattler and M. Tymianski, "Molecular Mechanisms of Glutamate Receptor-Mediated Excitotoxic Neuronal Cell Death," *Molecular Neurobiology* 24, nos. 1–3 (2001): 107–129.

12 **MSG does not significantly change levels of glutamate:** R. A. Hawkins, "The Blood-Brain Barrier and Glutamate," *American Journal of Clinical Nutrition* 90, no. 3 (2009): 867S–874S; M. B. Bogdanov and R. J. Wurtman, "Effects of Systemic or Oral Ad Libitum Monosodium Glutamate Administration on Striatal Glutamate Release, as Measured Using Microdialysis in Freely Moving Rats," *Brain Research* 660, no. 2 (1994): 337–340.

13 **psychedelics such as LSD and psilocybin:** F. X. Vollenweider and M. Kometer, "The Neurobiology of Psychedelic Drugs: Implications for the Treatment of Mood Disorders," *Nature Reviews Neuroscience* 11, no. 9 (2010): 642.

14 **and depression affect gene expression:** S. W. Cole et al., "Myeloid Differentiation Architecture of Leukocyte Transcriptome Dynamics in Perceived Social Isolation," *Proceedings of the National Academy of Sciences* 112, no. 49 (2015): 15142–15147.

15 **Social isolation co-opts the fear:** J. Rodriguez- Romaguera and G. D. Stuber, "Social Isolation Co-opts Fear and Aggression Circuits," *Cell* 173, no. 5 (2018): 1071–1072.

16 **After the threatening stimulus is removed:** K. Asahina et al., "Tachykinin-Expressing Neurons Control Male- Specific Aggressive Arousal in Drosophila," *Cell* 156, no. 1 (2014): 221–235.

17 **It also shows up in studies of emotion:** Y. Yang et al., "Neural Correlates of Proactive and Reactive Aggression in Adolescent Twins," *Aggressive Behavior* 43, no. 3 (2017): 230–240.

18 **Increases in putamen size are associated with higher aggression:** Yang et al., "Neural Correlates."

19 **reductions in putamen size:** L. W. De Jong et al., "Strongly Reduced Volumes of Putamen and Thalamus in Alzheimer's Disease: An MRI Study," *Brain* 131, no. 12 (2008): 3277–3285.
20 **The putamen may also modulate social anxiety:** F. Caravaggio et al., "Exploring Personality Traits Related to Dopamine D⅔ Receptor Availability in Striatal Subregions of Humans," *European Neuropsychopharmacology* 26 no. 4 (2016): 644–652; A. Laakso et al., "Prediction of Detached Personality in Healthy Subjects by Low Dopamine Transporter Binding," *American Journal of Psychiatry* 157, no. 2 (2000): 290–292.
21 **He raised infant monkeys in isolation:** H. F. Harlow and S. J. Suomi, "Social Recovery by Isolation- Reared Monkeys," *Proceedings of the National Academy of Sciences* 68, no. 7 (1971): 1534–1538.
22 **educational attainment has been associated with decreased allostatic load:** A. M. Hansen et al., "School Education, Physical Performance in Late Midlife and Allostatic Load: A Retrospective Cohort Study," *Journal of Epidemiology and Community Health* 70 (2016): 748–754.
23 **In 1915, Dr. Henry Chapin:** H. D. Chapin, "Are Institutions for Infants Necessary?," *Journal of the American Medical Association* 64, no. 1 (1915): 1–3.
24 **Many Americans ... rushed to adopt Romanian orphans:** T. Bahrampour, "A Lost Boy Finds His Calling," *The Washington Post,* January 30, 2014, https://www.washingtonpost.com/sf/style/2014/01/30/a-lost-boy-finds-his-calling/?utm_term=.cc5a7ffce49d.
25 **Early family experience is key not just to socialization:** K. L. Humphreys et al., "Foster Care Promotes Adaptive Functioning in Early Adolescence among Children Who Experienced Severe, Early Deprivation," *Journal of Child Psychology and Psychiatry* 59, no. 7 (2018): 811–821.
26 **As Charles Nelson notes:** T. Bahrampour, "Romanian Orphans Subjected to Deprivation Must Now Deal with Dysfunction," *The Washington Post,* January 30, 2014, https://www.washingtonpost.com/local/romanian-orphans-subjected-to-deprivation-must-now-deal-with-disfunction/2014/01/30/a9dbea6c-5d13-11e3-be07-006c776266ed_story.html?utm_term=.478da5126060.
27 **rates of autism among children raised in Mexico:** E. Fombonne et al., "Prevalence of Autism Spectrum Disorders in Guanajuato, Mexico: The Leon Survey," *Journal of Autism and Developmental Disorders* 46, no. 5 (2016): 1669–1685.
28 **"Loneliness is an especially tricky problem":** D. Khullar, "How Social Isolation Is Killing Us," *The New York Times,* December 22, 2016, https://www.nytimes.com/2016/12/22/upshot/how-social-isolation-is-killing-us.html.
29 **social isolation in the fruit fly:** K. Asahina et al., " Tachykinin-Expressing Neurons Control Male-Specific Aggressive Arousal in Drosophila," *Cell* 156, no. 1(2014): 221–235.
30 **mRNA translation are highly similar:** J. Shih, R. Hodge, and M. A. Andrade-Navarro, "Comparison of Inter- and Intraspecies Variation in Humans and Fruit Flies," *Genomics Data* 3 (2015): 49–54.

31 **Social isolation for two weeks:** M. Zelikowsky et al., "The Neuropeptide Tac2 Controls a Distributed Brain State Induced by Chronic Social Isolation Stress," *Cell* 173, no. 5 (2018): 1265–1279.
32 **As Anderson says:** Cell Press, "One Way Social Isolation Changes the Mouse Brain," EurekAlert!, May 17, 2018, https://www.eurekalert.org/pub_releases /2018-05/cp-ows051018.php; see also Zelikowsky et al., "The Neuropepitide Tac2."
33 **Directly stimulating the nucleus accumbens:** V. Trezza et al., "Nucleus Accumbens μ-Opioid Receptors Mediate Social Reward," *Journal of Neuroscience* 31, no. 17 (2011): 6362–6370.
34 **Indirect stimulation, however, is possible in humans:** Trezza et al., "Nucleus Accumbens μ-Opioid Receptors."
35 **loneliness can be reduced simply by listening to music:** M. L. Chanda and D. J. Levitin, "The Neurochemistry of Music," *Trends in Cognitive Sciences* 17, no. 4 (2013): 179–193; V. Menon and D. J. Levitin, "The Rewards of Music Listening: Response and Physiological Connectivity of the Mesolimbic System," *Neuroimage* 28, no. 1 (2005): 175–184.
36 **"therapeutic lag":** S. M. Wang et al., "Five Potential Therapeutic Agents as Antidepressants: A Brief Review and Future Directions," *Expert Review of Neurotherapeutics* 15, no. 9 (2015): 1015–1029.
37 **Cognitive behavioral therapy ... was shown in a Norwegian study:** H. M. Nordahl et al., "Paroxetine, Cognitive Therapy or Their Combination in the Treatment of Social Anxiety Disorder with and without Avoidant Personality Disorder: A Randomized Clinical Trial," *Psychotherapy and Psychosomatics* 85, no. 6 (2016): 346–356.
38 **learning to control lifestyle elements:** L. C. Hawkley and J. T. Cacioppo, "Loneliness Matters: A Theoretical and Empirical Review of Consequences and Mechanisms," *Annals of Behavioral Medicine* 40, no. 2 (2010): 218–227; S. Ni et al., "Effect of Gratitude on Loneliness of Chinese College Students: Social Support as a Mediator," *Social Behavior and Personality* 43, no. 4 (2015): 559–566.
39 **Those social benefits appear also to accrue:** C. Lim and R. D. Putnam, "Religion, Social Networks, and Life Satisfaction," *American Sociological Review* 75, no. 6(2010): 914–933.
40 **Paul Tang:** Khullar, "How Social Isolation Is Killing Us."
41 **The Canadian Longitudinal Study on Aging:** Canadian Longitudinal Study on Aging, "Canadian Longitudinal Study on Aging Releases First Report on Health and Aging in Canada," May 22, 2018, https://www.clsa-elcv.ca/stay-informed/new-clsa/2018/canadian-longitudinal-study-aging-releases-first-report-health-and-aging.
42 **Befriending, matches up a volunteer with an older adult:** Befriending Networks, "What Is Befriending?," https://www.befriending.co.uk/aboutbefriending.php.
43 **British children's laureate Sir Michael Morpurgo writes:** https://www.broomhousecentre.org.uk/our-projects/youth-befriending/befriender-quotes-and-case-studies/.
44 **strategically and adaptively cultivating our social networks:** K. T. K. Lim and R. Yu, "Aging and Wisdom: Age- Related Changes in Economic and Social Decision Making,"

Frontiers in Aging Neuroscience 7 (2015): 120.

45 **In contrast, when constraints on time are perceived:** The structure and ideas of this paragraph were influenced by Lim and Yu, "Aging and Wisdom."

46 **socioemotional selectivity theory:** L. L. Carstensen and B. L. Fredrickson, "Influence of HIV Status and Age on Cognitive Representations of Others," *Health Psychology* 17, no. 6 (1998): 494; L. L. Carstensen, D. M. Isaacowitz, and S. T. Charles, "Taking Time Seriously: A Theory of Socioemotional Selectivity," *American Psychologist* 54, no. 3 (1999): 165; L. L. Carstensen, H. H. Fung, and S. T. Charles, "Socioemotional Selectivity Theory and the Regulation of Emotion in the Second Half of Life," *Motivation and Emotion* 27, no. 2 (2003): 103–123; C. E. Löckenhoff and L. L. Carstensen, "Socioemotional Selectivity Theory, Aging, and Health: The Increasingly Delicate Balance between Regulating Emotions and Making Tough Choices," *Journal of Personality* 72, no. 6(2004):1395–1424; L. L. Carstensen, "The Influence of a Sense of Time on Human Development," *Science* 312, no. 5782 (2006): 1913–1915.

47 **how we relate to the world:** J. Heckhausen, C. Wrosch, and R. Schulz, "A Motivational Theory of Life-Span Development," *Psychological Review* 117, no. 1 (2010): 32.

48 **better emotional balance:** Löckenhoff and Carstensen, "Socioemotional Selectivity Theory."

49 **less likely to experience negative thoughts as we age:** T. Hedden and J. D. Gabrieli, "Insights into the Ageing Mind: A View from Cognitive Neuroscience," *Nature Reviews Neuroscience* 5, no. 2 (2004): 87.

50 **exert some control over our environment:** L. A. Leotti, S. S. Iyengar, and K. N. Ochsner, "Born to Choose: The Origins and Value of the Need for Control," *Trends in Cognitive Sciences* 14, no. 10 (2010): 457–463.

51 **choice and responsibility in nursing home:** E. J. Langer and J. Rodin, "The Effects of Choice and Enhanced Personal Responsibility for the Aged: A Field Experiment in an Institutional Setting," *Journal of Personality and Social Psychology* 34, no. 2 (1976):191.

52 **Albert Bandura ... uses the terms** agency **and** self-efficacy**:** A. Bandura and R. Wood, "Effect of Perceived Controllability and Performance Standards on Self-Regulation Complex Decision Making," *Journal of Personality and Social Psychology* 56, no. 5 (1989): 805.

53 **great activity in the putamen when they choose:** E. M. Tricomi, M. R. Delgado, and J. A. Fiez, "Modulation of Caudate Activity by Action Contingency," *Neuron* 41, no. 2(2004): 281–292; G. Coricelli et al., "Regret and Its Avoidance: A Neuroimaging Study of Choice Behavior," *Nature Neuroscience* 8, no. 9 (2005): 1255.

54 **Choosing...activates the brain's reward system:** Leotti, Iyengar, and Ochsner, "Born to Choose."

55 **friends and family play a critical role:** R. M. Ryan et al., "The Significance of Autonomy and Autonomy Support in Psychological Development and Psychopathology," in *Developmental Psychopathology,* vol. 1, *Theory and Method,* ed. D. Cicchetti and D. J. Cohen, pp. 795–849 (Hoboken, NJ: John Wiley and Sons, 2015).

56 **Anthony Mancinelli of New York:** C. Kilgannon, "The World's Oldest Barber Is 107 and Still Cutting Hair Full Time," *The New York Times,* October 7, 2018, https://www.nytimes.com/2018/10/07/nyregion/worlds-oldest-barber-anthony-mancinelli.html.

57 **Maxine Waters..."We moan and groan":** Y. Hayashi and R. Tracy, "Partisan or Deal Maker? Maxine Waters Rises as Banking Industry's Overseer," *The Wall Street Journal,* November 20, 2018, https://www.wsj.com/articles/partisan-or-deal-maker-maxine-waters-rises-as-banking-industrys-overseer-1542717000.

58 **pay more attention to the positive things in their lives:** A. P. Shimamura, *Get SMART! Five Steps toward a Healthy Brain* (Scotts Valley, CA: CreateSpace, 2017).

59 **Art Shimamura describes it this way:** Shimamura, *Get SMART!*.

60 **having a large social network:** Shimamura, *Get SMART!*.

61 **urgent need to identify lifestyle activities:** N. D. Anderson et al., "The Benefits Associated with Volunteering among Seniors: A Critical Review and Recommendations for Future Research," *Psychological Bulletin* 140, no. 6(2014): 1505.

62 **volunteering is associated with reduced symptoms of depression:** Anderson et al., "The Benefits Associated with Volunteering."

63 **volunteering worldwide contributes:** International Labour Organization, *Manual on the Measurement of Volunteer Work* (Geneva, Switzerland: International Labour Organization, 2011).

64 **Volunteers in a controlled study showed improvements:** M. C. Carlson et al., "Exploring the Effects of an 'Everyday' Activity Program on Executive Function and Memory in Older Adults: Experience Corps," *Gerontologist* 48 (2008): 793–801.

65 **Volunteering in management or committee roles:** T. D. Windsor, K. J. Anstey, and B. Rodgers, "Volunteering and Psychological Well-Being among Young-Old Adults: How Much Is Too Much?," *Gerontologist* 48, no. 1 (2008): 59–70.

第 7 章 疼痛：这样很疼

1 **Pain accounts for 80 percent of trips to the doctor in the United States:** R. J. Gatchel et al., "Biopsychosocial Approach to Chronic Pain: Scientific Advances and Future Directions," *Psychological Bulletin* 133, no. 4 (2007): 581.

2 **It hurts when I do this:** The subtitle of this chapter is from an old vaudeville joke. A man goes to his doctor, and jerking his elbow hard and to the side, he says, "It hurts when I do this." The doctor replies, "Don't do that!"

3 **Anxiety has been shown to demonstrably increase pain:** C. S. Lin, S. Y. Wu, and C. A. Yi, "Association between Anxiety and Pain in Dental Treatment: A Systematic Review and Meta-analysis," *Journal of Dental Research* 96, no. 2 (2017): 153–162; M. Zhuo, "Neural Mechanisms Underlying Anxiety—Chronic Pain Interactions," *Trends in Neurosciences* 39, no. 3 (2016): 136–145.

4 **30 percent of the population is experiencing chronic pain:** N. D. Volkow and A. T.

McLellan, "Opioid Abuse in Chronic Pain—Misconceptions and Mitigation Strategies," *New England Journal of Medicine* 374, no. 13 (2016): 1253–1263.

5   **The Global Burden of Disease Project:** World Health Organization, "About the Global Burden of Disease (GBD) Project," https://www.who.int/healthinfo/global_burden_disease/about/en/; http://www.healthdata.org/data-visualization/gbd-compare; R. Lozano et al., "Global and Regional Mortality from 235 Causes of Death for 20 Age Groups in 1990 and 2010: A Systematic Analysis for the Global Burden of Disease Study 2010," *Lancet* 380, no. 9859 (2012): 2095–2128.

6   **the project provides an interactive map:** http://www.healthdata.org/data-visualization/gbd-compare.

7   **The costs of treating chronic pain:** D. J. Gaskin and P. Richard, "The Economic Costs of Pain in the United States," *Journal of Pain* 13, no. 8 (2012): 715–724.

8   **the current opioid epidemic:** N. D. Volkow and A. T. McLellan, "Opioid Abuse in Chronic Pain—Misconceptions and Mitigation Strategies," *New England Journal of Medicine* 374, no. 13 (2016): 1253–1263.

9   **paper published just after World War II:** H. K. Beecher, "Pain in Men Wounded in Battle," *Annals of Surgery* 123, no. 1 (1946): 96.

10 **Pain also has an emotional, affective component:** The observation that sensory and affective components of pain are distinguishable was the basis for Melzack and Wall's (1965) paper, which launched the modern study of pain; R. Melzack and P. D. Wall, "Pain Mechanisms: A New Theory," *Science* 150 (1965): 971–979; see also J. Katz and B. N. Rosenbloom, "The Golden Anniversary of Melzack and Wall's Gate Control Theory of Pain: Celebrating 50 Years of Pain Research and Management," *Pain Research and Management* 20, no. 6 (2015): 285–286.

11 **"There was no dependable relation":** H. K. Beecher, "Relationship Significance of Wound to Pain Experienced," *Journal of the American Medical Association* 161, no. 17 (1956): 1609–1613.

12 **the brain can override everything:** Melzack and Wall, "Pain Mechanisms."

13 **McGill Pain Questionnaire:** R. Melzack, "The McGill Pain Questionnaire from Description to Measurement," *Anesthesiology* 103, no. 1 (2005): 199–202.

14 **"the sensory components of pain and the feeling-related components":** R. D. Treede et al., "The Cortical Representation of Pain," *Pain* 79, nos. 2–3 (1999): 105–111.

15 **lower resolution for distinguishing touch in different parts of your body:** There's a separate cortical representation map for motor movements, also derived by Penfield, with a linear map of how muscles from head to toe are represented in the brain. The muscles of the face and pharynx take up about 40 percent of all your motor cortex, and the hands take up another 30 percent. That means that controlling the entrie rest of your body gets only 30 percent of the cortex. That 70 percent allows us to speak, to gesture while we speak, and to play musical instruments. The 30 percent dedicated to the hands is what allows watchmakers and painters and other highly skilled professionals to pursue their work, and research

shows that those areas become enlarged with more training and experience.
16 **The different types of pain...map to different brain regions:** M. C. Bushnell, M. Čeko, and L. A. Low, "Cognitive and Emotional Control of Pain and Its Disruption Chronic Pain," *Nature Reviews Neuroscience* 14, no. 7 (2013): 502.
17 **cutaneous pain...and visceral pain...are experienced very differently:** I. A. Strigo et al., "Psychophysical Analysis of Visceral and Cutaneous Pain in Human Subjects," *Pain* 97, no. 3 (2002): 235–246. Subjects were subjected to heat pain on their chest, or a balloon was inflated in their esophagus. The esophageal balloon creates a discomfort similar to the endorectal balloon sometimes used in endoscopy. The cutaneous heat used was up to 46 degrees Celsius (115 degrees Fahrenheit), and the visceral pressure was up to 40 mmHg.
18 **visceral pain is more difficult to localize:** Strigo et al., "Psychophysical Analysis."
19 **This leads to a certain imprecision:** F. Cervero and L. A. Connell, "Distribution of Somatic and Visceral Primary Afferent Fibres within the Thoracic Spinal Cord of the Cat," *Journal of Comparative Neurology* 230, no. 1 (1984): 88–98; F. Cervero and L. A. Connell, "Fine Afferent Fibers from Viscera Do Not Terminate in the Substantia Gelatinosa of the Thoracic Spinal Cord," *Brain Research* 294, no. 2 (1984): 370–374.
20 **Visceral pain in turn elicits greater activation:** I. A. Strigo et al., "Differentiation of Visceral and Cutaneous Pain in the Human Brain," *Journal of Neurophysiology* 89 (2003): 3294–3303.
21 **Administration of ketamine:** I. A. Strigo et al., "The Effects of Racemic Ketamine on Painful Stimulation of Skin and Viscera in Human Subjects," *Pain* 113, (2005): 255–264.
22 **The anticipation of pain lights up:** P. Raineville, "Brain Mechanisms of Pain Affect and Pain Modulation," *Current Opinion in Neurobiology* 12 (2002):195–204.
23 **toddlers with HSAD/CIPA:** L. Sztriha et al., "Congenital Insensitivity with Anhidrosis," *Pediatric Neurology* 25, no. 1 (2001): 63–66.
24 **Twenty percent of people with this disorder:** S. Mardy et al., "Congenital Insensitivity to Pain with Anhidrosis (CIPA): Effect of TRKA (NTRK1) Missense Mutations on Autophosphorylation of the Receptor Tyrosine Kinase for Nerve Growth Factor," *Human Molecular Genetics* 10, no. 3 (2001):179–188.
25 **The SCN9A gene encodes for:** NIH, US National Library of Medicine, Genetics Home Reference, "SCN9A Gene," https://ghr.nlm.nih.gov/gene/SCN9A#location.
26 **Another type of HSAD:** E. M. Nagasako, A. L. Oaklander, and R. H. Dworkin, "Congenital Insensitivity to Pain: An Update," *Pain* 101, no. 3 (2003): 213–219.
27 **reaction to pain typically follows a sequence:** P. D. Wall, *Pain: The Science of Suffering* (New York: Columbia University Press, 2000).
28 **acute, short-term pain has survival value:** R. Y. Hwang et al., "Nociceptive Neurons Protect Drosophila Larvae from Parasitoid Wasps," *Current Biology* 17, no. 24 (2007): 2105–2116; Nagasako et al., "Congenital Insensitivity to Pain."
29 **purpose of chronic pain:** R. J. Crook et al., "Nociceptive Sensitization Reduces Predation Risk," *Current Biology* 24, no. 10 (2014): 1121–1125.

30　**"They responded more strongly to visual stimuli":** D. Netburn, "What Injured Squid Can Teach Us about Irritability and Pain," *Los Angeles Times,* May 8, 2014.

31　**humans in pain can be more attentive:** L. Tiemann et al., "Behavioral and Neuronal Investigations of Hypervigilance in Patients with Fibromyalgia Syndrome," *PLoS One* 7, no. 4 (2012): e35068.

32　**culture defines what is acceptable:** S. Linton, *Understanding Pain for Better Clinical Practice: A Psychological Perspective,* vol. 16 (New York: Elsevier Health Sciences, 2005), p. 15.

33　**people of different ethnicities experience and communicate pain:** R. Moore and I. Brodsgaard, " Cross-Cultural Investigations of Pain," *Epidemiology of Pain* (1999): 53–80.

34　**Parents may encourage a more stoic view:** Linton, *Understanding Pain,* p. 14.

35　**As psychological scientist Steven Linton says:** Linton, *Understanding Pain,* p. 3.

36　**the enormous success of placebos:** D. D. Price, D. G. Finniss, and F. Benedetti, "A Comprehensive Review of the Placebo Effect: Recent Advances and Current Thought," *Annual Review of Psychology* 59 (2008): 565–590.

37　**a placebo was effective in 35 percent of patients:** R. Dobrila-Dintinjana and A. Načinović-Duletić, "Placebo in the Treatment of Pain," *Collegium Antropologicum* 35, no. 2 (2011): 319–323.

38　**chronic knee osteoarthritis:** P. Tétreault et al., "Brain Connectivity Predicts Placebo Response across Chronic Pain Clinical Trials," *PLoS Biology* 14, no. 10 (2016): e1002570.

39　**placebo effects in acupuncture:** M. Cummings, "Modellvorhaben Akupunktur—a Summary of the ART, ARC and GERAC Trials," *Acupuncture in Medicine* 27, no. 1 (2009): 26–30; K. Linde et al., "The Impact of Patient Expectations on Outcomes in Four Randomized Controlled Trials of Acupuncture in Patients with Chronic Pain," *Pain* 128, no. 3 (2007): 264–271; D. C. Cherkin et al., "A Randomized Trial Comparing Acupuncture, Simulated Acupuncture, and Usual Care for Chronic Low Back Pain," *Archives of Internal Medicine* 169, no. 9 (2009): 858–866.

40　**the gene that confers red hair:** J. S. Mogil et al., "Melanocortin-1 Receptor Gene Variants Affect Pain and μ-opioid Analgesia in Mice and Humans," *Journal of Medical Genetics* 42, no. 7 (2005): 583–587.

41　**response to stress and pain can be passed to infants:** D. Francis et al., "Nongenomic Transmission across Generations of Maternal Behavior and Stress Responses in the Rat," *Science* 286, no. 5442 (1999): 1155–1158.

42　**Nobel Prize–winning psychologist Daniel Kahneman:** D. Kahneman et al., "When More Pain Is Preferred to Less: Adding a Better End," *Psychological Science* 4, no. 6 (1993): 401–405.

43　**A central goal of modern medical practice:** Linton, *Understanding Pain,* p. 14.

44　**the recent North American opioid epidemic:** US Department of Health and Human Services, "What Is the U.S. Opioid Epidemic?," January 22, 2019, https://www.hhs.gov/opioids/about-the-epidemic/index.html;National Institute on Drug Abuse, "Opioid Overdose Crisis," January 2019, https://www.drugabuse.gov/drugs-abuse/opioids/opioid-overdose-crisis.

45 **switch from oral to topical analgesics:** T. J. Atkinson et al., "Medication Pain Management in the Elderly: Unique and Underutilized Analgesic Treatment Options," *Clinical Therapeutics* 35, no. 11 (2013): 1669–1689.

46 **The most used NSAID worldwide diclofenac:** B. R. Da Costa et al., "Effectiveness of Non-Steroidal Anti-Inflammatory Drugs for the Treatment of Pain in Knee and Hip Osteoarthritis: Network Meta-Analysis," *Lancet* 390, no. 10090 (2017): e21–e33.

47 **The oral version diclofenac:** C. A. Heyneman, C. Lawless-Liday, and G. C. Wall, "Oral versus Topical NSAIDs in Rheumatic Diseases," *Drugs* 60, no. 3 (2000): 555–574.

48 **Yoga practice enlarges the insula:** C. Villemure et al., "Insular Cortex Mediates Increased Pain Tolerance in Yoga Practitioners," *Cerebral Cortex* 24, no. 10 (2013): 2732–2740. Several styles of yoga were studied: the practice of physical postures (asnan in Sanskrit), breathing exercises (*pranayama*), concentration exercises that focus and stabilize attention (*dharana*), and meditation (*dhyana*).

49 **Mild exercise can reduce pain:** M. H. Pitcher et al., "Modest Amounts of Voluntary Exercise Reduce Pain- and Stress- Related Outcomes in a Rat Model of Persistent Hind Limb Inflammation," *Journal of Pain* 18, no. 6 (2017): 687–701.

50 **"Exercise is the best analgesic":** J. Mogil, personal communication, July 20, 2019.

51 **Neuropathy affects nearly 8 percent of older adults:** R. W. Shields, "Peripheral Neuropathy," August 2010, www.clevelandclinicmeded.com/medicalpubs/diseasemanagement/neurology/peripheral-neuropathy/.

52 **blocking substance P could relieve pain:** R. Hill, "NK1 (Substance P) Receptor Antagonists—Why Are They Not Analgesic in Humans?," *Trends in Pharmacological Sciences* 21, no. 7 (2000): 244–246.

53 **regulating mood, anxiety, and stress:** K. Ebner and N. Singewald, "The Role of Substance P in Stress and Anxiety Responses," *Amino Acids* 31, no. 3 (2006): 251–272.

54 **the growth of new neurons:** S. W. Park et al., "Substance P Is a Promoter of Adult Neural Progenitor Cell Proliferation under Normal and Ischemic Conditions," *Journal of Neurosurgery* 107, no. 3 (2007): 593–599.

55 **wound healing, and the growth of new cells:** T. W. Reid et al., "Stimulation of Epithelial Cell Growth by the Neuropeptide Substance P," *Journal of Cellular Biochemistry* 52, no. 4 (1993): 476–485; S. M. Brown et al., "Neurotrophic and Anhidrotic Keratopathy Treated with Substance P and Insulinlike Growth Factor 1," *Archives of Ophthalmology* 115, no. 7 (1997): 926–927.

56 **Pain in one part of the skin can cause:** V. Gangadharan and R. Kuner, "Pain Hypersensitivity Mechanisms at a Glance," *Disease Models and Mechanisms* 6, no.4 (2013): 889–895.

57 **Allodynia can occur:** A. Latremoliere and C. J. Woolf, "Central Sensitization: A Generator of Pain Hypersensitivity by Central Neural Plasticity," *Journal of Pain* 10, no. 9 (2009): 895–926.

58 **relief from notalgia paresthetica through exercise:** A. B. Fleischer, T. J. Meade, and A. B. Fleischer, "Notalgia Paresthetica: Successful Treatment with Exercises," *Acta Dermato-venereologica* 91, no. 3 (2011): 356–357.

59 **distraction diminishes pain signals in the insula:** M. C. Bushnell, M. Čeko, and L. A. Low, "Cognitive and Emotional Control of Pain and Its Disruption in Chronic Pain," *Nature Reviews Neuroscience* 14, no. 7 (2013): 502.

60 **Effective distraction while in pain:** N. J. Stagg et al., "Regular Exercise Reverses Sensory Hypersensitivity in a Rat Neuropathic Pain Model: Role of Endogenous Opioids," *Anesthesiology* 114, no. 4 (2011): 940–948.

61 **Steven Linton describes the role of an enriched environment:** Linton, *Understanding Pain*, p. 28.

62 **This lowering of the general pain threshold:** K. B. Jensen et al., "Evidence of Dysfunctional Pain Inhibition in Fibromyalgia Reflected in rACC during Provoked Pain," *Pain* 144, nos. 1–2 (2009): 95–100; M. N. Baliki et al., "Chronic Pain and the Emotional Brain: Specific Brain Activity Associated with Spontaneous Fluctuations of Intensity of Chronic Back Pain," *Journal of Neuroscience* 26, no. 47 (2006): 12165–12173.

63 **Structural brain changes have been observed:** K. D. Davis and M. Moayedi, "Central Mechanisms of Pain Revealed through Functional and Structural MRI," *Journal of Neuroimmune Pharmacology* 8, no. 3 (2013): 518–534.

64 **"The original Phase 2 study":** J. Mogil, personal communication, June 5, 2018.

65 **The side effects of polypharmacy:** M. C. S. Rodrigues and C. D. Oliveira, "Drug-Drug Interactions and Adverse Drug Reactions in Polypharmacy among Older Adults: An Integrative Review," *Revista Latino-Americana de Enfermagem* (2016): 24.

66 **primary cause of confusion:** O. C. Gleason, "Delirium," *American Family Physician* 67, no. 5 (2003): 1027–1034.

第二部分 我们的选择

1 **Faulty or misaligned internal clocks:** A. A. Kondratova and R. V. Kondratov, "The Circadian Clock and Pathology of the Ageing Brain," *Nature Reviews Neuroscience* 13, no. 5 (2012): 325.

第 8 章 生物钟：现在是凌晨两点，为什么我饿了

1 **Have you ever woken in the middle:** This opening gambit was inspired by that used by U. Schibler and P. Sassone-Corsi, "A Web of Circadian Pacemakers," *Cell* 111, no. 7 (2002): 919–922.

2 **Circadian rhythms are:** T. Roenneberg and M. Merrow, "The Circadian Clock and Human Health," *Current Biology* 26, no. 10 (2016): R432–R443.

3 **Biological clocks evolved early in evolutionary history:** J. C. Dunlap and J. J. Loros,

"Making Time: Conservation of Biological Clocks from Fungi to Animals," *Microbiology Spectrum* 5, no. 3 (2017).

4 **Clocks have also been found in a bread mold:** R. Lehmann et al., "Morning and Evening Peaking Rhythmic Genes Are Regulated by Distinct Transcription Factors in *Neurospora crassa*," in *Information and Communication Theory in Molecular Biology*, ed. M. Bossert, Lecture Notes in Bioengineering (Cham, Switzerland: Springer, 2018).

5 **In the aplysia, scientists have found:** L. L. Moroz et al., "Neuronal Transcriptome of Aplysia: Neuronal Compartments and Circuitry," *Cell* 127, no. 7 (2006): 1453–1467.

6 **clocks orchestrate the opening and closing of leaf:** Genetic Science Learning Center, "The Time of Our Lives," March 1, 2016, https://learn.genetics.utah.edu/content/basics/clockgenes/.

7 **They also exert a large influence on aging:** O. Froy, "Circadian Rhythms, Aging, and Life Span in Mammals," *Physiology* 26, no. 4 (2011): 225–235; H. Li and E. Satinoff, "Fetal Tissue Containing the Suprachiasmatic Nucleus Restores Multiple Circadian Rhythms in Old Rats," *American Journal of Physiology—Regulatory, Integrative and Comparative Physiology* 275, no. 6 (1998): R1735–R1744.

8 **All cells in the brain and body:** In humans, clocks are presumed to exist in every cell; they have been found in the adrenal glands, esophagus, lungs, liver, pancreas, spleen, thymus, skin, and brain.

9 **Our SCN...is sensitive to inputs from the retina:** S. B. S. Khalsa et al., "A Phase Response Curve to Single Bright Light Pulses in Human Subjects," *Journal of Physiology* 549, no. 3 (2003): 945–952; K. N. Paul, T. B. Saafir, and G. Tosini, "The Role of Retinal Photoreceptors in the Regulation of Circadian Rhythms," *Reviews in Endocrine and Metabolic Disorders* 10, no. 4 (2009): 271–278; J. M. Zeitzer et al., "Response of the Human Circadian System to Millisecond Flashes of Light," *PLoS One* 6, no. 7 (2011): e22078; P. C. Zee and P. Manthena, "The Brain's Master Circadian Clock: Implications and Opportunities for Therapy of Sleep Disorders," *Sleep Medicine Reviews* 11, no. 1 (2007): 59–70.

10 **The SCN communicates time-of-day information:** C. Dibner and U. Schibler, "Circadian Timing of Metabolism in Animal Models and Humans," *Journal of Internal Medicine* 277, no. 5 (2015): 513–527.

11 **Tissues in the liver and pancreas regulate:** S. Hood and S. Amir, "The Aging Clock: Circadian Rhythms and Later Life," *Journal of Clinical Investigation* 127, no. 2 (2017): 437–446.

12 **The timing of meals:** G. Asher and P. Sassone-Corsi, "Time for Food: The Intimate Interplay between Nutrition, Metabolism, and the Circadian Clock," *Cell* 161 (2015): 84–93.

13 **SCN (suprachiasmatic nucleus in the hypothalamus) can regulate the microbiome:** Asher and Sassone-Corsi, "Time for Food."

14 **Different chronotypes have a genetic:** T. Roenneberg, "What Is Chronotype?," *Sleep and Biological Rhythms* 10, no. 2 (2012): 75–76; T. Roenneberg, A. Wirz-Justice, and M. Merrow, "Life between Clocks: Daily Temporal Patterns of Human Chronotypes," *Journal of*

Biological Rhythms 18, no. 1 (2003): 80–90.

15   **waking their body up before it is biologically ready:** E. Laber-Warren, "Up for the Job? Check the Clock," *The New York Times,* December 25, 2018, p. D1.

16   **an experiment at the ThyssenKrupp steel factory:** C. Vetter et al., "Aligning Work and Circadian Time in Shift Workers Improves Sleep and Reduces Circadian Disruption," *Current Biology* 25, no. 7 (2015): 907–911.

17   **Once their chronotypes were aligned:** Laber-Warren, "Up for the Job?"

18   **sleep deprivation is responsible for some of the worst industrial disasters:** S. Horstmann et al., "Sleepiness-Related Accidents in Sleep Apnea Patients," *Sleep* 23, no. 3 (2000): 383–392.

19   **"Some must watch while some must sleep":** W. Shakespeare, *The Tragedy of Hamlet,* act 3, scene 2.

20   **The sentinel hypothesis is:** D. R. Samson et al., "Chronotype Variation Drives Night-Time Sentinellike Behaviour in Hunter-Gatherers," *Proceedings of the Royal Society B: Biological Sciences* 284, no. 1858 (2017): 20170967.

21   **Chronotype is heritable:** D. A. Kalmbach et al., "Genetic Basis of Chronotype in Humans: Insights from Three Landmark GWAS," *Sleep* 40, no. 2 (2017).

22   **researchers analyzed the genomes of seven hundred thousand Britons:** S. E. Jones et al., "Genome-wide Association Analyses of Chronotype in 697,828 Individuals Provides Insights into Circadian Rhythms," *Nature Communications* 10, no. 1 (2019): 343.

23   **"poorly sleeping grandparent hypothesis":** Samson et al., "Chronotype Variation."

24   **The Hadza are a group of about twelve hundred people:** F. Marlowe, *The Hadza: Hunter-Gatherers of Tanzania* (Berkeley: University of California Press, 2010).

25   **signaling deficit is due to loss:** S. Michel, G. D. Block, and J. H. Meijer, "The Aging Clock," in *Circadian Medicine,* 1st ed., ed. C. S. Colwell, pp. 321–335 (Hoboken, NJ: John Wiley and Sons, 2015).

26   **transplanting young tissue into the SCN of hamsters:** M. W. Hurd and M. R. Ralph, "The Significance of Circadian Organization for Longevity in the Golden Hamster," *Journal of Biological Rhythms* 13, no. 5 (1998): 430–436; H. Li and E. Satinoff, "Fetal Tissue Containing the Suprachiasmatic Nucleus Restores Multiple Circadian Rhythms in Old Rats," *American Journal of Physiology—Regulatory, Integrative and Comparative Physiology* 275, no. 6 (1998): R1735–R1744.

27   **rhythms of the genes PER1 and PER2:** Hood and Amir, "The Aging Clock."

28   **Postmortem studies of dementia patients' brains:** D. G. Harper et al., "Dorsomedial SCN Neuronal Subpopulations Subserve Different Functions in Human Dementia," *Brain* 131, no. 6 (2008): 1609–1617; Michel et al., "The Aging Clock."

29   **Repetitive disturbances of the circadian rhythm:** M. H. Smolensky et al., "Circadian Disruption: New Clinical Perspective of Disease Pathology and Basis for Chronotherapeutic Intervention," *Chronobiology International* 33, no. 8 (2016): 1101–1119.

30   **Sundowner's syndrome:** Michel et al., "The Aging Clock."

31 **time-zone shift:** S. Forbes-Robertson et al., "Circadian Disruption and Remedial Interventions," *Sports Medicine* 42, no. 3 (2012): 185–208.
32 **Eating within two hours of bedtime:** M. P. Mattson et al., "Meal Frequency and Timing in Health and Disease," *Proceedings of the National Academy of Sciences* 111, no. 47 (2014): 16647–16653.
33 **Alcohol is known to disrupt sleep cycles:** C. B. Forsyth et al., "Circadian Rhythms, Alcohol and Gut Interactions," *Alcohol* 49, no. 4 (2015): 389–398; G. R. Swanson et al., "Decreased Melatonin Secretion Is Associated with Increased Intestinal Permeability and Marker of Endotoxemia in Alcoholics," *American Journal of Physiology—Gastrointestinal and Liver Physiology* 308, no. 12 (2015): G1004–G1011.
34 **high-fat diets tend to advance the clock:** K. Eckel-Mahan and P. Sassone-Corsi, "Metabolism and the Circadian Clock Converge," *Physiological Reviews* 93, no. 1 (2013): 107–135; V. Leone et al., "Effects of Diurnal Variation of Gut Microbes and High-Fat Feeding on Host Circadian Clock Function and Metabolism," *Cell Host and Microbe* 17, no. 5 (2015): 681–689; A. Zarrinpar et al., "Diet and Feeding Pattern Affect the Diurnal Dynamics of the Gut Microbiome," *Cell Metabolism* 20, no. 6 (2014): 1006–1017.
35 **Light therapy and melatonin treatments:** Kondratova and Kondratov, "The Circadian Clock"; R. F. Riemersma-Van Der Lek et al., "Effect of Bright Light and Melatonin on Cognitive and Noncognitive Function in Elderly Residents of Group Care Facilities: A Randomized Controlled Trial," *Journal of the American Medical Association* 299, no. 22 (2008): 2642–2655.
36 **effective in people with Alzheimer's:** D. P. Cardinali, A. M. Furio, and L. I. Brusco, "Clinical Aspects of Melatonin Intervention in Alzheimer's Disease Progression," *Current Neuropharmacology* 8, no. 3 (2010): 218–227.
37 **In lab studies, melatonin interacts with beta-amyloid protein:** R. Hornedo-Ortega et al., "In Vitro Effects of Serotonin, Melatonin, and Other Related Indole Compounds on Amyloid-β Kinetics and Neuroprotection," *Molecular Nutrition and Food Research* 62, no. 3 (2018): 1700383; M. Shukla et al., "Mechanisms of Melatonin in Alleviating Alzheimer's Disease," *Current Neuropharmacology* 15, no. 7 (2017): 1010–1031.
38 **melatonin use in early-stage Alzheimer's:** A. de Jonghe et al., "Effectiveness of Melatonin Treatment on Circadian Rhythm Disturbances in Dementia. Are There Implications for Delirium? A Systematic Review," *International Journal of Geriatric Psychiatry* 25, no. 12 (2010): 1201–1208.
39 **noticeable individual differences in how melatonin:** A. J. Lewy, "Circadian Misalignment in Mood Disturbances," *Current Psychiatry Reports* 11, no. 6 (2009): 459; A. J. Lewy, "Clinical Implications of the Melatonin Phase Response Curve," *Journal of Clinical Endocrinology and Metabolism* 95, no. 7 (2010): 3158–3160.
40 **Sleep-medicine specialist Alfonso Padilla:** A. Padilla, personal communication, August 26, 2019.
41 **next most effective treatment:** A. M. Schroeder et al., "Voluntary Scheduled Exercise

Alters Diurnal Rhythms of Behaviour, Physiology and Gene Expression in Wild-Type and Vasoactive Intestinal Peptide-Deficient Mice," *Journal of Physiology* 590, no. 23 (2012): 6213–6226; Y. Yamanaka et al., "Physical Exercise Accelerates Reentrainment of Human Sleep-Wake Cycle but Not of Plasma Melatonin Rhythm to 8-H Phase-Advanced Sleep Schedule," *American Journal of Physiology—Regulatory, Integrative and Comparative Physiology* 298, nos. 3 (2009): R681–R691.

42 **Caffeine is one of the most:** J. W. Daly, J. Holmen, and B. B. Fredholm, "Is Caffeine Addictive? The Most Widely Used Psychoactive Substance in the World Affects Same Parts of the Brain as Cocaine," *Lakartidningen* 95, nos. 51–52 (1998): 5878–5883.

43 **caffeine interferes with the human circadian clock:** M. Lazarus et al., "Adenosine and Sleep," in *Handbook of Experimental Pharmacology*, ed. J. Barret (Berlin: Springer, 2017).

44 **lengthen the daytime activity rhythm in fruit flies:** T. M. Burke et al., "Effects of Caffeine on the Human Circadian Clock In Vivo and In Vitro," *Science Translational Medicine* 7, no. 305 (2015): 305ra146.

45 **The detrimental effects of caffeine on sleep:** Clark and Landolt, "Coffee, Caffeine, and Sleep."

46 **Using cultured cells in vitro:** Burke et al., "Effects of Caffeine."

47 **elite athletes...chronotype:** M. Lastella et al., "The Chronotype of Elite Athletes," *Journal of Human Kinetics* 54, no. 1 (2016): 219–225.

48 **Because chronotypes fall along a continuum:** L. C. Roden, T. D. Rudner, and D. E. Rae, "Impact of Chronotype on Athletic Performance: Current Perspectives," *ChronoPhysiology and Therapy* 7 (2017): 1–6; J. A. Vitale and A. Weydahl, "Chronotype, Physical Activity, and Sport Performance: A Systematic Review," *Sports Medicine* 47, no. 9 (2017): 1859–1868.

49 **An elite runner who:** S. Forbes-Robertson et al., "Circadian Disruption and Remedial Interventions," *Sports Medicine* 42, no. 3 (2012): 185–208.

50 **affect performance in American football:** J. Roy and G. Forest, "Greater Circadian Disadvantage during Evening Games for the National Basketball Association (NBA), National Hockey League (NHL) and National Football League (NFL) Teams Travelling Westward," *Journal of Sleep Research* 27, no. 1 (2017): 86–89; A. Song, T. Severini, and R. Allada, "How Jet Lag Impairs Major League Baseball Performance," *Proceedings of the National Academy of Sciences* 114, no. 6 (2017): 1407–1412.

51 **decoupling can cause problems:** Kondratova and Kondratov, "The Circadian Clock."

第 9 章　饮食：健脑食品、益生菌和自由基

1 **tomatoes are good for you:** S. Agarwal and A. V. Rao, "Tomato Lycopene and Its Role in Human Health and Chronic Diseases," *Canadian Medical Association Journal* 163, no. 6 (2000): 739–744; A. V. Rao and L. G. Rao, "Carotenoids and Human Health," *Pharmacological Research* 55, no. 3 (2007): 207–216.

2   **The American Medical Association has admonished:** J. C. Tilburt, M. Allyse, and F. W. Hafferty, "The Case of Dr. Oz: Ethics, Evidence, and Does Professional Self-Regulation Work?," *AMA Journal of Ethics* 19, no. 2 (2017): 199–206.
3   **their glucose metabolism:** A. Astrup and M. F. Hjorth, "Low-Fat or Low Carb for Weight Loss? It Depends on Your Glucose Metabolism," *EBioMedicine* 22 (2017): 20–21.
4   **the activity of lipoprotein lipase:** R. H. Eckel, ed., *Obesity: Mechanisms and Clinical Management* (Philadelphia: Lippincott Williams and Wilkins, 2003).
5   **genetic factors:** E. Topol, "The A.I. Diet," *The New York Times,* March 3, 2019, p. SR1.
6   **nutrigenomics promises to fill this gap:** M. Müller and S. Kersten, "Nutrigenomics: Goals and Strategies," *Nature Reviews Genetics* 4, no. 4 (2003): 315.
7   **Stanford nutrition scientist Christopher Gardner:** S. Ipaktchian, "Read This and Lose 50 Pounds," *Stanford Medicine Magazine,* Fall 2007, http://sm.stanford.edu/archive/stanmed/2007fall/diet.html; see also C. D. Gardner et al., "Comparison of the Atkins, Zone, Ornish, and LEARN Diets for Change in Weight and Related Risk Factors among Overweight Premenopausal Women: The A to Z Weight Loss Study: A Randomized Trial," *Journal of the American Medical Association* 297, no. 9 (2007): 969–977.
8   **People on a diet typically:** R. H. Eckel, "The Dietary Approach to Obesity: Is It the Diet or the Disorder?," *Journal of the American Medical Association* 293, no. 1 (2005): 96–97.
9   **a research article that compared:** M. L. Dansinger et al., "Comparison of the Atkins, Ornish, Weight Watchers, and Zone Diets for Weight Loss and Heart Disease Risk Reduction: A Randomized Trial," *Journal of the American Medical Association* 293, no. 1 (2005): 43–53.
10 **restricting dietary carbohydrates offers:** C. B. Ebbeling et al., "Effects of a Low Carbohydrate Diet on Energy Expenditure during Weight Loss Maintenance: Randomized Trial," *British Medical Journal* 363 (2018): k4583.
11 **Kevin Hall, senior investigator:** K. D. Hall and J. Guo, "Carbs versus Fat: Does It Really Matter for Maintaining Lost Weight?," *bioRxiv* (2019): 476655.
12 **a diet purported to treat cancer:** N. Gonzalez, "The Gonzalez Protocol," n.d., https://thegonzalezprotocol.com/gonzalez-protocol/.
13 **he had to pay $2.5 million:** S. Lerner, "When Medicine Is Murder," *The Village Voice,* March 26, 2002.
14 **20 percent of Indian-manufactured Ayurvedic:** R. B. Phillips et al., "Lead, Mercury, and Arsenic in US- and Indian-manufactured Ayurvedic Medicines Sold via the Internet," *Journal of the American Medical Association* 300, no. 8 (2008): 915–923; Centers for Disease Control and Prevention, "Lead Poisoning Associated with Ayurvedic Medications—Five States, 2000–2003," *Morbidity and Mortality Weekly Report* 53, no. 26 (2004): 582–584.
15 **consumers who are contemplating alternative:** Mayo Clinic Staff, "Integrative Medicine: Evaluate CAM Claims," 2018, https://www.mayoclinic.org/healthy-lifestyle/consumer-health/indepth/alternative-medicine/art-20046087.
16 *Scientific American* **went to:** M. Wenner Moyer, "Why Almost Everything Dean Ornish

Says about Nutrition Is Wrong," *Scientific American,* 2015, https://www.scientificamerican.com/article/why-almost-everything-dean-ornish-says-aboutnutrition-is-wrong/.

17 **increased production of free radicals:** S. Liou, "About Free Radical Damage," Huntington's Outreach Project for Education at Stanford, June 29, 2011, https://hopes.stanford.edu/aboutfree-radical-damage/.

18 **a number of built-in antioxidant mechanisms:** T. A. Polk, *The Aging Brain* (Chantilly, VA: The Great Courses, 2016); Khan Academy, "Introduction to Cellular Respiration and Redox," n.d., https://www.khanacademy.org/science/biology/cellular-respiration-and-fermentation/intro-tocellular-respiration/a/intro-to-cellular-respiration-and-redox; R. Boumis, "What Is Being Oxidized and What Is Being Reduced in Cell Respiration?," *Sciencing,* May 29, 2019, https://sciencing.com/being-oxidized-being-reduced-cell-respiration-17081.html. This excerpt from an article by Lobo et al. fills in some more detail: The term [oxidative stress] is used to describe the condition of oxidative damage resulting when the critical balance between free radical generation and antioxidant defenses is unfavorable. Oxidative stress, arising as a result of an imbalance between free radical production and antioxidant defenses, is associated with damage to a wide range of molecular species including lipids, proteins, and nucleic acids. Short-term oxidative stress may occur in tissues injured by trauma, infection, heat injury, hypertoxia, toxins, and excessive exercise. These injured tissues produce increased radical generating enzymes (e.g., xanthine oxidase, lipogenase, cyclooxygenase), activation of phagocytes, release of free iron, copper ions, or a disruption of the electron transport chains of oxidative phosphorylation, producing excess ROS. The initiation, promotion, and progression of cancer, as well as the side-effects of radiation and chemotherapy, have been linked to the imbalance between ROS and the antioxidant defense system. ROS have been implicated in the induction and complications of diabetes mellitus, age-related eye disease, and neurodegenerative diseases such as Parkinson's disease. V. Lobo et al., "Free Radicals, Antioxidants and Functional Foods: Impact on Human Health," *Pharmacognosy Reviews* 4, no. 8 (2010): 118.

19 **free radicals accelerate the aging process:** B. T. Ashok and R. Ali, "The Aging Paradox: Free Radical Theory of Aging," *Experimental Gerontology* 34, no. 3 (1999): 293–303.

20 **reduction of free radicals can delay aging:** A lot of transgenic work shows that downregulating antioxidant enzymes doesn't necessarily shorten life span. This is controversial, however.

21 **no universal agreement among scientists:** D. Han (associate professor of biopharmaceutical sciences at KGI), email communication, January 22, 2019.

22 **substances that are often mentioned as antioxidants:** J. King (Professor Emerita, University of California at Berkeley), email communication, January 21, 2019.

23 **One recent meta-analysis found:** U. Nurmatov, G. Devereux, and A. Sheikh, "Nutrients and Foods for the Primary Prevention of Asthma and Allergy: Systematic Review and Meta-Analysis," *Journal of Allergy and Clinical Immunology* 127, no. 3 (2011): 724–733.

24 **randomized controlled trials with a range of antioxidant supplements:** A. M. Pisoschi

and A. Pop, "The Role of Antioxidants in the Chemistry of Oxidative Stress: A Review," *European Journal of Medicinal Chemistry* 97 (2015): 55–74.

25 **no effect of antioxidant supplements on cardiovascular disease:** S. K. Myung et al., "Efficacy of Vitamin and Antioxidant Supplements in Prevention of Cardiovascular Disease: Systematic Review and Meta-Analysis of Randomised Controlled Trials," *British Medical Journal* 346 (2013): f10.

26 **might be interfering with the immune system:** Pisoschi and Pop, "The Role of Antioxidants."

27 **(For some subsets of the population with a really poor diet):** D. Han, personal communication, February 25, 2019.

28 **vitamins C and E:** M. Ristow et al., "Antioxidants Prevent Health-Promoting Effects of Physical Exercise in Humans," *Proceedings of the National Academy of Sciences* 106, no. 21 (2009): 8665–8670.

29 **Cholesterol is a waxy substance:** Mayo Clinic, "High Cholesterol," n.d., https://www.mayoclinic.org/diseases-conditions/high-blood-cholesterol/symptoms-causes/syc-20350800; US National Library of Medicine, "Cholesterol," n.d., https://medlineplus.gov/cholesterol.html.

30 **three hundred people have to take a statin:** R. Chou et al., "Statins for Prevention of Cardiovascular Disease in Adults: Evidence Report and Systematic Review for the US Preventive Services Task Force," *Journal of the American Medical Association* 316, no. 19 (2016): 2008–2024; A. Thompson and N. J. Temple, "The Case for Statins: Has It Really Been Made?," *Journal of the Royal Society of Medicine* 97, no. 10 (2004): 461–464.

31 **not all fats are created equal:** Mayo Clinic Staff, "High Cholesterol."

32 **no association between the consumption of saturated fats and heart disease:** R. Chowdhury et al., "Association of Dietary, Circulating, and Supplement Fatty Acids with Coronary Risk: A Systematic Review and Meta-Analysis," *Annals of Internal Medicine* 160, no. 6 (2014): 398–406.

33 **Diets high in soluble fibers are good:** Harvard Medical School Staff, "11 Foods That Lower Cholesterol," Harvard Health Publishing, https://www.health.harvard.edu/heart-health/11-foods-that-lower-cholesterol.

34 **Diets high in omega-3...reduce the risk of heart disease by 7 percent:** Chowdhury et al., "Association of Dietary, Circulating, and Supplement Fatty Acids."

35 **consumption of fats...is not the cause of heart disease:** A. Malhotra, R. F. Redberg, and P. Meier, "Saturated Fat Does Not Clog the Arteries: Coronary Heart Disease Is a Chronic Inflammatory Condition, the Risk of Which Can Be Effectively Reduced from Healthy Lifestyle Interventions," *British Journal of Sports Medicine* 51, no. 15 (2017): 1111–1112; M. M. Pinheiro and T. Wilson, "Dietary Fat: The Good, the Bad, and the Ugly," in *Nutrition Guide for Physicians and Related Healthcare Professionals,* ed. N. J. Temple, T. Wilson, and G. A. Bray, pp. 241–247 (Cham: Humana Press, 2017).

36 **mice and rats that have a calorie-restricted diet:** M. Mattson, "Why Fasting

Bolsters Brain Power," TEDx Talks, March 18, 2014, https://www.youtube.com/watch?v=4UkZAwKoCP8.

37 **A number of stressors mediate this reaction:** R. J. Colman et al., "Dietary Restriction Delays Disease Onset and Mortality in Rhesus Monkeys," *Science* 325 (2009): 201–204; W. Mair et al., "Demography of Dietary Restriction and Death in Drosophila," *Science* 301 (2003): 1731–1733.

38 **caloric restriction triggers a change in the metabolic response:** C. Lee and V. Longo, "Dietary Restriction with and without Caloric Restriction for Healthy Aging," *F1000Research* 5 (2016).

39 **Molecular biologist Cynthia Kenyon explains:** C. Kenyon, "The Genetics of Ageing," *Nature* 464 (2010): 504–512.

40 **(hyperinsulinemia)...obesity:** N. M. Templeman et al., "A Causal Role for Hyperinsulinemia in Obesity," *Journal of Endocrinology* 232, no. 3 (2017): R173–R183.

41 **(hyperinsulinemia)...immune-system suppression:** R. Marín-Juez et al., "Hyperinsulinemia Induces Insulin Resistance and Immune Suppression via Ptpn6/Shp1 in Zebrafish," *Journal of Endocrinology* 222, no. 2 (2014): 229–241.

42 **(hyperinsulinemia)...cardiac arrhythmias:** L. Drimba et al., "The Role of Acute Hyperinsulinemia in the Development of Cardiac Arrhythmias," *Naunyn-Schmiedeberg's Archives of Pharmacology* 386, no. 5 (2013): 435–444.

43 **insulin may play a role in developing:** G. Bedse et al., "Aberrant Insulin Signaling in Alzheimer's Disease: Current Knowledge," *Frontiers in Neuroscience* 9 (2015): 204.

44 **Metformin was further found to have a neuroprotective effect:** J. M. Campbell et al., "Metformin Use Associated with Reduced Risk of Dementia in Patients with Diabetes: A Systematic Review and Meta-Analysis," *Journal of Alzheimer's Disease* 65, no. 4 (2018): 1225–1236.

45 **A protocol for testing the hypothesis:** V. M. Walker et al., "Can Commonly Prescribed Drugs Be Repurposed for the Prevention or Treatment of Alzheimer's and Other Neurodegenerative Diseases? Protocol for an Observational Cohort Study in the UK Clinical Practice Research Datalink," *BMJ Open* 6, no. 12 (2016): e012044; see also A. Gupta, B. Bisht, and C. S. Dey, "Peripheral Insulin-Sensitizer Drug Metformin Ameliorates Neuronal Insulin Resistance and Alzheimer's-like Changes," *Neuropharmacology* 60, no. 6 (2011): 910–920.

46 **Mark Mattson does intermittent fasting:** Mattson, "Why Fasting Bolsters Brain Power."

47 **Consuming olive oil:** F. R. Pérez-López et al., "Effects of the Mediterranean Diet on Longevity and Age-Related Morbid Conditions," *Maturitas* 64, no. 2 (2009): 67–79.

48 **Cruciferous vegetables:** As of this writing, the Wikipedia entry on glucosinolates states that there is no clinical evidence that they are effective against cancer. Wikipedia articles can change at any time and, in general, are only as accurate as the last person who decided to edit them. This conclusion is at odds with my reading of the literature and that of the many professional scientists who vetted this book. Here is a sample of the literature that supports my view:

G. Tse and G. D. Eslick, "Cruciferous Vegetables and Risk of Colorectal Neoplasms: A Systematic Review and Meta-Analysis," *Nutrition and Cancer* 66, no. 1 (2014): 128–139.

R. W.-L. Ma and K. Chapman, "A Systematic Review of the Effect of Diet in Prostate Cancer Prevention and Treatment," *Journal of Human Nutrition and Dietetics* 22, no. 3 (2009): 187–199.

M. Loef and H. Walach, "Fruit, Vegetables and Prevention of Cognitive Decline or Dementia: A Systematic Review of Cohort Studies," *Journal of Nutrition, Health and Aging* 16, no. 7 (2012): 626–630.

J. D. Potter and K. Steinmetz, "Vegetables, Fruit and Phytoestrogens as Preventive Agents," *IARC Scientific Publications* 139 (1996): 61–90.

H. Steinkellner et al., "Effects of Cruciferous Vegetables and Their Constituents on Drug Metabolizing Enzymes Involved in the Bioactivation of DNA-Reactive Dietary Carcinogens," *Mutation Research/Fundamental and Molecular Mechanisms of Mutagenesis* 480 (2001): 285–297.

H. H. Nguyen et al., "The Dietary Phytochemical Indole-3-Carbinol Is a Natural Elastase Enzymatic Inhibitor That Disrupts Cyclin E Protein Processing," *Proceedings of the National Academy of Sciences* 105, no. 50 (2008): 19750–19755.

F. Fuentes, X. Paredes-Gonzalez, and A. N. T. Kong, "Dietary Glucosinolates Sulforaphane, Phenethyl Isothiocyanate, Indole-3-Carbinol/3, 3´-Diindolylmethane: Antioxidative Stress/Inflammation, Nrf2, Epigenetics/Epigenomics and in Vivo Cancer Chemopreventive Efficacy," *Current Pharmacology Reports* 1, no. 3 (2015): 179–196.

K. J. Royston and T. O. Tollefsbol, "The Epigenetic Impact of Cruciferous Vegetables on Cancer Prevention," *Current Pharmacology Reports* 1, no. 1 (2015): 46–51.

49 **a current fad of taking omega-3 supplements:** Grand View Research, "Omega-3 Supplement Market Analysis by Source (Fish Oil, Krill Oil), by Application (Infant Formula, Food and Beverages, Nutritional Supplements, Pharmaceutical, Animal Feed, Clinical Nutrition), and Segment Forecasts, 2018–2025," May 2017, https://www.grandviewresearch.com/industryanalysis/omega-3-supplement-market; Statista, "Global Omega-3 Supplement Market Size in 2016 and 2025 (in Billion US Dollars)," 2016, https://www.statista.com/statistics/758383/omega-3-supplement-market-size-worldwide/.

50 **A Cochrane systematic review:** A. S. Abdelhamid et al., "Omega-3 Fatty Acids for the Primary and Secondary Prevention of Cardiovascular Disease," *Cochrane Database of Systematic Reviews* 11 (2018).

51 **report by the National Institutes of Health:** NIH National Center for Complementary and Integrative Health, "Omega-3 Supplements: In Depth," 2018, https://nccih.nih.gov/health/omega3/introduction.htm.

52 **The *Harvard Health* report noted:** H. LeWine, "Fish Oil: Friend or Foe?," Harvard Health Publishing, 2019, https://www.health.harvard.edu/blog/fish-oil-friend-or-foe-201307126467.

53 **no evidence that red wine influences:** S. E. Brien et al., "Effect of Alcohol Consumption

on Biological Markers Associated with Risk of Coronary Heart Disease: Systematic Review and Meta-Analysis of Interventional Studies," *British Medical Journal* 342 (2011): d636.

54 **Moderate alcohol consumption:** A. Artero et al., "The Impact of Moderate Wine Consumption on Health," *Maturitas* 80, no. 1 (2015): 3–13.

55 **Alcohol consumption increases risks:** World Cancer Research Fund and American Institute for Cancer Research, *Food, Nutrition, Physical Activity, and the Prevention of Cancer: A Global Perspective*, vol. 1 (Washington, DC: American Institute for Cancer Research, 2007).

56 **increases mortality in breast cancer survivors:** L. Schwingshackl and G. Hoffmann, "Adherence to Mediterranean Diet and Risk of Cancer: An Updated Systematic Review and Meta-Analysis of Observational Studies," *Cancer Medicine* 4, no. 12 (2015): 1933–1947.

57 **insufficient evidence that resveratrol supplements:** Pérez-López et al., "Effects of the Mediterranean Diet"; O. Vang et al., "What Is New for an Old Molecule? Systematic Review and Recommendations on the Use of Resveratrol," *PLoS One* 6, no. 6 (2011): e19881.

58 **another comprehensive review recommended it:** J. M. Smoliga, J. A. Baur, and H. A. Hausenblas, "Resveratrol and Health—a Comprehensive Review of Human Clinical Trials," *Molecular Nutrition and Food Research* 55, no. 8 (2011): 1129–1141.

59 **Many cognitive and physical benefits are claimed:** D. G. Loughrey et al., "The Impact of the Mediterranean Diet on the Cognitive Functioning of Healthy Older Adults: A Systematic Review and Meta-Analysis," *Advances in Nutrition* 8, no. 4 (2017): 571–586.

60 **Healthy diets that lower cholesterol:** O. van de Rest et al., "Dietary Patterns, Cognitive Decline, and Dementia: A Systematic Review," *Advances in Nutrition* 6, no. 2 (2015): 154–168.

61 **Older adults absorb protein less effectively:** J. Brody, "Muscle Loss in Aging Can Be Reversed," *The New York Times,* September 4, 2018, p. D5.

62 **Consider the following:** United States Department of Agriculture, Agricultural Research Service, USDA Food Composition Databases, n.d., https://ndb.nal.usda.gov/ndb/nutrients/index.

63 **The most effective proteins for older adults:** Brody, "Muscle Loss in Aging."

64 **Leucine:** US National Library of Medicine, National Center for Biotechnology Information, PubChem Database, Leucine, CID 6106, 2019, https://pubchem.ncbi.nlm.nih.gov/compound/6106.

65 **leucine toxicity:** R. Elango et al., "Determination of the Tolerable Upper Intake Level of Leucine in Acute Dietary Studies in Young Men," *American Journal of Clinical Nutrition* 96, no. 4 (2012): 759–767; A. G. Wessels et al., "High Leucine Diets Stimulate Cerebral Branched-Chain Amino Acid Degradation and Modify Serotonin and Ketone Body Concentrations in a Pig Model," *PLoS One* 11, no. 3 (2016): e0150376; M. Yudkoff et al., "Brain Amino Acid Requirements and Toxicity: The Example of Leucine," *Journal of Nutrition* 135, no. 6 (2005): 1531S–1538S.

66 **current thinking is that soy is beneficial:** M. Messina, "Soy and Health Update: Evalua-

tion of the Clinical and Epidemiologic Literature," *Nutrients* 8, no. 12 (2016): 754.

67 **second leading killer of children under four:** E. Dolhun, "Aftermath of Typhoon Haiyan: The Imminent Epidemic of Waterborne Illnesses in Leyte, Philippines," *Disaster Medicine and Public Health Preparedness* 7, no. 6 (2013): 547–548.

68 **eighth leading cause of death:** C. Troeger et al., "Estimates of the Global, Regional, and National Morbidity, Mortality, and Aetiologies of Diarrhoea in 195 Countries: A Systematic Analysis for the Global Burden of Disease Study 2016," *Lancet Infectious Diseases* 18, no. 11 (2018): 1211–1228; C. Trinh and K. Prabhakar, "Diarrheal Diseases in the Elderly," *Clinics in Geriatric Medicine* 23, no. 4 (2007): 833–856.

69 **Alcohol is also a culprit:** E. P. Dolhun (MD), personal communication, February 21, 2017.

70 **the greatest risk for dehydration:** D. R. Thomas et al., "Understanding Clinical Dehydration and Its Treatment," *Journal of the American Medical Directors Association* 9, no. 5 (2008): 292–301.

71 **Cases of severe dehydration require:** World Health Organization, "Diarrhoeal Disease," 2017, https://www.who.int/news-room/fact-sheets/detail/diarrhoeal-disease.

72 **Avoid bread or dried fruit:** Dolhun, personal communication.

73 **oral rehydration solutions:** Unfortunately, many of the ORS products have a bad taste, which causes the people who need them not to drink them; others are loaded with refined sugar to improve the taste, which is counterproductive. I recommend DripDrop, developed by a colleague of mine, Eduardo Dolhun, a Mayo Clinic–trained doctor who regularly performs humanitarian missions to Third World countries and treats dehydration using his product. I have no financial interest in the company, nor do I benefit from your purchasing of this product. See a list of references here: Eduardo P. Dolhun, Oral rehydration composition, US Patent 8,557,301, filed July 1, 2011, and issued October 15, 2013, https://patentimages.storage.googleapis.com/bd/54/5b/cd03de0b6f973c/US8557301.pdf.

74 **Constipation is one of the most common:** D. Gandell et al., "Treatment of Constipation in Older People," *CMAJ* 185, no. 8 (2013): 663–670.

75 **constipation led to changes in gene expression:** Y. Li et al., "Hippocampal Gene Expression Profiling in a Rat Model of Functional Constipation Reveals Abnormal Expression Genes Associated with Cognitive Function," *Neuroscience Letters* 675 (2018): 103–109.

76 **chronic constipation and cognitive impairment:** Y. M. I. Kazem et al., "Constipation, Oxidative Stress in Obese Patients and Their Impact on Cognitive Functions and Mood, the Role of Diet Modification and *Foeniculum vulgare* Supplementation," *Journal of Biological Sciences* 17, no. 7 (2017): 312–319; R. T. Wang and Y. Li, "Analysis of Cognitive Function of Old People with Functional Constipation," *Journal of Harbin Medical University* 6 (2011): 603–605.

77 **Bulk-forming laxatives aren't digested:** A. Low, "Treating Constipation with Laxatives," 2010, GI Society: Canadian Society of Intestinal Research, https://www.badgut.org/information-centre/az-digestive-topics/treating-constipation-with-laxatives/.

78 **90 percent of the serotonin in the body resides in the gut:** A. Evrensel and M. E. Ceylan,

"The Gut-Brain Axis: The Missing Link in Depression," *Clinical Psychopharmacology and Neuroscience* 13, no. 3 (2015): 239; Y. E. Borre et al., "Microbiota and Neurodevelopmental Windows: Implications for Brain Disorders," *Trends in Molecular Medicine* 20, no. 9 (2014): 509–518.

79 **Lactobacillus acidophilus increases the expression of the natural cannabinoid:** C. Rousseaux et al., "*Lactobacillus acidophilus* Modulates Intestinal Pain and Induces Opioid and Cannabinoid Receptors," *Nature Medicine* 13, no. 1 (2007): 35.

80 **Gut bacteria have been linked to mental well-being:** M. Valles-Colomer et al., "The Neuroactive Potential of the Human Gut Microbiota in Quality of Life and Depression," *Nature Microbiology* 1 (2019).

81 **John Cryan calls bacteria:** T. G. Dinan and J. F. Cryan, "Melancholy Microbes: A Link between Gut Microbiota and Depression?," *Neurogastroenterology and Motility*, no. 25 (2013): 713–19.

82 **composition of the gut microbiome:** Borre et al., "Microbiota and Neurodevelopmental Windows."

83 **Rats separated from their mothers:** Evrensel and Ceylan, "The Gut-Brain Axis"; J. F. Cryan and T. G. Dinan, "Mind-Altering Microorganisms: The Impact of the Gut Microbiota on Brain and Behaviour," *Nature Reviews Neuroscience* 13, no. 10 (2012): 701.

84 **The full extent of gut-brain interactions:** Cryan and Dinan, "Mind-Altering Microorganisms"; E. G. Severance et al., "Discordant Patterns of Bacterial Translocation Markers and Implications for Innate Immune Imbalances in Schizophrenia," *Schizophrenia Research* 148, nos. 1–3 (2013): 130–137; A. I. Petra et al., "Gut-Microbiota-Brain Axis and Its Effect on Neuropsychiatric Disorders with Suspected Immune Dysregulation," *Clinical Therapeutics* 37, no. 5 (2015): 984–995; F. Dickerson, E. Severance, and R. Yolken, "The Microbiome, Immunity, and Schizophrenia and Bipolar Disorder," *Brain, Behavior, and Immunity* 62 (2017): 46–52.

85 **an imbalanced microbiome:** Borre et al., "Microbiota and Neurodevelopmental Windows."

86 **increasing iron absorption:** M. Hoppe et al., "Probiotic Strain *Lactobacillus plantarum* 299v Increases Iron Absorption from an Iron-Supplemented Fruit Drink: A Double-Isotope Cross-Over Single-Blind Study in Women of Reproductive Age," *British Journal of Nutrition* 114, no. 8 (2015): 1195–1202.

87 **protecting against pesticide absorption:** M. Trinder et al., "Probiotic Lactobacilli: A Potential Prophylactic Treatment for Reducing Pesticide Absorption in Humans and Wildlife," *Beneficial Microbes* 6, no. 6 (2015): 841–847.

88 **distribution of fat around the body:** M. Zarrati et al., "Effects of Probiotic Yogurt on Fat Distribution and Gene Expression of Proinflammatory Factors in Peripheral Blood Mononuclear Cells in Overweight and Obese People with or without Weight-Loss Diet," *Journal of the American College of Nutrition* 33, no. 6 (2014): 417–425.

89 **treatments for irritable bowel syndrome:** Y. Zhang et al., "Effects of Probiotic Type,

Dose and Treatment Duration on Irritable Bowel Syndrome Diagnosed by Rome III Criteria: A Metaanalysis," *BMC Gastroenterology* 16, no. 1 (2016): 62.
90 ***Bifidobacterium infantis*, can alleviate depression:** M. Messaoudi et al., "Assessment of Psychotropic-like Properties of a Probiotic Formulation (*Lactobacillus helveticus* R0052 and *Bifidobacterium longum* R0175) in Rats and Human Subjects," *British Journal of Nutrition* 105, no. 5 (2011): 755–764.
91 ***Lactobacillus helveticus* and *Bifidobacterium longum* can reduce cortisol levels:** Cryan and Dinan, "Mind-Altering Microorganisms."
92 **a probiotic mixture containing** *Bifidobacterium lactis*: Cryan and Dinan, "Mind-Altering Microorganisms"；T. Chen et al., "Role of the Anterior Insular Cortex in Integrative Causal Signaling during Multisensory Auditory-Visual Attention," *European Journal of Neuroscience* 41, no. 2 (2015): 264–274.
93 **Kefir, yogurt, and other fermented milk:** K. Tillisch et al., "Consumption of Fermented Milk Product with Probiotic Modulates Brain Activity," *Gastroenterology* 144, no. 7 (2013): 1394–1401.
94 **eating more fiber promotes gut health:** A. Reynolds et al., "Carbohydrate Quality and Human Health: A Series of Systematic Reviews and Meta-Analyses," *Lancet* 393, no. 10170 (2019): 434–445.
95 **The distinct microbiome of the elderly:** M. J. Claesson et al., "Gut Microbiota Composition Correlates with Diet and Health in the Elderly," *Nature* 488, no. 7410 (2012): 178; Cryan and Dinan, "Mind-Altering Microorganisms."
96 **Microbiomic balance:** Borre et al., "Microbiota and Neurodevelopmental Windows."
97 **loss of diverse community-associated microbiota:** Claesson et al., "Gut Microbiota Composition Correlates with Diet and Health in the Elderly."
98 **Research on this is just getting started:** Harvard Medical School Staff, "Health Benefits of Taking Probiotics," Harvard Health Publishing, August 22, 2018, https://www.health.harvard.edu/vitamins-and-supplements/health-benefits-of-taking-probiotics.
99 **probiotics function best:** C. C. Dodoo et al., "Use of a Water-Based Probiotic to Treat Common Gut Pathogens," *International Journal of Pharmaceutics* 556 (2019): 136–141; M. Fredua-Agyeman and S. Gaisford, "Comparative Survival of Commercial Probiotic Formulations: Tests in Biorelevant Gastric Fluids and Real-Time Measurements using Microcalorimetry," *Beneficial Microbes* 6, no. 1 (2014): 141–151.
100 **It's difficult to be an informed consumer:** Y. Ringel, E. M. Quigley, and H. C. Lin, "Using Probiotics in Gastrointestinal Disorders," *American Journal of Gastroenterology Supplements* 1, no. 1 (2012): 34.
101 **$18-million jury verdict:** Prosauker Rose LLP, "$15 Million False Ad Verdict Boosts Damages in Probiotic IP Dispute," Lexology, December 21, 2018, https://www.lexology.com/library/detail.aspx?g=fac1ef1c-2e1e-4108-b0da-d998aaf70ed2.
102 **KeVita Kombucha:** E. Watson, "'Confusing' False Ad Lawsuit over KeVita Kombucha Reflects Split in Industry over Production Methods, Say Attorneys," *Food Navigator USA*,

October 25, 2017, https://www.foodnavigator-usa.com/Article/2017/10/26/Confusing-false-ad-lawsuit-over-KeVita-kombucha-reflects-split-in-industry-over-production-methods-say-attorneys.

103 **the Dannon Company settled:** GI Society: Canadian Society of Intestinal Research, "Lawsuit Settled: Dannon Yogurt Didn't Measure Up to Its Claims," November 16, 2016, https://www.badgut.org/information-centre/a-z-digestive-topics/dannon-lawsuit-settled/. An additional class-action suit not mentioned in the text settled for $8.25 million in 2017 against GT's Kombucha found the brand had up to 2.5 percent alcohol, similar to low-alcohol beers. The suit also charged that GT's Kombucha contained more than the 2 grams of sugar per 8-ounce serving noted on the nutrition label. M. Caballero, "Judge Approves $8.25 Million Settlement in GT's Kombucha and Whole Foods Suit," BevNet News, February 3, 2017, https://www.bevnet.com/news/2017/judge-approves-8-25-million-settlement-gts-kombuchawhole-foods-suit.

104 **products that are known to be effective:** Two probiotic products that are supported by evidence are Symprove, available from https://www.symprove.com/, and Visbiome, available from https://www.visbiome.com/. I have no financial stake in these companies and I do not benefit from your buying these products.

105 **Even less is known about prebiotics:** D. Charalampopoulos and R. A. Rastall, "Prebiotics in Foods," *Current Opinion in Biotechnology* 23, no. 2 (2012): 187–191.

106 **Food molecules are known to protect probiotics:** B. M. Corcoran et al., "Survival of Probiotic Lactobacilli in Acidic Environments Is Enhanced in the Presence of Metabolizable Sugars," *Applied and Environmental Microbiology* 71, no. 6 (2005): 3060–3067.

107 **Dozens of foods act as prebiotics:** M. Lyte et al., "Resistant Starch Alters the Microbiota-Gut Brain Axis: Implications for Dietary Modulation of Behavior," *PLoS One* 11, no. 1 (2016): e0146406; A. Gunenc, C. Alswiti, and F. Hosseinian, "Wheat Bran Dietary Fiber: Promising Source of Prebiotics with Antioxidant Potential," *Journal of Food Research* 6, no. 2 (2017): 1; F. M. N. A. Aida et al., "Mushroom as a Potential Source of Prebiotics: A Review," *Trends in Food Science and Technology* 20, nos. 11–12 (2009): 567–575; M. de Jesus Raposo, A. de Morais, and R. de Morais, "Emergent Sources of Prebiotics: Seaweeds and Microalgae," *Marine Drugs* 14, no. 2 (2016): 27.

108 **fecal microbiota transplantation…for treating a range of diseases:** G. J. Bakker and M. Nieuwdorp, "Fecal Microbiota Transplantation: Therapeutic Potential for a Multitude of Diseases beyond *Clostridium difficile*," *Microbiology Spectrum* 5, no. 4 (2017); J. F. Petrosino, "The Microbiome in Precision Medicine: The Way Forward," *Genome Medicine* 10, no. 1 (2018): 12.

109 **The technique has had mixed results:** S. Paramsothy et al., "Faecal Microbiota Transplantation for Inflammatory Bowel Disease: A Systematic Review and Meta-Analysis," *Journal of Crohn's and Colitis* 11, no. 10 (2017): 1180–1199.

110 **cardiovascular disease, stroke, cancer, and diabetes:** H. Eyre et al., "Preventing Cancer, Cardiovascular Disease, and Diabetes: A Common Agenda for the American Cancer Soci-

ety, the American Diabetes Association, and the American Heart Association," *Circulation* 109, no. 25 (2004): 3244–3255.

111 **health among hunter-gatherer societies:** A. O'Connor, "The Hunt for an Optimal Diet," *The New York Times,* December 25, 2018, D4; H. Pontzer, B. M. Wood, and D. A. Raichlen, "Hunter-Gatherers as Models in Public Health," *Obesity Reviews* 19 (2018): 24–35.

112 **he fed them ultra-processed foods:** K. Hall et al., "Ultra-Processed Diets Cause Excess Calorie Intake and Weight Gain: An Independent Randomized Controlled Trial of Ad Libitum Food Intake," *Cell Metabolism* 30 (2019): 67–77.

113 **intuitive eating:** N. Van Dyke and E. J. Drinkwater, "Relationships between Intuitive Eating and Health Indicators: Literature Review," *Public Health Nutrition* 17, no. 8 (2014): 1757–1766.

114 **people's experiences and frustrations with most diets:** M. Frayn, "Doing Away with Diets Once and for All," Eat North, January 9, 2019, https://eatnorth.com/mallory-frayn/doing-away-dietsonce-and-all.

115 **The cycle of repeatedly dieting and failing:** K. Buchanan and J. Sheffield, "Why Do Diets Fail? An Exploration of Dieters' Experiences Using Thematic Analysis," *Journal of Health Psychology* 22, no. 7 (2017): 906–915.

116 **four additional principles of intuitive dieting:** Van Dyke and Drinkwater, "Relationships between Intuitive Eating."

117 **binge eating:** M. Frayn and B. Knäuper, "Emotional Eating and Weight in Adults: A Review," *Current Psychology* 37, no. 4 (2018): 924–933.

118 **state of nutritional advice:** N. Johnson, "Food Confusion," *Stanford Magazine,* July–August 2013, https://stanfordmag.org/contents/food-confusion.

第 10 章　运动：运动很重要

1 **"I can't speak for two geniuses":** S. Grafton, email communication, December 21, 2018.

2 **the brain is a giant problem-solving device:** I previously wrote about this in D. J. Levitin, *The Organized Mind* (New York: Dutton, 2014); see also D. C. Dennett, "The Cultural Evolution of Words and Other Thinking Tools," in *Evolution: The Molecular Landscape,* ed. B. Stillman, D. Stewart, and J. Witkowski, *Cold Spring Harbor Symposia on Quantitative Biology,* vol. 74, pp. 435–441 (Cold Spring Harbor, NY: Cold Spring Harbor Laboratory Press, 2009); and P. MacCready, "An Ambivalent Luddite at a Technological Feast," Designfax, August 1999, http://maccready.library.caltech.edu/islandora/object/pbm%3A27832#page/1/mode/2up.

3 **memory is enhanced by physical activity:** P. D. Loprinzi, M. K. Edwards, and E. Frith, "Potential Avenues for Exercise to Activate Episodic Memory-Related Pathways: A Narrative Review," *European Journal of Neuroscience* 46, no. 5 (2017): 2067–2077.

4 **embodied cognition:** A. Setti and A. M. Borghi, "Embodied Cognition over the Lifespan: Theoretical Issues and Implications for Applied Settings," *Frontiers in Psychology* 9 (2018):

550. Scott Grafton advises, We need to be careful and explicit about what we mean by embodied cognition. It has been hijacked by some psychologists into a kind of woo woo explanandum for cosmic oneness with the senses, like J. J. Gibson on acid.

The term arises from Rodney Brooks, a roboticist who made the case that it is really stupid from an engineering perspective to put all the control elements of a sense and respond system in a central CPU. You want some stuff to get done out in the periphery to free up the central control unit (i.e., the brain). Another clear example with nerves is the Sherrington reflex (knee jerk reflex), which involves just the spinal cord. These are layered loops, each adding function. The first two don't need a cortex at all. In other words, embodied cognition is putting intelligence and control out in the body. (Grafton, email communication.)

5   **movement is inextricably bound with knowledge:** D. Krakauer, personal communication, July 19, 2019.

6   **embodied, ecologically and genetically embedded social agents:** A. Linson et al., "The Active Inference Approach to Ecological Perception: General Information Dynamics for Natural and Artificial Embodied Cognition," *Frontiers in Robotics and AI* 5 (2018): 21.

7   **The body influences the mind:** C. R. Madan and A. Singhal, "Using Actions to Enhance Memory: Effects of Enactment, Gestures, and Exercise on Human Memory," *Frontiers in Psychology* 3 (2012): 507.

8   **exercise had a significant beneficial effect on memory:** P. D. Loprinzi et al., "Experimental Effects of Exercise on Memory Function among Mild Cognitive Impairment: Systematic Review and Meta-Analysis," *Physician and Sportsmedicine* 47 (2018): 1–6.

9   **risk is increased by atrophy of the hippocampus:** Loprinzi et al., "Experimental Effects."

10 **Aging is an irreversible:** S. F. Tsai et al., "Exercise Counteracts Aging-Related Memory Impairment: A Potential Role for the Astrocytic Metabolic Shuttle," *Frontiers in Aging Neuroscience* 8 (2016): 57.

11 **onset of walking triggers neurochemical activity:** A. M. Glenberg and J. Hayes, "Contribution of Embodiment to Solving the Riddle of Infantile Amnesia," *Frontiers in Psychology* 7 (2016): 10.

12 **The central role that the hippocampus:** M. C. Costello and E. K. Bloesch, "Are Older Adults Less Embodied? A Review of Age Effects through the Lens of Embodied Cognition," *Frontiers in Psychology* 8 (2017): 267.

13 **cognitive and perceptual abilities are not a static:** B. Hommel and A. Kibele, "Down with Retirement: Implications of Embodied Cognition for Healthy Aging," *Frontiers in Psychology* 7 (2016): 1184.

14 **three kinds of bodily changes:** Hommel and Kibele, "Down with Retirement."

15 **Mick Jagger (age seventy-five) works with a personal trainer:** L. Valenti, "At 75, Mick Jagger Shares His Incredible Post-Heart Surgery Dance Moves," *Vogue*, May 15, 2019, https://www.vogue.com/article/mick-jagger-post-heart-surgery-dance-workout-moves-fitness.

16 **Jane Fonda (age eighty-one) works out every day:** J. Sitzes, "How Jane Fonda Looks So

Young at 80," *Prevention*, May 18, 2018, https://www.prevention.com/fitness/a20686775/jane-fonda-age.
17 **Interacting with the world also enhances creativity:** C. Y. Kuo and Y. Y. Yeh, "Sensorimotor-Conceptual Integration in Free Walking Enhances Divergent Thinking for Young and Older Adults," *Frontiers in Psychology* 7 (2016): 1580.
18 **physical activity increases the effectiveness of astrocytes:** Tsai et al., "Exercise Counteracts Aging-Related Memory Impairment."
19 **hippocampus grows seven hundred new neurons per day:** S. M. Ryan and Y. M. Nolan, "Neuroinflammation Negatively Affects Adult Hippocampal Neurogenesis and Cognition: Can Exercise Compensate?," *Neuroscience and Biobehavioral Reviews* 61 (2016): 121–131.
20 **increase hippocampal neurogenesis:** Ryan and Nolan, "Neuroinflammation Negatively Affects."
21 **"improvement in memory for human adults":** Ryan and Nolan, "Neuroinflammation Negatively Affects."
22 **prime the brain with increased blood flow:** A. Shimamura, *Get SMART! Five Steps toward a Healthy Brain* (Scotts Valley, CA: CreateSpace, 2017).
23 **aerobic activity:** American College of Sports Medicine, *ACSM's Guidelines for Exercise Testing and Prescription* (Philadelphia: Lippincott Williams and Wilkins, 2013).
24 **Anaerobic activity can help to build:** H. Patel et al., "Aerobic vs Anaerobic Exercise Training Effects on the Cardiovascular System," *World Journal of Cardiology* 9, no. 2 (2017): 134.
25 **Sarcopenia is the loss of muscle tissue:** J. Brody, "Muscle Loss in Aging Can Be Reversed," *The New York Times,* September 4, 2018, p. D5.
26 **significantly increased their leg strength and muscle mass:** W. R. Frontera et al., "Strength Conditioning in Older Men: Skeletal Muscle Hypertrophy and Improved Function," *Journal of Applied Physiology* 64, no. 3 (1988): 1038–1044.
27 **significant improvements in frail nursing home residents:** M. A. Fiatarone et al., "High-Intensity Strength Training in Nonagenarians: Effects on Skeletal Muscle," *Journal of the American Medical Association* 263, no. 22 (1990): 3029–3034.
28 **Adults aged sixty to seventy-nine years who engaged in indoor aerobic:** S. J. Colcombe et al., "Aerobic Exercise Training Increases Brain Volume in Aging Humans," *Journals of Gerontology Series A: Biological Sciences and Medical Sciences* 61, no. 11 (2006): 1166–1170.
29 **Wisløff has developed a high-intensity:** Cardiac Exercise Research Group, "7 Week Fitness Program," https://www.ntnu.edu/cerg/regimen.
30 **reducing the risk of heart attack:** J. M. Letnes et al., "Peak Oxygen Uptake and Incident Coronary Heart Disease in a Healthy Population: The HUNT Fitness Study," *European Heart Journal* (2018).
31 **"a bit more is probably better":** "Making 2019 Happier," *The Week,* January 11, 2019,

p. 16.

32　**Time-efficient workouts:** J. S. Thum et al., "High-Intensity Interval Training Elicits Higher Enjoyment Than Moderate Intensity Continuous Exercise," *PLoS One* 12, no. 1 (2017): e0166299.

33　**having sex before an athletic competition:** L. M. Valenti et al., "Effect of Sexual Intercourse on Lower Extremity Muscle Force in Strength-Trained Men," *Journal of Sexual Medicine* 15, no. 6 (2018): 888–893.

34　**"fitness age":** World Fitness Level, "How Fit Are You, Really?," https://www.worldfitnesslevel.org/#/.

35　**barely measurable amount of physical activity:** K. Suwabe et al., "Rapid Stimulation of Human Dentate Gyrus Function with Acute Mild Exercise," *Proceedings of the National Academy of Sciences* 115, no. 41 (2018): 10487–10492; A. Wahid et al., "Quantifying the Association between Physical Activity and Cardiovascular Disease and Diabetes: A Systematic Review and Meta-Analysis," *Journal of the American Heart Association* 5, no. 9 (2016): e002495; see also P. Siddarth et al., "Sedentary Behavior Associated with Reduced Medial Temporal Lobe Thickness in Middle-Aged and Older Adults," *PLoS One* 13, no. 4 (2018): e0195549.

36　**single bout of light physical movement:** Suwabe et al., "Rapid Stimulation."

37　**benefits show up immediately:** S. B. Chapman et al., "Shorter Term Aerobic Exercise Improves Brain, Cognition, and Cardiovascular Fitness in Aging," *Frontiers in Aging Neuroscience* 5 (2013): 75.

38　**Walter Thompson, a kinesiology professor:** S. Scutti, "'Pandemic' of Inactivity Increases Disease Risk Worldwide, WHO Study Says," CNN, September 5, 2018, https://www.cnn.com/2018/09/04/health/exercise-physical-activity-who-study/index.html.

39　**virtues of walking for neurocognitive health:** R. A. Friedman, "Standing Can Make You Smarter," *The New York Times,* April 19, 2018, p. A31.

40　**"rambling and birdwatching":** S. Carrell, "Scottish GPs to Begin Prescribing Rambling and Birdwatching," *The Guardian,* October 4, 2018, https://www.theguardian.com/uknews/2018/oct/05/scottish-gps-nhs-begin-prescribing-rambling-birdwatching.

41　**"For everything from high blood pressure":** J. Housman, "Scottish Doctors Are Now Issuing Prescriptions to Go Hiking," *Adventure Journal,* October 22, 2018, https://www.adventurejournal.com/2018/10/scottish-doctors-are-now-issuing-prescriptions-to-go-hiking/.

第11章　睡眠：记忆巩固、DNA修复、睡眠激素

1　**chemicals in the brain that lead us to feel sleepy:** M. Lazarus et al., "Adenosine and Sleep," in *Handbook of Experimental Pharmacology,* J. Barrett, ed. (Berlin: Springer, 2017).

2　**ideas for songs came to him during sleep:** P. Doyle, "The Last Word: Billy Joel on Self-Doubt, Trump and Finally Becoming Cool," *Rolling Stone,* June 14, 2017.

3   **Thomas Edison viewed sleep:** D. Kamp, "Nighty Night," *The New York Times Sunday Book Review,* October 15, 2017, p. BR16.
4   **twenty others preceded Edison's:** R. Friedel and P. Israel, *Edison's Electric Light: The Art of Invention,* rev. ed. (Baltimore, MD: Johns Hopkins University Press, 2010), pp. 29–31.
5   **putting off sleep:** M. Walker, *Why We Sleep: Unlocking the Power of Sleep and Dreams* (New York: Scribner, 2017). And this line summarizing the book comes from Kamp, "Nighty Night."
6   **fewer than five hours of sleep:** R. Cooke, "'Sleep Should Be Prescribed': What Those Late Nights Out Could Be Costing You," *The Guardian,* September 24, 2017.
7   **They tend to get less sleep:** Walker, *Why We Sleep.*
8   **adults sleep less than seven hours:** Cooke, "'Sleep Should Be Prescribed.'"
9   **The Roman poet Ovid:** Ovid, *Metamorphoseon libri* (*Metamorphoses*) (AD 8).
10 **Sleep-deprived people:** S. S. Yoo et al., "The Human Emotional Brain without Sleep—a Prefrontal Amygdala Disconnect," *Current Biology* 17, no. 20 (2007): R877–R878.
11 **Cerebrospinal fluid circulates:** L. Xie et al., "Sleep Drives Metabolite Clearance from the Adult Brain," *Science* 342, no. 6156 (2013): 373–377.
12 **A U-shaped distribution:** J. Fang et al., "Association of Sleep Duration and Hypertension among US Adults Varies by Age and Sex," *American Journal of Hypertension* 25, no. 3 (2012): 335–341.
13 **sleep duration of less than six hours:** D. J. Gottlieb et al., "Association of Sleep Time with Diabetes Mellitus and Impaired Glucose Tolerance," *Archives of Internal Medicine* 165, no. 8 (2005): 863–867.
14 **Poor sleep duration or quality:** A. J. Clark et al., "Impaired Sleep and Allostatic Load: Cross-Sectional Results from the Danish Copenhagen Aging and Midlife Biobank," *Sleep Medicine* 15, no. 12 (2014): 1571–1578; R. P. Juster and B. S. McEwen, "Sleep and Chronic Stress: New Directions for Allostatic Load Research," *Sleep Medicine* 16, no. 1 (2015): 7–8.
15 **areas most impacted by sleep deprivation:** E. Shokri-Kojori et al., "β-Amyloid Accumulation in the Human Brain after One Night of Sleep Deprivation," *Proceedings of the National Academy of Sciences* 115, no. 17 (2018): 4483–4488.
16 **We sleep in roughly ninety-minute cycles:** E. van Der Helm and M. P. Walker, "Overnight Therapy? The Role of Sleep in Emotional Brain Processing," *Psychological Bulletin* 135, no. 5 (2009): 731.
17 **Charles Dickens wondered:** C. Dickens, *Night Walks* (New York: Penguin Classics, 1860).
18 **The sleep medication Ambien:** C. M. Paradis, L. A. Siegel, and S. B. Kleinman, "Two Cases of Zolpidem-Associated Homicide," *Primary Care Companion for CNS Disorders* 14, no. 4 (2012).
19 **brain during non-REM sleep:** Cooke, "'Sleep Should Be Prescribed.'"
20 **Acetylcholine levels drop during non-REM:** This paragraph is from D. J. Levitin, *The Organized Mind: Thinking Straight in the Age of Information Overload* (New York: Dutton,

2014); M. Sarter and J. P. Bruno, "Cortical Cholinergic Inputs Mediating Arousal, Attentional Processing and Dreaming: Differential Afferent Regulation of the Basal Forebrain by Telencephalic and Brainstem Afferents," *Neuroscience* 95, no. 4 (1999): 933–952.

21 **memory can be impaired for several days:** X. De Jaeger et al., "Decreased Acetylcholine Release Delays the Consolidation of Object Recognition Memory," *Behavioural Brain Research* 238 (2013): 62–68; J. Micheau and A. Marighetto, "Acetylcholine and Memory: A Long, Complex and Chaotic but Still Living Relationship," *Behavioural Brain Research* 221, no. 2 (2011): 424–429; E. J. Wamsley et al., "Dreaming of a Learning Task Is Associated with Enhanced Sleep-Dependent Memory Consolidation," *Current Biology* 20, no. 9 (2010): 850–855.

22 **More than 40 percent of people over sixty-five:** S. Drechsler et al., "With Mouse Age Comes Wisdom: A Review and Suggestions of Relevant Mouse Models for Age-Related Conditions," *Mechanisms of Ageing and Development* 160 (2016): 54–68.

23 **the essential slow-wave sleep stage:** S. Farajnia et al., "Aging of the Suprachiasmatic Clock," *Neuroscientist* 20, no. 1 (2014): 44–55.

24 **Sleep disturbance causes memory loss:** Drechsler et al., "With Mouse Age Comes Wisdom."

25 **sleep requirements remain the same as we age:** M. A. Lluch, T. Lloret, and P. V. Llorca, "Aging and Sleep, and Vice Versa," *Approaches to Aging Control* 16 (2012): 17–21.

26 **naps are associated with a decreased:** See, for example, A. Naska et al., "Siesta in Healthy Adults and Coronary Mortality in the General Population," *Archives of Internal Medicine* 167, no. 3 (2007): 296–301.

27 **the past one hundred years of industrialization:** Walker, *Why We Sleep.*

28 **obstructive sleep apnea:** L. Barateau et al., "Hypersomnolence, Hypersomnia, and Mood Disorders," *Current Psychiatry Reports* 19, no. 2 (2017): 13.

29 **hypersomnia and depression:** Barateau et al., "Hypersomnolence."

30 **Treatment for hypersomnia:** K. Gleason and W. V. McCall, "Current Concepts in the Diagnosis and Treatment of Sleep Disorders in the Elderly," *Current Psychiatry Reports* 17, no. 6 (2015): 45.

31 **Menopausal symptoms last seven and a half years:** N. E. Avis et al., "Duration of Menopausal Vasomotor Symptoms over the Menopause Transition," *JAMA Internal Medicine* 175, no. 4 (2015): 531–539.

32 **vasomotor symptoms can be a direct cause of sleep disturbance:** M. Bruyneel, "Sleep Disturbances in Menopausal Women: Aetiology and Practical Aspects," *Maturitas* 81, no. 3 (2015): 406–409; L. Lampio et al., "Predictors of Sleep Disturbance in Menopausal Transition," *Maturitas* 94 (2016): 137–142.

33 **A meta-analysis of more than fifteen thousand women:** D. Cintron et al., "Efficacy of Menopausal Hormone Therapy on Sleep Quality: Systematic Review and Meta-Analysis," *Endocrine* 55, no. 3 (2017): 702–711.

34 **Sonia Lupien:** S. Lupien, email communication, December 5, 2018.

35 **"Women's Health Initiative [WHI] study":** Writing Group for the Women's Health Initiative Investigators, "Risks and Benefits of Estrogen plus Progestin in Healthy Postmenopausal Women: Principal Results from the Women's Health Initiative Randomized Controlled Trial," *Journal of the American Medical Association* 288, no. 3 (2002): 321–333.
36 **A review of where we are at:** R. A. Lobo, "Where Are We 10 Years after the Women's Health Initiative?," *Journal of Clinical Endocrinology and Metabolism* 98, no. 5 (2013): 1771–1780.
37 **reductions in androgens:** A. Vermeulen, "Andropause," *Maturitas* 34, no. 1 (2000): 5–15; A. M. Matsumoto, "Andropause: Clinical Implications of the Decline in Serum Testosterone Levels with Aging in Men," *Journals of Gerontology Series A: Biological Sciences and Medical Sciences* 57, no. 2 (2002): M76–M99.
38 **testosterone administration:** Vermeulen, "Andropause."
39 **most men over the age of seventy-five:** H. B. Carter, S. Piantadosi, and J. T. Isaacs, "Clinical Evidence for and Implications of the Multistep Development of Prostate Cancer," *Journal of Urology* 143, no. 4 (1990): 742–746.
40 **genetics plays a role in caffeine metabolism:** A. Yang, A. A. Palmer, and H. de Wit, "Genetics of Caffeine Consumption and Responses to Caffeine," *Psychopharmacology* 211, no. 3 (2010): 245–257.
41 **Caffeine breaks down in the body:** T. Roehrs and T. Roth, "Caffeine: Sleep and Daytime Sleepiness," *Sleep Medicine Reviews* 12, no. 2 (2008): 153–162.
42 **adenosine receptors in the brain:** E. Murillo-Rodriguez et al., "Anandamide Enhances Extracellular Levels of Adenosine and Induces Sleep: An In Vivo Microdialysis Study," *Sleep* 26, no. 8 (2003): 943–947.
43 **reduces total sleep time and quality:** I. Clark and H. P. Landolt, "Coffee, Caffeine, and Sleep: A Systematic Review of Epidemiological Studies and Randomized Controlled Trials," *Sleep Medicine Reviews* 31 (2017): 70–78.
44 **reduce melatonin secretion:** L. Shilo et al., "The Effects of Coffee Consumption on Sleep and Melatonin Secretion," *Sleep Medicine* 3, no. 3 (2002): 271–273.
45 **Caffeine also shortens stage 3 and 4:** Roehrs and Roth, "Caffeine."
46 **caffeine blocks adenosine receptors and attenuates delta waves:** H. P. Landolt, "Caffeine, the Circadian Clock, and Sleep," *Science* 349, no. 6254 (2015): 1289.
47 **cues your body normally uses:** J. Snel and M. M. Lorist, "Effects of Caffeine on Sleep and Cognition," in *Human Sleep and Cognition Part II: Clinical and Applied Research, Progress in Brain Research*, vol. 190, ed. H. P. A. Van Dongen and G. A., Kerkhof, pp. 105–117 (Amsterdam: Elsevier, 2011).
48 **In the retina:** T. Jiang et al., "Protective Effects of Melatonin on Retinal Inflammation and Oxidative Stress in Experimental Diabetic Retinopathy," *Oxidative Medicine and Cellular Longevity* (2016).
49 **In bone marrow:** F. Yang et al., "Melatonin Protects Bone Marrow Mesenchymal Stem Cells against Iron Overload–Induced Aberrant Differentiation and Senescence," *Journal of*

Pineal Research 63, no. 3 (2017): e12422.

50 **In the gastrointestinal tract:** Z. Xin et al., "Melatonin as a Treatment for Gastrointestinal Cancer: A Review," *Journal of Pineal Research* 58, no. 4 (2015): 375–387.

51 **reflux esophagitis, peptic ulcers:** N. T. de Talamoni et al., "Melatonin, Gastrointestinal Protection, and Oxidative Stress," in *Gastrointestinal Tissue,* ed. J. Gracia-Sancho and J. Salvadó, pp. 317–325 (Cambridge, MA: Academic Press, 2017).

52 **components of photosynthesis:** V. Martinez et al., "Tolerance to Stress Combination in Tomato Plants: New Insights in the Protective Role of Melatonin," *Molecules* 23, no. 3 (2018): 535.

53 **timed use of melatonin supplements:** T. I. Morgenthaler et al., "Practice Parameters for the Clinical Evaluation and Treatment of Circadian Rhythm Sleep Disorders," *Sleep* 30, no. 11 (2007): 1445–1459.

54 **sleep researcher Luis Buenaver:** Hopkins Medicine Staff, "Melatonin for Sleep: Does It Work?," n.d., https://www.hopkinsmedicine.org/health/healthy-sleep/sleep-science/melatonin-for-sleepdoes-it-work.

55 **Melatonin levels in the blood are highest:** G. Chechile, "Melatonin and Cancer," *Approaches to Aging Control* 17 (2012): 33–47.

56 **protective effects against many cancers:** Chechile, "Melatonin and Cancer."

57 **write a quick to-do list:** M. K. Scullin et al., "The Effects of Bedtime Writing on Difficulty Falling Asleep: A Polysomnographic Study Comparing To-Do Lists and Completed Activity Lists," *Journal of Experimental Psychology: General* 147, no. 1 (2018): 139.

第12章 活得更久：端粒、缓步动物、胰岛素和僵尸细胞

1 **Jeanne Calment of France:** Recently there have been challenges to the claim of 122 years, but I don't think this changes our understanding of longevity in humans. There are other cases of people who lived nearly as long, such as 119-year-old Sarah Knauss. See N. Zak, "Evidence That Jeanne Calment Died in 1934—Not 1997," *Rejuvenation Research* 22, no. 1 (2019): 3–12; J. Daly, "Was the World's Oldest Person Ever Actually Her 99-Year-Old Daughter?," *Smithsonian,* January 2, 2019, https://www.smithsonianmag.com/smart-news/study-questionsage-worlds-oldest-woman-180971153/.

2 **some worm species do regenerate:** G. Quirós, "These Flatworms Can Regrow a Body from a Fragment. How Do They Do It and Could We?," Shots—Health News from NPR, November 6, 2018, https://www.npr.org/sections/health-shots/2018/11/06/663612981/these-flatworms-canregrow-a-body-from-a-fragment-how-do-they-do-it-and-could-we.

3 **the gene,** EGR: A. R. Gehrke et al., "Acoel Genome Reveals the Regulatory Landscape of Whole-Body Regeneration," *Science* 363, no. 6432 (2019): eaau6173.

4 **the tail...could regenerate a new brain:** T. Shomrat and M. Levin, "An Automated Training Paradigm Reveals Long-Term Memory in Planarians and Its Persistence through Head Regeneration," *Journal of Experimental Biology* 216, no. 20 (2013): 3799–3810. Their

work was based on earlier work by K. Agata and Y. Umesono: "Brain Regeneration from Pluripotent Stem Cells in Planarian," *Philosophical Transactions of the Royal Society B: Biological Sciences* 363, no. 1500 (2008): 2071–2078, and others.

5   **telomerase also repairs cancer cells:** W. C. Hahn et al., "Inhibition of Telomerase Limits the Growth of Human Cancer Cells," *Nature Medicine* 5, no. 10 (1999): 1164.

6   **Tardigrades can survive:** S. J. McInnes and P. J. A. Pugh, "Tardigrade Biogeography," in *Water Bears: The Biology of Tardigrades,* ed. R. O. Schill, pp. 115–129 (Cham, Switzerland: Springer, 2018).

7   **unusual type of protein (IDP):** T. C. Boothby et al., "Tardigrades Use Intrinsically Disordered Proteins to Survive Desiccation," *Molecular Cell* 65, no. 6 (2017): 975–984; Boothby made an educational video about the tardigrade: R. Cans, director, "Meet the Tardigrade, the Toughest Animal on Earth," TEDEd, March 21, 2017, http://ed.ted.com/lessons/meet-the-tardigrade-thetoughest-animal-on-earth-thomas-boothby.

8   **maximum life span of humans is fixed:** X. Dong, B. Milholland, and J. Vijg, "Evidence for a Limit to Human Lifespan," *Nature* 538, no. 7624 (2016): 257.

9   **"shoveled the data into their computer":** Quoted in R. Mandelbaum, "Scientists Push Back against Controversial Paper Claiming a Limit to Human Lifespans," Gizmodo, June 28, 2017, https://gizmodo.com/scientists-push-back-against-controversial-paper-claimi-1796483675.

10 **Hicham El Guerrouj, at 3:43:13:** Wikipedia, s.v. "Mile Run World Record Progression," updated July 13, 2019, https://en.wikipedia.org/wiki/Mile_run_world_record_progression#cite_noteiaaf-5.

11 **Two McGill biologists, Bryan Hughes and Siegfried Hekimi:** B. G. Hughes, and S. Hekimi, "Many Possible Lifespan Trajectories," *Nature* 546, no. 7660 (2017): E8.

12 **Hekimi says:** Quoted in S. Kirkey, "Forever Young: No Detectable Limit to Human Lifespan, McGill Biologists Say," *The National Post,* June 28, 2017, https://nationalpost.com/news/canada/no-detectable-limit-to-human-lifespan.

13 **Olshansky...disagrees:** J. Olshansky, personal communication, March 21, 2019.

14 **analysis of thousands of elderly Italians:** E. Barbi et al., "The Plateau of Human Mortality: Demography of Longevity Pioneers," *Science* 360, no. 6396 (2018): 1459–1461.

15 **Hekimi, who was not involved in the study:** C. Zimmer, "What Is the Limit of Our Life Span?," *The New York Times,* July 3, 2018, p. D3.

16 **"Current understanding of the biology of aging":** M. P. Rozing, T. B. Kirkwood, and R. G. Westendorp, "Is There Evidence for a Limit to Human Lifespan?," *Nature* 546, no. 7660 (2017): E11.

17 **Most people living in the blue zones:** D. Buettner and S. Skemp, "Blue Zones: Lessons from the World's Longest Lived," *American Journal of Lifestyle Medicine* 10, no. 5 (2016): 318–321; M. Poulain, A. Herm, and G. Pes, "The Blue Zones: Areas of Exceptional Longevity around the World," *Vienna Yearbook of Population Research* 11, no. 1 (2013): 87.

18 **longevity data from 400 million people:** J. G. Ruby et al., "Estimates of the Heritability of

Human Longevity Are Substantially Inflated Due to Assortative Mating," *Genetics* 210, no. 3 (2018): 1109–1124.

19 **What makes it look like longevity runs in families:** M. Molteni, "The Key to Long Life Has Little to Do with 'Good Genes,'" *Wired,* November 6, 2018.

20 **variant of the APOE gene:** S. Ryu et al., "Genetic Landscape of APOE in Human Longevity Revealed by High-Throughput Sequencing," *Mechanisms of Ageing and Development* 155 (2016): 7–9.

21 **FOXO in humans:** R. Martins, G. J. Lithgow, and W. Link, "Long Live FOXO: Unraveling the Role of FOXO Proteins in Aging and Longevity," *Aging Cell* 15, no. 2 (2016): 196–207.

22 **double the life span of the worm:** Kenyon did this indirectly, by manipulating insulin-like signaling upstream of FOXO.

23 **Kenyon explained it this way:** C. Kenyon, "Experiments That Hint of Longer Lives," TEDGlobal, November 17, 2011, https://www.ted.com/talks/cynthia_kenyon_experiments_that_hint_of_longer_lives/transcript#t-157928.

24 **"I tried caloric restriction":** C. Kenyon, personal communication, February 28, 2016.

25 **removing part of the worms' gonadal systems:** H. Hsin and C. Kenyon, "Signals from the Reproductive System Regulate the Lifespan of *C. elegans,*" *Nature* 399, no. 6734 (1999): 362.

26 **castrated men tend to live an average of fourteen years longer:** J. B. Hamilton and G. E. Mestler, "Mortality and Survival: Comparison of Eunuchs with Intact Men and Women in a Mentally Retarded Population," *Journal of Gerontology* 24, no. 4 (1969): 395–411.

27 **involves something more than testosterone:** M. Gámez-del-Estal et al., "Epigenetic Effect of Testosterone in the Behavior of *C. elegans*. A Clue to Explain Androgen-Dependent Autistic Traits?," *Frontiers in Cellular Neuroscience* 8 (2014): 69.

28 **egg is swept clean of age-damaged, deformed proteins:** K. A. Bohnert and C. Kenyon, "A Lysosomal Switch Triggers Proteostasis Renewal in the Immortal *C. elegans* Germ Lineage," *Nature* 551, no. 7682 (2017): 629; C. Zimmer, "Young Again: How Mating Turns Back Time," *The New York Times,* November 22, 2017, p. D3.

29 **gene mutations and other interventions that increase longevity:** C. Kenyon, "The Genetics of Ageing," *Nature* (2010): 464, 504–512.

30 **(the Hayflick limit):** L. Hayflick, "Human Cells and Aging," *Scientific American* 218, no. 3 (1968): 32–37.

31 **Hayflick (now ninety) recalls:** J. Cepelewicz, "Ingenious: Leonard Hayflick," *Nautilus,* November 24, 2016, http://nautil.us/issue/42/fakes/ingenious-leonard-hayflick.

32 **role played by the telomeres:** Alexey Olovnikov, a Russian biologist, came up with an analogy having to do with a subway train and a tunnel, but I have never been able to follow the logic of it, nor to visualize what he was talking about. A. M. Olovnikov, "Telomeres, Telomerase, and Aging: Origin of the Theory," *Experimental Gerontology* 31, no. 4 (1996): 443–448.

33 **people with short telomeres die younger:** M. Armanios and E. H. Blackburn, "The Telomere Syndromes," *Nature Reviews Genetics* 13, no. 10 (2012): 693.
34 **childhood Conscientiousness predicts telomere length:** G. W. Edmonds, H. C. Côté, and S. E. Hampson, "Childhood Conscientiousness and Leukocyte Telomere Length 40 Years Later in Adult Women—Preliminary Findings of a Prospective Association," *PLoS One* 10, no. 7 (2015): e0134077.
35 **Exercise is associated with increased telomere length:** N. C. Arsenis et al., "Physical Activity and Telomere Length: Impact of Aging and Potential Mechanisms of Action," *Oncotarget* 8, no. 27 (2017): 45008; E. Puterman et al., "The Power of Exercise: Buffering the Effect of Chronic Stress on Telomere Length," *PLoS One* 5, no. 5 (2010): e10837; J. H. Kim et al., "Habitual Physical Exercise Has Beneficial Effects on Telomere Length in Postmenopausal Women," *Menopause* 19, no. 10 (2012): 1109–1115.
36 **A diet of whole foods:** J. Y. Lee et al., "Association between Dietary Patterns in the Remote Past and Telomere Length," *European Journal of Clinical Nutrition* 69, no. 9 (2015): 1048; N. Rafie et al., "Dietary Patterns, Food Groups and Telomere Length: A Systematic Review of Current Studies," *European Journal of Clinical Nutrition* 71, no. 2 (2017): 151; A. M. Fretts et al., "Processed Meat, but Not Unprocessed Red Meat, Is Inversely Associated with Leukocyte Telomere Length in the Strong Heart Family Study," *Journal of Nutrition* 146, no. 10 (2016): 2013–2018.
37 **Neighborhoods with low social cohesion:** S. Y. Gebreab et al., "Perceived Neighborhood Problems Are Associated with Shorter Telomere Length in African American Women," *Psychoneuroendocrinology* 69 (2016): 90–97; B. L. Needham et al., "Neighborhood Characteristics and Leukocyte Telomere Length: The Multi-Ethnic Study of Atherosclerosis," *Health and Place* 28 (2014): 167–172.
38 **hormesis:** T. G. Son, S. Camandola, and M. P. Mattson, "Hormetic Dietary Phytochemicals," *Neuromolecular Medicine* 10, no. 4 (2008): 236.
39 **long-term, chronic stress:** E. Blackburn and E. Epel, *The Telomere Effect: A Revolutionary Approach to Living Younger, Healthier, Longer* (New York: Hachette, 2017).
40 **healthful challenge response:** Blackburn and Epel, *The Telomere Effect*.
41 **Mindfulness meditation:** N. S. Schutte and J. M. Malouff, "A Meta-Analytic Review of the Effects of Mindfulness Meditation on Telomerase Activity," *Psychoneuroendocrinology* 42 (2014): 45–48; M. Alda et al., "Zen Meditation, Length of Telomeres, and the Role of Experiential Avoidance and Compassion," *Mindfulness* 7, no. 3 (2016): 651–659; E. A. Hoge et al., "Loving-Kindness Meditation Practice Associated with Longer Telomeres in Women," *Brain, Behavior, and Immunity* 32 (2013): 159–163.
42 **"telomere dysfunction turns into pain":** J. Mogil, "What's Wrong with Animal Models of Pain?," The Opioid Crisis and the Future of Addiction and Pain Therapeutics: Opportunities, Tools, and Technologies Symposium, Washington, DC, February 2019, video, at 30:35: https://videocast.nih.gov/summary.asp?Live=31408&bhcp=1.
43 **study of more than twenty-six thousand people:** University of Pittsburgh Schools of the

Health Sciences, "Telomere Length Predicts Cancer Risk," *ScienceDaily,* April 3, 2017, www.sciencedaily.com/releases/2017/04/170403083123.htm; J. M. Yuan et al., "A Prospective Assessment for Telomere Length in Relation to Risk of Cancer in the Singapore Chinese Health Study," AACR Annual Meeting, Washington, DC, April 2017.

44 **study of 9,127 patients and thirty-one cancer types:** F. P. Barthel et al., "Systematic Analysis of Telomere Length and Somatic Alterations in 31 Cancer Types," *Nature Genetics* 49, no. 3 (2017): 349. See also P. C. Haycock et al., "Association between Telomere Length and Risk of Cancer and Non-Neoplastic Diseases: A Mendelian Randomization Study," *JAMA Oncology* 3, no. 5 (2017): 636–651.

45 **In their book** *The Telomere Effect***:** Blackburn and Epel, *The Telomere Effect.*

46 **Siegfried Hekimi concurs:** S. Hekimi, personal communication, March 26, 2019.

47 **Elizabeth Parrish, the CEO of...BioVia:** D. Warmflash, "Liz Parrish Is Patient Zero in Her Own Anti-Aging Experiment," *The Crux,* April 29, 2016, http://blogs.discovermagazine.com/crux/2016/04/29/liz-parrish-is-an-ceo-and-patientzero/#.XLdySpNKjox.

48 **telomere shortening evolved as an anticancer adaptation:** J. W. Shay, "Role of Telomeres and Telomerase in Aging and Cancer," *Cancer Discovery* 6, no. 6 (2016): 584–593.

49 **"a new low in medical quackery":** A. Regalado, "A Tale of Do-It-Yourself Gene Therapy," *MIT Technology Review,* October 14, 2015, https://www.technologyreview.com/s/542371/a-tale-ofdo-it-yourself-gene-therapy/.

50 **paper coauthored by Leonard Hayflick:** S. J. Olshansky, L. Hayflick, and B. A. Carnes, "No Truth to the Fountain of Youth," *Scientific American* 286, no. 6 (2002): 92–95.

51 **extending life span artificially is still out of reach:** S. J. Olshansky, "Is Life Extension Today a Faustian Bargain?," *Frontiers in Medicine* 4 (2017): 215.

52 **in Atkins' own case:** K. McLaughlin and R. Winslow, "Report Details Dr. Atkins's Health Problems," *The Wall Street Journal,* February 10, 2004, https://www.wsj.com/articles/SB107637899384525268.

53 **people who famously tried to live forever:** P. Kennedy, "No Magic Pill Will Get You to 100," *The New York Times,* March 9, 2018, p. SR1.

54 **Jerome Rodale:** D. Cavett, "When That Guy Died on My Show," *The New York Times,* May 3, 2007, https://opinionator.blogs.nytimes.com/2007/05/03/when-that-guy-died-on-my-show/.

55 **clearance of these zombie cells:** D. J. Baker et al., "Clearance of p16 Ink4a-Positive Senescent Cells Delays Ageing-Associated Disorders," *Nature* 479, no. 7372 (2011): 232.

56 **Removing the senescent cells:** M. Scudellari, "To Stay Young, Kill Zombie Cells," *Nature* 550, no. 7677 (2017): 448–450.

57 **Subsequent work in mice:** M. J. Schafer et al., "Cellular Senescence Mediates Fibrotic Pulmonary Disease," *Nature Communications* 8 (2017): 14532; O. H. Jeon et al., "Local Clearance of Senescent Cells Attenuates the Development of Post-Traumatic Osteoarthritis and Creates a Pro-Regenerative Environment," *Nature Medicine* 23, no. 6 (2017): 775; D. J. Baker et al., "Naturally Occurring p16 Ink4a-Positive Cells Shorten Healthy Lifespan,"

Nature 530, no. 7589 (2016): 184.

58 **It can also prevent memory loss:** T. J. Bussian et al., "Clearance of Senescent Glial Cells Prevents Tau-Dependent Pathology and Cognitive Decline," *Nature* 562, no. 7728 (2018): 578.

59 **fourteen different senolytics:** Scudellari, "To Stay Young, Kill Zombie Cells."

60 **molecular biologist Nathaniel David:** Scudellari, "To Stay Young, Kill Zombie Cells."

61 **senescent cells that accumulate in the knee:** Z. Corbyn, "Want to Live for Ever? Flush Out Your Zombie Cells," *The Guardian,* October 6, 2018, https://www.theguardian.com/science/2018/oct/06/race-to-kill-killer-zombie-cells-senescentdamaged-ageing-eliminate-research-mice-aubrey-de-grey.

62 **"Everything looks good in mice":** Quoted in Corbyn, "Want to Live for Ever?"

63 **"The immune system doesn't know":** J. Allison, personal communication, July 28, 2018.

64 **"Unleashing the immune system":** Allison, personal communication.

65 **80 percent of patients die:** F. S. Hodi et al., "Two-Year Overall Survival Rates from a Randomised Phase 2 Trial Evaluating the Combination of Nivolumab and Ipilimumab versus Ipilimumab Alone in Patients with Advanced Melanoma," *Lancet Oncology* 17, no. 11 (2016): 1558.

66 **self-propagating prion form:** A. Aoyagi et al., "Aβ and Tau Prion-Like Activities Decline with Longevity in the Alzheimer's Disease Human Brain," *Science Translational Medicine* 11, no. 490 (2019): eaat8462.

67 **Prusiner told me:** S. Prusiner, personal communication, September 12, 2019.

68 **DeGrado adds:** B. DeGrado, personal communication, September 11, 2019.

69 **humans could live to be one thousand:** H. Cox, "Aubrey de Grey: Scientist Who Says Humans Can Live for 1,000 Years," *Financial Times,* February 18, 2017, https://www.ft.com/content/238cc916-e935-11e6-967b-c88452263daf.

70 **seven types of molecular and cellular damage:** A. D. N. J. de Grey, "Undoing Aging with Molecular and Cellular Damage Repair," *MIT Technology Review,* 2017, https://www.technologyreview.com/s/609576/undoing-aging-with-molecular-and-cellulardamage-repair/.

71 **To solve the various problems of aging:** H. Warner et al., "Science Fact and the SENS Agenda: What Can We Reasonably Expect from Ageing Research?," *EMBO Reports* 6, no. 11 (2005): 1006–1008.

72 **inconsistent with what we know about mitochondria:** A. Kowald and T. B. Kirkwood, "Evolution of the Mitochondrial Fusion-Fission Cycle and Its Role in Aging," *Proceedings of the National Academy of Sciences* 108, no. 25 (2011): 10237–10242.

73 **plethora of unknown variables:** M. Kyriazis, "The Impracticality of Biomedical Rejuvenation Therapies: Translational and Pharmacological Barriers," *Rejuvenation Research* 17, no. 4 (2014): 390–396.

74 **A consortium of twenty-eight scientists:** Warner et al., "Science Fact and the SENS Agenda."

75 **On the Horizon:** N. Barzilai, "An Update on Anti-Aging Drug Trials," *Innovation in Aging*

2, suppl. 1 (2018): 544.

76 **rapamycin...in mice...can extend life by 25 percent:** D. E. Harrison et al., "Rapamycin Fed Late in Life Extends Lifespan in Genetically Heterogeneous Mice," *Nature* 460, no. 7253 (2009): 392.

77 **weekly doses of** rapamycin **increased immune function:** J. B. Mannick et al., "mTOR Inhibition Improves Immune Function in the Elderly," *Science Translational Medicine* 6, no. 268 (2014): 268ra179.

78 **metformin...to combat aging:** G. Garg et al., "Antiaging Effect of Metformin on Brain in Naturally Aged and Accelerated Senescence Model of Rat," *Rejuvenation Research* 20, no. 3 (2017): 173–182; M. G. Novelle et al., "Metformin: A Hopeful Promise in Aging Research," *Cold Spring Harbor Perspectives in Medicine* 6, no. 3 (2016): a025932.

79 **(TAME—Targeting Aging with MEtformin):** PR Newswire, "Anti-Aging Human Study on Metformin Wins FDA Approval," December 16, 2015, https://www.prnewswire.com/newsreleases/anti-aging-human-study-on-metformin-wins-fda-approval-300193724.html.

80 **NAD+ regulates cellular metabolism:** Y. Aman et al., "Therapeutic Potential of Boosting NAD+ in Aging and Age-Related Diseases," *Translational Medicine of Aging* (2018); S. I. Imai and L. Guarente, "NAD+ and Sirtuins in Aging and Disease," *Trends in Cell Biology* 24, no. 8 (2014): 464–471.

81 **interferes with absorption of nicotinamide and B₃:** S. Loui, "Nicotinamide," Huntington's Outreach Project for Education at Stanford, June 29, 2010, https://hopes.stanford.edu/nicotinamide/#relationship-between-nicotinamide-and-nicotine.

82 **After just a week of supplementation:** J. Li et al., "A Conserved NAD+ Binding Pocket That Regulates Protein-Protein Interactions During Aging," *Science* 355, no. 6331 (2017): 1312–1317.

83 **a sixty-year-old human looks like a twenty-year-old:** S. Dutta and P. Sengupta, "Men and Mice: Relating Their Ages," *Life Sciences* 152 (2016): 244–248.

84 **combination of two NAD+ precursors, NR and PT:** R. W. Dellinger et al., "Repeat Dose NRPT (Nicotinamide Riboside and Pterostilbene) Increases NAD+ Levels in Humans Safely and Sustainably: A Randomized, Double-Blind, Placebo-Controlled Study," *NPJ Aging and Mechanisms of Disease* 3, no. 1 (2017): 17.

85 **1,000 mg per day of NR:** C. R. Martens et al., "Chronic Nicotinamide Riboside Supplementation Is Well-Tolerated and Elevates NAD+ in Healthy Middle-Aged and Older Adults," *Nature Communications* 9, no. 1 (2018): 1286.

86 **"Elysium is selling pills":** Quoted in M. Bolotnikova, "Anti-Aging Approaches," *Harvard Magazine,* September–October 2017, https://harvardmagazine.com/2017/09/anti-aging-breakthrough.

87 **"None of this is ready for prime time":** Quoted in M. Taylor, "A 'Fountain of Youth' Pill? Sure, If You're a Mouse," *Kaiser Health News,* February 11, 2019, https://khn.org/news/a-fountain-ofyouth-pill-sure-if-youre-a-mouse/.

88 **"I have tested the NMN":** D. Sinclair, personal communication, March 19, 2019.

89　**The Mexican axolotl:** S. Nowoshilow et al., "The Axolotl Genome and the Evolution of Key Tissue Formation Regulators," *Nature* 554, no. 7690 (2018): 50.

90　**In one species, it doubled life span:** M. Lucanic et al., "Impact of Genetic Background and Experimental Reproducibility on Identifying Chemical Compounds with Robust Longevity Effects," *Nature Communications* 8 (2017): 14256.

91　**As Richard Klausner, CEO of Lyell Immunopharma, says:** R. Klausner, *In Favor of Science: The Importance and Impact of Scientific Research*, Minerva Schools at KGI (San Francisco: Consequent, 2019).

92　**Centenarians live longer than ever:** P. B. Baltes and J. Smith, "New Frontiers in the Future of Aging: From Successful Aging of the Young Old to the Dilemmas of the Fourth Age," *Gerontology* 49, no. 2 (2003): 123–135.

93　**Richard Overton:** S. Sault, "If You Ask Richard Overton the Secret to Longevity, He'll Tell You God and Cigars Are the Answer," *Texas Hill Country,* June 15, 2017, https://texashillcountry.com/richard-overton-the-secret-to-longevity/; B. Meyer, "At 112, America's Oldest Man Has the Secret to a Long Life: 'Just Keep Living. Don't Die,'" *Dallas News,* May 10, 2017, https://www.dallasnews.com/life/better-living/2018/05/10/americasoldest-man-still-kicking-smoking-nears-112-secret-dont-die.

第13章　活得更聪明：认知提升

1　**spend time doing sudoku:** M. Melby-Lervåg and C. Hulme, "Is Working Memory Training Effective? A Meta-Analytic Review," *Developmental Psychology* 49, no. 2 (2013): 270.

2　**no convincing evidence that brain-training games:** A. Bahar-Fuchs, L. Clare, and B. Woods, "Cognitive Training and Cognitive Rehabilitation for Mild to Moderate Alzheimer's Disease and Vascular Dementia," *Cochrane Database of Systematic Reviews* 6 (2013); Stanford Center on Longevity, "A Consensus on the Brain Training Industry from the Scientific Community," October 20, 2014, http://longevity3.stanford.edu/blog/2014/10/15/the-consensus-on-the-braintraining-industry-from-the-scientific-community-2/.

3　**found guilty of false advertising and fined $50 million:** The settlement was later reduced to $2 million. Federal Trade Commission, "Lumosity to Pay $2 Million to Settle FTC Deceptive Advertising Charges for Its 'Brain Training' Program," January 5, 2016, https://www.ftc.gov/news-events/press-releases/2016/01/lumosity-pay-2-million-settle-ftcdeceptive-advertising-charges.

4　**Neurocore, backed by US education secretary Betsy DeVos:** E. L. Green, "Brain-Function Firm Backed by DeVos Misled in Ads," *The New York Times,* June 27, 2018, p. B3.

5　**(brain changes in response to the training):** D. J. Simons et al., "Do 'Brain-Training' Programs Work?," *Psychological Science in the Public Interest* 17, no. 3 (2016): 103–186.

6　**analyzed 132 papers cited by...brain-training companies:** Simons et al., "Do 'Brain-Training' Programs Work?"

7　**Simons and his colleagues concluded:** Simons et al., "Do 'Brain-Training' Programs

Work?"

8   **Art Shimamura counsels:** A. Shimamura, *Get SMART! Five Steps toward a Healthy Brain* (Scotts Valley, CA: CreateSpace, 2017).

9   **A PCE or implant that can improve memory:** B. Carey, "A Memory Jolt Raises Hopes," *The New York Times,* February 13, 2018, p. D1.

10 **Neuroscientist Michael Gazzaniga imagines:** M. S. Gazzaniga, *Human: The Science behind What Makes Your Brain Unique* (New York: Harper Perennial, 2008). I wrote about this previously in D. J. Levitin, "Brain Candy," *The New York Times,* August 22, 2008, p. BR9.

11 **Ethicists have begun to grapple:** A. D. Mohamed, "Neuroethical Issues in Pharmacological Cognitive Enhancement," *Wiley Interdisciplinary Reviews: Cognitive Science* 5, no. 5 (2014): 533–549; H. Maslen, N. Faulmüller, and J. Savulescu, "Pharmacological Cognitive Enhancement—How Neuroscientific Research Could Advance Ethical Debate," *Frontiers in Systems Neuroscience* 8 (2014): 107.

12 **The US Bioethics Commission issued a report:** Presidential Committee for the Study of Bioethical Issues, "Gray Matters: Topics at the Intersection of Neuroscience, Ethics, and Society," March 2015, https://bioethicsarchive.georgetown.edu/pcsbi/sites/default/files/GrayMatter_V2_508.pdf.

13 **Members of the US Bioethics Commission write:** A. L. Allen and N. K. Strand, "Cognitive Enhancement and Beyond: Recommendations from the Bioethics Commission," *Trends in Cognitive Sciences* 19, no. 10 (2015): 549–551.

14 **mixed results as to whether Adderall:** K. L. Cropsey et al., "Mixed-Amphetamine Salts Expectancies among College Students: Is Stimulant Induced Cognitive Enhancement a Placebo Effect?," *Drug and Alcohol Dependence* 178 (2017): 302–309.

15 **impair creativity:** M. J. Farah et al., "When We Enhance Cognition with Adderall, Do We Sacrifice Creativity? A Preliminary Study," *Psychopharmacology* 202, nos. 1–3 (2009): 541–547.

16 **modafinil...adenosine receptor antagonist:** P. Gerrard and R. Malcolm, "Mechanisms of Modafinil: A Review of Current Research," *Neuropsychiatric Disease and Treatment* 3, no. 3 (2007): 349.

17 **increase motivation and promote wakefulness:** M. J. Farah, "The Unknowns of Cognitive Enhancement," *Science* 350, no. 6259 (2015): 379–380.

18 **modafinil consistently enhanced attention:** R. M. Battleday and A.-K. Brem, "Modafinil for Cognitive Neuroenhancement in Healthy Non-Sleep-Deprived Subjects: A Systematic Review," *European Neuropsychopharmacology* 25 (2015): 1865–1881.

19 **a reduction in creativity:** A. D. Mohamed, "The Effects of Modafinil on Convergent and Divergent Thinking of Creativity: A Randomized Controlled Trial," *Journal of Creative Behavior* 50, no. 4 (2014): 252–267.

20 **modafinil...led to cognitive slowing:** A. D. Mohamed and C. R. Lewis, "Modafinil Increases the Latency of Response in the Hayling Sentence Completion Test in Healthy Vol-

unteers: A Randomised Controlled Trial," *PLoS One* 9, no. 11 (2014): e110639.
21 **loss of dopamine receptor neurons:** L. Bäckman et al., "The Correlative Triad among Aging, Dopamine, and Cognition: Current Status and Future Prospects," *Neuroscience and Biobehavioral Reviews* 30, no. 6 (2006): 791–807.
22 **5 and 35 percent report having used it:** T. E. Wilens et al., "Misuse and Diversion of Stimulants Prescribed for ADHD: A Systematic Review of the Literature," *Journal of the American Academy of Child and Adolescent Psychiatry* 47, no. 1 (2008): 21–31.
23 **nicotine...tends to reduce stress:** I. Smith, "Psychostimulants and Artistic, Musical, and Literary Creativity," in *The Neuropsychiatric Complications of Stimulant Abuse,* International Review of Neurobiology, vol. 120, ed. P. Taba, A. Lees, and K. Sikk, pp. 301–326 (Waltham, MA: Academic Press, 2015); S. J. Heishman, B. A. Kleykamp, and E. G. Singleton, "Meta-Analysis of the Acute Effects of Nicotine and Smoking on Human Performance," *Psychopharmacology* 210, no. 4 (2010): 453–469.
24 **deactivating areas of the default mode:** B. Hahn et al., "Nicotine Enhances Visuospatial Attention by Deactivating Areas of the Resting Brain Default Network," *Journal of Neuroscience* 27, no. 13 (2007): 3477–3489.
25 **treatment for late-life depression:** J. A. Gandelman, P. Newhouse, and W. D. Taylor, "Nicotine and Networks: Potential for Enhancement of Mood and Cognition in Late-Life Depression," *Neuroscience and Biobehavioral Reviews* 84 (2018): 289–298.
26 **neuroprotective effects:** G. E. Barreto, A. Iarkov, and V. E. Moran, "Beneficial Effects of Nicotine, Cotinine and Its Metabolites as Potential Agents for Parkinson's Disease," *Frontiers in Aging Neuroscience* 6 (2015): 340; M. Kolahdouzan and M. J. Hamadeh, "The Neuroprotective Effects of Caffeine in Neurodegenerative Diseases," *CNS Neuroscience and Therapeutics* 23, no. 4 (2017): 272–290.
27 **nicotine as the next smart drug:** D. Hurley, "Will a Nicotine Patch Make You Smarter?," *Scientific American,* February 9, 2014, https://www.scientificamerican.com/article/will-a-nicotine-patchmake-you-smarter-excerpt/.
28 **tolcapone, a nonstimulant dopamine promoter:** J. A. Apud et al., "Tolcapone Improves Cognition and Cortical Information Processing in Normal Human Subjects," *Neuropsychopharmacology* 32, no. 5 (2007): 1011.
29 **liver injury attributed to tolcapone:** N. Borges, "Tolcapone-Related Liver Dysfunction," *Drug Safety* 26, no. 11 (2003): 743–747.
30 **pramipexole (Mirapex, Mirapexin, Sifrol):** J. Micallef et al., "Antiparkinsonian Drug-Induced Sleepiness: A Double-Blind Placebo-Controlled Study of L-Dopa, Bromocriptine and Pramipexole in Healthy Subjects," *British Journal of Clinical Pharmacology* 67, no. 3 (2009): 333–340; D. A. Pizzagalli et al., "Single Dose of a Dopamine Agonist Impairs Reinforcement Learning in Humans: Behavioral Evidence from a Laboratory-Based Measure of Reward Responsiveness," *Psychopharmacology* 196, no. 2 (2008): 221–232.
31 **doctor's instructions to the girl:** D. Hamilton, personal communication, June 8, 2019.
32 **early and incomplete evidence that rivastigmine:** A. Ströhle et al., "Drug and Exercise

Treatment of Alzheimer Disease and Mild Cognitive Impairment: A Systematic Review and Meta-Analysis of Effects on Cognition in Randomized Controlled Trials," *American Journal of Geriatric Psychiatry* 23, no. 12 (2015): 1234–1249; J. T. O'Brien et al., "Clinical Practice with Anti-Dementia Drugs: A Revised (Third) Consensus Statement from the British Association for Psychopharmacology," *Journal of Psychopharmacology* 31, no. 2 (2017): 147–168.

33 **glutamate-induced excitotoxicity:** B. M. Altevogt, M. Davis, and D. E. Pankevich, eds., *Glutamate-Related Biomarkers in Drug Development for Disorders of the Nervous System: Workshop Summary* (Washington, DC: National Academies Press, 2011).

34 **difference between rivastigmine and memantine:** C. Quintana, personal communication, May 21, 2018.

35 **combination therapy using the two drugs:** P. L. Santaguida, T. A. Shamliyan, and D. R. Goldmann, "Cholinesterase Inhibitors and Memantine in Adults with Alzheimer Disease," *American Journal of Medicine* 129, no. 10 (2016): 1044–1047.

36 **inflammation is due to hormone deprivation:** C. M. Gameiro, F. Romão, and C. Castelo-Branco, "Menopause and Aging: Changes in the Immune System—A Review," *Maturitas* 67, no. 4 (2010): 316–320; C. Castelo-Branco and I. Soveral, "The Immune System and Aging: A Review," *Gynecological Endocrinology* 30, no. 1 (2014): 16–22.

37 **cognitive stimulation therapy:** A. Spector et al., "Efficacy of an Evidence-Based Cognitive Stimulation Therapy Programme for People with Dementia: Randomised Controlled Trial," *British Journal of Psychiatry* 183, no. 3 (2003): 248–254; J. D. Huntley et al., "Do Cognitive Interventions Improve General Cognition in Dementia? A Meta-Analysis and Meta-Regression," *BMJ Open* 5, no. 4 (2015): e005247.

38 **supplements for which manufacturers declare age-defying:** J. Birks and J. G. Evans, "Ginkgo Biloba for Cognitive Impairment and Dementia," *Cochrane Database of Systematic Reviews* 1 (2009); J. Geng et al., "Ginseng for Cognition," *Cochrane Database of Systematic Reviews* 12 (2010); P. E. Gold, L. Cahill, and G. L. Wenk, "Ginkgo Biloba: A Cognitive Enhancer?," *Psychological Science in the Public Interest* 3, no. 1 (2002): 2–11; A. W. Rutjes et al., "Vitamin and Mineral Supplementation for Maintaining Cognitive Function in Cognitively Healthy People in Mid and Late Life," *Cochrane Database of Systematic Reviews* 12 (2018); Q. Yuan et al., "Effects of Ginkgo Biloba on Dementia: An Overview of Systematic Reviews," *Journal of Ethnopharmacology* 195 (2017): 1–9.

39 **Vitamin B_{12} (cobalamin):** NIH Office of Dietary Supplements, "Vitamin B_{12}," November 29, 2018, https://ods.od.nih.gov/factsheets/VitaminB12-HealthProfessional/.

40 **necessary for the production of myelin:** G. Scalabrino, "The Multi-Faceted Basis of Vitamin B_{12} (Cobalamin) Neurotrophism in Adult Central Nervous System: Lessons Learned from Its Deficiency," *Progress in Neurobiology* 88, no. 3 (2009): 203–220.

41 **homocysteine hypothesis:** D. Kennedy, "B Vitamins and the Brain: Mechanisms, Dose and Efficacy—A Review," *Nutrients* 8, no. 2 (2016): 68.

42 **Vitamin B_{12} deficiency:** J. L. Reay, M. A. Smith, and L. M. Riby, "B Vitamins and Cogni-

tive Performance in Older Adults," *ISRN Nutrition* 2013 (2013).

43 **no association between B_{12} supplementation:** R. Malouf and A. A. Sastre, "Vitamin B_{12} for Cognition," *Cochrane Database of Systematic Reviews* 3 (2003).

44 **B_{12} was indeed effective at lowering homocysteine:** D. M. Zhang et al., "Efficacy of Vitamin B Supplementation on Cognition in Elderly Patients with Cognitive-Related Diseases: A Systematic Review and Meta-Analysis," *Journal of Geriatric Psychiatry and Neurology* 30, no. 1 (2017): 50–59.

45 **B_{12} supplementation led to significant memory improvement:** R. L. Kane et al., "Interventions to Prevent Age-Related Cognitive Decline, Mild Cognitive Impairment, and Clinical Alzheimer's-Type Dementia," *Comparative Effectiveness Reviews* 188 (2017).

46 **strongest effect being in those with higher homocysteine levels:** G. Douaud et al., "Preventing Alzheimer's Disease-Related Gray Matter Atrophy by B-Vitamin Treatment," *Proceedings of the National Academy of Sciences* 110, no. 23 (2013): 9523–9528.

47 **Taking B_{12} supplementation does not cause any harm:** B. Bistrian, "Should I Stop Taking These Vitamins?," *Harvard Health Letter,* May 2010.

48 **Neuroshroom:** PrimalHerb, https://primalherb.com/product/neuro-shroom/?rfsn=2393934.d10479. I wrote about this previously in D. J. Levitin, "What It Was Like Doing Mushrooms with Grateful Dead's Bob Weir," *High Times,* March 22, 2019.

49 **Mushrooms are a mixture of proteins:** E. Ulziijargal and J. L. Mau, "Nutrient Compositions of Culinary-Medicinal Mushroom Fruiting Bodies and Mycelia," *International Journal of Medicinal Mushrooms* 13, no. 4 (2011).

50 **Hericium erinaceus polysaccharides...increases levels of acetylcholine:** K. Mori et al., "Effects of *Hericium erinaceus* on Amyloid β (25-35) Peptide-Induced Learning and Memory Deficits in Mice," *Biomedical Research* 32, no. 1 (2011): 67–72.

51 **HEP also has neuroprotective and neuroregenerative qualities:** K. Mori et al., "Improving Effects of the Mushroom Yamabushitake (*Hericium erinaceus*) on Mild Cognitive Impairment: A Double-Blind Placebo-Controlled Clinical Trial," *Phytotherapy Research* 23, no. 3 (2009): 367–372.

52 **it reduces depression and anxiety:** M. Nagano et al., "Reduction of Depression and Anxiety by 4 Weeks *Hericium erinaceus* Intake," *Biomedical Research* 31, no. 4 (2010): 231–237.

53 ***Ganoderma lucidum*:** H. Zhao et al., "Spore Powder of *Ganoderma lucidum* Improves Cancer-Related Fatigue in Breast Cancer Patients Undergoing Endocrine Therapy: A Pilot Clinical Trial," *Evidence-Based Complementary and Alternative Medicine* 2012 (2012).

54 **neuroprotective effects on the hippocampus:** Y. Zhou et al., "Neuroprotective Effect of Preadministration with *Ganoderma lucidum* Spore on Rat Hippocampus," *Experimental and Toxicologic Pathology* 64, nos. 7–8 (2012): 673–680.

55 **promotes cognitive function in mouse models of Alzheimer's disease:** S. Huang et al., "Polysaccharides from *Ganoderma lucidum* Promote Cognitive Function and Neural Progenitor Proliferation in Mouse Model of Alzheimer's Disease," *Stem Cell Reports* 8, no. 1

(2017): 84–94.
56 **anti-inflammatory properties:** W. B. Stavinoha, "Status of *Ganoderma lucidum* in United States: *Ganoderma lucidum* as an Anti-Inflammatory Agent," in *Proceedings of the 1st International Symposium on Ganoderma Lucidum in Japan,* pp. 17–18 (2008).
57 **reduces oxidative stress:** W. J. Li et al., "*Ganoderma atrum* Polysaccharide Attenuates Oxidative Stress Induced by D-Galactose in Mouse Brain," *Life Sciences* 88, nos. 15–16 (2011): 713–718.
58 **seven hundred adults aged sixty and over in Singapore:** L. Feng et al., "The Association between Mushroom Consumption and Mild Cognitive Impairment: A Community-Based Cross-Sectional Study in Singapore," *Journal of Alzheimer's Disease* 68 (2019): 197–203.
59 ***Bacopa monnieri*:** S. C. Pierce et al., "Hydrology and Species-Specific Effects of *Bacopa monnieri* and *Leersia oryzoides* on Soil and Water Chemistry," *Ecohydrology: Ecosystems, Land and Water Process Interactions, Ecohydrogeomorphology* 2, no. 3 (2009): 279–286.
60 **improve higher-order cognitive processes:** C. Stough et al., "The Chronic Effects of an Extract of *Bacopa monniera* (Brahmi) on Cognitive Function in Healthy Human Subjects," *Psychopharmacology* 156, no. 4 (2001): 481–484.
61 **significant effect on retaining new information:** S. Roodenrys et al., "Chronic Effects of Brahmi (*Bacopa monnieri*) on Human Memory," *Neuropsychopharmacology* 27, no. 2 (2002): 279.
62 **regulating tryptophan hydroxylase and serotonin transporter expression:** P. D. Charles et al., "*Bacopa monniera* Leaf Extract Up-Regulates Tryptophan Hydroxylase (TPH2) and Serotonin Transporter (SERT) Expression: Implications in Memory Formation," *Journal of Ethnopharmacology* 134, no. 1 (2011): 55–61.
63 **psychedelics in microdoses:** R. Glatter, "LSD Microdosing: The New Job Enhancer in Silicon Valley and Beyond?," *Forbes,* November 27, 2015, https://www.forbes.com/sites/robertglatter/2015/11/27/lsd-microdosing-the-new-job-enhancerin-silicon-valley-and-beyond/#36bbc7e2188a.
64 **An ideal dose:** J. Fadiman and S. Korb, "Microdosing Psychedelics," in *Advances in Psychedelic Medicine: State-of-the-Art Therapeutic Applications,* ed. M. J. Winkelman and B. Sessa, p. 323 (Westport, CT: Praeger, 2019).
65 **Microdosers scored lower:** T. Anderson et al., "Microdosing Psychedelics: Personality, Mental Health, and Creativity Differences in Microdosers," *Psychopharmacology* (2018): 1–10; P. S. Hendricks et al., "Classic Psychedelic Use Is Associated with Reduced Psychological Distress and Suicidality in the United States Adult Population," *Journal of Psychopharmacology* 29, no. 3 (2015): 280–288.
66 **Regular low doses of THC:** A. Bilkei-Gorzo et al., "A Chronic Low Dose of Δ 9-Tetrahydrocannabinol (THC) Restores Cognitive Function in Old Mice," *Nature Medicine* 23, no. 6 (2017): 782.
67 **Cochlear implants:** J. Saliba et al., "Functional Near-Infrared Spectroscopy for Neuroimaging in Cochlear Implant Recipients," *Hearing Research* 338 (2016): 64–75.

注 释 551

68 **Cochlear implants...six hundred thousand people:** A. P. Sanderson et al., "Exploiting Routine Clinical Measures to Inform Strategies for Better Hearing Performance in Cochlear Implant Users," *Frontiers in Neuroscience* 12 (2019).

69 **neural implants...Parkinson's:** J. M. Bronstein et al., "Deep Brain Stimulation for Parkinson Disease: An Expert Consensus and Review of Key Issues," *Archives of Neurology* 68, no. 2 (2011): 165.

70 **neural implants...depression:** A. M. Lozano et al., "Subcallosal Cingulate Gyrus Deep Brain Stimulation for Treatment-Resistant Depression," *Biological Psychiatry* 64, no. 6 (2008): 461–467.

71 **neural implant that increased memory encoding:** Y. Ezzyat et al., "Closed-Loop Stimulation of Temporal Cortex Rescues Functional Networks and Improves Memory," *Nature Communications* 9, no. 1 (2018): 365.

72 **"jostling the system":** Quoted in B. Carey, " 'Pacemaker' for the Brain Can Help Memory, Study Finds," *The New York Times,* April 21, 2017, p. A19.

73 **Kahana thinks that future research:** B. Carey, "A Brain Implant Improved Memory, Scientists Report," *The New York Times,* February 7, 2018, p. A17.

74 **an experimental "sensory" hand:** E. Landau, "Artificial Hand Lets Amputee Feel Object," CNN, February 6, 2014, https://www.cnn.com/2014/02/05/health/bionic-hand/index.html.

75 **Samantha Payne, COO of OpenBionics:** Quoted in R. Godwin, "We Will Get Regular Body Upgrades: What Will Humans Look Like in 100 Years?," *The Guardian,* September 22, 2018.

76 **A neural implant...paralyzed right arm:** C. E. Bouton et al., "Restoring Cortical Control of Functional Movement in a Human with Quadriplegia," *Nature* 533, no. 7602 (2016): 247.

77 **Imagine a neurosurgeon:** I thank Google's Dan Kaufman for this idea.

78 **Zoltan Istvan is a controversial figure:** Z. Istvan, "I Just Got a Computer Chip Implanted in My Hand—and the Rest of the World Won't Be Far Behind," *Business Insider,* September 25, 2015.

79 **Neil Harbisson, had an antenna installed:** S. Jeffries, "Neil Harbisson: The World's First Cyborg Artist," *The Guardian,* May 6, 2014. To be clear, Harbisson is not able to browse the Internet with his brain or to receive video images displayed on some sort of mindscreen. People with Bluetooth can send and receive auditory signals through an implant in their tooth that transmits sound into their brain through bone conduction; M. Franco, "Antenna Implanted in Cyborg's Skull Gets Wi-Fi, Color as Sound," CNET, April 14, 2014, https://www.cnet.com/news/cyborginterview-hear-colors-with-antenna-in-your-skull/.

80 **The technology exists for these:** A. Mandavilli, "A Patch Uses Sweat to Get a Read on Your Body's Toil," *The New York Times,* January 21, 2019, p. B3.

81 **Serena Williams has been seen in ads:** A. Stych, "Serena Williams Rocks Wearable Tech in Gatorade Ad," *The Business Journals,* December 27, 2018, https://www.bizjournals.com/

bizwomen/news/latest-news/2018/12/serena-williams-rockswearable-tech-in-gatorade-ad.html?page=all.

82 **Meditation reduces activity within the default mode network:** J. A. Brewer et al., "Meditation Experience Is Associated with Differences in Default Mode Network Activity and Connectivity," *Proceedings of the National Academy of Sciences* 108, no. 50 (2011): 20254–20259; K. A. Garrison et al., "Meditation Leads to Reduced Default Mode Network Activity beyond an Active Task," *Cognitive, Affective, and Behavioral Neuroscience* 15, no. 3 (2015): 712–720.

83 **anti-inflammatory effect by reducing cytokines:** J. D. Creswell et al., "Alterations in Resting-State Functional Connectivity Link Mindfulness Meditation with Reduced Interleukin-6: A Randomized Controlled Trial," *Biological Psychiatry* 80, no. 1 (2016): 53–61.

84 **Long-term meditators show structural changes:** J. H. Jang et al., "Increased Default Mode Network Connectivity Associated with Meditation," *Neuroscience Letters* 487, no. 3 (2011): 358–362; S. W. Lazar et al., "Meditation Experience Is Associated with Increased Cortical Thickness," *Neuroreport* 16, no. 17 (2005): 1893; R. E. Wells et al., "Meditation's Impact on Default Mode Network and Hippocampus in Mild Cognitive Impairment: A Pilot Study," *Neuroscience Letters* 556 (2013): 15–19; K. C. Fox et al., "Is Meditation Associated with Altered Brain Structure? A Systematic Review and Meta-Analysis of Morphometric Neuroimaging in Meditation Practitioners," *Neuroscience and Biobehavioral Reviews* 43 (2014): 48–73.

85 **Even brief meditation reduces fatigue:** F. Zeidan et al., "Mindfulness Meditation Improves Cognition: Evidence of Brief Mental Training," *Consciousness and Cognition* 19, no. 2 (2010): 597–605.

86 **benefits persist even after meditation:** M. A. Cohn and B. L. Fredrickson, "In Search of Durable Positive Psychology Interventions: Predictors and Consequences of Long-Term Positive Behavior Change," *Journal of Positive Psychology* 5, no. 5 (2010): 355–366.

87 **lower levels of cortisol:** M. A. Rosenkranz et al., "Reduced Stress and Inflammatory Responsiveness in Experienced Meditators Compared to a Matched Healthy Control Group," *Psychoneuroendocrinology* 68 (2016): 117–125.

88 **benefits show up after as little as four weeks:** E. Walsh, T. Eisenlohr-Moul, and R. Baer, "Brief Mindfulness Training Reduces Salivary IL-6 and TNF-α in Young Women with Depressive Symptomatology," *Journal of Consulting and Clinical Psychology* 84, no. 10 (2016): 887.

89 **downregulation of inflammatory genes:** P. Kaliman et al., "Rapid Changes in Histone Deacetylases and Inflammatory Gene Expression in Expert Meditators," *Psychoneuroendocrinology* 40 (2014): 96–107.

90 **meditation seems to have epigenetic effects:** J. A. Dusek et al., "Genomic Counter-Stress Changes Induced by the Relaxation Response," *PLoS One* 3, no. 7 (2008): e2576; H. Lavretsky et al., "A Pilot Study of Yogic Meditation for Family Dementia Caregivers with Depressive Symptoms: Effects on Mental Health, Cognition, and Telomerase Activity," *In-*

ternational Journal of Geriatric Psychiatry 28, no. 1 (2013): 57–65; E. Luders et al., "The Unique Brain Anatomy of Meditation Practitioners: Alterations in Cortical Gyrification," *Frontiers in Human Neuroscience* 6, (2012): 34.

91 **lower those levels and decrease feelings of loneliness:** J. D. Creswell et al., "Mindfulness-Based Stress Reduction Training Reduces Loneliness and Pro-Inflammatory Gene Expression in Older Adults: A Small Randomized Controlled Trial," *Brain, Behavior, and Immunity* 26, no. 7 (2012): 1095–1101.

92 **associated with increased telomerase:** N. S. Schutte and J. M. Malouff, "A Meta-Analytic Review of the Effects of Mindfulness Meditation on Telomerase Activity," *Psychoneuroendocrinology* 42 (2014): 45–48; T. L. Jacobs et al., "Intensive Meditation Training, Immune Cell Telomerase Activity, and Psychological Mediators," *Psychoneuroendocrinology* 36, no. 5 (2011): 664–681.

93 **mild cognitive impairment and early-stage Alzheimer's, meditation:** J. Russell-Williams et al., "Mindfulness and Meditation: Treating Cognitive Impairment and Reducing Stress in Dementia," *Reviews in the Neurosciences* 29, no. 7 (2018): 791–804.

第 14 章 活得更精彩：人生中最美妙的日子

1 **David Bradley:** Quoted in N. Narboe, ed., *Aging: An Apprenticeship* (Portland, OR: Red Notebook Press), p. 80.

2 **Philosopher David Velleman suggests:** D. Velleman, "Well-Being and Time," *Pacific Philosophical Quarterly* 72, no. 1 (1991): 48–77.

3 **prefer the life that takes the upward trend:** M. Slote, *Goods and Virtues* (New York: Oxford University Press, 1983).

4 **additional years of lower quality:** E. Diener, D. Wirtz, and S. Oishi, "End Effects of Rated Life Quality: The James Dean Effect," *Psychological Science* 12, no. 2 (2001): 124–131.

5 **We're sensitive to the timing of events:** See also J. Glasgow, "The Shape of a Life and the Value of Loss and Gain," *Philosophical Studies* 162, no. 3 (2013): 665–682.

6 **the journal *Nature*...therapies that are taken for granted:** Nature Editorial Staff, "Study the Survivors," *Nature* 568 (2019): 143; R. Garza, "Children's Cancer Research to Expand, with Help from Local Oncologist, Survivor," *Rivard Report,* June 11, 2018, https://therivardreport.com/childrens-cancer-research-to-expand-with-help-from-localoncologist-survivor/.

7 **healthy life expectancy (HALE):** H. S. Friedman and M. L. Kern, "Personality, Well-Being and Health," *Annual Reviews of Psychology* 65 (2014): 719–742.

8 **This holds true across seventy-two countries:** D. G. Blanchflower and A. J. Oswald, "Is Well-Being U-Shaped over the Life Cycle?," *Social Science and Medicine* 66, no. 8 (2008): 1733–1749.

9 **the middle-aged dip:** Pink is summarizing an argument made by social scientist Hannes Schwandt. D. H. Pink, *When: The Scientific Secrets of Perfect Timing* (New York: Penguin Press, 2019).

10 **The positivity bias:** L. L. Carstensen and M. DeLiema, "The Positivity Effect: A Negativity Bias in Youth Fades with Age," *Current Opinion in Behavioral Sciences* 19 (2018): 7–12.

11 **two areas associated with selective attention:** M. Mather, "The Affective Neuroscience of Aging," *Annual Review of Psychology* 67 (2016): 213–238; L. K. Sasse et al., "Selective Control of Attention Supports the Positivity Effect in Aging," *PLoS One* 9, no. 8 (2014): e104180.

12 **Sonny Rollins:** S. Rollins, personal communication, June 2018.

13 **Most quality of life indexes:** See, for example, Economist Intelligence Unit, "The Economist Intelligence Unit's Quality-of-Life Index," 2005, http://www.economist.com/media/pdf/QUALITY_OF_LIFE.pdf; European Union European Commission, "Quality of Life Indicators," 2013, https://ec.europa.eu/eurostat/statisticsexplained/index.php/Quality_of_life_indicators; P. Haslam, J. Schafer, and P. Beaudet, eds., *Introduction to International Development: Approaches, Actors, and Issues,* 2nd ed. (Don Mills: Oxford University Press, 2012); D. Kahneman and A. B. Krueger, "Developments in the Measurement of Subjective Well-Being," *Journal of Economic Perspectives* 20, no. 1 (2006): 3–24; United Nations Development Program, *Human Development Report,* 2013, http://hdr.undp.org/en/statistics/hdi/. I thank my McGill honors students Lauren Guttman, Jane Stocks, and Noa Yaakoba-Zohar for bringing these issues and papers to my attention.

14 **For people from collectivist and holistic societies:** M. J. Hornsey et al., "How Much Is Enough in a Perfect World? Cultural Variation in Ideal Levels of Happiness, Pleasure, Freedom, Health, Self-Esteem, Longevity, and Intelligence," *Psychological Science* 29, no. 9 (2018): 1393–1404. See also Y. Uchida and S. Kitayama, "Happiness and Unhappiness in East and West: Themes and Variations," *Emotion* 9 (2009): 441–456.

15 **The World Happiness Report:** A. Chiu, "Americans Are the Unhappiest They've Ever Been, U.N. Report Finds. An 'Epidemic of Addictions' Could Be to Blame," *The Washington Post,* March 21, 2019.

16 **comedian Jimmy Kimmel:** Quoted in Chiu, "Americans Are the Unhappiest."

17 **Jean Twenge:** Quoted in Chiu, "Americans Are the Unhappiest."

18 **spate of addictions:** J. M. Twenge and W. K. Campbell, "Associations between Screen Time and Lower Psychological Well-Being among Children and Adolescents: Evidence from a Population-Based Study," *Preventive Medicine Reports* 12, no. 271 (2018).

19 **blame overuse of digital devices:** Chiu, "Americans Are the Unhappiest."

20 **Psychiatrist Robert Waldinger:** R. Waldinger, "What Makes a Good Life? Lessons from the Longest Study on Happiness," TEDx Beacon Street, 2016, https://www.youtube.com/watch?v=8KkKuTCFvzI.

21 **A bigger predictor than cholesterol:** Waldinger, "What Makes a Good Life?"

22 **Love is the most important thing:** C. Gregoire, "The 75-Year Study That Found the Secrets to a Fulfilling Life," *Huffington Post,* August 11, 2013, http://www.huffingtonpost.com/2013/08/11/how-this-harvard-psycholo_n_3727229.html.

23 **without supportive, loving relationships:** J. W. Shenk, "What Makes Us Happy?," *The At-

lantic, June 2009, https://www.theatlantic.com/magazine/archive/2009/06/what-makes-ushappy/307439/.
24 **George Vaillant, who directed the study for three decades:** Quoted in Shenk, "What Makes Us Happy?"
25 **one man in the study described:** G. Vaillant, "The Importance of Relationships to Health, Resilience, and Ageing," Edith Dominian Memorial Lecture, London, UK, June 2014, https://www.youtube.com/watch?v=XHnuReGjkws.
26 **As Vaillant notes:** Vaillant, "The Importance of Relationships."
27 **Glueck men were 50 percent more likely:** C. Lambert, "Deep Cravings," *Harvard Magazine,* March 1, 2000, http://harvardmagazine.com/2000/03/deep-cravings.html.
28 **satisfied with their spouses have increased longevity:** An increase of one standard deviation in spousal satisfaction was correlated with a 13 percent reduction in mortality; an increase in two standard deviations of spousal satisfaction would be correlated with a 25 percent reduction in mortality; O. Stavrova, "Having a Happy Spouse Is Associated with Lowered Risk of Mortality," *Psychological Science* (2019): 0956797619835147.
29 **Lamont Dozier:** L. Dozier, personal communication, July 26, 2018.
30 **Too much time spent with no purpose:** M. A. Killingsworth and D. T. Gilbert, "A Wandering Mind Is an Unhappy Mind," *Science* 330, no. 6006 (2010): 932.
31 **25 and 40 percent of people who retire reenter:** N. Maestas, "Back to Work Expectations and Realizations of Work after Retirement," *Journal of Human Resources* 45, no. 3 (2010): 718–748; A. Mergenthaler et al., "The Changing Nature of (Un-)Retirement in Germany: Living Conditions, Activities and Life Phases of Older Adults in Transition" (working paper); L. G. Platts et al., "Returns to Work after Retirement: A Prospective Study of Unretirement in the United Kingdom," *Ageing and Society* 39, no. 3 (2019): 439–464; R. Kanabar, "Unretirement in England: An Empirical Perspective" (discussion paper, Department of Economics and Related Studies, University of York, 2012).
32 **Harvard economist Nicole Maestas says:** Quoted in P. Span, "When Retirement Doesn't Quite Work Out," *The New York Times,* April 3, 2018, p. D5.
33 **Author Barbara Ehrenreich:** I. Chotiner, "Barbara Ehrenreich Doesn't Have Time for Self-Care," *Slate,* April 13, 2018, https://slate.com/news-and-politics/2018/04/barbara-ehrenreich-sayssmoking-bans-are-a-war-on-the-working-class.html.
34 **age discrimination:** A summary of age discrimination laws in forty countries is available at AgeDiscrimination.info, http://www.agediscrimination.info/international-age-discrimination/.
35 **Deutsche Bank:** "The Joys of Living to 100," *The Economist,* July 6, 2017, https://www.economist.com/special-report/2017/07/06/the-joys-of-living-to-100.
36 **accommodations...workers with Alzheimer's:** K. Allen, "Alzheimer's and Employment," BrightFocus, October 24, 2017, https://www.brightfocus.org/alzheimers/article/alzheimers-andemployment.
37 **Heathrow...the world's first "dementia-friendly" airport:** A. Shaw, "London Heathrow

Set to Become World's First 'Dementia-Friendly' Airport," *The Sunday Post,* September 2, 2018, https://www.sundaypost.com/fp/positive-progress-for-heathrow-with-dementia-friends/#r3zaddoor.

38 **intergenerational choir:** P. B. Harris and C. A. Caporella, "Making a University Community More Dementia Friendly through Participation in an Intergenerational Choir," *Dementia* (2018): 1471301217752209.

39 **Pat Summitt:** Wikipedia, s.v. Pat Summitt, updated July 14, 2019, https://en.wikipedia.org/wiki/Pat_Summitt.

40 **volunteers felt a greater sense of accomplishment:** M. C. Carlson et al., "Impact of the Baltimore Experience Corps Trial on Cortical and Hippocampal Volumes," *Alzheimer's and Dementia* 11, no. 11 (2015): 1340–1348.

41 **As Anaïs Nin observed:** C. A. Dingle, *Memorable Quotations: French Writers of the Past* (iUniverse, 2000), p. 126.

42 **South African writer J. M. Coetzee:** J. M. Coetzee, *Disgrace* (New York: Viking, 1999).

43 **nonpersonal care:** S. Duffy and T. H. Lee, "In-Person Health Care as Option B," *New England Journal of Medicine* 378, no. 2 (2018): 104–106.

44 **increased continuity of care:** D. J. P. Gray et al., "Continuity of Care with Doctors—A Matter of Life and Death? A Systematic Review of Continuity of Care and Mortality," *BMJ Open* 8, no. 6 (2018): e021161.

45 **Dr. Meyer Schindler:** "The History of San Francisco Otolaryngology," n.d., http://www.sfotomed.com/history.html.

46 **Dr. Eduardo Dolhun...ideal doctor-patient relationship:** E. Dolhun, personal communication, July 9, 2013.

47 **specialization tends to divide:** R. Yeravdekar, V. R. Yeravdekar, and M. A. Tutakne, "Family Physicians: Importance and Relevance," *Journal of the Indian Medical Association* 110, no. 7 (2012): 490–493.

48 **Dr. David Brill:** "Why Keeping the Same Doctor Can Help You Live Longer," HealthLine, https://www.healthline.com/health-news/same-doctor-help-you-live-longer#1.

49 **patient-centered medical home:** G. L. Jackson et al., "The Patient-Centered Medical Home: A Systematic Review," *Annals of Internal Medicine* 158, no. 3 (2013): 169–178; Patient-Centered Primary Care Collaborative, "Defining the Medical Home," https://www.pcpcc.org/about/medical-home; K. C. Stange et al., "Defining and Measuring the Patient-Centered Medical Home," *Journal of General Internal Medicine* 25, no. 6 (2010): 601–612; The Commonwealth Fund, "Primary Care: Our First Line of Defense," June 12, 2013, https://www.commonwealthfund.org/publications/publication/2013/jun/primary-care-our-firstline-defense.

50 **Dr. Gordon Caldwell:** G. Caldwell, personal communication, March 27, 2019.

51 **three questions we should all ask:** J. F. Coughlin, "Three Questions That Can Predict Future Quality of Life," MIT AgeLab, n.d., http://agelab.mit.edu/system/files/2018-12/three_questions_that_can_predict_future_quality_of_life_0.pdf.

52 **Argentum…"Assisted Living":** Argentum, "Senior Living Innovation Series: Memory Care" (white paper, 2016). Full disclosure: Argentum paid me to speak at their annual meeting, but I wrote this section before they invited me, and the invitation did not influence my decision to include them in this book.
53 **daily pill pack:** CVS, "Multi-Dose Packs," https://www.cvs.com/content/multi dose; Pill Pack, https://www.pillpack.com/.
54 **Medicare's Hospital Compare website:** https://www.medicare.gov/hospitalcompare.
55 **HospitalInspections.org:** A. Frakt, "Why It's Crucial to Choose the Right Hospital," *The New York Times,* August 22, 2016, p. A3.
56 **Several websites allow you to find the nearest hospital:** See, for example, "ER Wait Watcher," ProPublica, https://projects.propublica.org/emergency/.
57 **Physician Alex Lickerman notes:** A. Lickerman, "The Best Disease from Which to Die," *Psychology Today,* September 9, 2012, https://www.psychologytoday.com/us/blog/happinessin-world/201209/the-best-disease-which-die.
58 **an advance medical directive for dementia:** P. Span, "One Day Your Mind May Fade. But You Can Plan Ahead," *The New York Times,* January 23, 2018, p. D5; Dr. Gaster's advance directive is available here: Advance Directive for Dementia, https://dementia-directive.org/.
59 **Gaster underscores the uniqueness of dementia:** B. Gaster, E. B. Larson, and J. R. Curtis, "Advance Directives for Dementia: Meeting a Unique Challenge," *Journal of the American Medical Association* 318, no. 22 (2017): 2175–2176.
60 **says Gloria Steinem:** G. Steinem, "Into the Seventies," in *Aging: An Apprenticeship,* ed. N. Narboe, p. 177 (Portland, OR: Red Notebook Press, 2017).
61 **"want to die at home":** Singer-songwriter Conor Oberst has a song called "I Don't Want to Die (in the Hospital)": https://www.youtube.com/watch?v=-JoCQhh3_pE.
62 **when we are terminally ill:** R. Sinatra, "Causes and Consequences of Inadequate Management of Acute Pain," *Pain Medicine* 11 (2010): 1859–1871, http://dx.doi.org/10.1111/j.1526-4637.2010.00983.x.
63 **Aversive experiences…nature:** K. Tanja-Dijkstra et al., "The Soothing Sea: A Virtual Coastal Walk Can Reduce Experienced and Recollected Pain," *Environment and Behavior* 50, no. 6 (2018): 599–625.
64 **Patients who experienced VR scenes of nature:** Tanja-Dijkstra et al., "The Soothing Sea."
65 **natural sounds:** T. O. Iyendo, "Exploring the Effect of Sound and Music on Health in Hospital Settings: A Narrative Review," *International Journal of Nursing Studies* 63 (2016): 82–100.
66 **increased access to natural scenes:** See M. Jonwiak, "Nature Scenes and Hospital Recovery," September 15, 2016, Association of Nature and Forest Therapy, https://www.anft.blog/blog/nature-scenes-and-hospital-recovery.
67 **gardens are back in style now:** D. Franklin, "How Hospital Gardens Help Patients Heal," *Scientific American,* March 1, 2012, https://www.scientificamerican.com/article/nature-that-nurtures/.

68. **The TriPoint Medical Center:** J. Ference, "Nature's Calming Influence," *Health Facilities Management* 23, no. 7 (2010): 44.
69. **Rachel Clarke:** R. Clarke, "In Life's Last Moments, Open a Window," *The New York Times,* September 9, 2018, p. SR7.
70. **Clarke recalls:** Quoted in L. Hawkins, "The Uplifting Power of Nature at the End of Life," ehospice, November 23, 2018, https://ehospice.com/uk_posts/the-uplifting-power-of-nature-atthe-end-of-life/.
71. **The playwright Dennis Potter:** Quoted in J. Rockwell, "Dennis Potter's Last Interview, on 'Nowness' and His Work," *The New York Times,* June 12, 1994, p. 2002030.
72. **says Betty White:** As told to Camille Sweeney in L. H. Lapham, "Old Masters," *The New York Times Magazine,* October 23, 2014, https://www.nytimes.com/interactive/2014/10/23/magazine/old-masters-at-top-of-theirgame.html.
73. **A study from the Karolinska Institute:** L. Fratiglioni et al., "Influence of Social Network on Occurrence of Dementia: A Community-Based Longitudinal Study," *Lancet* 355, no. 9212 (2000): 1315–1319.
74. **Gratitude:** S. Ni et al., "Effect of Gratitude on Loneliness of Chinese College Students: Social Support as a Mediator," *Social Behavior and Personality* 43, no. 4 (2015): 559–566.
75. **Placido Domingo:** Quoted in J. Barone, "Placido Domingo Nears the Unthinkable," *The New York Times,* August 23, 2018, p. C1.
76. **T. Boone Pickens:** As told to Camille Sweeney in Lapham, "Old Masters."
77. **Individual strivings for accomplishment:** H. S. Friedman and M. L. Kern, "Personality, Well-Being, and Health," *Annual Reviews of Psychology* 65 (2014): 719–742.
78. **two-thirds of the people over sixty-five:** K. Dychtwald, "Will the 'Age Wave' Make or Break America? The Questions That Trump, Clinton and Sanders Must Answer," *Huffington Post,* May 19, 2017, http://agewave.com/media_files/05%2018%2016%20HP_Questions.pdf.
79. **three-quarters of the people over seventy-five:** G. Vradenburg, personal communication, March 28, 2019. Vradenburg is the CEO of USAgainstAlzheimer's.
80. **Gloria Steinem**: G. Steinem, *Boston Speaker Series: Gloria Steinem,* Boston Speakers Series, Boston, MA, January 9, 2019.

图书在版编目（CIP）数据

最好的晚年 /（加）丹尼尔·J. 列维廷著；邝慧玲译 . -- 北京：北京联合出版公司，2023.7（2024.8 重印）
ISBN 978-7-5596-6931-5

Ⅰ.①最… Ⅱ.①丹… ②邝… Ⅲ.①老年心理学—通俗读物 Ⅳ.① B844.4-49

中国国家版本馆 CIP 数据核字 (2023) 第 096884 号

Successful Aging
Copyright © 2020 by Daniel J. Levitin
All rights reserved
Simplified Chinese translation copyright © 2023 by Ginkgo (Beijing) Book Co., Ltd.

本中文简体版版权归属于银杏树下（北京）图书有限责任公司。
北京市版权局著作权合同登记 图字：01-2023-1782

最好的晚年

著　　者：［加］丹尼尔·J. 列维廷
译　　者：邝慧玲
出 品 人：赵红仕
选题策划：后浪出版公司
出版统筹：吴兴元
特约编辑：曹　可
责任编辑：刘　恒
营销推广：ONEBOOK
装帧制造：墨白空间·陈威伸

北京联合出版公司出版
（北京市西城区德外大街 83 号楼 9 层　100088）
天津中印联印务有限公司印刷　新华书店经销
字数 426 千字　690 毫米 ×960 毫米　1/16　36.5 印张
2023 年 7 月第 1 版　2024 年 8 月第 4 次印刷
ISBN 978-7-5596-6931-5
定价：99.80 元

后浪出版咨询（北京）有限责任公司　版权所有，侵权必究
投诉信箱：editor@hinabook.com　fawu@hinabook.com
未经书面许可，不得以任何方式转载、复制、翻印本书部分或全部内容
本书若有印、装质量问题，请与本公司联系调换，电话 010-64072833